"国家级一流本科课程"配套教材系列

教育部高等学校计算机类专业教学指导委员会推荐教材

国家级线下一流本科课程"数据库系统基础"指定教材

U0662370

数据库原理及应用

微课视频版

车蕾 王晓波 刘晓丹 编著

清华大学出版社

北京

内 容 简 介

数据库技术是一门应用性很强的学科，本书突破了传统计算机教材以理论为主、示例为辅的模式，坚持"理论与实践相结合"的教学理念，既注重夯实数据库原理知识，又注重培养学生的实践能力。

本书内容分为 4 篇，共 13 章。全面涵盖了数据库系统、关系数据库基础、云数据库 GaussDB、数据定义、数据查询与数据操作、视图与索引、数据库编程、关系数据理论、数据库设计、数据库访问技术及实践、数据库安全管理、事务管理与并发控制、数据库的恢复与迁移。全书提供了大量应用实例，每章后均附有习题，部分章节配有电子版实验指导。

本书以"网络购物平台数据库"为实际应用背景，以数据库原理为基础，以数据库系统的构建和管理流程为主线，采用案例驱动的方式，深入浅出地展示了在云数据库 GaussDB 环境下高效地进行数据库管理、SQL 语言应用、安全管理以及数据迁移等关键操作。

全书图文并茂，内容循序渐进，讲解详尽，所有实例代码均经过严格测试，确保读者能够顺利理解和应用。本书不仅适合作为高等院校计算机类、电子信息类、管理类等相关专业的教材，也适合计算机软件、数据库应用、管理和开发的科技人员、工程技术人员及其他对数据库技术感兴趣的读者学习和参考用书。

图书在版编目（CIP）数据

数据库原理及应用：微课视频版/车蕾，王晓波，刘晓丹编著. -- 北京：清华大学出版社，2025.8.
（"国家级一流本科课程"配套教材系列）. -- ISBN 978-7-302-70139-2

Ⅰ. TP311.13

中国国家版本馆 CIP 数据核字第 2025EG6987 号

责任编辑：张　玥　薛　阳
封面设计：刘　键
责任校对：王勤勤
责任印制：宋　林

出版发行：清华大学出版社
　　　　网　　　址：https://www.tup.com.cn，https://www.wqxuetang.com
　　　　地　　　址：北京清华大学学研大厦 A 座　　　　邮　　编：100084
　　　　社 总 机：010-83470000　　　　　　　　　　邮　　购：010-62786544
　　　　投稿与读者服务：010-62776969，c-service@tup.tsinghua.edu.cn
　　　　质量反馈：010-62772015，zhiliang@tup.tsinghua.edu.cn
　　　　课件下载：https://www.tup.com.cn，010-83470236
印 装 者：三河市龙大印装有限公司
经　　销：全国新华书店
开　　本：185mm×260mm　　　　　印　　张：21.5　　　　　字　　数：523 千字
版　　次：2025 年 9 月第 1 版　　　　　　　　　　　　印　　次：2025 年 9 月第 1 次印刷
定　　价：69.80 元

产品编号：103827-01

序

　　数据库技术是计算机科学与技术的重要分支,是计算机科学与技术中发展最快的领域之一。数据库技术是在应用的驱动下产生、发展起来的,它极大地促进了计算机应用向各行各业的渗透。数据库系统已经成为现代信息系统不可或缺的基石。

　　近年来,我国数据库产业取得突破性进展,国产数据库产品快速崛起,在金融、电信、政务等关键领域得到规模化应用。这一发展趋势对数据库人才培养提出了新的要求:既要掌握数据库基础理论,又要熟悉国产数据库的技术特点和应用实践。

　　本书为满足应用型人才培养的迫切需求而编写,是国家级一流本科课程"数据库系统基础"的配套教材。在教材内容方面,本书系统地讲解了数据库的基本原理和基础知识、关系数据库基础、SQL 语言与数据库编程、数据库管理。在此基础上特别注重数据库应用实践知识的介绍和培养。书中结合国产软件GaussDB,介绍了 GaussDB 的体系架构、技术特点和应用场景,讲解了在GaussDB 中数据库的创建和使用方法,并以此作为学生上机实验的平台。书中还结合教学案例"网络购物平台数据库"讲解了数据库的设计和访问方法,有利于培养学生的动手能力和解决实际问题的能力。

　　在教材体例方面,本书在每章开始给出了本章学习目标和思维导图,使学生能够更好地阅读和掌握本章的内容,明晰知识点之间的联系和学习难点。

　　总体来看,本书内容讲解由浅入深,全书图文并茂,循序渐进,通俗易懂。

　　本书的三位作者均在教学第一线,有着丰富的教学经验,为本书的理论内容和教学适用性提供了基础和保障。此外,华为公司数据库专家也为本书提供了专业支持和帮助,使本书具有理论联系实际的鲜明特色。

中国人民大学　王珊

2025 年 5 月于北京

前　言

在这个信息化飞速发展的时代,互联网、云计算、大数据等新兴技术正以前所未有的速度改变着人们的思维方式、生产模式、生活方式及学习习惯。这些技术不仅展示了世界发展的美好前景,也为我们带来了前所未有的挑战和机遇。在这一背景下,数据库技术作为计算机科学的一个重要分支,不仅是信息技术和信息产业的基石,更是推动各行各业实现数字化转型的关键技术。

数据库课程因此成为高等教育中不可或缺的一部分,无论是计算机专业还是信息管理、物联网、电子信息等相关专业,数据库原理及应用都是学生们必须掌握的核心知识,是这些专业的必修课。随着教育改革的不断深入,对于高素质人才的培养提出了更高的要求。学生们不仅要有扎实的理论基础,还应具备解决实际问题的能力,并对学科的最新研究领域和发展方向有所了解。本书正是在这样的背景下应运而生,编写内容具有较强的科学性、实践性和先进性。

全书共分 4 篇 13 章,章节安排以数据库原理为基础,以"网络购物平台数据库"的实际应用为主线展开,内容讲解由浅入深,层次清晰,通俗易懂。

第一篇为数据库基础知识(第 1～3 章)。第 1 章介绍数据库的基本概念、数据管理技术的发展、数据库系统的特点,概述数据模型、数据库系统体系结构、数据库应用系统的开发架构、数据库应用和技术研究现状。第 2 章介绍关系数据库基础,包括关系数据库概述、关系模型、实体联系模型向关系模型的转换和关系代数等内容。第 3 章介绍云数据库 GaussDB 的发展历程、特点以及 GaussDB 与其他服务的关系,重点介绍 GaussDB 的体系架构、数据库的创建和管理、表空间的创建和管理。本书的实践环节采用云数据库 GaussDB。

第二篇为 SQL 语言与数据库编程(第 4～7 章)。第 4 章介绍数据定义,包括数据类型、模式、数据表定义及完整性约束等内容。第 5 章通过大量的实例分别从单表查询、连接查询和子查询等方面详细介绍 SQL 的查询功能,还介绍了数据操作功能。第 6 章介绍视图的概念及管理、索引的概念及管理。第 7 章介绍数据库编程基础、存储过程、用户自定义函数、游标和触发器。

第三篇为数据库设计(第 8～10 章)。第 8 章介绍关系数据理论,包括函数依赖、规范化、模式分解等内容。第 9 章介绍数据库设计,包括需求分析、概念数据模型设计、逻辑数据模型设计、物理数据模型设计和数据库的实施与维护。第 10 章通过一个开发实例初步介绍数据库访问技术。

第四篇为数据库管理(第 11～13 章)。第 11 章介绍数据库的安全问题,包括安全管理概述、用户管理、角色管理、权限管理和数据库审计等内容。第 12 章介绍事务管理与并发控制,事务管理部分包括事务的概念、性质以及 GaussDB 中的事务,在并发控制部分包括并发问题、冲突可串行化调度以及典型的并发控制技术。第 13 章介绍数据库的恢复与迁移,包括数据库的故障类别、数据库的日志与恢复、数据库的备份与恢复、GaussDB 的备份恢复实践与数据库的迁移等内容。

本书具有以下特点。

(1)**三性合一,卓越筑基。**本书基于国家级一流本科课程建设,充分体现实用性、科学性和先进性。教材在理论联系实践方面下足功夫,特色突出。全书分为 13 章,前 3 章介绍数据库基础,夯实基础;第 4～7 章要求学生熟练掌握 SQL,也将数据完整性的学习完美融入其中;第 8～10 章培养学生的数据库设计能力及数据库系统的开发能力;第 11～13 章分别介绍了数据库安全、事务管理和备份与恢复等数据库管理的内容,要求学生不仅具有使用数据库的能力,还要具有管理数据库的能力。本书在注重系统介绍数据库基本原理和方法的同时,还补充了现代数据库系统的主要技术及新知。

(2)**案例驱动,直击"云"端。**"网络购物"是读者比较熟悉的场景,贯穿全书的案例数据库是依据数据库课程教学目标,以"网络购物平台"为应用场景,从"网络购物"业务中概括、抽取出来的数据库。本书设计大量的实例代码,"网络购物"案例贯穿全书,使读者通过循序渐进的学习较容易地掌握数据库管理系统的主要功能。另外,本书选取目前比较新型的**云数据库**作为实验平台,书中所有代码均在 GaussDB **公有云数据库**环境(实验环境获取方式详见配套资源中的说明文档)下调试并成功运行。

(3)**知性合一,双轮驱动。**本书在理论和实践并重方面突出了自己的特色。书中设计课内电子版实验指导 10 套,实验指导设计满足"以人为本,因材施教",既有通识实验内容,也有深度拔高内容。特别是事务管理、安全管理、备份恢复等部分也设计了实验环节,打破纯理论教学的弊端,落地性更强,符合培养解决复杂工程问题能力人才的培养需求。书中还提供 Java+GaussDB 在线购物网站开发案例,以帮助学习者初步掌握数据库应用系统开发方法。

(4)**优质习题,丰富资源。**每章都提供大量的习题,包含软考题目,强化读者对基本概念的理解。书中提供配套的教学大纲、教学课件、程序源码、实验报告,读者可在清华大学出版社官方网站下载。配套微课视频(其中出现的教师均为数字人),读者可扫描封底刮刮卡注册,再扫描书中的二维码观看学习。

(5)**专家团队,鼎力支持。**本书的编纂工作获得华为公司数据库专家团队的鼎力支持,在此表示由衷的感谢。

本书由车蕾、王晓波、刘晓丹共同编写。其中,车蕾编写第 1、2、4、5、6 章并统稿,王晓波编写第 3、7、9、11 章,刘晓丹编写第 8、10、12、13 章。在本书的编写过程中,教育部—华为"智能基座"数据库课程虚拟教研室(中国人民大学)为本教材的撰写搭建了极为宝贵且广阔的研讨和交流空间,我们衷心感谢教研室专家及同仁在教材编写过程中提供的全方位协助和无私帮助。华为公司数据库专家团队为本书的编写提供了 GaussDB 相关资料,并在编写过程中给予了大力的支持与指导,在此对窦德明、赵全明、孟俊才、郭明哲、蒋将军、李志学、赵宏、任伟明、杨涛、孙涛、敖宏伟、李显民、孙海红、李建峰、石文铎、赵新新等专家表示由衷的感谢。北京信息科技大学陈雯柏教授,北京信息科技大学侯彦、乔一然、吴成聪、张洪瑞、张勐等同学在本书的编写过程中也给予了莫大的支持,在此表示诚挚的感谢。本书受教育部高等教育司产学合作协同育人项目(华为公司)(项目编号:231100007141233)资助。

由于作者水平有限,书中难免有不妥和疏漏之处,恳请各位专家、同仁和读者不吝赐教和批评指正。

车蕾　王晓波　刘晓丹

2025 年 5 月于北京

目　录

第一篇　数据库基础知识

数据库原理及应用（微课视频版）

第二篇　SQL 语言与数据库编程

第三篇　数据库设计

第四篇 数据库管理

数据库原理及应用（微课视频版）

第 一 篇

数据库基础知识

第 1 章

数据库系统概述

学习目标

（1）了解数据管理技术的发展、数据库应用系统的开发架构、数据库应用与研究的新领域。

（2）理解数据库的基本概念、数据模型的初步知识、数据库系统体系结构。

（3）深刻理解数据库系统的特点。

思维导图

- 数据库系统概述
  - 数据库的基本概念
    - 数据
    - 数据库
    - 数据库管理系统
    - 数据库系统
  - 数据管理技术的发展
    - 人工管理阶段
    - 文件系统阶段
    - 数据库系统阶段
  - 数据库系统的特点
  - 数据模型概述
    - 数据模型的概念、分类及构成
    - 概念数据模型
  - 数据库系统体系结构
    - 三级模式结构
    - 两级映像
    - 两种数据独立性
  - 数据库应用系统的开发架构
    - 客户/服务器结构
    - 浏览器/服务器结构
  - 数据库应用和技术研究现状
    - 数据库应用现状
    - 数据库技术研究现状

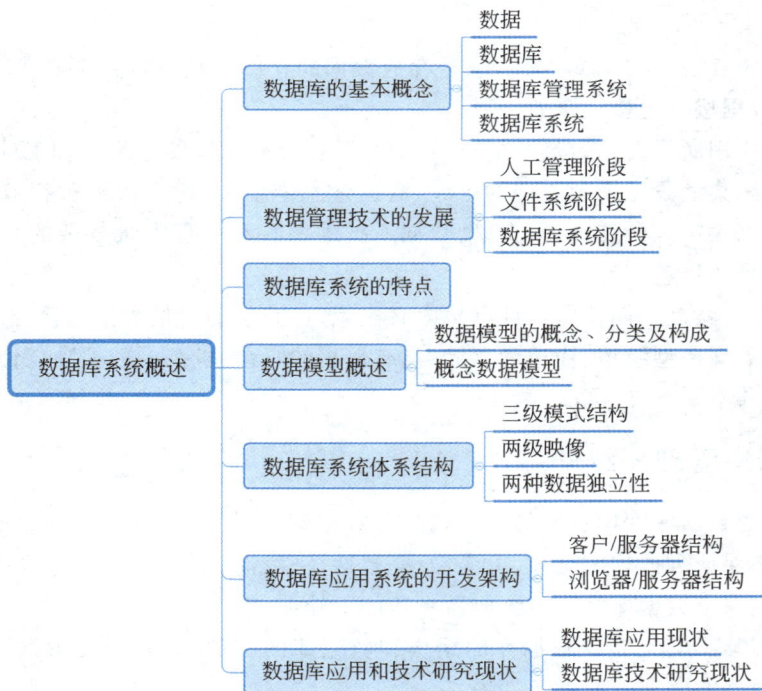

数据库技术作为计算机科学的关键分支，是信息管理的坚实基石。它致力于探索如何向用户高效交付具有高度共享性、安全性和可靠性的数据资源。通过数据库技术，我们能够有效地解决在计算机信息处理过程中组织和存储庞大数据集的挑战。随着大数据时代的到来，数据库技术的应用范围和重要性被提升到了前所未有的高度。如今，一个国家数据库建设的规模、数据存储的容量以及数据处理的能力，已经成为衡量其现代化水平的重要指标。

本章简要介绍与数据库相关的基础知识，包括数据库的基本概念、数据管理技术的发展、数据库系统的特点、数据模型概述、数据库系统体系结构和数据库应用系统的开发框架等，为后续学习打下基础。

1.1 数据库的基本概念

1.1.1 数据

数据是数据库中存储的基本对象。数据不仅可以是数字，还可以是文字、图表、图像、声音等。每个组织都保存了大量的复杂的数据。例如，银行有关于储蓄存款、贷款业务、信用卡管理、投资理财等方面的数据；医院有关于病历、药品、医生、病房、财务等方面的数据；超市有关于商品、销售情况、进货情况、员工等方面的数据。数据是组织的重要资源，有时甚至比其他资源更珍贵，因此必须对组织的各种数据实现有效管理。

数据管理涵盖了数据的分类、组织、编码、存储、检索和维护等一系列操作。它是确保数据准确性、安全性和可用性的关键过程。数据库系统的核心任务正是提供这些数据管理功能，以支持组织的数据驱动决策，提高运营效率。

1.1.2 数据库

数据库（DataBase，DB），顾名思义，是存放数据的仓库。只不过这个仓库是位于计算机存储设备上，数据按一定格式存放。

人们采集应用所需要的大量数据之后，应将其保存起来以便进一步加工处理，抽取有用信息。在数据采集手段越来越方便的今天，数据量急剧增加，过去数据被存放在文件柜里，如今存储于数据库中是最佳选择。借助数据库技术保存和管理大量复杂的数据，可以充分地利用这些宝贵的信息资源。

所谓数据库，就是长期存储在计算机内有组织、可共享的大量数据的集合。数据库中的数据按一定的数据模型组织、描述和存储，具有较小的冗余、较高的数据独立性和易扩展性，并支持各用户共享。

1.1.3 数据库管理系统

一个完备的数据库管理系统的任务就是对数据资源进行管理，并且使之能为多个用户共享，同时还能保证数据的安全性、可靠性、完整性、一致性和高度独立性。

具体来说，一个数据库管理系统应该具备如下功能。

（1）数据定义功能：定义数据库的结构和数据库的存储结构，定义数据库中数据之间的联系，定义数据的完整性约束条件等。

（2）数据操纵功能：支持对数据库中的数据进行查询、插入、删除和修改操作。

（3）数据维护功能：为提高数据库性能，可重新组织数据库的存储结构，为保证数据库安全性和可靠性，可进行数据库的备份和恢复等。

（4）数据控制功能：实现对数据库的安全性控制、完整性控制、多用户环境下并发控制等各方面的管理。

（5）数据通信功能：在分布式数据库或提供网络操作功能的数据库中，还须提供数据通信功能。

（6）数据服务功能：数据库并非孤立系统，通常可被其他软件访问，与其他系统交换数据；数据库中的数据除支持常规操作外，还提供多种服务，例如数据分析服务等。

1.1.4 数据库系统

数据库系统（DataBase System，DBS）是指在计算机系统中引入数据库后的系统，通常由数据库、数据库管理系统（DataBase Management System，DBMS）及其开发工具、应用系统、数据库用户和管理员构成。其中，数据库是系统的核心，DBMS 及其开发工具和数据库管理员是系统的基础，应用系统和用户是系统服务的对象。在不引起混淆的情况下数据库系统常简称为数据库。

数据库系统的组成如图 1-1 所示。数据库系统在整个计算机系统中的位置如图 1-2 所示。

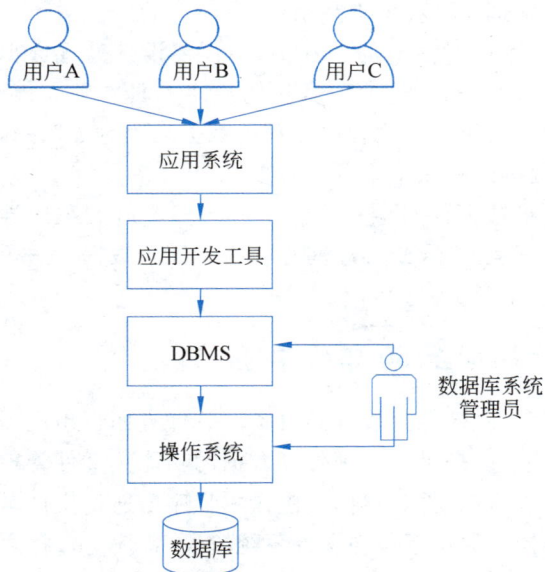

图 1-1　数据库系统的组成

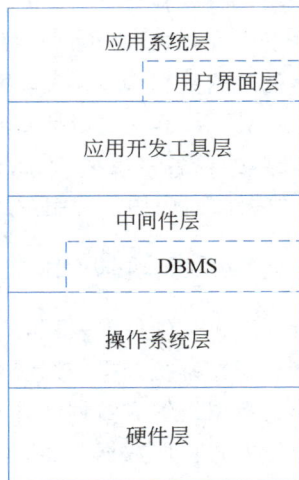

图 1-2　数据库系统在整个计算机系统中的位置

除了一般计算机系统的硬件要求外，数据库系统还要求有足够大的内存，以便存放操作系统、DBMS 的核心模块、数据缓冲区和应用程序；需配备大容量磁盘等直接存取设备，用于数据存储和备份；同时要求较高的数据传输速率。

数据库系统的软件主要包括 DBMS、支持 DBMS 运行的操作系统、具有与数据库连接功能的高级程序设计语言及其编译程序、以 DBMS 为核心的应用开发工具和为特定应用开发的数据库应用系统。

数据库用户和数据管理员是数据库系统的重要组成部分，他们的作用是开发、管理和使用数据库系统。不同人员涉及不同数据抽象级别，对应不同数据视图。

1.2 数据管理技术的发展

数据库技术并非最早的数据管理技术。在计算机诞生的初期，计算机主要用于科学计算，虽然此时同样有数据管理的问题，但这时的数据管理是以人工的方式进行的，后来发展到文件系统，再后来才是数据库，即数据管理主要经历了人工管理阶段、文件系统阶段和数据库系统阶段。

1.2.1 人工管理阶段（20世纪50年代中期以前）

早期计算机外存缺乏磁盘等直接存储设备，且缺少相应软件支持，使用计算机进行数据处理时，需要将原始数据和程序一并输入主存，运算处理后将结果数据输出，数据处理的方式是批处理。人工管理阶段，程序与数据之间的对应关系如图1-3所示。

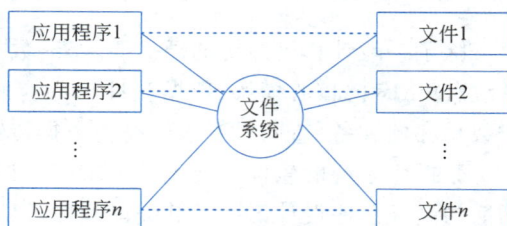

该阶段数据管理特点如下。

（1）数据不保存。这个时期处理的数据量较小，无须长期保存。

（2）数据不具有独立性。程序员设计应用程序时面对的是裸机，不仅要设计处理数据的操作步骤，数据的组织方式也必须由程序员自行设计与安排，数据与程序不具有独立性，一旦数据发生变化，就必须由程序员修改程序。由于各应用程序处理的数据之间毫无联系，不同程序处理的数据会有重复，编程效率低，处理过程人工干预比较多。

（3）数据不共享。数据是面向应用的，一组数据仅对应一个程序。当多个应用程序涉及相同数据时，需各自定义，无法相互利用、相互参照，导致程序间存在大量冗余数据。

（4）数据面向应用。一组数据对应于一个程序。

1.2.2 文件系统阶段（20世纪50年代后期至60年代中期）

随着计算机软硬件的发展，外存出现了磁盘、磁鼓等直接存储设备。软件方面也出现了高级语言和操作系统。操作系统中的文件管理系统提供了管理外存数据的功能。文件管理系统将相关数据组织成数据文件，以记录为单位，按文件名存储于磁盘。程序可通过文件名和数据记录方式存取数据，无须关注数据的具体存储位置。在文件系统阶段，程序与数据之间的对应关系如图1-4所示。

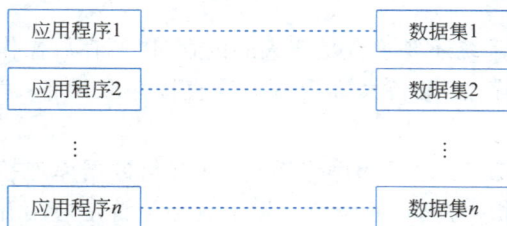

图1-3　人工管理阶段程序与数据的对应关系　　图1-4　文件系统阶段程序与数据之间的对应关系

该阶段的数据管理特点如下。

（1）由于存储设备的出现，数据可以长期保存在磁盘上，也可以反复使用，即可以经常对文件进行查询、修改和删除等操作。

（2）操作系统提供文件管理功能和访问文件的存取方法,程序和数据间形成数据存取接口,程序通过文件名和数据打交道,无须关注数据的物理存放位置。因此,这时也有了数据物理结构和数据逻辑结构的区别。程序和数据之间有了一定的独立性。

（3）文件形式多样化。由于有了磁盘这样的直接存取存储设备,文件也就不再局限于顺序文件,也有了索引文件、链表文件等。因此,对文件的访问可以是顺序访问,也可以是直接访问;但文件之间是独立的,它们之间的联系要通过程序去构造,文件的共享性也比较差。

（4）数据的存取基本上以记录为单位。

尽管文件系统较手工阶段已经有了长足进步,但仍然存在如下缺陷。

（1）数据冗余度大。由于文件都是为特定的用途设计的,因此就会造成同样的数据在多个文件中重复存储,导致数据冗余度大,容易造成数据的不一致性。

（2）数据独立性差。应用程序是根据文件结构编写的,文件结构一旦改变,应用程序也必须随之加以修改,程序和数据之间的独立性较差。

（3）数据联系弱。文件与文件之间是独立的,文件之间的联系必须通过程序来构造。因此,文件是无结构的数据集合,缺乏弹性,无法反映现实世界事物之间的联系。

1.2.3　数据库系统阶段（20 世纪 60 年代后期）

在这个阶段,计算机主要用于大规模数据的管理,涉及的数据量急剧增长。这时硬件方面已有大容量磁盘,价格下降;软件价格上升,编制和维护系统软件及应用程序所需的成本相对增加;处理方式上,联机实时处理需求增多,并开始提出和考虑分布处理。在此背景下,文件系统作为数据管理手段已无法满足应用需求。为解决多用户、多应用共享数据的需求,使数据能服务尽可能多的应用,数据库技术便应运而生,出现了统一管理数据的专门软件系统——数据库管理系统。在数据库系统阶段,程序和数据之间的关系如图 1-5 所示。

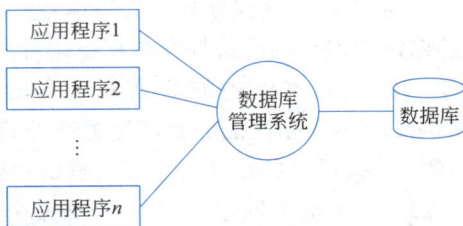

图 1-5　数据库系统阶段程序与数据的对应关系

数据库指长期存储在计算机存储设备上、相互关联的、可以被用户共享的数据集合。用数据库系统来管理数据较文件系统有显著优势,从文件系统到数据库系统的转变,标志着数据管理技术的飞跃。

1.3　数据库系统的特点

与人工管理和文件系统相比,数据库系统的特点主要有以下几方面。

1）数据库是相互关联的数据的集合

现实世界的数据信息是相互关联的,数据库管理数据时,可体现数据之间的关联关系。数据库中的数据不是孤立的,数据与数据之间是相互关联的。数据库不仅能表示数据本身,还能表示数据与数据之间的联系。例如,在在线商城系统中,数据库中不仅要存放用户和商品两类数据,还要存放哪些用户浏览过哪些商品的信息,这就反映了用户数据和商品数据之间的联系。

2）具有较小的数据冗余

文件系统中，每个应用都拥有它各自的文件，即相同数据可能在多个文件中重复存储，导致大量数据冗余。而数据库系统中，数据成为统一的逻辑结构，每一个数据项的值可以只存储一次，最大限度地控制了数据冗余。所谓控制数据冗余是指数据库系统可以把数据冗余限制在最少，系统也可保留必要的数据冗余。事实上，由于应用业务或技术上的原因，如数据合法性检验、数据存取效率等方面的需要，同一数据可能在数据库中保持多个副本。但是在数据库系统中，冗余是受控的。保留必要的冗余也是系统预定的。

3）具有较高的数据独立性

数据独立性是指数据的组织和存储方法与应用程序互不依赖、彼此独立的特性。在产生数据库技术之前，数据文件的组织方式和应用程序是密切相关的，当改变数据结构时，相应的应用程序也随之修改，这样就极大地增加了应用程序的开发代价和维护代价。而数据库技术可以使数据的组织和存储方法与应用程序互不依赖，从而大幅度地降低了应用程序的开发代价和维护代价。

4）具有安全控制机制，能够保证数据的安全、可靠

数据库技术要能够保证数据库中的数据是安全的、可靠的。数据库要有一套安全机制，以便可以有效地防止数据库中的数据被非法使用或非法修改；数据库还要有一套完整的备份和恢复机制，以便保证当数据遭到破坏（软件或硬件故障引起的）时，能够立刻将数据完全恢复，从而保证系统能够连续、可靠地运行。

5）最大限度地保证数据的正确性

保证数据正确的特性在数据库中称为数据完整性。在数据库中可以通过建立一些约束条件以保证数据库中的数据是正确的。例如，北京市电话的区号是 010，当输入 027-56785436 时，数据库能够自动拒绝这类错误。

6）数据可以共享并能保证数据的一致性

数据库中的数据是共享的，允许多个用户同时使用相同的数据，并能保证各个用户之间对数据的操作不发生矛盾和冲突，即在多个用户同时使用数据库时，能够保证数据的一致性和正确性。

1.4 数据模型概述

数据库中不仅存储数据本身，还要存储数据与数据之间的联系。数据及其联系是需要描述和定义的，数据模型正是用于完成此项任务的。

1.4.1 数据模型的概念、分类及构成

1. 概念

模型是对现实世界特征的模拟和抽象，它可以帮助人们描述和了解现实世界。人们可以将现实世界的物质抽象为模型。同时，看到模型，人们就能想象现实世界的物质。数据模型（Data Model）也是一种模型，它是现实世界数据特征的抽象，设计数据库系统时，一般要求用图或表的形式抽象地反映数据彼此之间的关系，称为建立数据模型。现有的数据库系统都是基于某种数据模型的。

数据模型应满足三方面要求:一是能比较真实地模拟现实世界;二是容易为人所理解;三是便于在计算机上实现。

计算机不能直接处理现实世界中的具体事物,所以人们必须把具体事物抽象并转换成计算机能够处理的数据。一般要经过两个阶段:首先将现实世界中的客观对象抽象为信息世界的概念数据模型;然后再将信息世界的概念数据模型转换成机器世界的组织数据模型,如图1-6所示。

2. 三个领域

为了能够很好地理解数据模型,下面先介绍现实世界、信息世界和机器世界这三个领域。

1)现实世界

现实世界是存在于人们头脑外的客观世界。在现实世界中,事物之间不是相互孤立的,而是相互联系的。事物及其之间的联系正是建立数据库的原始数据。现实世界中的原始数据是错综复杂的,数据量是很大的。例如,银行贷款管理、企业人事管理、超市销售管理等。

图 1-6 对现实世界的抽象过程

2)信息世界

信息世界是现实世界在人脑中的反映,它搜集、整理现实世界的原始数据,找出数据之间的联系和规律,并用形式化方法表示出来,实现人与人之间的信息交流。信息世界最主要的特征是可以反映数据之间的联系。

3)机器世界

机器世界是数据库的处理对象。信息世界的信息经过加工、编码转换成机器世界的数据,这些数据必须具有自己特定的数据结构,能反映信息世界中数据之间的联系。计算机能对这些数据进行处理,并向用户展示经过处理后的数据。

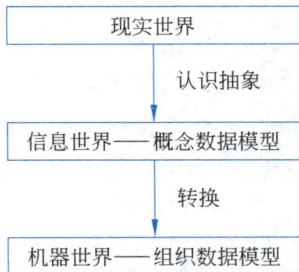

3. 数据模型的分类

在数据库系统中,针对不同的使用对象和应用目的,往往采用不同的数据模型。根据数据模型不同应用目的,可以将这些模型划分为两类,它们分属于两个不同的层次。第一类是概念数据模型,第二类是逻辑数据模型和物理数据模型。

概念数据模型面向现实世界,从数据的语义视角来抽取模型,按用户的观点来对数据和信息建模,强调语义表达能力,建模容易、方便,概念简单、清晰,易于用户所理解,是现实世界到信息世界的第一层抽象,是用户和数据库设计人员之间进行交流的语言。概念数据模型主要用在数据库的设计阶段,与 DBMS 无关。常用的概念数据模型是实体-联系模型。

第二类模型中的逻辑数据模型主要包括层次模型、网状模型、关系模型、面向对象模型和对象关系模型等。逻辑数据模型是面向机器世界的,它按照计算机系统的观点对数据建模,从数据的组织层次来描述数据,一般和实际数据库对应。例如,层次模型、网状模型、关系模型分别和层次数据库、网状数据库和关系数据库对应,可在机器上实现。这类模型有更严格的形式化定义,常需加上一些限制或规定。逻辑数据模型是数据库系统的核心和基础,各种在机器上实现的 DBMS 软件都是基于某种逻辑数据模型的。

第二类模型中的物理数据模型是对数据最底层的抽象,它描述数据在系统内部的表示方式和存取方式、在磁盘或磁带上的存储方式和存取方法,是面向计算机系统的。物理数据模型的具体实现是 DBMS 的任务,数据库设计人员要了解和选择物理数据模型,一般用户不必考虑物理级的细节。

在设计数据库系统时，通常先利用第一类模型进行初步设计，然后按一定方法将其转换为第二类模型，再进一步设计全系统的数据库结构，最终在计算机上实现。

4. 数据模型的构成元素

数据模型包括三部分：数据结构、数据操作和数据的约束条件。

1）数据结构

数据结构用于描述数据库系统的静态特性，包括数据库中的数据的组成、特性及其相互间联系。在数据库系统中通常按数据结构的类型来命名数据模型，如层次结构、网状结构和关系结构的模型分别被命名为层次模型、网状模型和关系模型。

2）数据操作

数据操作用于描述数据库系统的动态特性，是对数据库中各种对象的实例允许执行的操作的集合，包括操作及有关的操作规则。数据库的数据操作主要有查询、插入、删除和修改。数据模型要定义这些操作的确切定义、操作符号、操作规则及实现操作的语言。

3）数据的约束条件

数据的约束条件也用于描述数据库系统的静态特性，是一组数据完整性规则的集合。它给定数据模型中数据及其联系所具有的制约依存规则，用于限定符合数据模型的数据库状态及其变化，以保证数据的完整性。

数据模型这三方面内容完整描述了一个数据模型，而其中的数据结构是首要内容。

1.4.2 概念数据模型

概念数据模型主要描述现实世界中实体以及实体和实体之间的联系。P.P.S. Chen 于1976年提出的实体—联系（Entity-Relationship，E-R）模型是支持概念数据模型的最常用方法。E-R 模型使用的工具称为 E-R 图，它描述的是现实世界的信息结构。

E-R 模型主要包含 3 个要素：实体、属性和联系。

1. 实体

把现实世界中所管理的对象称为实体（Entity），并把实体定义为，客观存在并可以相互区分的客观事物或抽象事件。例如，职工、学生、银行、桌子都是客观事物，球赛、上课都是抽象事件，它们都是现实世界管理的对象，都是实体。

在关系数据库中，一般一个实体被映射成一个关系表，表中的一行对应一个可区分的现实世界对象，称为实体实例（Entity Instance）。比如，"银行"实体中的每家银行都是"银行"实体的一个实例。这里所提到的实体在其他书上有用实体集或实体型表示的，实体实例用实体表示。

在 E-R 图中用矩阵框表示实体，在框内写上实体，图 1-7 分别显示了银行、雇员和球赛三个实体的 E-R 图表示。

银行　　雇员　　球赛

图 1-7　实体示例

2. 属性

实体所具有的某一特性称为属性（Attribute）。一个实体可以由若干个属性来刻画。例如，雇员可以由雇员号、雇员名、工资和经理号来刻画。人们可以根据实体的特性来区分实体。但并不是每个特性都可以用来区分，因此又把用于区分实体的实体特性称为标识属性。例如,雇员的雇员号是标识属性,用雇员号可以区分一个个雇员,而工资就不是标识属性。

在 E-R 图中用椭圆框表示实体的属性,框内写上属性名,并用连线连到对应实体。可以在标识属性下加下画线。图 1-8 显示用 E-R 图表示的雇员实体及其属性。

图 1-8　雇员实体及其属性

3. 联系

在现实世界中,事务内部以及事务之间是有联系的,这些联系在信息世界反映为实体内部的联系和实体之间的联系。实体内部的联系通常是指组成实体的各属性之间的联系。例如,图 1-8 的雇员实体的属性"雇员号"与"经理号"之间就有关联关系,即经理号的取值受雇员号取值的约束(因为经理也是雇员,也有雇员号),这就是实体内部的联系。实体之间的联系通常是指不同实体之间的联系。例如,在银行贷款管理信息系统中,银行实体和法人实体之间就存在"贷款"联系。我们主要研究的是实体之间的联系。实体之间的联系用菱形框表示,框内写上联系名,然后用连线与相关的实体相连。实体之间的联系按联系方式可分为三种类型。

1)一对一联系(1:1)

如果实体 A 中的每个实例在实体 B 中至多有一个(也可以没有)实例与之关联,反之亦然,则称实体 A 与实体 B 具有一对一联系,记作 1:1。例如,飞机的乘客和座位之间、学校与校长之间都是 1:1 联系,要注意的是,1:1 联系不一定是一一对应,如图 1-9(a)所示。联系本身也有属性,图 1-9(b)中乘客与座位的联系"乘坐"的属性为"乘坐时间"。

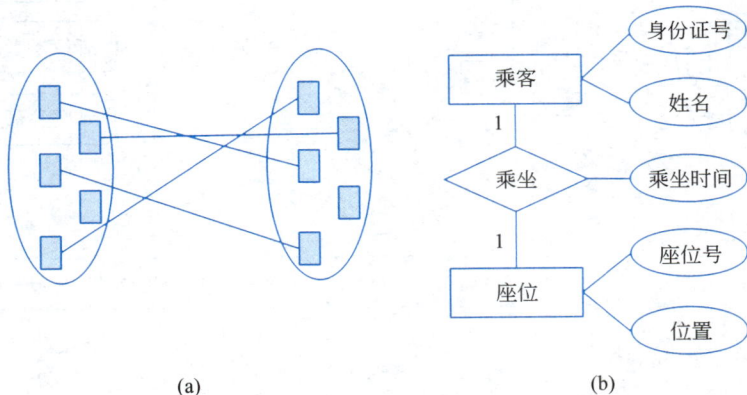

(a)　　　　　　　　　　　　(b)

图 1-9　一对一联系示例

2)一对多联系(1:n)

如果实体 A 与实体 B 之间存在联系,并且对于实体 A 中的一个实例,实体 B 中有多个实例与之对应;而对实体 B 中的任意一个实例,在实体 A 中都只有一个实例与之对应,则称实体 A 到实体 B 的联系是一对多的,记作 $1:n$。例如,部门和职工之间、学校和学生之间都是 1:n 联系，如图 1-10 所示。

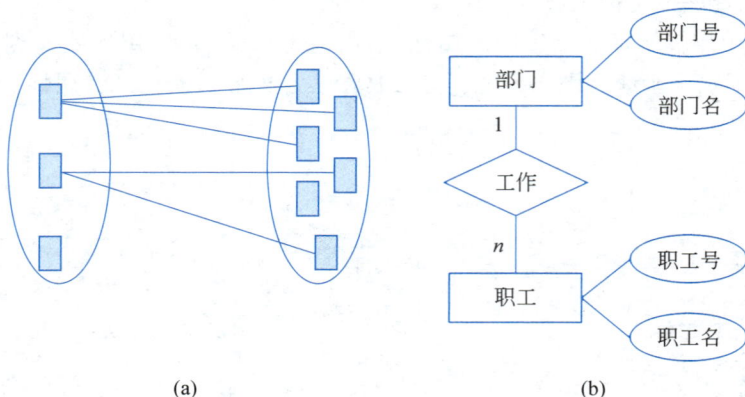

(a) (b)

图 1-10 一对多联系示例

3) 多对多联系($m:n$)

如果实体 A 与实体 B 之间存在联系，并且对于实体 A 中的一个实例，实体 B 中有多个实例与之对应；而对实体 B 中的一个实例，在实体 A 中也有多个实例与之对应，则称实体 A 到实体 B 的联系是多对多的，记为 $m:n$。例如，商品和用户之间、商场和顾客之间都是 $m:n$ 联系，如图 1-11 所示。

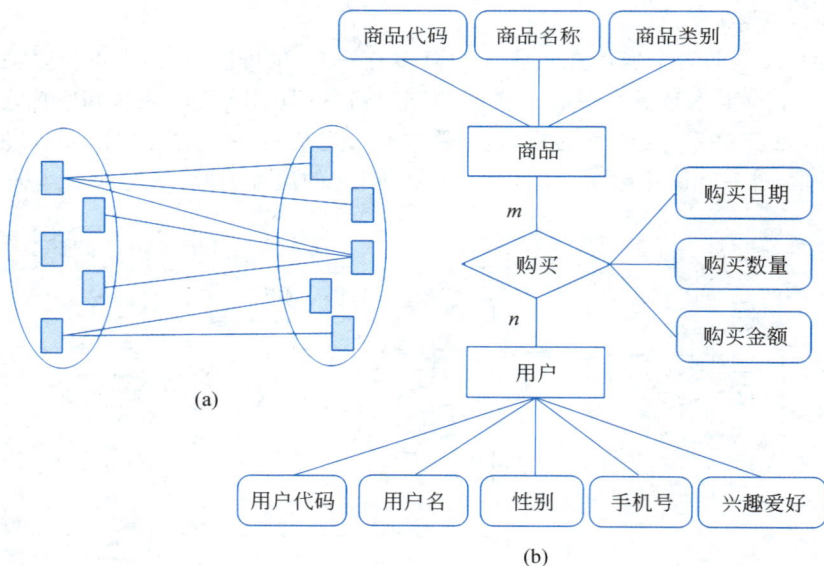

(a)

(b)

图 1-11 多对多联系示例

1.5 数据库系统体系结构

数据库系统的内部体系结构是指三级模式结构（外模式、模式、内模式）以及由三级模式之间形成的两级映像（外模式/模式映像、模式/内模式映像），如图 1-12 所示。

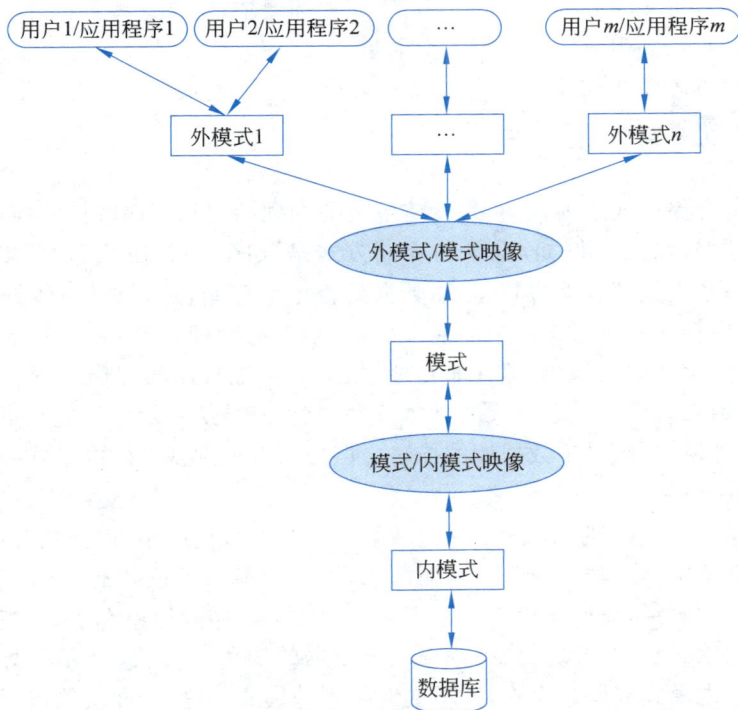

图 1-12　数据库系统的三级模式两级映像

1.5.1　三级模式结构

数据库系统的三级模式是对数据的三个抽象级别,使用户能逻辑地、抽象地处理数据,而不必关心数据在计算机内部的存储方式,把数据的具体组织交给 DBMS 管理。

1. 外模式

外模式也称子模式或用户模式,是数据库用户(包括应用程序员和最终用户)所看见和使用的局部数据的逻辑结构和特征的描述。外模式是数据库三级结构的最外层。外模式是模式的子集或变形,是与某一应用有关的数据的逻辑表示。从逻辑关系上看,外模式包含于模式。

不同用户的需求不同,对数据库感兴趣的内容不同,看待数据的方式也可以不同,对数据保密的要求也可以不同,使用的程序设计语言也可以不同。因此,不同用户对外模式的描述也各不相同。例如,在银行贷款管理系统中,各银行、各法人的需求不相同,可以为它们分别建立对应的数据库视图。

DBMS 提供外模式描述语言来定义外模式。在关系数据库中,外模式对应视图,第 6 章将详细介绍视图的概念及其应用。

2. 概念模式

概念模式(Schema)又称逻辑模式,是数据库中全体数据的逻辑结构和特征的描述。概念模式处于三级结构的中间层,它与应用程序和高级语言无关。概念模式以某一种数据模型为基础,定义数据的逻辑结构(例如,数据记录由哪些数据项构成,数据项的名字、类型、长度和取值范围等），定义与数据有关的安全性、完整性要求，定义这些数据之间的联系。概念模式是客观世界某一应用环境中所有数据的集合。

DBMS 提供概念模式描述语言来定义概念模式。在关系数据库中，概念模式对应表，第 4 章将详细介绍表的概念及管理。

3. 内模式

内模式又称存储模式或内视图，是全体数据的物理结构和存储结构的描述，是数据在数据库文件内部的表示方式（例如，记录的存储方式是顺序存储、按照 B 树结构存储还是按 Hash 方法存储；索引按照什么方式组织；数据是否压缩存储，是否加密；数据的存储记录结构有何规定）。内模式是三级结构中的最内层，也是靠近物理存储的一层，与实际存储数据方式有关，由多个存储记录组成，但并非物理层，不必关心具体的存储位置。内模式对一般用户是透明的，通常人们不关心模式的具体技术实现，而是从一般组织的观点（即概念模式）或用户的观点（外模式）来讨论数据库的描述。但必须意识到基本的内模式和存储数据库的存在。

DBMS 提供内模式描述语言来定义内模式。在关系数据库中，内模式对应存储文件。

在数据库系统中，外模式可有多个，而概念模式、内模式只能各有一个。内模式是整个数据库实际存储的表示，而概念模式是整个数据库实际存储的抽象表示，外模式是概念模式的某一部分的抽象表示。三层模式结构提供了数据的抽象和封装，允许数据库管理员和设计者独立地修改内模式或概念模式，而不会影响到外模式。这样，即使数据库的存储方式或逻辑结构发生变化，用户的视图和应用代码也可以保持不变。这种分层的方法提高了数据库的灵活性和可维护性，同时也支持了数据的安全性和完整性。

1.5.2　两级映像

数据库的三级模式之间可通过一定的对应规则进行相互转换，从而把这三级模式连接在一起成为一个整体，这种对应规则就是 DBMS 在三级模式之间提供的两级映像功能。

1. 模式/内模式映像

模式/内模式映像定义通常包含在模式描述中，确定了数据的全局逻辑结构与存储结构之间的对应关系（即模式与内模式之间的映像关系）。例如，说明逻辑记录和字段在内部是如何表示的。

数据库中只有一个模式，也只有一个内模式，所以模式/内模式是唯一的。

2. 外模式/模式映像

外模式/模式映像定义通常包含在各自外模式的描述中，确定了数据的局部逻辑结构与全局逻辑结构之间的对应关系（即外模式与模式之间的映像关系）。

数据库中的同一模式可以有任意多个外模式，对于每一个外模式，数据库系统都存在一个外模式/模式映像。

两级映像的定义和修改都是由数据库管理员完成的。

1.5.3　两种数据独立性

数据独立性是指应用程序和数据的组织方法及存储结构相互独立的特性。具体地说，就是当修改数据的组织方法和存储结构时，应用程序不用修改的特性。

由于数据库系统采用三级模式、两级映像结构,因此具有数据独立性的特点。数据独立性分为数据的物理独立性和数据的逻辑独立性。

1. 数据的物理独立性

当数据库的存储结构(即内模式)改变时,由数据库管理员对模式/内模式映像做相应修改,可以使模式保持不变。这样,我们称数据库达到了数据的物理独立性(简称物理独立性)。

当内模式发生改变时,能确保模式不发生改变,以至于不影响外模式的改变,从而不会引起应用程序的改变。

2. 数据的逻辑独立性

当模式改变(例如,在原有的记录类型之间增加信息的联系,或在某些记录类型中增加新的数据项)时,由数据库管理员对各个外模式/模式的映像做相应修改,可以使外模式保持不变。这样,我们称数据库达到了数据的逻辑独立性(简称逻辑独立性)。

当模式发生改变时,能确保外模式不发生改变,从而不会引起应用程序的改变。

1.6 数据库应用系统的开发架构

从数据库最终用户的角度看,数据库应用系统的开发架构主要分为集中式结构、客户/服务器结构、浏览器/服务器结构和分布式结构等。

1.6.1 客户/服务器结构

客户/服务器(Client/Server,C/S)结构是在客户端和服务器端都需要部署程序的一种应用架构,这种结构允许应用程序分布放在客户端和服务器上执行,可以合理划分应用逻辑,充分发挥客户端和服务器两方面的性能,如图 1-13 所示。

在 C/S 结构中,我们常把客户端称为前台或前端客户,把服务器称为后台或后台服务器。客户端一般是普通的个人计算机,而服务器则采用高性能的计算机(专用服务器计算机,也可以是普通的个人计算机)。应用程序或应用逻辑可以根据需要划分在服务器和客户机中,客户端的应用程序主要处理包括提供用户界面、采集数据、输出结果及向后台服务器发出处理请求等;服务器端的程序则完成数据管理、数据处理、业务处理、向客户端发送处理结果等。

C/S 结构通过将应用程序合理分配到客户端和服务器端,可以充分利用两端硬件环境的优势,简化了应用程序的开发,优化了网络利用率,从而可以利用较低的费用实现较高的性能,使整个系统达到最高的效率。C/S 结构的主要缺点是,需要在客户端安装应用程序,部署和维护成本较高;代码复用困难。

客户/服务器系统适用于用户数较少、数据处理量较大、交互性较强、数据查询灵活和安全性要求较高的基于局域网的系统。目前,主流的数据库管理系统都支持 C/S 结构,如 MySQL、SQL Server 和 Oracle 等。

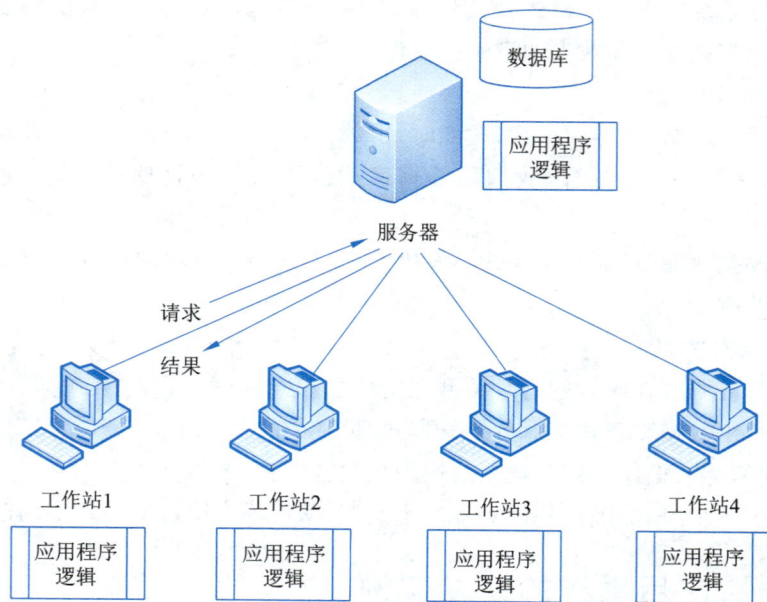

图 1-13　客户/服务器结构

1.6.2　浏览器/服务器结构

随着应用系统规模的扩大，C/S结构的某些缺陷表现得非常突出。例如，客户端软件的安装、升级、维护以及用户的培训等，都随着客户端规模的扩大而变得相当艰难。Internet的快速发展，为这些问题的解决提供了有效的途径，这就是浏览器/服务器（Browser/Server，B/S）结构，如图 1-14 所示。

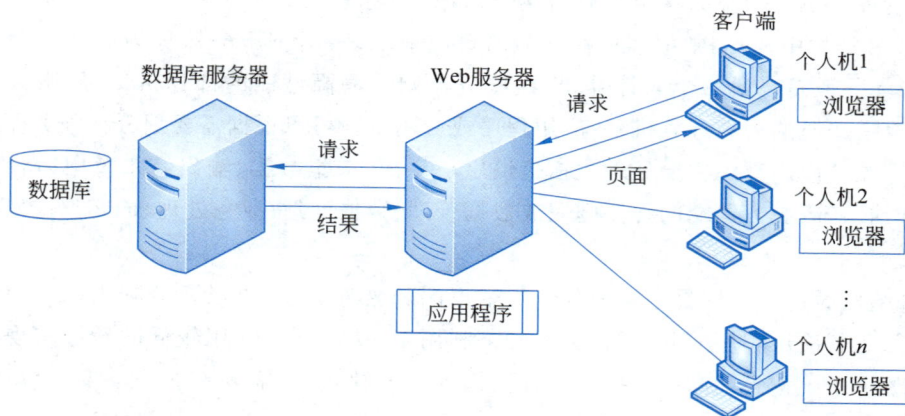

图 1-14　浏览器/服务器结构

B/S结构实质上是客户/服务器结构在新的技术条件下的延伸。在传统的 C/S 结构中，服务器主要作为数据库服务器，负责数据的管理，而大量的应用程序则在客户端运行。这种模式下，每个客户都必须安装应用程序和工具，导致客户端配置复杂，系统的灵活性和可扩展性都受到很大影响。随着 Internet 技术的发展，C/S 结构自然延伸为三层或多层结构,形成 B/S 结构。这种方式下,Web 服务器既是浏览服务器,又是应用服务器,可以运行大量的应用程序,从而使客户端变得很简单。

在 B/S 结构中,浏览器接受用户的请求,然后通过页面将请求提交给 Web 服务器,Web服务器将页面请求解析后向应用服务器提出处理请求,应用服务器访问数据库服务器并进行相应处理,最后再由 Web 服务器将处理结果格式化为页面形式呈现在客户端。

B/S 结构的主要特点是,在客户端的计算机上不需要安装专门的软件,只要有上网用的浏览器软件即可。因此不需要专门对客户端进行安装和部署,只需要在服务器部署软件,整个系统的部署和维护成本较低,同时,代码的可重用性较高。B/S 结构的优势在于,无须开发客户端软件,维护和升级方便;可跨平台操作,任何一台计算机只要装有浏览器软件,均可作为客户机来访问系统;具有良好的开发性和可扩充性;具有良好的可重用性,提高了系统的开发效率。另外,通过 Internet 成熟的防火墙、代理服务、加密等技术,还极大地提高了系统的安全性。

B/S 结构适用于用户多、数据处理量不大、地点灵活的基于广域网的系统。

1.7　数据库应用和技术研究现状

数据库是现代计算机应用和技术的重要组成部分。过去,人们已经对数据库的应用和技术进行了详细的研究和探讨,并取得了一定成就。但随着国家战略的引领和新一轮人工智能浪潮的诞生,全球数据库呈现出应用持续推新、技术不断变革的局面,"百花齐放"的局面逐步形成。

1.7.1　数据库应用现状

数据库在现代企业中扮演着不可或缺的角色,是数据管理、分析和利用的核心工具。对于不同行业和应用场景,传统数据库和新型数据库都给出了不同的选择。目前,国内外数据库行业正处于蓬勃发展期,市场前景广阔,在各个领域都有广泛的应用。

1. 金融行业数据库

当前,我国金融行业数据库应用呈现四大特点,一是集中式和分布式并存发展;二是非融合 OLTP 数据库占比较高;三是非关系型数据库探索加快,图数据库、向量数据库等应用不断推进;四是开源数据库在金融行业得到广泛应用。

在以上特点的基础上,我国数据库产品持续构建新一代金融 IT 基础设施。一是逐步深入金融行业的应用,采用"先外围,后核心"策略,拓展应用范围。二是针对特殊业务场景采取定制化改造,增强业务系统的服务能力。三是不断提升产品能力和成熟度,满足金融行业内丰富的应用场景。

2. 电信行业数据库

随着技术的不断发展,国产数据库在电信行业持续深入。近年来,电信行业数据复杂度对数据库多模、海量、弹性、异构等要求不断提高,多元化数据库成为行业发展趋势,但不同的应用场景对于数据库的能力需求和应用的技术不尽相同,如表 1-1 所示。

表 1-1　数据库技术在电信行业中的应用

电信行业应用场景	特　　点	数据库技术
计费及计算支持	数据量大、对稳定性要求高	云原生、分布式架构
信息实时查询	实时性、高并发	HTAP
云盘服务	数据类型多样	多模数据库
数据洞察	数据挖掘及分析	弹性扩展、云原生、多模能力、HTAP
防止电信诈骗	多源异构数据关联分析	多模能力、图数据库、图计算

3. 制造行业数据库

随着物联网、人工智能等新兴技术的发展,制造业的生产制造、存储运输等全流程作业正快速改变,但同时也面临诸多困难:一是数据多源异构让数据集成共享存在壁垒;二是因产业链条过长导致的数据孤岛现象;三是数据资产管理能力不足,缺乏专业化的数据资产管理团队。

云边端协同分布式多模数据库等数据库产品能够很好地满足制造业相关需求,这类数据库产品基于分布式支持拍字节(PB)级以上数据存储,多副本保障数据高可用,具有较高水平的可拓展性,能同时满足业务上云和实时计算查询需求。在多模态数据管理方面,以时序数据管理为基础,实现智能制造传感数据高速入库和展示,囊括事务交易引擎、联机分析引擎和其他模态数据处理引擎,支撑全工艺、全系统的数据统一管理。

4. 能源行业数据库

数据库在能源行业应用广泛,数据的收集、存储、处理和分析等多方面都离不开数据库的有力支撑。

不论分析型数据库、事务型数据库还是实时数据库、图数据库等都在能源行业有广泛应用。以电力行业为例,发电厂、铁塔、变电站、用电设备都是节点,连接这些节点的输配电线路就是边。这种拓扑结构可以用图数据库来描述。对于点和边,不仅可以定义属性,还可以分别定义计算函数,形成智能体,从而更好地进行计算。

1.7.2　数据库技术研究现状

随着智能化时代来临,业务应用场景不断丰富,数据库技术呈现出以技术融合创新发展、新兴技术逐步应用落地、人工智能与数据库双向赋能的主要特征。

1. 技术融合创新发展

云计算与数据库协同发展。云原生数据库融合了传统数据库、云计算与新硬件技术的优势,其设计核心是一种能够充分利用平台的池化资源,更符合"资源弹性管理"。

图技术洞悉数据关联价值。图技术重点关注图数据仓库、大图模型、图内容生成、图联邦学习和基于图技术的检索增强技术。基于以上技术,图查询语言 GQL(Graph Query Language)2024 年 4 月正式发布,GQL 为管理和查询图数据确立了统一的标准。

湖仓一体提升数据处理性能。湖仓一体平台将数据仓库的高性能及数据管理能力和数据湖的开放性和灵活性相结合,实现了海量异构数据的统一存储、计算、开发、管理和服务,从而解决数据孤岛、数据冗余和系统维护等问题。

2. 新兴技术逐步应用落地

随着科技的不断提升和进步,新兴技术逐渐迈入发展和成熟阶段,成为推动数据库发展的主要力量。数据要素、大语言模型的蓬勃发展也为诸多新兴技术提供了更加广阔的应用空间。

向量数据库提高了非结构化数据检索效率,有助于人工智能高速发展;搭载多种数据库引擎的多模数据库在结构化和非结构化数据融合处理方面发挥了重要价值;隐私计算与数据库技术相结合的全密态数据库在保障数据密态流通方面得到了广泛应用;时空数据库增强了对于矢量、栅格和点云等时空数据的融合查询和分析能力。

3. 人工智能与数据库双向赋能

AI for DB。人工智能技术的进步推动了数据处理技术的创新,大语言模型的高速发展也对数据库领域影响深远。一是数据库智能运维,利用机器学习模型优化查询并提高准确性,形成全链路查询优化;二是通过大语言模型降低操作门槛,辅助海量数据查询;三是在云计算的加持下实现数据库全生命周期自动化管理。

DB for AI。数据库是人工智能高速发展的基石,人工智能的产生、优化、发展及应用都离不开数据库的必要支撑。一是数据库助力人工智能高效建模,提高业务反应效率;二是数据库支撑大模型有效落地,解决大模型知识库更新及大模型"幻觉"等问题,提高模型的性能和准确性。

1.8 本章小结

本章概述了数据库的基本概念,通过阐述数据管理技术的发展,说明数据库系统的特点。

数据模型是数据库系统的核心和基础。本章介绍了数据模型的概念、分类及构成和概念数据模型,并从数据库系统体系结构角度重点阐述了三级模式和数据独立性问题。

本章还介绍了数据库应用系统的开发架构、数据库应用和技术研究现状。

1.9 习题

1. 选择题

(1) 数据不长期保存在计算机中是数据管理(　　)的特征。

　　A. 人工管理阶段　　　B. 文件系统阶段　　　C. 数据库阶段　　　D. 高级数据库阶段

(2) 数据的物理独立性和数据的逻辑独立性是分别通过修改(　　)来完成的。

　　A. 模式与内模式之间的映像、外模式与模式之间的映像

　　B. 外模式与内模式之间的映像、外模式与模式之间的映像

　　C. 外模式与模式之间的映像、模式与内模式之间的映像

　　D. 外模式与内模式之间的映像、模式与内模式之间的映像

(3) 数据库系统是指(　　)。

　　A. 数据库中的数据集合　　　　　B. 管理数据库的系统软件

　　C. 管理数据库的人及相关支持环境　　D. 包括以上所有内容

（4）下列不属于数据库特点的是（　　）。

    A. 数据共享　　　　B. 数据完整性　　　　C. 数据冗余度高　　D. 数据独立性高

（5）多个用户操作共享数据不产生冲突和矛盾，是由（　　）。

    A. 并发控制机制保障的　　　　　　　　B. 安全控制机制保障的

    C. 恢复机制保障的　　　　　　　　　　D. 共享机制保障的

2. 填空题

（1）数据完整性是指_____。

（2）_____数据模型使用树结构来表示实体和实体之间联系。

（3）概念数据库和存储数据库之间的映像提供了_____数据独立性。

（4）使用网页访问数据库通常是_____结构。

（5）数据库是相互关联的_____的集合。

3. 简单题

（1）什么是数据管理？数据管理经历了怎样的发展过程？

（2）什么是数据库？数据库有哪些主要特征？

（3）试述数据模型的基本概念。

（4）什么是数据库管理系统？它有哪些基本功能？

（5）简述数据库应用和技术研究现状。

第 2 章

关系数据库基础

（1）理解关系数据模型的知识。

（2）理解关系模型的完整性约束。

（3）理解关系代数，为以后设计、使用和管理关系数据库奠定一个良好的基础。

思维导图

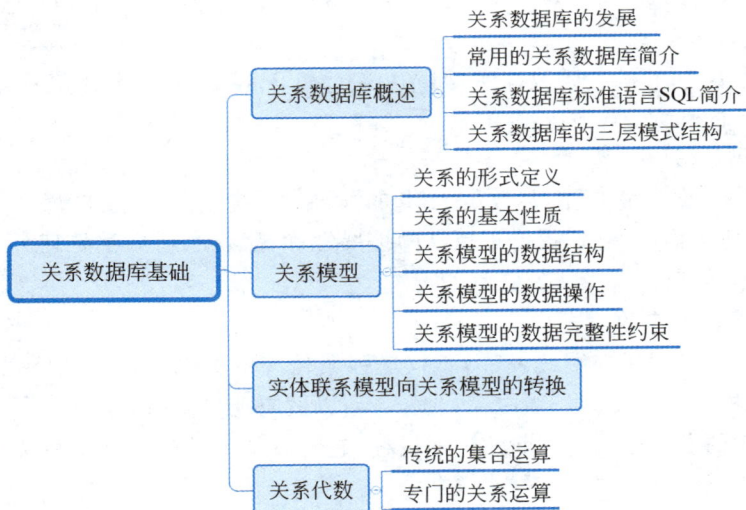

关系数据库作为数据管理的基石，其重要性不断上升。关系数据库系统是支持关系数据模型的数据库系统。本章包括关系数据库概述、关系模型、实体—联系模型向关系模型的转换和关系代数等内容。

2.1 关系数据库概述

2.1.1 关系数据库的发展

关系数据库的发展经历了几个重要的阶段，从早期的网状和层次模型，到关系模型的提出，再到现代的关系数据库系统。以下是关系数据库发展的主要阶段。

1. 前关系型阶段

在 20 世纪 60 年代,数据库系统主要基于网状模型和层次模型,如 IDS 和 IMS。这些系统解决了数据集中存储和共享的问题,但在数据抽象程度和独立性上存在不足。

2. 关系型阶段

1970 年,IBM 的研究员埃德加·科德(Edgar F. Codd)发表了关系模型的概念,这标志着关系型数据库的诞生。科德的论文《大型共享数据库数据的关系模型》奠定了关系数据库的理论基础。

1973 年,IBM 启动了 System R 项目,这是第一个实现结构化查询语言(Structured Query Language,SQL)的关系数据库系统原型。

20 世纪 70 年代末到 80 年代,出现了多个商业化的关系数据库产品,如 Oracle、DB2、Sybase、SQL Server、MySQL 和 PostgreSQL。

3. SQL 语言的发展

20 世纪 70 年代后期,IBM 基于科德的概念开发了原型系统 System R,并引入了 SQL 作为查询语言,这使得数据库的操作更加标准化和易于使用。

4. 商业化与开源

20 世纪 80 年代,关系数据库进入了商业化时代,出现了如 RTI(现名 Actian)和 Informix 等公司。

20 世纪 90 年代,开源关系数据库(如 MySQL 和 PostgreSQL)开始流行,为数据库技术的发展带来了新的动力。

5. 后关系型阶段

21 世纪初,随着互联网和大数据技术的发展,传统的关系数据库面临新的挑战。NoSQL 数据库应运而生,它们提供了更高的扩展性和灵活性,适用于处理大规模数据集合和多样化的数据类型。

6. 现代关系数据库的演进

当代的关系数据库系统继续发展,不仅增强了传统的关系数据库功能,还融入了新技术,如分布式架构、云数据库服务、内存数据库等,以适应现代应用的需求。

关系数据库的发展是一个不断演进的过程,它随着技术的进步和应用需求的变化而不断创新和完善。

2.1.2 常用的关系数据库简介

本小节简单介绍几个主流的关系数据库管理系统。

1. SQL Server

SQL Server 是 Microsoft 公司的产品。Microsoft 公司从 20 世纪 80 年代开始和 Sybase 公司共同开发 SQL Server,1994 年与 Sybase 公司终止合作。SQL Server 1.0~6.5 (1989—1996 年):这一阶段的 SQL Server 版本较为初级,功能简单,主要用于 Windows 平台下的小规模应用;SQL Server 7.0-2000(1998—2000 年):这一阶段的 SQL Server 版本加强了对复杂数据类型的支持和分布式事务的处理,同时也增加了许多企业级的特性,成为中小型企业的首选;SQL Server 2005—2008 R2(2005—2011 年):这一阶段的 SQL Server 版本引入了许多新的特性,如 XML 支持、CLR 集成等,同时也增强了对数据安全的保护和可扩展性的支持；SQL Server 2012—2014（2012—2014 年）：这一阶段的 SQL Server 版本进一步增强了可扩展性和高可用性的支持，在查询等方面也进行了优化，并引入了列存储技术；SQL Server 2016—2019（2016 年至今）：这一阶段的 SQL Server 版本引入了许多新特性，如 JSON 支持、Graph 数据处理等，并增强了在混合云环境下的支持和安全性。总之，SQL Server 版本的发展一直在不断地加强其功能和特性，以满足不断变化的客户需求。

2. Oracle

Oracle 数据库管理系统是美国 Oracle（甲骨文）公司的产品。可以说 Oracle 诞生于 20 世纪 70 年代，成型于 20 世纪 80 年代，快速发展于 20 世纪 90 年代。Oracle 适应于各种操作系统平台，是使用非常广泛的数据库管理系统，在数据库技术的很多方面都处于领先地位。Oracle 数据库管理系统同样提供了各种数据库应用和数据管理解决方案。Oracle 较近的版本有 1998 年发布的 Oracle 8i、2001 年发布的 Oracle 9i、2003 年发布的 Oracle 10g、2007 年发布的 Oracle 11g 和 2013 年发布的 Oracle 12c 以及后来升级的 18c、19c、21c 等。第 8 版和第 9 版中的字母 i 是 internet 的首字母，即增加了很多支持互联网的新特性。第 10 版和第 11 版中的字母 g 是 grid（网格）的首字母，当年被称为下一代互联网、internet2，网格计算的目标是把分布在世界各地的计算机连接在一起，并且将各地的计算机资源通过高速的互联网组成充分共享的集成资源。第 12 版以后中的字母 c 是 cloud（云计算）的首字母。

3. MySQL

MySQL 也是目前普遍流行的关系数据库管理系统之一，它的一个很重要的标签是"开源"。MySQL 由瑞典 MySQL AB 公司开发，2008 年被 Sun 公司收购，2010 年 Oracle 公司又收购了 Sun 公司，所以目前 MySQL 属于 Oracle 旗下的产品。由于 MySQL 体积小、速度快、总体拥有成本低，尤其是开放源码这一特点，一般中小型网站的开发都选择 MySQL 作为后台数据库。在国内，MySQL 大量应用于互联网行业，比如，大家所熟知的百度、腾讯、阿里巴巴、京东、网易、新浪等公司都在使用 MySQL。

中国数据库管理系统的研发最早起步于 20 世纪 90 年代前后，老一辈数据库学者推动了从理论研究到产品转化的进程，在跨世纪的 2000 年前后，武汉达梦、北京人大金仓等多家数据库公司相继成立。另外，随着信息化和数字化的迅速发展，一些头部公司从自身业务或战略布局出发也研制开发了自己的数据库产品，如华为的 GaussDB 等。

4. GaussDB

GaussDB 是华为云推出的一款高性能、高可用、高扩展性的企业级云原生数据库产品。它基于华为自研的存储引擎和计算引擎，完全兼容 MySQL，支持企业级复杂事务混合负载能力，同时提供分布式事务处理能力。GaussDB 的一个显著特点是其计算存储分离架构，这种架构允许数据库在处理大量数据时保持高性能，同时支持横向扩展，以应对不断增长的数据量和访问需求。GaussDB 采用先进的日志即数据架构，通过 RDMA 协议进行数据传输，消除了 IO 性能瓶颈，显著提升了用户体验。在安全性方面，GaussDB 提供了包括数据动态脱敏、TDE 透明加密、行级访问控制等在内的安全特性，确保了数据的安全性和隐私性，满足了金融等行业的高标准安全需求。GaussDB 完全兼容 MySQL，使得现有的 MySQL 应用无须改造即可轻松迁移到 GaussDB，极大地降低了企业的迁移成本和风险。此外，GaussDB 还提供了高效的备份和恢复机制，支持全量备份和基于时间点的回滚，确保了数据的可靠性。

本书选择 GaussDB 作为实践环节教学平台。第 3 章会详细介绍云数据库 GaussDB。

5. KingBaseES

KingBaseES 是北京人大金仓信息技术股份有限公司自主研制开发的具有自主知识产权的通用关系型数据库管理系统。金仓数据库主要面向事务处理类应用,兼顾各类数据分析类应用,可用于信息管理系统、业务及生产系统、决策支持系统、多维数据分析、全文检索、地理信息系统、图片搜索等的承载数据库。金仓数据库 KingBaseES 是目前唯一入选国家自主创新产品目录的数据库产品。金仓数据库的最新版本为 KingBaseES V8,KingBaseES V8 在系统的可靠性、可用性、性能和兼容性等方面进行了重大改进,支持 UNIX、Linux 和 Windows 等数十个操作系统产品版本,支持 X86、X86_64 及国产龙芯、飞腾、申威等 CPU 硬件体系结构,并具备与这些版本服务器和管理工具之间的无缝互操作能力。KingBaseES 在我国政府部门应用非常普及,另外在能源、军工、金融、公安、交通等行业或领域也有广泛应用。

6. OceanBase

阿里巴巴公司旗下的 OceanBase 也是我国国产数据库的骄傲。读者对"双十一"的电商活动可能非常熟悉,但是对后台的刷单量、对数据库的事务处理能力不一定十分了解。

OceanBase 始创于 2010 年,2011 年正式进入电商业务;2014 年取代 Oracle 支撑支付宝核心交易系统,承担"双十一"10% 的交易流量;2015 年则承担"双十一"的全部流量,同时上线网商银行,成为全球首个在金融核心业务系统的分布式数据库;2016 年上线支付宝核心账务、核心支付系统,全球首次使用分布式数据库支撑金融核心账务系统;2017 年完成蚂蚁集团核心系统最后一个 Oracle 数据库替换;2019 年 TPC-C 测试登顶榜首,打破 Oracle 保持 9 年的世界纪录,"双十一"创造每秒 6100 万次数据库处理峰值记录;2020 年正式成立公司,独立商业化运作,TPC-C 7.07 亿 tpmC 打破自己保持的世界纪录,超过 Oracle 23 倍;2021 年正式开源,开放 300 万行核心代码,TPC-H 1526 万 QphH@30000GB 登顶榜首,成为全球唯一登顶 TPC-C 与 TPC-H 的分布式数据库,发展成为真正的通用型企业级分布式数据库;2022 年 4.0 版本发布,正式发布 OceanBase 公有云。

7. 达梦

达梦数据库(DM)是一款大型通用关系型数据库,融合了分布式、弹性计算与云计算的优势,高度兼容国外主流数据库,具有高性能、高可用性、高安全性、兼容性、通用性等特色。达梦数据库的最新版本为 DM 8,是新一代大型通用关系型数据库,全面支持 SQL 标准和主流编程语言接口/开发框架。行列融合存储技术,在兼顾 OLAP 和 OLTP 的同时,满足 HTAP(hybrid transactional/analytical processing,在线事务处理/在线分析处理)混合应用场景,针对可靠性、高性能、海量数据处理和安全性做了大量的研发和改进,极大提升了达梦数据库产品的性能,从根本上提升了 DM 8 的品质。1988 年,达梦成功研发出我国第一个自主版权的数据库管理系统原型 CRDS;2000 年,武汉华工达梦数据库有限公司成立;2004 年,达梦推出大型通用数据管理系统 DM 4;2012 年新一代达梦数据库管理系统 DM 7 发布,支持大规模并行计算、海量数据处理;2019 年,达梦创新性地推出新一代数据库产品——DM 8。目前,达梦数据库已应用于金融、能源、航空、通信、党政机关等数十个领域,打破了国外数据库产品在我国一统天下的局面。

2.1.3 关系数据库标准语言 SQL 简介

SQL 已经成为关系数据库的标准语言,所以现在所有的关系数据库管理系统都支持 SQL。SQL 标准的发展经历了几个重要阶段(表 2-1),从最初的概念提出到现在的国际化标准,SQL 语言不断演进和完善。

表 2-1　SQL 标准的发展经历

版　　本	说　　明
SQL 的起源	SQL 最初由 IBM 在 1970 年开发,作为其关系数据库管理系统 System R 的查询语言。SQL 的前身是 SQUARE 语言,由埃德加·科德提出的关系模型演变而来
SQL-86(SQL 1)	1986 年,SQL 的第一个标准化版本由美国国家标准协会(ANSI)发布,并被国际标准化组织(ISO)采纳。这个版本为 SQL 语言奠定了基础,引入了基本的数据库操作,如 SELECT、INSERT、UPDATE 和 DELETE
SQL-89	1989 年,ANSI 和 ISO 对 SQL 标准进行了第一次修订,增加了一些新特性,如完整性约束和基本安全功能(如 GRANT 和 REVOKE 语句)
SQL-92(SQL 2)	1992 年,SQL 标准进行了重大扩展,引入了 JOIN 操作、标量操作、子查询、事务控制和视图,同时引入了一系列新的数据类型。SQL-92 曾被称为"完整"的 SQL 标准,因为它包括了数据定义、数据操纵、数据控制和数据查询等所有功能
SQL:1999(SQL 3)	1999 年,SQL 标准取得了重要进步,引入了递归查询、触发器和存储过程,以及面向对象的特性,如方法、用户定义类型和引用完整性
SQL:2003(SQL 4)	2003 年,SQL 标准进一步扩展,增加了对 XML 的支持,以及对大型数据集和数据仓库的改进
SQL:2008(SQL 5)	SQL:2008 对 SQL 标准进行了全面的修订和扩展,包括对窗口函数和增强的 XML 处理的支持,增加了对正则表达式的支持
SQL:2011(SQL 5)	2011 年的更新继续扩展了 SQL 标准,同时引入了对时态数据的支持,允许跨不同时间维度管理和查询数据
SQL:2016	SQL:2016 引入了 JSON 和高级分析,包括对图数据存储的支持、正规表达式增强以及增加了序列和虚拟列的新特性
SQL:2023	最新的 SQL 标准在 2023 年发布,SQL:2023 代表了 SQL 持续发展的一个重要里程碑,引入了属性图查询和增强 JSON 支持,简化了数据处理的几方面,使语言更易于访问和使用

SQL 标准的持续发展反映了数据库技术的进步和新需求的出现。随着大数据、云计算和物联网等技术的发展,SQL 标准也在不断地演进,以适应新的应用场景和数据挑战。GaussDB 默认支持 SQL 2、SQL 3 和 SQL 4 标准的主要特性。

1. SQL 的分类

SQL 的分类如下。

(1) 数据定义语言:用于创建数据库和数据库对象。主要命令包括 CREATE(创建)、DROP(删除)和 ALTER(修改)。

(2) 数据查询语音:SELECT(查询)。

(3) 数据操纵语言:用于操纵表、视图中的数据。主要命令包括 INSERT(插入)、DELETE(删除)和 UPDATE(更新)。

(4) 数据控制语言:用于执行有关安全管理的操作。主要命令包括 GRANT(授权)和

REVOKE(收权)。

2. SQL 的主要特点

SQL 的主要特点如下。

（1）一体化。集数据定义语言、数据操纵语言、数据控制语言、事务管理语言和附加语言元素为一体。

（2）两种使用方式。即交互使用方式和嵌入到高级语言中的使用方式。

（3）非过程化语言。只需要提出"干什么"，不需要指出"如何干"，语句的操作过程由系统自动完成。

（4）简洁。类似人的思维习惯，容易理解和掌握。

2.1.4　关系数据库的三层模式结构

关系数据库和 SQL 均支持三层模式结构，图 2-1 示意了关系数据库的三层模式结构。在关系数据库中，将基本表格或基本关系称为基本表，基本表独立存在。根据基本表可以派生出一些虚拟表，在关系数据库中将这些虚拟表称为视图。从图 2-1 可以看出，视图对应于三层数据库的外部模式。因此，所有基本表构成全局逻辑结构，是面向全局应用的，而视图是面向局部应用的。

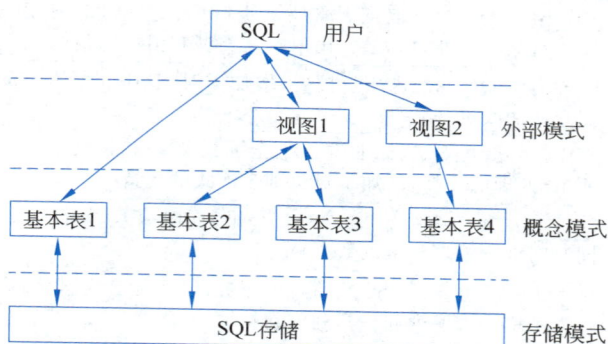

图 2-1　关系数据库的三层模式结构

SQL 或用户可以在基本表和视图上进行操作，所以在关系数据库中外部数据库由视图和部分基本表构成，概念数据库由全体基本表构成，而存储数据库是基本表的物理存储实现。

在关系数据库中基本表用 CREATE TABLE 语句定义（参见 4.3.1 节），视图用 CREATE VIEW 语句定义（参见 6.1.2 节），而存储层通常不需要专门定义，关系数据库管理系统会自动完成基本表的物理存储管理。

2.2　关系模型

关系数据模型就是用关系表示现实世界中实体以及实体之间联系的数据模型。关系数据模型包括关系数据结构、关系数据操作和关系完整性约束三个要素。

2.2.1 关系的形式定义

在数据库理论中,关系通常被直观地描述为二维表,这种描述有助于我们理解关系数据的结构。然而,由于关系这一概念根本上源自数学领域,因此,为了精确地把握其内涵,我们需要从数学的角度对关系给出严格的形式化定义,并深入探讨相关的概念。

1. 域
域(Domain)是一组具有相同数据类型的值的集合,是关系中的一列取值的范围。

例如,整数的集合。

2. 笛卡儿积定义
笛卡儿积定义:设 D_1,D_2,$\cdots$,D_n 为任意集合,定义 D_1,D_2,$\cdots$,D_n 的笛卡儿积为

$$D_1 \times D_2 \times \cdots \times D_n = \{(d_1, d_2, \cdots, d_n) | d_i \in D_i, i = 1, \cdots, n\}$$

其中,集合的每一个元素 $(d_1, d_2, \cdots, d_n)$ 称为一个 n 元组,简称元组,元组中每一个 d_i 称为元组的一个分量。

例如,设

$$D_1 = \{G004, G006, G009\}$$
$$D_2 = \{文件夹,钢笔,篮球,红酒\}$$

则

$$D_1 \times D_2 = \{(G004,文件夹),(G004,钢笔),(G004,篮球),(G004,红酒),$$
$$(G006,文件夹),(G006,钢笔),(G006,篮球),(G006,红酒),$$
$$(G009,文件夹),(G009,钢笔),(G009,篮球),(G009,红酒)\}$$

笛卡儿积实际上就是一个二维表,如图 2-2 所示,表的任意一行就是一个元组,它的第一个分量来自 D_1,第二个分量来自 D_2。笛卡儿积就是所有这样的元组的集合。

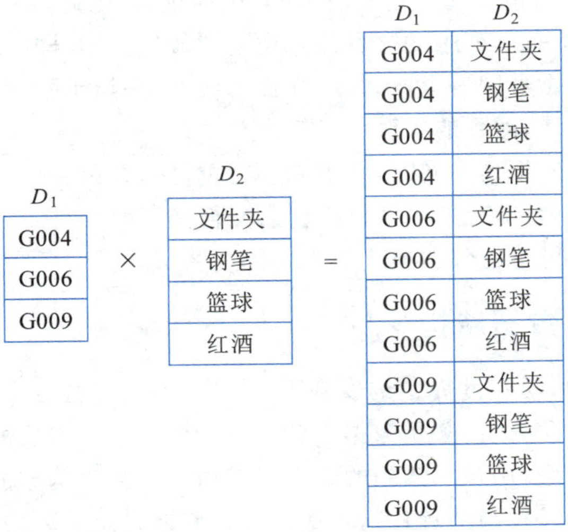

图 2-2 笛卡儿积

3. 关系的形式化定义
关系的形式化定义:笛卡儿积 $D_1 \times D_2 \times \cdots \times D_n$ 的任意一个子集称为 $D_1, D_2, \cdots, D_n$

上的一个 n 元关系。

形式化的关系定义同样可以把关系看成二维表，给表的每一列取一个名字，称为属性。n 元关系有 n 个属性，属性的名字要唯一。属性的取值范围 $D_i(i=1,2,\cdots,n)$ 称为值域（domain）。

例如，对上述例子取如下子集就构成一个关系：

$$R=\{（G004，文件夹），（G006，钢笔），（G009，钢笔）\}$$

R 的二维表形式如图 2-3 所示，把第一个属性命名为商品编号，第二个属性命名为商品名称。

商品编号	商品名称
G004	文件夹
G006	钢笔
G006	篮球
G006	红酒
G009	文件夹
G009	钢笔
G009	篮球
G009	红酒

图 2-3　商品关系

在数据库的关系模型中，关系可以被定义为一组元组的集合，这些元组的顺序并不重要，因为集合中的元素（即元组）是无序的。这与数学中的集合概念是一致的。然而，元组内部的分量（即字段值）是有序的，这意味着元组中的数据是按照特定的顺序组织的。例如，关系中的元组 (a,b) 和 (b,a) 是不同的，因为它们的分量顺序不同，而普通的集合，如 $\{a,b\}$ 和 $\{b,a\}$，则被认为是相同的集合。

此外，关系可以根据其元组的数量被分类为有限关系或无限关系。有限关系指的是元组数量有限的关系，而无限关系则包含无限多的元组。在数据库系统中，我们通常只处理有限关系，因为数据库的设计和操作主要是为了存储和管理可以在有限空间内表示的数据集合。这种有限性使得数据库系统能够有效地实施查询、更新和管理数据。

2.2.2　关系的基本性质

关系是用集合代数的笛卡儿积定义的，是元组的集合，因此，关系有如下性质。

（1）列是同质的，即每一列中的分量是同类型的数据，来自同一个域。

（2）不同的列可以出自同一个域，每一列称为属性，需给予不同的名称。

（3）列的顺序无所谓，即列的次序可以任意交换。

（4）关系中的各个元组是不同的，即不允许有重复的元组。

（5）行的顺序无所谓，即行的次序可以任意交换。

（6）每一分量是不可分的数据项。

2.2.3　关系模型的数据结构

在关系数据模型中，现实世界中的实体及其相互关系都被抽象为关系，即二维表的形式。从逻辑或用户的视角来看，关系数据库就是由这些二维表组成的集合。

在关系数据库系统中，用户感知到的数据库是由一系列表构成的，这些表构成了数据库的逻辑结构。这种逻辑结构与数据在物理层面的存储方式是分离的。数据库系统在物理层可以采用各种高效的存储机制来组织数据，例如有序文件、索引结构、哈希表、指针等，以优化数据的存储和访问效率。

表作为数据的逻辑表示，为用户提供了一种抽象，隐藏了数据在物理存储层面的复杂性。这种抽象包括数据存储的具体位置、记录的物理顺序、数据值的内部表示以及用于快速访问数据的索引结构等细节。对于用户而言,这些存储细节是透明的,他们无须关注数据是如何在磁盘上组织和存储的,只需通过表这一逻辑结构来操作和查询数据。

这种抽象层次的划分是关系数据库系统的核心优势之一,它允许数据库管理员和应用程序开发者专注于数据的逻辑组织和应用逻辑,而不必深入了解底层的物理存储细节。这样不仅提高了数据操作的简便性,也增强了数据库的灵活性和可维护性。

图 2-4 所示的两个关系模型分别为用户关系和商品浏览记录关系。

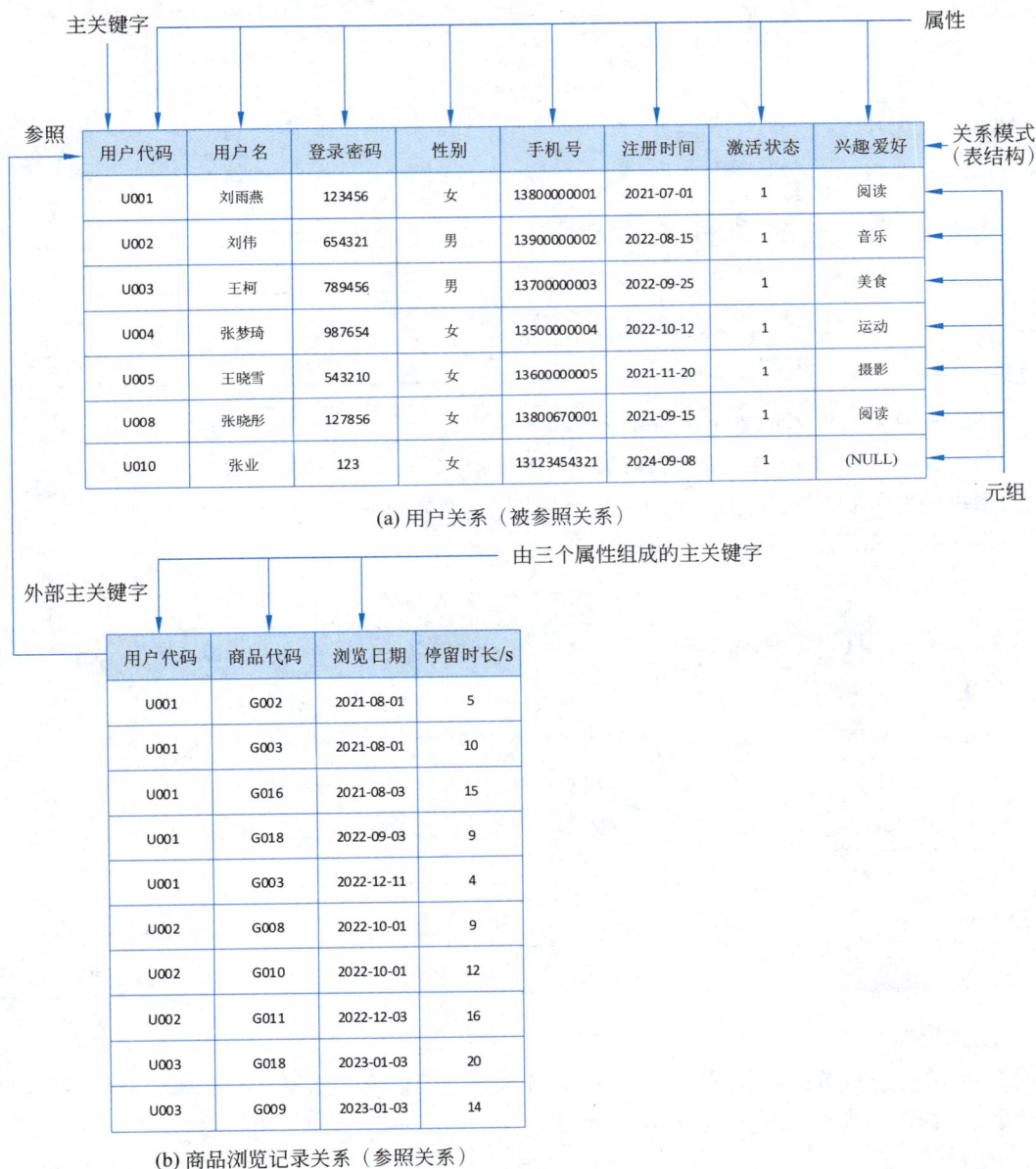

用户代码	用户名	登录密码	性别	手机号	注册时间	激活状态	兴趣爱好
U001	刘雨燕	123456	女	13800000001	2021-07-01	1	阅读
U002	刘伟	654321	男	13900000002	2022-08-15	1	音乐
U003	王柯	789456	男	13700000003	2022-09-25	1	美食
U004	张梦琦	987654	女	13500000004	2022-10-12	1	运动
U005	王晓雪	543210	女	13600000005	2021-11-20	1	摄影
U008	张晓彤	127856	女	13800670001	2021-09-15	1	阅读
U010	张业	123	女	13123454321	2024-09-08	1	(NULL)

(a) 用户关系(被参照关系)

用户代码	商品代码	浏览日期	停留时长/s
U001	G002	2021-08-01	5
U001	G003	2021-08-01	10
U001	G016	2021-08-03	15
U001	G018	2022-09-03	9
U001	G003	2022-12-11	4
U002	G008	2022-10-01	9
U002	G010	2022-10-01	12
U002	G011	2022-12-03	16
U003	G018	2023-01-03	20
U003	G009	2023-01-03	14

(b) 商品浏览记录关系(参照关系)

图 2-4 关系模型

用关系表示实体以及实体之间联系的模型称为关系数据模型。下面介绍一些关系数据模型的基本术语。

数据库原理及应用（微课视频版）

1. 关系

关系就是二维表，它满足如下条件。

（1）关系表中的每一列都是不可再分的基本属性。如表 2-2 所示就不是关系表，因为"注册时间"列不是基本属性，它包含了子属性"年""月""日"。

表 2-2　用户表（包含复合属性的表）

用户代码	用户名	登录密码	性　别	手机号	注册时间			激活状态	兴趣爱好
					年	月	日		
U001	刘雨燕	123456	女	13800000001	2021	07	01	1	阅读
U002	刘伟	654321	男	13900000002	2022	09	25	1	音乐
U003	王柯	789456	男	13700000003	2022	09	25	1	美食
U004	张梦琦	987654	女	13500000004	2022	10	12	1	运动
U005	王晓雪	543210	女	13600000005	2021	09	15	1	摄影
U008	张晓彤	127856	女	13800670001	2021	11	20	1	阅读
U010	张业	123	女	13123454321	2024	09	08	1	（NULL）

（2）表中各属性不能重名。

（3）表中的行、列次序并不重要，即可交换列的前后顺序。例如，表 2-3 就是将图 2-4 用户关系中的"手机号"列和"注册时间"列交换顺序，部分行交换顺序后的结果，所以图 2-4 所示的用户关系和表 2-3 是完全等价的。

表 2-3　用户表（交换行、列后）

用户代码	用户名	登录密码	性　别	注册时间	手机号	激活状态	兴趣爱好
U001	刘雨燕	123456	女	2021-07-01	13800000001	1	阅读
U002	刘伟	654321	男	2022-08-15	13900000002	1	音乐
U003	王柯	789456	男	2022-09-25	13700000003	1	美食
U004	张梦琦	987654	女	2022-10-12	13500000004	1	运动
U008	张晓彤	127856	女	2021-09-15	13800670001	1	阅读
U005	王晓雪	543210	女	2021-11-20	13600000005	1	摄影
U010	张业	123	女	2024-09-08	13123454321	1	（NULL）

2. 元组

表中的每一行数据称作是一个元组，它相当于一记录值。如图 2-4 所示，用户关系包含 7 个元组，商品浏览记录关系包含 10 个元组。

3. 属性

二维表中的列称为属性；每个属性有一个名称，称为属性名；二维表中对应某一列的值称为属性值；二维表中列的个数称为关系的元数；一个二维表如果有 n 列，则称为 n 元关系。

图 2-4 所示的用户关系有用户代码、用户名、登录密码、性别、手机号、注册时间、激活状态和兴趣爱好 8 个属性,它是一个 8 元关系;商品浏览关系有用户代码、商品代码、浏览日期和停留时长 4 个属性,它是一个 4 元关系。

在数据库中,有两套标准术语,一套用的是表、列、行;而相应的另外一套就用关系(对应表)、元组(对应行)、属性(对应列)。

4. 关系模式

二维表的结构称为关系模式,或者说关系模式就是二维表的表框架或结构,它相当于文件结构或记录结构。设关系名为 REL,其属性为 $A_1, A_2, \cdots, A_n$,则关系模式可以表示为

$$REL(A_1, A_2, \cdots, A_n)$$

对于每个 $A_i (i=1,2,\cdots,n)$,还包括属性到值域的映像,即属性的取值范围。可以用下画线标识出主关键字。

图 2-4 所示的用户关系模式和商品浏览记录关系模式可以分别表示为:

用户(用户代码,用户名,登录密码,性别,手机号,注册时间,激活状态,兴趣爱好)
浏览记录(用户代码,商品代码,浏览日期,停留时长)

5. 候选关键字

如果一个属性集的值能唯一标识一个关系的元组而不含有多余的属性,则称该属性集为候选关键字。简言之,候选关键字是指能唯一标识一个关系的元组的最小属性集。候选关键字又称为候选码或候选键。在一个关系上可以有多个候选关键字。

候选关键字可以由一个属性组成,也可以由多个属性共同组成。确定关系的候选关键字与其实际的应用语义、表的设计者的意图有关。

例 2.1 已知关系模式:用户(用户代码,用户名,登录密码,性别,注册时间,激活状态,兴趣爱好),请确定其候选关键字。

由于属性"用户代码"可以唯一标识用户关系中的元组,而此属性又是单属性,显然不包含多余的属性,所以用户关系的候选关键字有 1 个,即(用户代码)。

例 2.2 已知关系模式:用户(用户代码,用户名,登录密码,性别,手机号,注册时间,激活状态,兴趣爱好),请确定其候选关键字。

由于属性"用户代码"可以唯一标识用户关系中的元组,而此属性又是单属性,显然不包含多余的属性,所以"用户代码"是用户关系的候选关键字。

又由于每个用户的手机号互不相同,所以属性"手机号"也可以唯一标识用户关系中的元组,而此属性也是单属性,显然不包含多余的属性,所以"手机号"也是用户关系的候选关键字。

所以用户关系的候选关键字有 2 个,即(用户代码)和(手机号)。

例 2.3 已知关系模式:商品浏览记录(用户代码,商品代码,浏览日期,停留时长),请在下列语义环境中确定其候选关键字。

(1) 假设一个用户只能浏览一种商品,一种商品可以有多个用户浏览。

该语义环境下,商品浏览关系的候选关键字有 1 个,即(用户代码)。

(2) 假设一个用户可以浏览多种商品,一种商品可以有多个用户浏览,但是一个用户只能浏览一种商品一次。

该语义环境下,商品浏览关系的候选关键字有 1 个,它由两个属性构成,即(用户代码,商品代码)。

（3）假设一个用户可以浏览多种商品,一种商品可以有多个用户浏览,一个用户可以浏览一种商品多次,但是一个用户同一天只能浏览同种商品一次。

该语义环境下,商品浏览关系的候选关键字有 1 个,它由三个属性构成,即(用户代码,商品代码,浏览日期)。

6. 主关键字

有时一个关系中有多个候选关键字,这时就可以选择其中一个作为主关键字,简称关键字。主关键字也称为主码。每一个关系都有且仅有一个主关键字。

当一个关系中有一个候选关键字时,则此候选关键字也就是主关键字。例 2.3 中商品浏览记录关系的候选关键字只有 1 个,所以在不同语义下,商品浏览记录关系的主关键字和候选关键字一样。

图 2-4(b)中所标注的主关键字是与例 2.3 的第(3)种语义环境对应的。

当一个关系中有多个候选关键字时,选择哪一个作为主关键字与实际语义和系统需求相关。在例 2.2 的用户关系中,由于用户代码通常都会包含用户注册时间、地区等编码信息,所以选择候选关键字"用户代码"作为主关键字,而不会选择"手机号"作为主关键字。再举个例子,已知职员关系:职员(工作证号,姓名,年龄,身份证号),此关系模式有 2 个候选关键字(工作证号)和(身份证号)。如果此关系模式应用在企业信息管理系统中,选择"工作证号"作为主关键字比较合理,如果此关系模式应用在户籍管理系统中,选择"身份证号"作为主关键字比较合理。

7. 主属性

包含在任一候选关键字中的属性称为主属性。例 2.1 中的用户关系中主属性有 1 个,为"用户代码"。例 2.2 中的用户关系中主属性有 2 个,为"用户代码"和"手机号"。

8. 非主属性

不包含在任一候选关键字中的属性称为非主属性。例 2.1 中的用户关系中非主属性有 6 个:用户名、登录密码、性别、注册时间、激活状态、兴趣爱好。例 2.2 中的用户关系中非主属性有 6 个:用户名、登录密码、性别、注册时间、激活状态、兴趣爱好。

9. 外部关键字

如果一个属性集不是所在关系的关键字,但是是其他关系的关键字,则该属性集称为外部关键字。外部关键字也称为外码。

如图 2-4 所示,商品浏览记录关系中的"用户代码"不是商品浏览记录关系的主关键字,但是是用户关系的主关键字,则商品浏览记录关系中的"用户代码"就是商品浏览记录关系中的外部关键字。

外部关键字一般定义在联系中,用于表示两个或多个实体之间的关联关系。外部关键字实际上是表中的一个(或多个)属性,它参照某个其他表(特殊情况下,也可以是外部关键字所在的表)的主关键字,当然,也可以是候选关键字,但多数情况下是主关键字。

外部关键字并不一定要与参照的主关键字同名。在实际应用中,为了便于识别,当外部关键字与参照的主关键字属于不同关系时,往往给它们取相同的名字。

10. 参照关系和被参照关系

在关系数据库中可以通过外部关键字使两个关系关联,这种联系通常是一对多($1:n$)的,其中主(父)关系(1 方)称为被参照关系,从(子)关系(n 方)称为参照关系。

图 2-4 说明了通过外部关键字关联的两个关系,其中商品浏览记录关系通过外部关键字"用户代码"参照了用户关系,所以用户关系为被参照关系,商品浏览记录关系为参照关系。

2.2.4 关系模型的数据操作

在关系模型的理论框架内,数据库操作被划分为三个主要类别:传统的集合运算、专门的关系运算以及关系数据操作。这些操作构成了关系数据库管理系统的核心功能。实际上,传统的集合运算和专门的关系运算是传统数学意义上的关系运算,而关系数据操作是在关系模型的应用中扩展的一类运算或操作。

关系模型的操作对象是集合,而不是行,也就是操作的对象以及操作的结果都是完整的表(是包含行集的表,而不只是单行,当然,只包含一行数据的表是合法的,空表或不包含任何数据行的表也是合法的)。而非关系型数据库系统中典型的操作是一次一行或一次一条记录。因此集合处理能力是关系系统区别于其他系统的一个重要特征。

传统的集合运算包括并、交、差和广义笛卡儿积运算。专门的关系运算包括选择、投影、连接和除运算。关系数据操作主要包括查询、插入、删除和修改数据。在数据库应用中,查询表达能力是最重要的,它意味着数据库能否以便捷的方式为用户提供丰富的信息,而关系操作集恰恰提供了丰富的查询表达能力,读者可以在第 5 章中得到体验。

目前,关系数据库已经有了一个广泛采用的标准语言——SQL,它是一种介于关系代数和关系演算的语言。虽然名为结构化查询语言,但 SQL 的功能远不止于查询。它集成了查询语言、数据定义语言、数据操作语言和数据控制语言的功能,成为一个全面的关系数据语言。SQL 语言的设计充分体现了关系数据语言的特点和优势,为数据库的操作和管理提供了强大的工具。

2.2.5 关系模型的数据完整性约束

关系模型中的完整性约束是确保数据库中数据准确性和一致性的一系列约束条件。这些约束是关系数据库设计的核心部分,它们帮助维护数据的可靠性和有效性。关系模型中可以有三类完整性约束:实体完整性、参照完整性和用户定义的完整性。实体完整性和参照完整性是关系模型的两个基本不变性,它们是数据库系统必须自动支持的。这些不变性确保了数据库在进行插入、更新和删除操作时,数据的一致性和准确性不会受到影响。用户定义的完整性则提供了额外的灵活性,允许数据库设计者根据具体的业务需求来定制和实施特定的约束条件。通过这些完整性约束,关系数据库能够确保数据的质量和可靠性,为依赖数据的决策提供坚实的基础。

1. 实体完整性规则

实体完整性的目的是要保证关系中的每个元组都是可识别和唯一的。

实体完整性规则的具体内容是,若属性 A 是基本关系 R 的主属性,则属性 A 不能取空值。

所谓空值就是"不知道"或"没有确定"，它既不是数值 0，也不是空字符串，而是一个未知的量。

实体完整性规则规定了关系的所有主属性都不可以取空值，而不仅是主关键字整体不能取空值。例如，例 2.3 的(3)的商品浏览记录关系：商品浏览记录(用户代码，商品代码，浏览日期，停留时长)中，(用户代码，商品代码，浏览日期)为主关键字，则实体完整性要求"用户代码""商品代码""浏览日期"三个属性都不能取空值。

关系数据库管理系统可以用主关键字实现实体完整性(非主关键字的属性也可以说明为唯一和非空值)。当说明了主关键字之后，关系系统就可以自动支持关系的实体完整性。

2. 参照完整性规则

现实世界中的实体之间存在着某种联系，而在关系模型中实体是用关系描述的，实体之间的联系也是用关系描述的，这样就自然存在着关系和关系之间的参照或引用。先来看两个例子。

例 2.4 银行实体和城市实体可以用下面的关系表示，其中主关键字用下画线标识：

银行(<u>银行代码</u>，银行名称，电话，城市代码)
城市(<u>城市代码</u>，城市名称)

在银行关系和城市关系之间，银行关系是被参照关系，城市关系是参照关系，银行关系中的"城市代码"是外部关键字。这两个关系之间存在属性的参照，即银行关系参照了城市关系的主关键字"城市代码"。显然，银行关系中的"城市代码"的取值必须是确实存在的城市的城市代码，即城市关系中有该城市的记录。也就是说，银行关系中的某个属性的取值需要参考城市关系的属性取值。

例 2.5 用户、商品、商品浏览记录之间的浏览联系(多对多联系)可以用如下三个关系表示，其中主关键字用下画线标识：

用户(<u>用户代码</u>，用户名，登录密码)
商品(<u>商品代码</u>，商品名称，商品类别)
商品浏览记录(<u>用户代码，商品代码，浏览日期</u>，停留时长)

在这三个关系之间，用户关系和商品关系是被参照关系，商品浏览记录关系是参照关系，商品浏览记录关系中有两个外部关键字，分别是"用户代码"和"商品代码"，即商品浏览记录关系参照了用户关系的主关键字"用户代码"，又参照了商品关系的主关键字"商品代码"。显然，商品浏览记录关系中的"用户代码"的取值必须是确实存在的用户的用户代码，即用户关系中有该用户的记录；商品浏览记录关系中的"商品代码"的取值必须是确实存在的商品的商品代码，即商品关系中有该商品的记录。也就是说，商品浏览记录关系中的某些属性的取值需要参考用户关系和商品关系。

参照完整性规则定义了外部关键字与主关键字之间的参照规则。参照完整性规则的内容是，如果属性(或属性组)F 是关系 R 的外部关键字，它与关系 S 的主关键字 K 相对应，则对于关系 R 中每个元组在属性(或属性组)F 上的值必须为

(1) 或者取空值(F 的每个属性均为空值)。

(2) 或者等于 S 中某个元组的主关键字的值。

例 2.4 的银行和城市的关系之间的参照问题说明：如果银行关系中某个元组的城市编号为空值，则意味着该银行所在城市尚未确定；如果是非空值，则一定是城市关系中某一已

经存在的元组的主关键字,说明该银行在此城市中。

思考:商品浏览记录关系中的两个外部关键字"用户代码"和"商品代码"是否能取空值?

在关系系统中通过说明外部关键字来实现参照完整性,而说明外部关键字是通过说明参照的主关键字来实现的。当说明了外部关键字之后,关系系统就可以自动支持关系的参照完整性。

3. 用户定义的完整性规则

实体完整性和参照完整性是关系数据模型必须要满足的,或者说是关系数据模型固有的特性。除此之外,还有其他与应用密切相关的数据完整性约束,例如,年龄的取值范围为0~150,身份证的取值必须唯一,北京市的电话号码前三位(区号)必须是 010 等。类似这些方面的约束不是关系数据模型本身所要求的,而是为了满足应用方面的语义要求提出来的,这些完整性需求需要用户来定义,所以又称为用户定义完整性。数据库管理系统需提供定义这些数据完整性的功能和手段,以便统一进行处理和检查,而不是由应用程序去实现这些功能。

2.3　实体联系模型向关系模型的转换

1.4.2 节介绍了实体联系模型,2.2 节介绍了关系模型,如何将实体联系模型转换成关系模式,如何确定这些关系模式的属性和主关键字,是本节要讨论的问题。

关系模型的逻辑结构是一组关系模式的集合。实体联系模型则是由实体、实体的属性和实体之间的联系三个要素组成。所以将实体联系模型转换为关系模型实际上就是要将实体、实体的属性和实体之间的联系转换为关系模式。这种转换一般遵循如下的原则。

(1) 对于 E-R 图中的每个实体都应转换为一个关系模式。实体的属性就是关系模式的属性,实体的标识属性就是关系模式的主关键字。

(2) 对于 E-R 图中的联系,需要根据实体联系方式的不同,采取不同的手段加以实现。其中,表 2-4 列出了二元联系的常用处理方法。需要说明的是,在 1:1 联系和 1:n 联系中,联系也可以单独转换成一个关系模式,但由于这样转换的结果会增加表的张数,导致查询效率降低,所以不推荐使用,这种转换方式也就不再赘述。

表 2-4　二元联系的常用处理方法

二元联系	E-R 图	转换成的关系模式	联系的处理	主关键字	外部关键字
1:1	A 1 A-B 1 B	关系模式 A 关系模式 B	把关系模式 B 的主关键字和联系的属性加入关系模式 A 中;或把关系模式 A 的主关键字和联系的属性加入关系模式 B 中	实体 A 的标识属性是关系模式 A 的主关键字;实体 B 的标识属性是关系模式 B 的主关键字	关系模式 B 的主关键字是关系模式 A 中参照关系模式 B 的外部关键字;或关系模式 A 的主关键字是关系模式 B 中参照关系模式 A 的外部关键字

数据库原理及应用（微课视频版）

二元联系	E-R 图	转换成的关系模式	联系的处理	主关键字	外部关键字
1:n	A — 1 — A-B — n — B	关系模式 A 关系模式 B	把关系模式 A（1 端）的主关键字和联系的属性加入关系模式 B（n 端）中	实体 A 的标识属性是关系模式 A 的主关键字；实体 B 的标识属性是关系模式 B 的主关键字	关系模式 A 的主关键字是关系模式 B 中参照关系模式 A 中的外部关键字
m:n	A — m — A-B — n — B	关系模式 A 关系模式 B 关系模式 A-B	联系单独转换成一个关系模式 A-B，模式 A-B 的属性包括关系模式 A 的主关键字、关系模式 B 的主关键字和联系的属性	实体 A 的标识属性是关系模式 A 的主关键字；实体 B 的标识属性是关系模式 B 的主关键字；关系模式 A-B 的主关键字包括实体 A 的标识属性和实体 B 的标识属性，根据实际语义，关系模式 A-B 的主关键字还可以包括联系的部分属性	关系模式 A 的主关键字是关系模式 A-B 中参照关系模式 A 中的外部关键字；关系模式 B 的主关键字是关系模式 A-B 中参照关系模式 B 中的外部关键字

对于其他情况，应遵循如下原则。

（1）三个或三个以上实体间的一个多元联系可以转换为一个关系模式。与该多元联系相连的各实体的标识属性以及联系本身的属性均转换为关系模式的属性。而关系模式的主关键字为各实体的标识属性的组合，同时新关系模式中的各实体的标识属性为参照各实体对应关系模式的外部关键字。

（2）合并具有相同关键字的关系模式。为了减少系统中的关系模式个数，如果两个关系模式具有相同的关键字，可以考虑将它们合并为一个关系模式。合并方法是将其中一个关系模式的全部属性加入到另一个关系模式中，然后去掉其中的同义属性，并适当调整属性的次序。

（3）同一实体集的实体间的联系，即自联系，也可按上述 $1:1$、$1:n$ 和 $m:n$ 三种情况分别处理。

2.4 关系代数

关系是元组的集合。关系代数通过对关系的运算来表达关系上的查询操作，它是关系查询操作的数学表达方式。

运算对象、运算符号、运算结果是运算的三大要素，运算是在运算对象上施加指定的运算符号，得到运算结果。在关系代数中，运算对象是关系（即元组的集合），运算结果也是关系。关系代数中的运算符分为四类：传统的集合运算符、专门的关系运算符、比较运算符以及逻辑运算符，如表 2-5 所示。

表 2-5　关系代数运算符

运　算　符		含　义
传统的集合运算符	∪	并
	−	差
	∩	交
	×	广义的笛卡儿积
专门的关系运算符	σ	选择
	Π	投影
	⋈	连接
	÷	除
比较运算符	>	大于
	≥	大于或等于
	<	小于
	≤	小于或等于
	=	等于
	≠	不等于
逻辑运算符	¬	非
	∧	与
	∨	或

关系代数中基本的两类运算是传统的集合运算和专门的关系运算。

1. 传统的集合运算

传统的集合运算将关系看作元组的集合,将集合的运算应用在关系上,包括并运算、交运算、差运算以及广义的笛卡儿积运算。

2. 专门的关系运算

专门的关系运算可以在元组的集合和元组的属性两个维度上施加运算,包括选择运算、投影运算、连接运算以及除运算。

此外,比较运算符和逻辑运算符是用来与专门的关系运算符构造关系代数表达式,可以根据指定的选择条件完成关系的查询操作和关系运算结果的构造。

为了更加方便清晰地描述关系代数的运算,对描述所使用符号的含义做如下约定。

(1) 设有关系模式为 $R(A_1, A_2, \cdots, A_n)$,其中,R 为关系名,A_i 为属性($1 \leqslant i \leqslant n$)。

① $t \in R$ 表示 t 是 R 的一个元组。

② 若 $A = \{A_i, \cdots, A_j\}$($1 \leqslant i, j \leqslant n$ 且 $i \leqslant j$),则 A 称为属性组。$t[A_k]$($1 \leqslant k \leqslant n$)表示元组 t 中对应于属性 A_k 的一个分量,$t[A]$ 表示元组 t 在属性组 A 上各分量的集合。

(2) 设 R 为 m 元关系,S 为 n 元关系,且 $t_r \in R$,$t_s \in S$,则 $\overline{t_r, t_s}$ 称为元组的连接,其是一个 $m+n$ 的元组,前 m 个分量来自 R 的 t_r 元组,后 n 个分量来自 S 中的 t_s 元组。

(3) 映像集:在关系模式 $R(X, Y)$ 中,X、Y 可以是属性或者属性集,当 X 取值为 x 时,x 在 R 中的映像集为

$$Y_x = \{t_r[Y] \mid t_r \in R \wedge t_r[X] = x\}$$

映像集 Y_x 表示关系 R 中 X 取值为 x 时，R 中各个元组在 Y 上的取值的集合。

例 2.6 对于图 2-5 中的关系 R，求 x_1 在 R 中的映像集，即 $X=x_1$ 时的属性列 Y 的取值集合。

X	Y
x_1	y_1
x_2	y_2
x_3	y_3
x_1	y_2

图 2-5　关系 R

解：由映像集的定义可知，$Y_{x1}=\{y_1,y_2\}$。

2.4.1　传统的集合运算

传统的集合运算中的并、交、差需要在两个属性个数相同的关系上运算，广义笛卡儿积对两个关系的属性个数没有限制条件。

设 R 和 S 是两个 n 元关系，且元组相应的属性值取自同一个值域，$t \in R$ 表示 t 是关系 R 的一个元组，则可以定义集合的并运算、交运算以及差运算。

1. 集合的并运算

关系 R 与关系 S 的并运算记作

$$R \cup S = \{t \mid t \in R \vee t \in S\}$$

集合并运算的结果产生一个新的 n 元关系，由属于关系 R 或属于关系 S 的元组组成，但不会包含重复的元组，如图 2-6 所示。

2. 集合的交运算

关系 R 与关系 S 的交运算记作

$$R \cap S = \{t \mid t \in R \wedge t \in S\}$$

集合交运算的结果产生一个新的 n 元关系，由既属于关系 R 又属于关系 S 的元组组成，如图 2-7 所示。

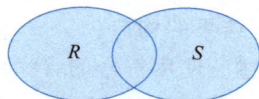

图 2-6　集合的并运算示意图

图 2-7　集合的交运算示意图

3. 集合的差运算

关系 R 与关系 S 的差运算记作

$$R - S = \{t \mid t \in R \wedge t \notin S\}$$

集合差运算的结果产生一个新的 n 元关系，由属于关系 R 但不属于关系 S 的元组组成，如图 2-8 所示。

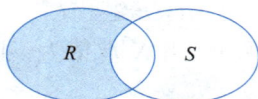

图 2-8　集合的差运算示意图

4. 集合的广义笛卡儿积运算

设 R 是 m 元关系，有 k 个元组，S 是 n 元关系，有 l 个元组,则广义笛卡儿积 $R \times S$ 是一个 $m+n$ 元的关系,有 $k \times l$ 个元组。广义笛卡儿积记作

$$R \times S = \{\overline{t_r t_s} \mid t_r \in R \wedge t_s \in S\}$$

图 2-9 所示为简化的商品关系为例,图 2-10 所示为将传统的集合运算应用在数据库中关系的元组上的运算结果。

gid	gname	sprice
G001	国家地理	39.8
G002	中国四大名著	133.3
G003	数据库系统概论	44.2

(a) 商品关系 R

gid	gname	sprice
G003	数据库系统概论	44.2
G004	文件夹	12
G005	U盘	93

(b) 商品关系 S

图 2-9　商品关系 R 和商品关系 S

gid	gname	sprice
G001	国家地理	39.8
G002	中国四大名著	133.3
G003	数据库系统概论	44.2
G004	文件夹	12
G005	U 盘	93

(a) 商品关系 $R \cup$ 商品关系 S

gid	gname	sprice
G003	数据库系统概论	44.2

(b) 商品关系 $R \cap$ 商品关系 S

gid	gname	sprice
G001	国家地理	39.8
G002	中国四大名著	133.3

(c) 商品关系 R-商品关系 S

图 2-10　商品关系 R 与商品关系 S 的并、交、差运算

图 2-11 分别示意了关系 R、关系 S 以及这两个关系的广义笛卡儿积 $R \times S$。

A	B	C
a_1	b_1	c_1
a_2	b_2	c_2
a_3	b_3	c_3

(a) 关系 R

D	E
d_1	e_1
d_2	e_2
d_3	e_3

(b) 关系 S

A	B	C	D	E
a_1	b_1	c_1	d_1	e_1
a_1	b_1	c_1	d_2	e_2
a_1	b_1	c_1	d_3	e_3
a_2	b_2	c_2	d_1	e_1
a_2	b_2	c_2	d_2	e_2
a_2	b_2	c_2	d_3	e_3
a_3	b_3	c_3	d_1	e_1
a_3	b_3	c_3	d_2	e_2
a_3	b_3	c_3	d_3	e_3

(C) $R \times S$

图 2-11　广义笛卡儿积运算

2.4.2　专门的关系运算

在关系代数中,专门的关系运算包括选择运算(Selection)、投影运算(Projection)、连接

运算(Join)和除运算(Division)。

1. 选择运算

选择运算是指从关系中选择给定逻辑条件为真的元组,从而组成一个新的关系。选择运算记作

$$\sigma_F(R) = \{r \mid r \in R \wedge F(r) = \text{"真"}\}$$

其中,R 是关系名,r 是关系 R 的一个元组,σ(希腊字母,读作 sigma)是选择运算符,F 是表示选择条件的逻辑表达式,选择运算是选择 F 的逻辑值为"真"的元组。

逻辑表达式 F 由属性名与关系代数中的比较运算符(见表 2-5)组成,基本形式记作

$$A_i \theta A_j$$

其中,A_i 和 A_j 为关系的属性名、常量或者简单函数,θ 为比较运算符,可以是表 2-5 中的 $>$、$\geqslant$、$<$、$\leqslant$、$=$ 或 $\neq$。在逻辑表达式 F 的基本形式基础上使用表 2-5 中的 $\neg$、$\wedge$ 或 $\vee$ 逻辑运算符,组成运算更复杂的选择条件。选择运算是在关系上根据逻辑条件 F 做行筛选,对应数据库中用 WHERE 短语指定查询条件的数据查询操作,数据查询详见 5.1 节。

例 2.7 对于图 2-12 中的商品关系,查询销售价格 sprice 大于 100 元的商品。

gid	gname	category	sprice
G001	国家地理	图书	39.8
G002	中国四大名著	图书	133.3
G003	数据库系统概论	图书	44.2
G004	文件夹	办公用品	12
G005	U 盘	数码	93
G006	钢笔	办公用品	101

图 2-12　商品关系

解:对应的选择运算为

$$\sigma_{\text{sprice}>100}(\text{商品})$$

选择运算的结果如下:

gid	gname	category	sprice
G002	中国四大名著	图书	133.3
G006	钢笔	办公用品	101

2. 投影运算

投影运算是从关系中选择某些属性列组成新的关系。投影运算记作

$$\pi_A(R) = \{r[A] \mid r \in R\}$$

其中,R 是关系名,r 是关系 R 的一个元组,π(希腊字母,读作 Pi)是投影运算符,A 是被投影的属性或属性集。

投影运算是在关系上做列筛选,对应数据库中查询关系指定列的操作,数据查询详见 5.1 节。由于投影运算中选择关系中的某些属性列后,可能会在元组集合中出现重复行,删除这

数据库原理及应用(微课视频版)

些重复行后的新关系才是投影运算的结果。

例 2.8 对于图 2-12 中的商品关系,查询商品类别,即商品关系在"商品类别"属性列上的投影。

解:对应的投影运算为

$$\pi_{\text{category}}(\text{商品})$$

运算结果中去除了"图书"和"办公用品"的重复行,投影运算的结果如下:

category
图书
办公用品
数码

3. 连接运算

连接运算是从两个关系的广义笛卡儿积中,选择两个关系的某些属性间满足一定条件的元组。通常这两个关系具有一对多的联系,属性间的条件是参照关系的外部关键字、被参照关系的主关键字以及比较运算符构成的逻辑表达式。

一般的连接运算也称为 θ 连接,θ 是表 2-5 中的比较运算符 $>$、$\geqslant$、$<$、$\leqslant$、$=$ 或 $\neq$。连接运算记作

$$R\underset{A_i\theta B_j}{\bowtie}S=\{\overline{t_r t_s}\mid t_r\in R\land t_s\in S\land A_i\theta B_j\}$$

其中,R 和 S 分别为关系名,t_r 为关系 R 中的元组,t_s 为关系 S 中的元组,A_i 是 R 中的属性,B_j 是 S 中的属性,θ 是比较运算符。连接运算是从关系 R 和关系 S 的广义笛卡儿积 $R\times S$ 中选取 R 中的属性 A_i 和 S 中的属性 B_j 满足 θ 比较条件的元组,是在关系 R 和关系 S 的广义笛卡儿积运算结果上做行筛选。

下面介绍几种常用的连接。

1)等值连接

θ 为"$=$"时的连接运算称为等值连接。即在关系 R 和关系 S 的广义笛卡儿积 $R\times S$ 中,筛选关系 R 中的属性 A_i 的值和关系 S 中的属性 B_j 的值相等的元组集,作为结果组成新的关系。等值连接记作

$$R\underset{A_i=B_j}{\bowtie}S=\{\overline{t_r t_s}\mid t_r\in R\land t_s\in S\land t_r[A_i]=t_s[B_j]\}$$

例 2.9 对于图 2-13 的订单关系和图 2-14 的订单明细关系,求两个关系等值连接结果。

oid	uid	paymethod	osprice
O65789	U001	余额	63.8
O11745	U002	微信	266.6

图 2-13 订单关系 *R*

解:对应的等值连接为

oid	dseq	gid	quantity
O65789	1	G001	1
O65789	2	G004	2
O11745	3	G002	2

图 2-14　订单明细关系 S

$$R \underset{\text{订单.oid=订单明细.oid}}{\bowtie} S$$

（1）首先求订单关系和订单明细关系的广义笛卡儿积，结果如下：

订单.oid	uid	paymethod	osprice	订单明细.oid	dseq	gid	quantity
O65789	U001	余额	63.8	O65789	1	G001	1
O65789	U001	余额	63.8	O65789	2	G004	2
O65789	U001	余额	63.8	O11745	3	G002	2
O11745	U002	微信	266.6	O65789	1	G001	1
O11745	U002	微信	266.6	O65789	2	G004	2
O11745	U002	微信	266.6	O11745	3	G002	2

（2）然后在第（1）步广义笛卡儿积的结果上，求"订单.oid＝订单明细.oid"的元组，即等值连接，结果如下：

订单.oid	uid	paymethod	osprice	订单明细.oid	dseq	gid	quantity
O65789	U001	余额	63.8	O65789	1	G001	1
O65789	U001	余额	63.8	O65789	2	G004	2
O11745	U002	微信	266.6	O11745	3	G002	2

等值连接对应数据库中的内连接（Inner Join）查询，数据查询详见 5.1 节。

2）自然连接

自然连接是在等值连接的运算结果中去除重复属性列后的元组集。自然连接是一种特殊的等值连接，在等值连接运算结果上进一步将重复属性列去重。在实际的数据库设计中，R 和 S 通常是参照和被参照关系，A_i 和 B_j 具有相同的属性名（非必需）和值域，A_i 和 B_j 分别是外部关键字和主关键字。自然连接记作

$$R \bowtie S = \{\overline{t_r t_s}(U - A_i \vee B_j) \mid t_r \in R \wedge t_s \in S \wedge t_r[A_i] = t_s[B_j]\}$$

其中，U 表示关系 R 和关系 S 的属性全集。

例 2.10　对于例 2.9 中图 2-13 的订单关系和图 2-14 的订单明细关系，求两个关系的自然连接结果。

解：对应的自然连接为

$$R \bowtie S$$

在例 2.9 第（2）步等值连接的结果上，去除重复列属性，得到订单和订单明细的自然连

接结果如下：

oid	uid	paymethod	osprice	dseq	gid	quantity
O65789	U001	余额	63.8	1	G001	1
O65789	U001	余额	63.8	2	G004	2
O11745	U002	微信	266.6	3	G002	2

3）外连接

当进行自然连接时，如果某个元组在连接的另一个关系中没有匹配的元组，那么这个元组就不会出现在结果集中，这样的元组被称为悬浮元组（Dangling Tuple）。在某些情况下，这些元组可能仍然需要被保留，可以通过外连接（Outer Join）保留悬浮元组。

在进行外连接时，把悬浮元组也保存在结果关系中，悬浮元组中那些没有匹配的属性会被填充为 NULL 值。外连接操作会保留那些在连接操作中可能被舍弃的元组。

为什么必须通过外连接保留悬浮元组呢？外连接可以整合来自不同关系的数据，即使某些属性在其中的某个关系中没有匹配，也需要保留这些属性。因此，外连接可以用于获取不匹配的数据、整合数据、维护数据完整性等应用场景。例如，需要列出所有员工及其部门信息，即使有些员工还没有被分配到具体部门，这时可以使用外连接完成。

外连接包括全外连接（Full Outer Join）、左外连接（Left Outer Join）和右外连接（Right Outer Join），每种类型都有其特定的用途和结果集。

全外连接：返回两个关系中的所有行，无论它们是否在对方关系中有匹配。如果某一侧没有匹配的行，则该侧的属性列设置为 NULL 值。

左外连接：返回左关系中的所有行，即使右关系中没有匹配的行。如果右关系中没有匹配的行，则结果集中相应的属性列设置为 NULL 值。

右外连接：返回右关系中的所有行，即使左关系中没有匹配的行。如果左关系中没有匹配的行，则结果集中相应的属性列设置为 NULL 值。

例 2.11 对图 2-15(a) 的关系 R 和图 2-15(b) 的关系 S，求全外连接、左外连接和右外连接。

结果如图 2-15(c)、图 2-15(d) 和图 2-15(e) 所示。

4. 除运算

设有关系 $R(X,Y)$ 和 $S(Y,Z)$，其中，X、Y、Z 可以是属性或者属性集，R 与 S 的除运算可以定义为

$$R \div S = \{t_r[X] \mid t_r \in R \land Y_x \supseteq \pi_Y(S)\}$$

其中，Y_x 为 x 在 R 中的映像集。$R \div S$ 的含义为，关系 R 中属性列 X 取值为 x 的映像集 Y_x 包含关系 S 在属性列 Y 上的投影集合，关系 R 中满足上述条件的元组在属性列 X 上的投影集合即是 $R \div S$ 的结果集。

例 2.12 对于图 2-16 中的订单明细关系 R 和图 2-17 中的商品关系 S，从订单明细关系查询同时包含商品代码"G001"和"G002"的订单号。

解：可以用除运算解决，即用图 2-16 中的订单明细关系 R 除图 2-17 中的商品关系 S，除运算步骤如下。

A	B
a_1	b_1
a_2	b_2
a_3	b_3

(a) 关系R

B	C	D
b_1	c_1	d_1
b_2	c_2	d_2
b_4	c_4	d_4

(b) 关系S

A	B	C	D
a_1	b_1	c_1	d_1
a_2	b_2	c_2	d_2
a_3	b_3	NULL	NULL
NULL	b_4	c_4	d_4

(c) 全外连接

A	B	C	D
a_1	b_1	c_1	d_1
a_2	b_2	c_2	d_2
a_3	b_3	NULL	NULL

(d) 左外连接

A	B	C	D
a_1	b_1	c_1	d_1
a_2	b_2	c_2	d_2
NULL	b_4	c_4	d_4

(e) 右外连接

图 2-15　外连接

oid	dseq	gid	quantity
O65789	1	G001	1
O65789	2	G002	2
O65789	3	G003	5
O11745	4	G001	3
O11745	5	G003	1
O56324	6	G001	1
O56324	7	G002	6

图 2-16　订单明细关系 R（被除关系）

gid	gname	category	sprice
G001	国家地理	图书	39.8
G002	中国四大名著	图书	133.3

图 2-17　商品关系 S（除关系）

（1）找出关系 R 和关系 S 中的相同属性 Y，即属性 gid。

（2）求关系 S 在 Y 属性的投影，即求出 $\pi_Y(S)=\{G001，G002\}$，结果如下。

gid
G001
G002

（3）对关系 R 在属性 X 上做取消重复值的投影，即在关系 R 的属性 oid 上做取消重复

值的投影,得到属性 X 的属性值集 $\{O65789,O11745,O56324\}$。

(4) 求关系 R 中属性 X 取第(3)步中属性值集中的每一个值时所对应的映像集 Y_x,结果如下。

属性 X 取 O65789 时的映像集为 $\{G001,G002,G003\}$。

属性 X 取 O11745 时的映像集为 $\{G001,G003\}$。

属性 X 取 O56324 时的映像集为 $\{G001,G002\}$。

(5) 根据第(2)步和第(4)步判断条件 $Y_x \supseteq \pi_Y(S)$ 是否成立,结果如下。

属性 X 取 O65789 时的映像集 $\{G001,G002,G003\} \supseteq \{G001,G002\}$。

属性 X 取 O56324 时的映像集为 $\{G001,G002\} \supseteq \{G001,G002\}$。

因此,$R \div S = \{O65789,O56324\}$。

结合例 2.12“对于图 2-16 中的订单明细关系 R 和图 2-17 中的商品关系 S,从订单明细关系查询同时包含商品代码 G001 和 G002 的订单号”的语义理解除运算,除运算主要用于处理查询条件中有全部、至少的操作。

2.5　本章小结

关系模型是关系数据库的核心概念和基础,关系数据库系统是目前使用最广泛的数据库系统。20 世纪 70 年代以后开发的数据库管理系统产品几乎都是基于关系模型的。在数据库发展史上,最重要的创新成果之一就是关系模型。

关系模型与层次模型、网状模型的最大区别在于其数据结构的不同以及表示数据间联系的方式。关系模型以其简洁的二维表格结构和直观的联系方式,成为目前最广泛使用的数据库模型。

本章讲解了关系数据库概述,包括关系数据库的发展、常用的关系数据库简介、关系数据库标准语言 SQL 简介和关系数据库的三层模式结构;介绍了关系模型,包括关系的形式定义、基本性质、数据结构、数据操作和数据完整性约束;探讨了如何将实体联系模型转换为关系模型;在关系代数中,介绍了传统的集合运算和专门的关系运算。

2.6　习题

1. 选择题

(1) 数据模型通常由(　　)三要素构成。

　　A. 网状模型、关系模型、面向对象模型

　　B. 数据结构、网状模型、关系模型

　　C. 数据结构、数据操作、关系模型

　　D. 数据结构、数据操作、完整性约束

(2) 在基本关系中,下列说法正确的是(　　)。

　　A. 任意两个元组不允许重复　　　　　　B. 行列顺序有关

　　C. 属性名允许重名　　　　　　　　　　D. 属性是可再分的

(3) 设有关系:选课(学号,姓名,课程号,成绩)。规定姓名不重复,那么这一规则属于

(　　)。

  A. 实体完整性   B. 参照完整性

  C. 用户定义的完整性   D. 概念模型完整性

（4）以下关于选择运算描述正确的是（   ）。

  A. 选择某些行形成新关系   B. 选择某些列形成新关系

  C. 选择某些行和列形成新关系   D. 以上说法都不对

（5）假设关系 R_1、R_2 和 R_3 如下所示：

若进行 $R_1 \bowtie R_2$ 运算，则结果集分别为（   ）元关系，共有（   ）个元组；若进行 $R_2 \times \sigma_{F<4}(R_3)$ 运算，则结果集为（   ）元关系，共有（   ）个元组。

问题 1：

  A. 4   B. 5   C. 6   D. 7

问题 2：

  A. 4   B. 5   C. 6   D. 7

问题 3：

  A. 5   B. 6   C. 7   D. 8

问题 4：

  A. 9   B. 10   C. 11   D. 12

R_1

A	B	C	D
1	5	3	6
3	2	1	6
5	6	3	6
6	7	5	1

R_2

C	D	E
1	6	3
1	6	1
3	6	2

R_3

D	E	F	G	H
6	1	1	2	8
6	1	3	5	3
6	2	3	6	2
6	2	7	5	3

2. 思考题

（1）什么是关系数据库？

（2）试述关系数据库系统的三层模式结构。

（3）为什么说 SQL 是非过程化的语言？

（4）关系模型的三个组成要素是什么？分别简述这三个要素的内容。

（5）关系有哪些基本性质？

（6）已知如下三个关系模式：

  销售人员表（职工号，姓名，年龄，地区，邮政编码）

  产品表（产品号，产品名，生产厂家，价格，生产日期）

  销售情况表（职工号，产品号，销售日期，销售数量）

  请用关系代数完成如下查询：

  ① 查询产品号为 G1 的价格。

  ② 查询产品名为"笔记本"的销售日期和销售数量。

  ③ 查询所有产品价格都大于 2000 的生产厂家。

  ④ 查询至少卖过 G2 和 G7 的销售人员的姓名。

第 3 章

云数据库 GaussDB

学习目标

（1）了解 GaussDB 的特点与应用场景、GaussDB 的主备架构和分布式架构。

（2）理解三种常见的数据库架构。

（3）掌握连接 GaussDB 数据库实例的方法、通过 DAS 操作 GaussDB 数据库的方法、创建和管理数据库、表空间的方法。

思维导图

```
                                    ┌─ GaussDB的发展历程
                    ┌─ GaussDB概述 ─┤─ GaussDB的特点和应用场景
                    │               ├─ GaussDB与其他云服务的关系
                    │               └─ GaussDB的实例类型
                    │
                    │               ┌─ 常见数据库架构设计模型
                    ├─ GaussDB架构 ─┤─ GaussDB的主备架构和分布式架构
                    │               └─ 存储体系架构
云数据库GaussDB ─────┤
                    ├─ 使用GaussDB
                    │
                    │                   ┌─ 创建表空间
                    ├─ 创建与管理表空间 ─┤─ 查看表空间
                    │                   └─ 管理表空间
                    │
                    │                   ┌─ 创建数据库
                    └─ 创建与管理数据库 ─┤─ 管理数据库
```

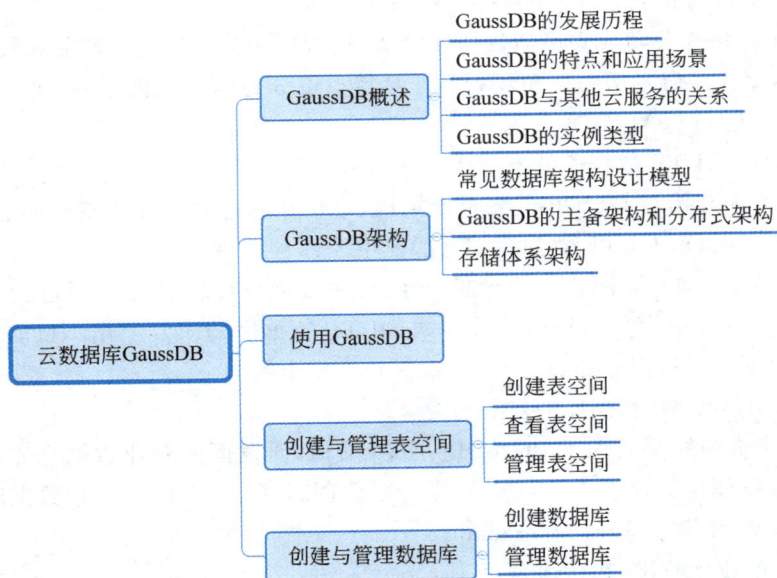

　　GaussDB 是华为数据库产品品牌名，意在致敬数学家高斯（Gauss）。GaussDB 系列数据库产品是关系数据库，包括事务型 GaussDB 和分析型 GaussDB(DWS)，广泛应用于金融、政府、电信等行业。本书基于 GaussDB 介绍数据库的原理、数据库编程和实现技术。

　　本章首先简要介绍 GaussDB 的发展历程、GaussDB 的特点以及 GaussDB 与其他云服务的关系；然后重点介绍 GaussDB 的体系架构、表空间的创建和管理、数据库的创建和管理。

3.1 GaussDB 概述

GaussDB 是华为深度融合在数据库领域多年的经验,结合企业级场景需求,推出的新一代分布式关系数据库,能为企业提供功能全面、稳定可靠、扩展性强、性能优越的企业级数据库服务。

3.1.1 GaussDB 的发展历程

到目前为止,华为公司研发数据库已经有二十多年的历史,其中经历了内部自用孵化、产品化与联合创新和数据库产业化三个阶段。

1. 内部自用孵化阶段（2001—2010 年）

2001 年华为中央研究院 Dopra 团队启动了内存数据存储组件 DopraDB 的研发,以支撑华为所生产的电信产品(交换机、路由器等)。2005 年,华为通信产品需要一个以内存处理为中心的数据库,因此启动了 SMDB(simple memory database)的开发。2008 年,华为核心网产品线需要在产品中使用一款轻量级、小型化的磁盘数据库,于是华为基于 PostgreSQL 开源数据库开发了 ProtonDB。

2. 产品化与联合创新阶段（2011—2018 年）

2011 年年底华为公司成立高斯数据库团队,负责华为公司数据库产品和技术的研发。

高斯数据库产品研发历史按照场景和产品特点可分为两个大的系列: GaussDB OLTP 数据库和 GaussDB OLAP 数据库。

1) GaussDB OLTP 数据库的发展历史

2010 年,华为开始对 GMDB 进行全面重构,定位从内存数据库逐渐转向通用关系数据库,这标志着 GaussDB OLTP 数据库前身的诞生。

随着互联网、移动互联网业务的兴起,传统集中式数据库已经无法满足大容量、高扩展的需求。2016 年起,华为高斯部启动分布式 OLTP 数据库的研发工作。目前 GaussDB 分布式 OLTP 数据库已针对金融、政府等高端客户商用上线。

2) GaussDB OLAP 数据库的发展历史

2012 年,华为高斯部启动了 PteroDB(羽龙)项目,研发面向企业数据仓库场景的 MPP 架构 OLAP 数据库。2014 年华为与工商银行联合创新,GaussDB OLAP 数据库于 2015 年在工商银行上线,替代了海外的 Teradata。

3. 数据库产业化阶段（2019 年至今）

2019 年起,华为开始将 GaussDB 作为重要的产品进行市场推广,并宣布进入产业化阶段。在这个阶段,GaussDB 开始在产业、技术、人才、社区等方面构筑生态,并在金融行业等对数据库有高要求的行业中得到应用。

(1) 2019 年华为宣布将 GaussDB 集中式版本开源,开源后将其命名为 openGauss。

(2) 2020 年 openGauss 正式面世,其数据库源代码对外开放。

(3) 2021 年华为云企业级分布式数据库 GaussDB 全网商用。

(4) 2022 年基于鲲鹏硬件底座、openGauss 开源数据库与 GaussDB 分布式云数据库,中国邮政储蓄银行新一代个人业务分布式核心系统全面投产上线。

（5）在华为全球智慧金融峰会 2023 上，华为云正式发布新一代分布式数据库 GaussDB。

GaussDB 作为一款通用性、规模商用的数据库产品，华为主要围绕以下两个方向来解决数据库生态问题。

（1）技术上采取"云化＋自动化"方案。通过数据库运行的基础设施云化，将 DBA 和运维人员的日常工作自动化，通过在数据库内部引入 AI 算法，将进一步提升自动化管理运维效率，降低对人工的依赖。

（2）商业上开展与数据库周边生态伙伴的对接与认证，解决开发者/DBA 数据难获取、应用难对接等生态难题，减少企业客户使用 GaussDB 数据库面临的后顾之忧。

3.1.2 GaussDB 的特点和应用场景

GaussDB 作为华为云推出的新一代企业级分布式数据库，具有以下特点。

（1）**全栈自研**：基于鲲鹏生态，作为国内唯一能够做到软硬协同、全栈自主的数据库，GaussDB 已经在多个关键信息基础设施行业中积累了丰富的实践经验，能够基于硬件优势在底层不断进行优化，提升产品综合性能。

（2）**架构灵活性**：GaussDB 支持集中式和分布式两种部署形态，可以满足不同企业级场景的需求。

（3）**高可用性**：GaussDB 创新了存算分离架构，采用华为云底座存储硬件级、实时数据同步复制技术，并结合分布式强一致算法，实现了分布式架构下同城双集群、双活备份，可在突发状况下确保数据零丢失（RPO＝0）。同时，该架构也可确保单集群的 Bug 风险半径可控，各集群软硬件可以分别独立升级和修复。

（4）**高性能**：GaussDB 打造的 Ustore 存储引擎，从数据库自研内核架构实现创新，确保了数据库高性能，极低抖动。

（5）**高安全性**：GaussDB 具备顶级商业数据库的安全特性，如加密认证、数据库审计、数据动态脱敏、行级访问控制以及全密态，提供全方位端到端的数据安全保护。GaussDB 获得国际 CC EAL4＋证书，成为中国首个获得数据库领域国际最高级别认证的数据库产品。

（6）**高弹性**：GaussDB 具备超过 1000 超大分布式集群能力，云原生弹性伸缩，大大提高资源利用率，数据量可达拍字节（PB）级，解决了数据库扩容难题。

（7）**高智能**：基于华为公有云经验，并结合金融政企运维要求，GaussDB 提供了 SQL 的全量、全链路感知、分析及优化能力，为客户提供易用、高效的应用开发体验；同时基于覆盖全流程的监控、智能化诊断能力，提供快速精准感知恢复的智能运维体验。

（8）**易迁移**：GaussDB 构建了一站式的迁移自动化工具链，通过自动语法转换工具 UGO、数据迁移工具 DRS、流量回放建模工具等，让传统数据库更容易、更平滑地迁移到 GaussDB 上。

（9）**易部署**：GaussDB 数据库支持华为云、华为云 Stack、轻量化多种部署形态，支持多租户以及数据压缩，实现存储成本下降 50％，整体资源利用率提升 4 倍以上。

基于以上特点，GaussDB 适用于以下应用场景。

（1）**交易型 OLTP 应用**：大并发、大数据量、以联机事务处理为主的交易型应用，如政务、金融、电商、O2O(Online to Offline)、电信 CRM/计费等。

（2）**混合负载 HTAP**：需要实时处理和分析大量数据的应用，如金融、电商、物流等。

3.1.3 GaussDB 与其他云服务的关系

GaussDB 与其他云服务的关系参见表 3-1。

表 3-1 GaussDB 与其他云服务的关系

相 关 服 务	交 互 功 能
弹性云服务器 (ECS)	GaussDB 可以通过弹性云服务器(Elastic Cloud Server,ECS)远程连接,有效降低应用响应时间、节省公网流量费用
虚拟私有云 (VPC)	虚拟私有云(VPC)为用户提供了一个隔离的、用户自主配置和管理的虚拟网络环境,GaussDB 实例可以部署在 VPC 中,利用 VPC 的特性进行网络隔离和访问控制
对象存储服务 (OBS)	用户可以根据自己的需求配置备份策略,启动自动或手动备份方式将 GaussDB 实例的备份数据存储到对象存储服务(Object Storage Service,OBS)中。OBS 提供了一个高可靠、高扩展、低成本的存储解决方案,适用于存储大量数据
云监控服务 (Cloud Eye)	云监控服务是一个开放性的监控平台,帮助用户实时监测 GaussDB 资源的动态。云监控服务提供多种告警方式以保证及时预警,保障服务正常运行
云审计服务 (CTS)	GaussDB 与云审计服务(Cloud Trace Service,CTS)集成,可以记录所有通过管理控制台进行的操作以及 API 调用,便于用户进行查询、审计和回溯使用,确保数据库操作的透明性和可追溯性
企业管理服务 (EPS)	企业管理服务(Enterprise Project Management Service,EPS)提供统一的云资源管理功能,支持对企业内的 GaussDB 实例等资源进行集中管理与调配、权限控制等
标签管理服务 (TMS)	标签管理服务(Tag Management Service,TMS)是一种快速便捷将标签集中管理的可视化服务,提供跨区域、跨服务的集中标签管理和资源分类功能
数据管理服务 (DAS)	使用数据管理服务(Data Admin Service,DAS),通过专业优质的可视化操作界面,用户可以更加便捷地管理和使用 GaussDB 数据库,提高数据管理工作的效率和安全性

3.1.4 GaussDB 的实例类型

GaussDB 的最小管理单元是实例,用户可以在华为云控制台创建和管理 GaussDB 实例。GaussDB 支持分布式版和主备版实例。这两个版本的差异参见表 3-2。

表 3-2 GaussDB 主备版和分布式版的差异

实例 类型	支持的部 署形态	是否支持实 例扩容	包含的 组件	业 务 处 理 流 程	适 用 场 景
分布 式版	(1)独立部署 (企业版支持) (2)混合部署 (基础版支持)	是	(1) OM (2) CM (3) GTM (4) ETCD (5) CN (6) DN	业务应用下发 SQL 给 CN,CN 利用数据库的优化器生成执行计划,下发给 DN,每个 DN 会按照执行计划的要求去处理数据,处理完成后 DN 将结果集返回给 CN 进行汇总,最后 CN 将汇总后的结果返回给业务应用	数据量较大,对数据容量和并发能力有一定需求

续表

实例类型	支持的部署形态	是否支持实例扩容	包含的组件	业务处理流程	适用场景
主备版	(1) 1主2备 (2) 1主1备1日志 (3) 单副本	否	(1) OM (2) CM (3) ETCD (4) DN	业务应用直接下发任务给DN,DN处理完成后再将结果返回给业务应用	数据量较小,且长期来看数据不会大幅度增长,但是对数据的可靠性以及业务的可用性有一定需求

分布式版和主备版所包含的组件说明参见表3-3。

表 3-3　GaussDB 核心组件

名称	描　　述	说　　明
OM	运维管理模块(Operation Manager)。提供集群日常运维、配置管理的管理接口、工具	不同于集群中的实例(GTM、CM、CN、DN)模块,OM 为用户提供了相关工具,对集群进行管理
CM	集群管理模块(Cluster Manager)。管理和监控分布式系统中各个功能单元和物理资源的运行情况,确保整个系统的稳定运行	CM 由 CM Agent、OM Monitor 和 CMServer 组成。 (1) CM Agent:负责监控所在主机上主备 GTM、CN、主备 DN 的运行状态并将状态上报给 CM Server。同时负责执行 CM Server 下发的仲裁指令。集群的每台主机上均有 CM Agent 进程。CM Server 会将集群的拓扑信息保存在 ETCD。 (2) OM Monitor:看护 CM Agent 的定时任务,其唯一的任务是在 CM Agent 停止的情况下将 CM Agent 重启。 (3) CM Server:根据 CM Agent 上报的实例状态判定当前状态是否正常,是否需要修复,并下发指令给 CM Agent 执行。 GaussDB 提供了 CM Server 的主备实例方案,以保证集群管理系统本身的高可用性。正常情况下,CM Agent 连接主 CM Server,在主 CM Server 发生故障的情况下,备 CM Server 会主动升为主 CM Server,避免出现 CM Server 单点故障
GTM	全局事务管理器(Global Transaction Manager)。负责生成和维护全局事务 ID、事务快照、时间戳、sequence 信息等全局唯一的信息	整个集群只有一组 GTM:主 GTM 有一个,备 GTM 有一个或多个
CN	协调节点(Coordinator Node)。负责接收来自应用的访问请求,并向客户端返回执行结果;负责分解任务,并调度任务分片在各 DN 上并行执行	负责接收来自应用的访问请求,并向客户端返回执行结果。CN 负责协调分解任务,并调度任务分片在 DN(Data Node)上并行执行。集群中,CN 可以有多个,分别部署在不同的计算节点。多个 CN 的角色是对等的,执行 DML 语句时连接到任何一个 CN 都可以得到一致的结果

名称	描 述	说 明
DN	数据节点（Data Node）。负责存储业务数据（支持行存、列存、混合存储）、执行数据查询任务以及向 CN 返回执行结果	负责存储业务数据、执行数据查询任务以及向 CN 返回执行结果。GaussDB 支持 DN 一主多备高可靠方案。在集群中，DN 有多个，数量可以通过配置文件进行配置。其工作原理如下：DN 主和备之间采用流复制进行数据同步。主、备 DN 上均存有数据。例如，一主两备，则数据有三份。任何一个 DN 故障，集群仍然有双份数据确保继续运行。任何一个备 DN 都可以升主。建议将主、备 DN 分散部署在不同的计算节点中
ETCD	分布式键值存储系统（Editable Text Configuration Daemon）。用于共享配置和服务发现（服务注册和查找）	负责服务发现（Service Discovery）、消息发布与订阅、负载均衡、分布式通知与协调、分布式锁、分布式队列、集群监控与 Leader 竞选等功能

3.2 GaussDB 架构

数据库架构是指数据库系统的组织结构和设计原则，它定义了数据的存储、处理、访问和管理方式。

3.2.1 常见数据库架构设计模型

数据库有若干种架构设计模型，常见的几种架构如图 3-1 所示。

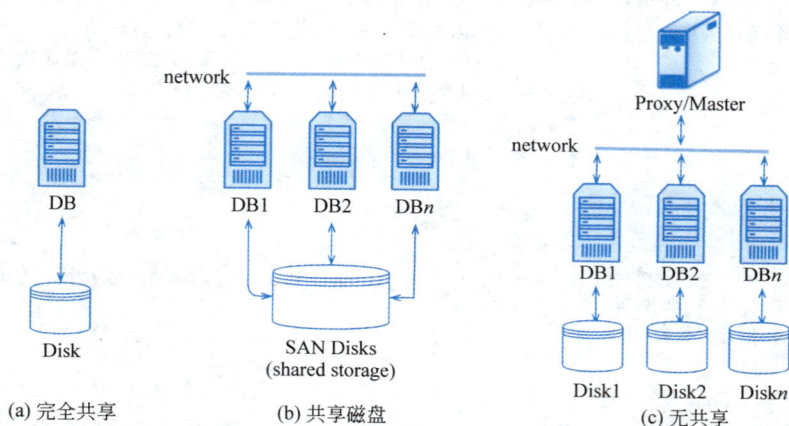

图 3-1 三种常见的数据库架构

1. 完全共享（Shared Everthing）

一般指单个主机的环境，完全透明共享 CPU/内存/硬盘。这种架构比较简单，并行处理能力是最差的，一般适用于小微型、不需要考虑大并发业务的系统。典型代表是 SQL Server、单机版 Oracle 和 MySQL。

2. 共享磁盘（Shared Disk）

各个处理单元使用自己的私有 CPU 和内存，共享磁盘系统。典型代表是 Oracle RAC、

DB2 PureScale。这种体系结构有两个优点。

（1）共享磁盘系统可以扩展比共享内存系统更多的处理器。

（2）提供了一种经济的容错（Fault）。如果一个节点发生故障，其他节点可以接管这个节点的任务，因为数据库驻留在所有节点都可以访问的磁盘上。

缺点是当存储器性能达到饱和时，增加节点不能获得更高的性能。

3. 无共享（Shared Nothing）

每个处理单元所拥有的资源都是独立的，不存在共享资源。单元之间通过协议通信，并行处理和扩展能力更好。各个节点相互独立，各自处理自己的数据，处理后的结果可能向上层汇总或者在节点间流转。这种体系结构有以下优点。

1）易于扩展

（1）为 BI 和数据分析的高并发、大数据量计算提供高扩展能力。

（2）并行处理机制。

2）内部自动并行处理，无须人工分区或优化

（1）数据加载和访问方式与一般数据库相同。

（2）数据分布在所有的并行节点上。

（3）每个节点只处理其中一部分数据。

3）最优化的 I/O 处理

（1）所有的节点同时进行并行处理。

（2）节点之间完全无共享，无 I/O 冲突。

4）增加节点实现性能扩展

增加节点可增加存储、查询和加载性能。

GaussDB 是基于无共享架构设计的，它由众多拥有独立且互不共享 CPU、内存、存储等系统资源的逻辑节点组成。在这样的系统架构中，业务数据被分散存储在多个计算节点上，数据查询任务被推送到数据所在位置就近执行，通过协调节点的协调，并行地完成大规模的数据处理工作，实现对数据处理的快速响应。

3.2.2 GaussDB 的主备架构和分布式架构

1. GaussDB 主备版形态整体架构

GaussDB 主备版形态整体架构如图 3-2 所示。

主备版逻辑架构如图 3-3 所示。主备版架构中关于 ETCD、CMS、OM 和 DN 的说明参见表 3-3。

在主备模式下，各 DN 存储的数据都是一致的，即每个数据节点都存储了所有完整的数据，这与分布式节点不同。当主 DN 发生故障时，任意备 DN 都可以升为主 DN。

在主备模式下，一个响应客户端 SQL 请求的服务流程如图 3-4 所示。

数据库服务器通过监听服务接口监听客户端，当客户端发送连接服务端请求时，服务端先验证客户端是否有操作权限。如果客户端有权限，则服务端接收客户端的 SQL 请求，从线程池中获取可用执行线程，然后进行语句解析、优化，生成执行计划，执行 SQL 语句，并将执行结果返回给客户端。客户端获取到结果后，关闭连接，服务端将执行线程返回线程池。

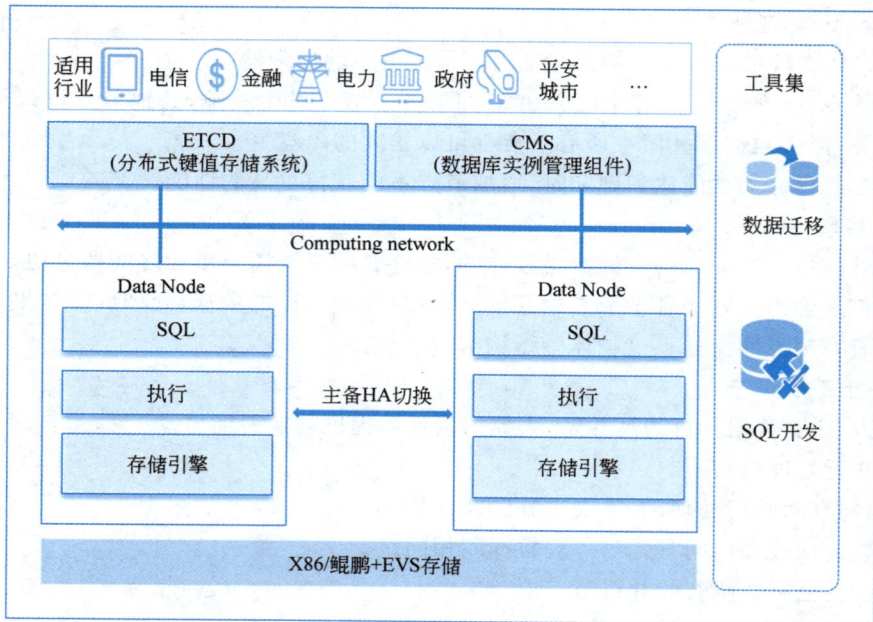

图 3-2 GaussDB 主备版形态整体架构

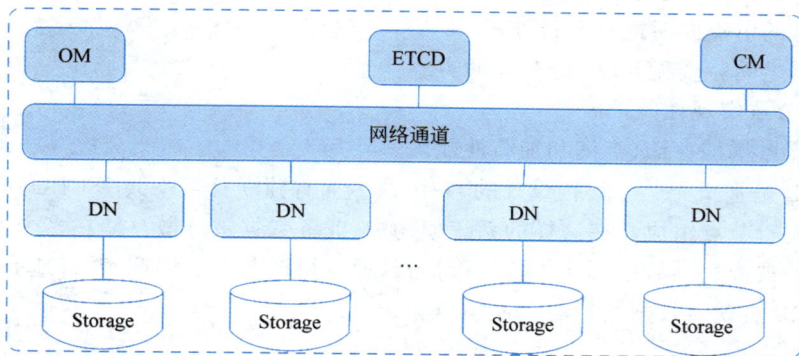

图 3-3 主备版逻辑架构

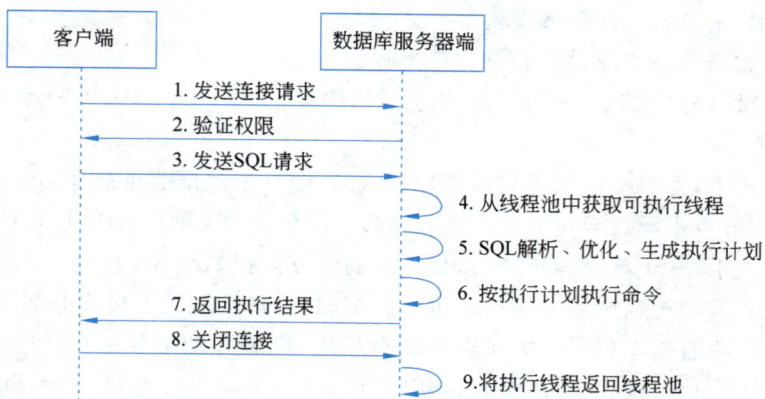

图 3-4 主备模式下响应客户端 SQL 请求的服务流程

2. GaussDB 分布式形态整体架构

GaussDB 分布式形态整体架构如图 3-5 所示。

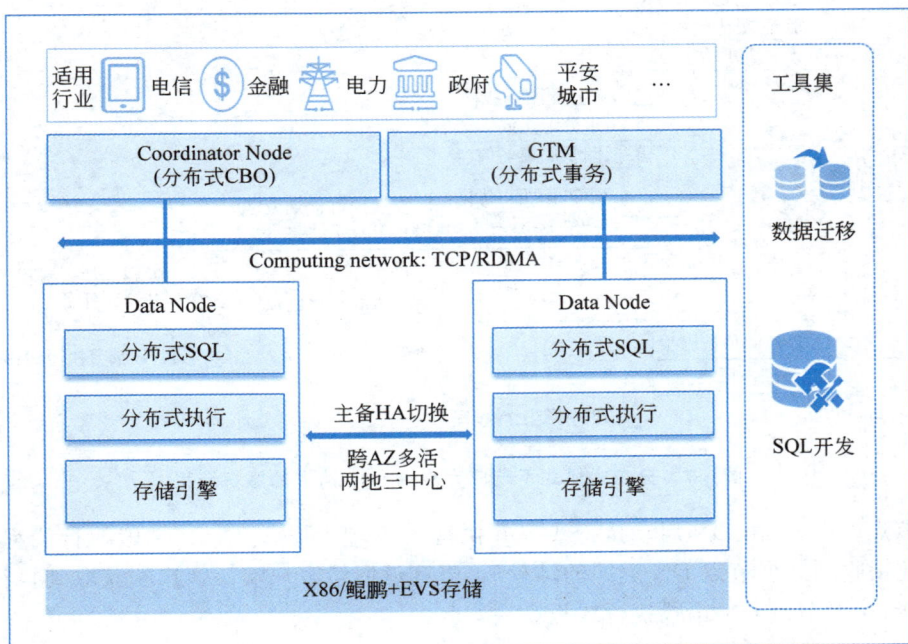

图 3-5　GaussDB 分布式形态整体架构

分布式逻辑架构如图 3-6 所示。分布式架构中关于 ETCD、CM、OM、GTM、CN 和 DN 的说明参见表 3-3。

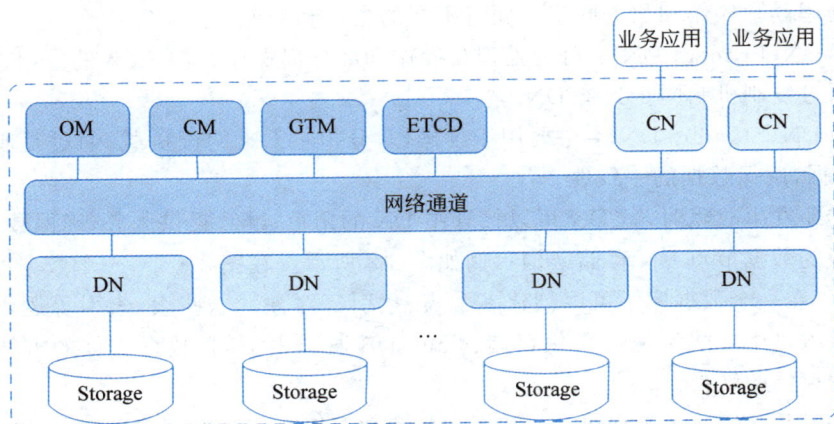

图 3-6　分布式逻辑架构

在分布式模式下,一个响应客户端 SQL 请求的服务流程如图 3-7 所示。

数据库服务器通过监听服务接口监听客户端,当客户端发送请求连接服务端时,服务端首先验证权限。如果客户端拥有权限,则服务端接收客户端的 SQL 请求,由协调节点(CN)分配一个服务线程。CN 向全局事务管理器(GTM)请求分配全局事务信息,并由 GTM 返回全局事务信息。协调节点 CN 进行语句解析、优化,生成执行计划,并将执行计划发给各

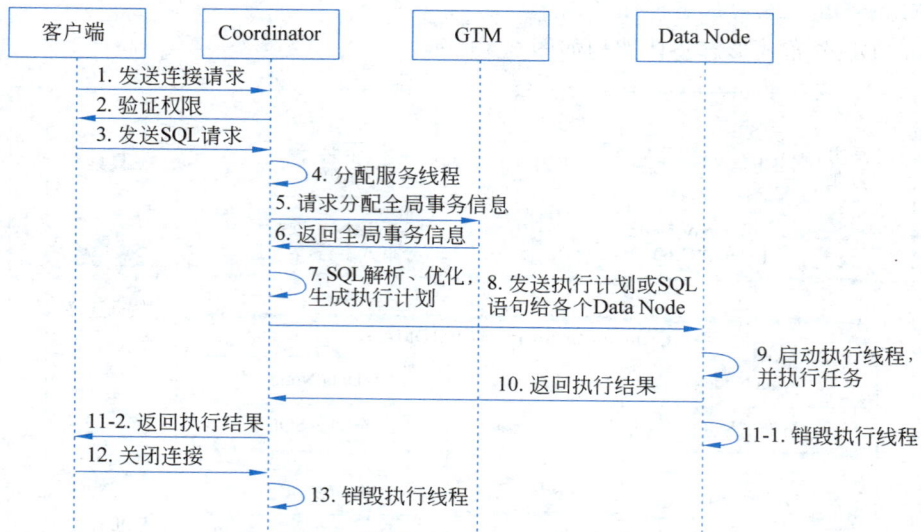

图 3-7　分布式模式下响应客户端 SQL 请求的服务流程

个数据节点（DN）。由 DN 启动执行线程并执行任务，返回执行结果，销毁执行线程。协调节点 CN 接收到数据节点 DN 返回的结果后，将其返回给客户端。客户端获取到执行结果，关闭连接，协调节点 CN 销毁执行线程。

3.2.3　存储体系架构

1. GaussDB 主备版存储体系架构

在图 3-3 所示的主备版逻辑架构中，数据节点（DN）存储的数据是一样的，但主 DN 和备 DN 在处理读写操作和数据同步方面有不同的角色和功能。

（1）主 DN（Primary DN）：负责处理写操作和部分读操作；所有写入的数据首先写入主 DN，然后通过复制机制同步到备 DN。

（2）备 DN（Standby DN）：主要用于读操作，分担主 DN 的读负载；通过复制机制从主 DN 同步数据，确保数据的一致性。

在主 DN 发生故障时，备 DN 可以接管主 DN 的角色，继续提供服务，确保数据不丢失。

主备版的数据节点 DN 存储结构示例如图 3-8 所示。在图 3-8 中，一个数据库实例包含多个数据库，在一个数据库下可以创建多个表、索引等对象。这些表、索引等逻辑对象需要保存到物理磁盘中才能实现持久化存储，GaussDB 通过表空间、数据文件的方式实现逻辑对象到物理存储的转换。

在图 3-8 中，数据库、表空间、表、数据文件和数据块是数据库存储和组织数据的不同层次，其各自的功能如下。

（1）数据库（Database）：数据库用于管理各类数据对象（如表、视图、索引等），是用户与数据交互的入口。

（2）表空间（Tablespace）：表空间是数据库中存储数据的容器，类似于文件系统中的目录。表空间可以包含多个表和索引。

（3）表（Table）：表是数据库中存储数据的结构，每个表由行和列组成。表的数据存储

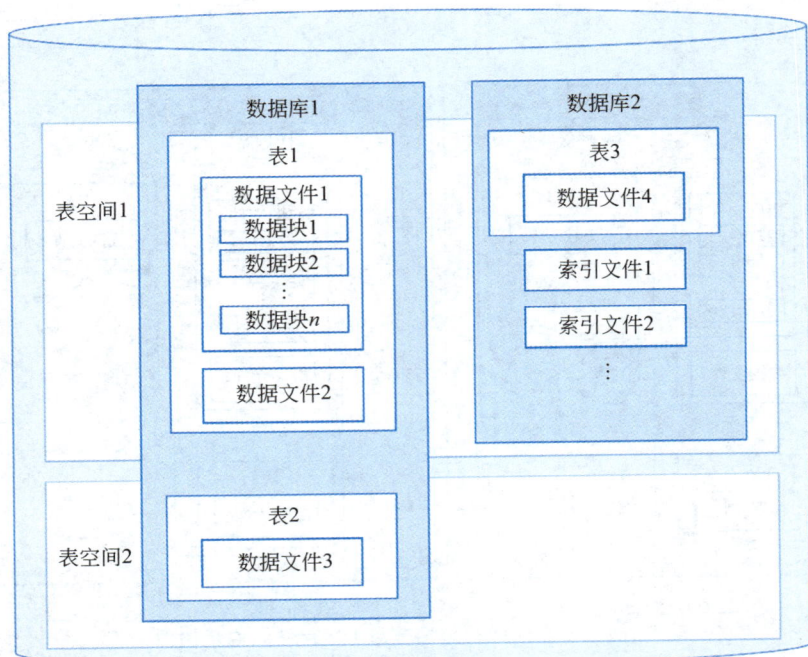

图 3-8　主备版的数据节点 DN 存储结构示例图

在表空间中,对应一个或多个数据文件。

（4）数据文件（Data File）：默认情况下,如果某张表或索引的大小超过 1GB,则会分成多个文件存储。数据文件是 DBMS 访问和管理数据的基本单位。一个数据文件包含一个或多个数据块。

（5）数据块（Data Block）：数据块是存储数据的物理单位,它是 DBMS 在磁盘上分配和管理存储空间的基本单位。数据块的大小通常是固定的（如 8KB、16KB 等）。

在数据管理上,数据库管理员可以通过创建、删除、修改表空间来管理数据的物理存储位置。数据文件的创建和删除通常由 DBMS 自动管理,用户在对表进行操作时不需要知道其所存放位置以及如何存放。

2. GaussDB 分布式版存储体系架构

在 GaussDB 的分布式版架构中,数据节点（DN）存储的数据可能不完全相同,因为分布式版通常采用数据分片（Sharding）的方式进行数据存储。

在分布式版中,数据被水平分割（Sharded）并分布到不同的 DN 上。每个 DN 存储数据的一个子集,而不是整个数据集。数据按照一定的分片键和分片策略分布到各个 DN 中,以实现负载均衡和并行处理。为了提高数据的可用性,通常会采用副本（Replication）方式,即每个 DN 的数据可能有一个或多个副本分布在其他 DN 上。如果一个 DN 发生故障,其他包含副本的 DN 可以继续提供服务,并通过故障恢复机制确保数据的可用性和一致性。

分布式版的数据节点 DN 存储结构示例如图 3-9 所示。从图 3-9 中可以看到,在分布式结构下,分布式系统会通过 Hash 算法计算数据存储位置,DN1 与 DN2 的节点中存储的数据并不相同。

DN1
数据库1
表空间1
表1
数据文件1
数据块1
数据块2
……
数据块n
数据文件2

数据库2
表3
数据文件7
⋮

表空间2
表2
数据文件5

DN2
数据库1
表空间3
表1
数据文件3
数据块1
数据块2
……
数据块n
数据文件4

数据库2
表3
数据文件8
⋮

表空间4
表2
数据文件6

DNn

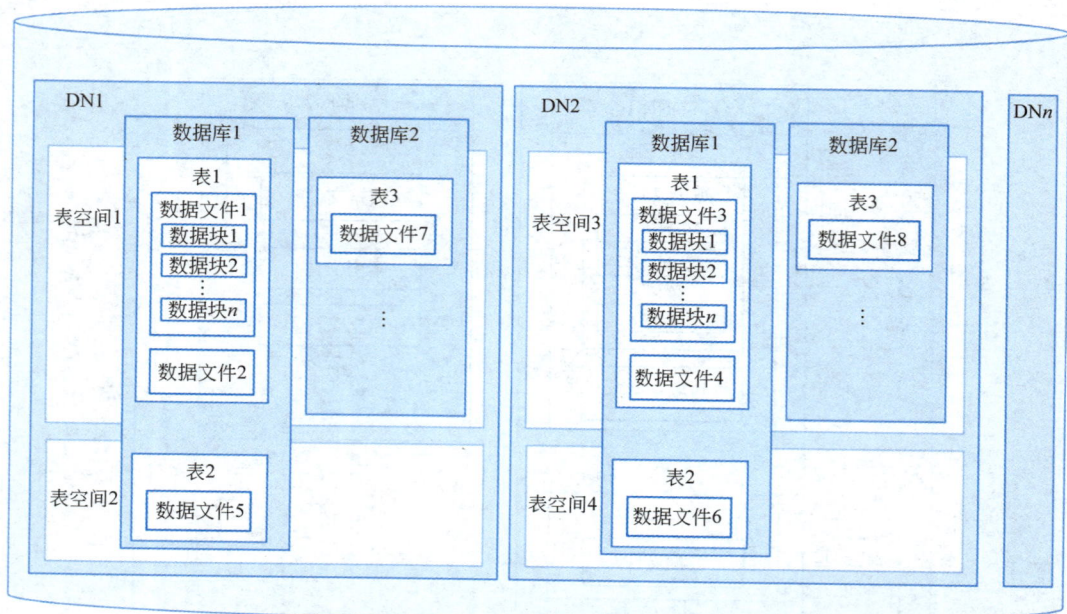

图 3-9　分布式版的数据节点 DN 存储结构示例图

3.3　使用 GaussDB

要使用 GaussDB，需在华为云平台上购买 GaussDB 实例。可根据业务需求选择按需计费或包年/包月计费方式，并定制相应的计算能力和存储空间。具体购买方法请参考《云数据库 GaussDB 快速入门》。用户也可以从华为网站上下载开源的 openGauss，免费使用。

购买 GaussDB 后就可以通过以下方式连接 GaussDB 实例。

（1）使用客户端连接实例：使用 gsql 或数据管理服务（Data Admin Service，DAS）连接实例。

（2）使用驱动连接实例：使用 JDBC、ODBC 等驱动连接实例。

关于如何使用驱动连接 GaussDB 实例，请参考本书第 10 章。本节主要介绍通过界面化工具 DAS 连接 GaussDB 实例。

数据管理服务（DAS）是一款专业的简化数据库管理工具，提供优质的可视化操作界面，大幅提高工作效率，让数据管理变得既安全又简单。使用者都可以通过 DAS 连接并管理实例。具体方法如下。

（1）登录管理控制台。

（2）单击管理控制台左上角的 ⊙ 按钮，选择区域和项目。

（3）在页面左上角单击 ☰ 按钮，选择"数据库"→"云数据库 GaussDB"命令，进入云数据库 GaussDB 信息页面，如图 3-10 所示。

（4）在"实例管理"页面，选择需要登录的目标数据库，单击操作列表中的"登录"按钮，进入数据管理服务实例登录界面，如图 3-11 所示。

也可以在"实例管理"页面，单击目标实例名称，进入实例的"基本信息"页面，在页面右上角，单击"登录"按钮，进入如图 3-11 所示的数据管理服务实例登录界面。

图 3-10　云数据库 GaussDB 信息页面

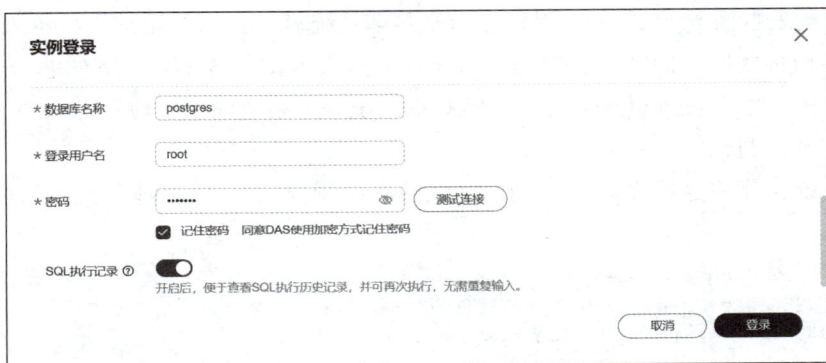

图 3-11　数据管理服务实例登录界面

（5）正确输入数据库用户名和密码，单击"登录"按钮，即可登录到数据库。其中：

① 数据库名称：postgres。

② 登录用户名：root。

③ 密码：root 用户密码，即购买实例时设置的管理员密码。单击"测试连接"按钮可测试输入的用户名和密码是否正确。

④ SQL 执行记录：开启。

（6）登录实例后，可通过 DAS 创建数据库用户、创建数据库、创建表等。登录后选择"SQL 操作"→"SQL 查询"命令，可添加"SQL 查询"页，编写和执行 SQL 语句，如图 3-12 所示。

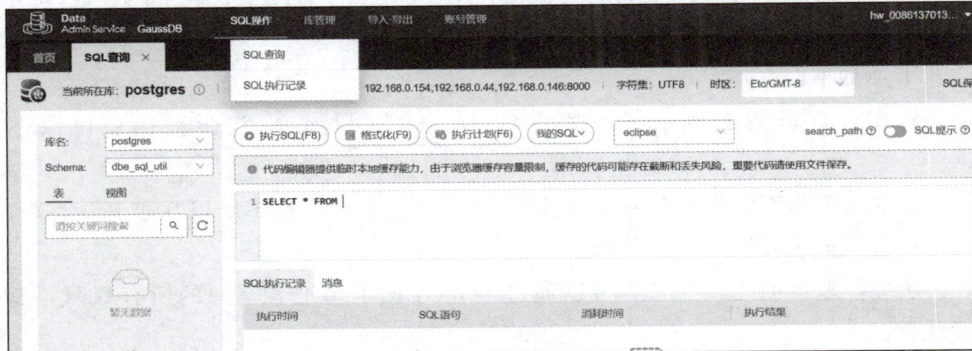

图 3-12　DAS 操作界面

3.4 创建与管理表空间

表空间(tablespace)用于管理数据对象,与磁盘上的一个目录对应。当访问表或索引时,系统通过它所在的表空间来定位数据的物理存储位置。

通过使用表空间,管理员可以合理利用磁盘性能和空间,制定最优的物理存储方式来管理数据库表和索引等对象,从而提高性能。

3.4.1 创建表空间

GaussDB 自带了两个表空间:pg_default 和 pg_global。具体说明如下。

(1) 默认表空间 pg_default:用来存储非共享系统表、用户表、用户表 index、临时表、临时表 index、内部临时表的默认表空间。对应存储目录为实例数据目录下的 base 目录。

(2) 共享表空间 pg_global:用来存储共享系统表的表空间。对应存储目录为实例数据目录下的 global 目录。

除了系统自建的这两个表空间外,用户也可以创建表空间。创建表空间的语法格式如下:

```
CREATE TABLESPACE tablespace_name
    [ OWNER user_name ] [ RELATIVE ] LOCATION 'directory' [ MAXSIZE 'space_size' ]
    [WITH ( tablespace_option =value [, … ] )];
```

其中,各关键字和参数的含义如下。

(1) tablespace_name:要创建的表空间名称。

(2) OWNER:为该表空间指定所有者 user_name。省略时,新表空间的所有者是当前用户。

(3) RELATIVE:表示使用相对路径。当使用 RELATIVE 关键字时,LOCATION 目录是相对于各个 CN/DN 数据目录下的。

(4) LOCATION:为该表空间指定目录 directory。

(5) MAXSIZE:指定表空间在单个 DN 上的最大值 space_size。space_size 的单位可以是 K、M、G、T 和 P。

(6) WITH (tablespace_option = value [, …]):设置或重置表空间参数,可指定随机读取 page 的开销、顺序读取 page 的开销等。

注意事项如下:

(1) 系统管理员或者继承了内置角色 gs_role_tablespace 权限的用户可以创建表空间。

(2) 表空间名称不能和数据库中的其他表空间重名,且名称不能以"pg"开头,这样的名称留给系统表空间使用。

(3) 系统管理员创建表空间后可以通过 OWNER 子句把表空间的所有权赋给其他非系统管理员。

(4) GaussDB 系统用户必须对表空间所在目录拥有读写权限,并且目录为空。如果该目录不存在,将由系统自动创建。指定的目录须为本地路径,不得含有特殊字符(如 $ 、>等)。

例 3.1　创建一个 test_tbs 表空间。

```
CREATE TABLESPACE test_tbs RELATIVE LOCATION 'tbs/tablespace1';
```

该命令成功执行后就会在数据库实例中新增加一个名为 test_tbs 的表空间,"tbs/tablespace1"是相对于 CN/DN 数据目录下用户拥有读写权限的空目录。

例 3.2　创建一个名为 store_tbs 的表空间,表空间的最大值是 10GB。

```
CREATE TABLESPACE store_tbs  RELATIVE LOCATION 'tbs/tablespace2' MAXSIZE '10G';
```

例 3.3　创建一个用户 zhang,再创建一个 zhang_space 表空间,指定表空间的所有者是用户 zhang。

(1) 创建用户 zhang:

```
CREATE USER zhang IDENTIFIED BY 'zhang@123';
```

(2) 创建表空间,且所有者指定为用户 zhang:

```
CREATE TABLESPACE zhang_space OWNER zhang RELATIVE LOCATION 'tbs/tablespace3';
```

3.4.2　查看表空间

1. 使用 pg_tablespace 系统表查询表空间信息

pg_tablespace 系统表存储了表空间的信息。如下命令可查询系统和用户定义的全部表空间信息:

```
SELECT * FROM pg_tablespace;
```

查询返回的结果如下:

	spcname	spcowner	spcacl	spcoptions	spcmaxsize	relative
1	pg_default	10	(NULL)	(NULL)	(NULL)	f
2	pg_global	10	(NULL)	(NULL)	(NULL)	f
3	test_tbs	16 731	(NULL)	(NULL)	(NULL)	t
4	store_tbs	16 731	(NULL)	(NULL)	10 485 760 K	t
5	zhang_space	16 811	(NULL)	(NULL)	(NULL)	t

2. 查询表空间的当前使用情况

使用 pg_tablespace_size(oid)函数可查看指定 OID(表空间的对象标识符)的表空间所使用的磁盘空间;使用 pg_tablespace_size(name)函数可查看指定名称的表空间所使用的磁盘空间。如下命令可查看 test_tbs 表空间的大小(单位为字节):

```
SELECT PG_TABLESPACE_SIZE('test_tbs');
```

执行查询,返回的结果如下:

	pg_tablespace_size
1	4096

3.4.3 管理表空间

1. 修改表空间

表空间创建之后是可以修改的，如修改表空间的名称，设置表空间参数等。

1）重命名表空间

修改表空间名称的语法格式如下：

```
ALTER TABLESPACE tablespace_name RENAME TO new_tablespace_name;
```

其中，tablespace_name 为重命名前表空间名称；new_tablespace_name 为表空间的新名称。新名称不能以"PG_"开头。

例 3.4 将表空间"zhang_space"重命名为"zhangtbs"。

```
ALTER TABLESPACE zhang_space RENAME TO zhangtbs;
```

2）修改表空间所有者

修改表空间所有者的语法格式如下：

```
ALTER TABLESPACE tablespace_name OWNER TO new_owner;
```

其中，tablespace_name 为需要修改的表空间名称；new_owner 为表空间的新所有者。new_owner 必须是存在的用户名。

例 3.5 将表空间"test_tbs"的所有者更改为 zhang 用户（zhang 用户必须存在）。

```
ALTER TABLESPACE test_tbs OWNER TO zhang;
```

3）设置表空间限额

重新设置表空间限额的语法格式如下：

```
ALTER TABLESPACE tablespace_name
RESIZE MAXSIZE { UNLIMITED | 'space_size'};
```

其中，tablespace_name 为需要修改的表空间名称；UNLIMITED 表示该表空间不设置限额；space_size 用于指定该表空间在单个数据库节点上的最大值。数值单位当前支持 K/M/G/T/P。

例 3.6 将表空间"test_tbs"的最大限额设置为 500MB。

```
ALTER TABLESPACE test_tbs RESIZE MAXSIZE '500M';
```

注意事项如下：

（1）只有表空间的所有者或者被授予了表空间 ALTER 权限的用户有权限执行 ALTER TABLESPACE 命令，系统管理员默认拥有此权限。

（2）要修改表空间的所有者，当前用户必须是该表空间的所有者或系统管理员，且该用户是新所有者角色的成员。

2. 删除表空间

删除表空间的语法格式如下：

```
DROP TABLESPACE [ IF EXISTS ] tablespace_name;
```

其中，tablespace_name 为要删除的表空间名称；加上"IF EXISTS"关键字，在删除表空间时，如果指定的表空间不存在，则系统将发出一个 notice 而不是报错。

例 3.7 删除表空间"zhangtbs"。

```
DROP TABLESPACE zhangtbs;
```

注意事项如下：

（1）系统管理员、表空间所有者或者被授予了表空间 DROP 权限的用户有权限执行 DROP TABLESPACE 命令。

（2）在删除一个表空间之前，表空间中不能有任何数据库对象，否则会报错。

（3）DROP TABLESPACE 不支持回滚，因此，不能出现在事务块内部。

3.5 创建与管理数据库

数据库用于管理各类数据对象（如表、视图、索引等），各数据库之间相互隔离。客户端程序一次只能连接一个数据库，也不能在不同的数据库之间相互查询。用户在数据库管理的对象可分布在多个表空间上，所以一个数据库可以使用多个表空间。

3.5.1 创建数据库

初始时，GaussDB 包含模板数据库 template0、template1 以及一个默认的用户数据库 postgres。用户可以用 CREATE DATABASE 命令创建一个新的数据库，默认情况下新数据库将通过复制模板数据库 template0 来创建。创建数据库的语法格式如下：

```
CREATE DATABASE database_name
    [ [ WITH ] { [ OWNER [=] user_name ] |
                [ TEMPLATE [=] template ] |
                [ ENCODING [=] encoding ] |
                [ LC_COLLATE [=] lc_collate ] |
                [ LC_CTYPE [=] lc_ctype ] |
                [ DBCOMPATIBILITY [=] compatibilty_type ] |
                [ TABLESPACE [=] tablespace_name ] |
                [ CONNECTION LIMIT [=] connlimit ]}[…] ];
```

其中，各关键字和参数的含义如下。

（1）database_name：要创建的数据库名称。

（2）OWNER：为数据库指定所有者 user_name。如果没有指定，则新数据库的所有者是当前用户。

（3）TEMPLATE：指定用哪个模板创建新数据库。

（4）ENCODING：指定数据库所使用的字符集编码。如果没有指定，则默认使用模板数据库的字符集编码。常用的字符集编码有 GBK、UTF8、Latin1 等。

（5）LC_COLLATE：指定新数据库所使用的排序规则。例如，通过 lc_collate = 'zh_CN.gbk'设定该参数。该参数的使用会影响到在 ORDER BY 子句中对字符串类型列的排列顺序，也会影响到 text 类型列上的索引顺序。如果没有指定，则默认使用模板数据库的排序规则。

（6）LC_CTYPE：指定新数据库所使用的字符分类。例如，通过 lc_ctype = 'zh_CN.gbk'设定该参数。该参数的使用会影响到字符的分类，如大写、小写和数字。如果没有指定，则默认使用模板数据库的字符分类。

（7）DBCOMPATIBILITY：指定兼容的数据库的类型。该参数的取值范围是

MYSQL、TD、ORA、PG，分别表示兼容 MySQL 数据库、TD（Teradata）、Oracle 数据库和 PostgreSQL。

（8）TABLESPACE：指定新数据库对应的表空间 tablespace_name。

（9）CONNECTION LIMIT：指定允许并发连接该数据库的个数。默认值为-1，表示没有限制。

需要注意的是，在创建数据库时可以通过指定参数 DBCOMPATIBILITY 的值兼容不同的数据库。

例 3.8　创建一个名为 StoreDB 的数据库。

```
CREATE DATABASE StoreDB;
```

例 3.9　创建一个名为 db_test 的数据库，关联的表空间为 test_tbs。

```
CREATE DATABASE db_test TABLESPACE=test_tbs;
```

例 3.10　创建一个名为 OnlineShopDB 的数据库，兼容 PostgreSQL。

```
CREATE DATABASE OnlineShopDB DBCOMPATIBILITY='PG';
```

注：本书使用的是名为 OnlineShopDB 的数据库，它兼容 PostgreSQL。如果所使用的数据库在创建时没有指定 DBCOMPATIBILITY= 'PG'，则在执行本书部分代码时会报错。

注意事项如下：

（1）只有拥有 CREATEDB 权限的用户才可以创建新数据库，系统管理员默认拥有此权限。

（2）不能在事务块中执行创建数据库语句。

通过使用 pg_database 系统表可以查询数据库信息。如下命令可查询数据库名、数据库的所有者、数据库的字符编码方式、允许的最大并发连接数、默认表空间等数据库信息：

```
SELECT datname,datdba,encoding,datconnlimit,dattablespace FROM pg_database;
```

3.5.2　管理数据库

1. 修改数据库

系统管理员、数据库的所有者或者被授予了数据库 ALTER 权限的用户可以使用 ALTER DATABASE 语句修改数据库的属性。

1）修改数据库名称

修改数据库名称的用户必须拥有 CREATEDB 权限。其语法格式如下：

```
ALTER DATABASE database_name RENAME TO new_name;
```

其中，database_name 为重命名前数据库名称；new_name 为新的数据库名称。

例 3.11　将数据库"db_test"重命名为"testdb"。

```
ALTER DATABASE db_test RENAME TO testdb;
```

注意：不能重命名当前使用的数据库，如果需要重新命名当前使用的数据库，须连接至其他数据库上。

2）修改数据库所有者

修改数据库所有者的用户必须是该数据库的所有者或者系统管理员，必须拥有 CREATEDB 权限，且该用户是新所有者角色的成员。修改数据库所有者的语法格式如下：

```
ALTER DATABASE database_name OWNER TO new_owner;
```

其中,database_name 为需要修改属性的数据库名称;new_owner 为数据库的新所有者。

例 3.12 将数据库"testdb"的所有者修改为"zhang"(zhang 用户必须存在)。

```
ALTER DATABASE testdb OWNER TO zhang;
```

3) 修改数据库默认表空间

修改数据库默认表空间的用户必须拥有新表空间的 CREATE 权限。其语法格式如下:

```
ALTER DATABASE database_name SET TABLESPACE new_tablespace;
```

其中,database_name 为需要修改属性的数据库名称;new_tablespace 为数据库新的默认表空间,该表空间为数据库中已经存在的表空间。如果没有指定,默认的表空间为 pg_default。

例 3.13 将数据库"StoreDB"的默认表空间修改为"store_tbs"。

```
ALTER DATABASE StoreDB SET TABLESPACE store_tbs;
```

成功执行这条语句后,会从物理上将 StoreDB 数据库原来默认表空间上的表和索引移至 store_tbs 表空间,不在默认表空间的表和索引将不受影响。

4) 修改数据库的最大连接数

修改数据库的最大连接数的语法格式如下:

```
ALTER DATABASE database_name [ [ WITH ] CONNECTION LIMIT connlimit ];
```

其中,database_name 为需要修改属性的数据库名称;connlimit 为数据库最大并发连接数(管理员用户连接除外)。

例 3.14 将数据库"testdb"中的最大连接数改为 30。

```
ALTER DATABASE testdb CONNECTION LIMIT 30;
```

2. 删除数据库

删除一个数据库的语法格式如下:

```
DROP DATABASE [ IF EXISTS ] database_name ;
```

其中,database_name 为要删除的数据库名称;加上"IF EXISTS"关键字,在删除数据库时,如果指定的数据库不存在,则系统将发出一个 notice 而不是报错。

例 3.15 删除数据库"testdb"。

```
DROP DATABASE testdb;
```

注意事项如下:

(1) 系统管理员、数据库所有者或者被授予了数据库 DROP 权限的用户有权限执行 DROP DATABASE 命令。

(2) 不能删除系统默认安装的 postgres、template0、template1 数据库。

(3) 不能删除当前连接的数据库。

(4) 不能在事务块中执行 DROP DATABASE 命令。

3.6 本章小结

本章首先简要介绍了 GaussDB 的发展历程、特点和应用场景,GaussDB 与其他服务的关系,然后详细介绍了 GaussDB 主备版形态的整体架构和分布式版形态的整体架构,GaussDB 主备版的存储体系架构和分布式版的存储体系架构,最后重点介绍了创建、管理表空间以及数据库的方法。通过本章的学习,读者可以了解 GaussDB 及其架构,理解表空间、数据库在 GaussDB 中的作用,熟悉如何创建和管理表空间以及数据库。

3.7 习题

1. 选择题

(1) 创建数据库的命令是(　　)。

    A. CREATE DATABASE　　　　　　B. DROP DATABASE

    C. NEW DATABASE　　　　　　　　D. ALTER DATABASE

(2) 在 GaussDB 数据库中,可以使用(　　)系统表查询表空间信息。

    A. pg_tablespaces　　　　　　　　B. dba_tablespaces

    C. pg_tablespace　　　　　　　　　D. dba_tablespace

(3) 修改表空间的命令是(　　)。

    A. CREATE TABLESPACE　　　　　B. DROP TABLESPACE

    C. MODIFY TABLESPACE　　　　　D. ALTER TABLESPACE

(4) GaussDB 是基于(　　)架构设计的,它由众多拥有独立且互不共享 CPU、内存、存储等系统资源的逻辑节点组成。

    A. Shared Everthing　　　　　　　B. Shared Disk

    C. Shared Nothing　　　　　　　　D. Shared MEMORY

(5) (　　)提供了可视化操作界面,让用户能够更加便捷地管理和使用 GaussDB 数据库,从而提高数据管理工作的效率和安全性。

    A. 云审计服务(CTS)　　　　　　　B. 数据管理服务(DAS)

    C. 企业管理服务(EPS)　　　　　　D. 标签管理服务(TMS)

2. 填空题

(1) GaussDB 的最小管理单元是实例,GaussDB 支持分布式版和_____实例。

(2) GaussDB 自带了_____和 pg_default 表空间。

(3) GaussDB 包含两个模板数据库 template0 和_____。

(4) 在 GaussDB 的核心组件中,_____提供了集群日常运维、配置管理的管理接口和工具等。

3. 思考题

(1) 简述数据库与表空间的关系。

(2) GaussDB 有哪些特点?

(3) 简述 GaussDB 的应用场景。

(4) 常见的数据库架构设计模型有哪几种?各有什么特点?

(5) GaussDB 有哪些核心组件?各自的作用是什么?

第 二 篇

SQL语言与数据库编程

第 4 章

数 据 定 义

学习目标

（1）掌握数据类型。
（2）理解表定义和完整性定义。
（3）理解数据操作与完整性约束的作用。

思维导图

数据定义
- 数据类型
  - 常规数据类型
  - 非常规数据类型
- 模式
  - 模式概述
  - 创建和管理模式
- 数据表定义和完整性定义功能
  - 创建表
  - 管理表
  - 数据完整性约束的创建和管理

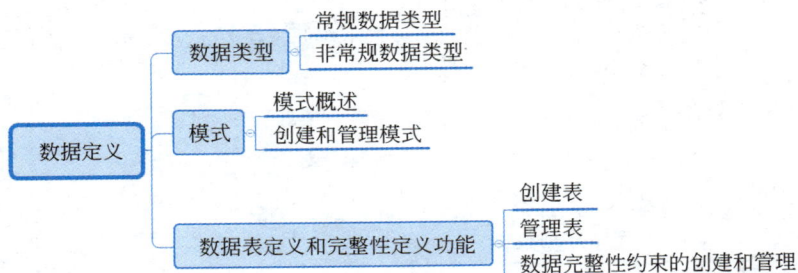

关系数据库标准语言 SQL 是"数据库系统概论"课程学习和实验的重点。本章开始将开启 SQL 语言和数据库编程实现内容。首先介绍数据类型和模式，然后详细阐述数据表定义和完整性定义功能，重点介绍数据完整性约束的创建和管理。

4.1 数据类型

数据类型是数据的一个基本属性，用于区分不同类型的数据。数据类型的出现是为了规范地存储和使用数据。不同的数据类型所占的存储空间不同，能够进行的操作也不相同。在 GaussDB 中，每个列、局部变量、表达式和参数都具有一个相关的数据类型。特别是列，数据类型是列（字段）最重要的属性之一，代表了数据的格式。

数据类型在数据库中扮演着极为重要的角色，它们不仅仅用于存储数据，还可以提高查询效率、降低存储空间、提高数据安全性等。数据库开发人员在设计数据库时必须充分了解各种数据类型的特点和使用场景，合理选用数据类型，才能保证数据库的高效性和稳定性。

不同的数据库管理系统支持的数据类型略有差别，GaussDB 支持多种数据类型，包括数值、字符、日期等。使用 GaussDB 时，可能需要进行数据类型转换，以满足不同的需求。本书只介绍几种较常用的数据类型。

4.1.1 常规数据类型

1. 数值类型

在 GaussDB 中,数值类型包括整数类型、任意精度型、序列整型和浮点类型。常用的数值类型说明如表 4-1 所示。

表 4-1 常用的数值类型说明

数据类型		描述
整数类型	BIGINT	长度为 8 字节的大整型数字
	INTEGER	长度为 4 字节的标准整型数字
	SMALLINT	长度为 2 字节的小整型数字
	TINYINT	长度为 1 字节的微整型数字
任意精度型	DECIMAL[(p[,s])]	p 为精度,指定小数点左边和右边可以存储的十进制数字的最大个数。精度必须是从 1 到最大精度之间的值。最大精度为 1000。p 的默认值为 10。s 为小数位数,指定小数点右边可以存储的十进制数字的最大个数。s 的默认值为 0。p 和 s 必须遵守规则: $0 \leqslant s \leqslant p$。例如:DECIMAL(6,2)表示小数点后有 2 位数字,小数点前有 4 位数字的定点小数
	NUMERIC[(p[,s])]	同 DECIMAL
序列整型	BIGSERIAL	8 字节序列整型
	SERIAL	4 字节序列整型
	SMALLSERIAL	2 字节序列整型
浮点类型	FLOAT4	4 字节单精度浮点数
	DOUBLE	8 字节双精度浮点数

数值类型常量不需要用单引号括起来。例如,246 为 INTEGER 型常量,1894.12 为 DECIMAL(或 NUMERIC)型常量,101.5E 和 50.5E-2 为 FLOAT4(或 DOUBLE)型常量。

2. 货币数据类型

在 GaussDB 中,可以使用 money 存储货币数据或货币值。货币类型存储带有固定小数精度的货币金额。这些数据类型可以使用常用的货币符号,如美元符号 $、人民币符号 ¥ 等。货币数据类型说明如表 4-2 所示。

表 4-2 货币数据类型说明

数据类型	描述
money	长度为 8 字节的定点小数

numeric、int 和 bigint 类型的值可以转换为 money 类型。如果从 real 和 double precision 类型转换到 money 类型,可以先转换为 NUMERIC 类型,再转换为 money 类型。

3. 日期和时间数据类型

在 GaussDB 中,常用的日期和时间类型的说明如表 4-3 所示。

表 4-3　常用的日期和时间类型说明

数 据 类 型	描　　述
DATE	日期类型。格式:YYYY-MM-DD
DATETIME	日期和时间类型。 格式:YYYY-MM-DD hh:mm:ss
TIME［(p)］［WITHOUT TIME ZONE］	用于表示一天内的时间。p 表示小数点后的精度,取值范围为 0~6
TIMESTAMP［(p)］［WITHOUT TIME ZONE］|［WITH TIME ZONE］	日期和时间类型,不携带或带时区。p 表示小数点后的精度,取值范围为 0~6
INTERVAL［FIELDS］	时间间隔类型。 FIELDS:可以是 YEAR、MONTH、DAY、HOUR、MINUTE、SECOND、DAY TO HOUR、DAY TO MINUTE、DAY TO SECOND、HOUR TO MINUTE、HOUR TO SECOND、MINUTE TO SECOND

日期输入说明:日期和时间的输入几乎可以是任何合理的格式,包括 ISO-8601 格式、SQL-兼容格式、传统 POSTGRES 格式或者其他的形式。GaussDB 系统支持按照日、月、年的顺序自定义日期输入。如果把 DateStyle 参数设置为 MDY 就按照"月—日—年"解析,设置为 DMY 就按照"日—月—年"解析,设置为 YMD 就按照"年—月—日"解析。

时间段输入说明:reltime 的输入方式可以采用任何合法的时间段文本格式,包括数字形式(含负数和小数)及时间形式,其中,时间形式的输入支持 SQL 标准格式、ISO—8601 格式、POSTGRES 格式等。另外,文本输入需要加单引号。

日期和时间数据类型常量需要用单引号括起来。例如,'2024-04-15'、'20240415'、'2024/04/15'用于日期值时都是 2024 年 4 月 15 日。

4. 字符类型

字符数据由字母、符号和数字组成。在 GaussDB 中,有定长字符串、变长字符串以及大文本等。常用的字符串数据类型的说明如表 4-4 所示。

表 4-4　常用的字符串数据类型说明

数 据 类 型	描　　述
CHAR(n)	定长字符串,不足补空格。n 是指字节长度,如不带精度 n,默认精度为 1
VARCHAR(n)	变长字符串。PG 兼容模式下,n 是字符长度。其他兼容模式下,n 是指字节长度
TEXT	变长字符串
CLOB	文本大对象。用于兼容 Oracle 类型

字符串数据类型常量要用单引号括起来。例如,'This is a database.'。如果字符串包含单引号,则使用两个单引号表示该字符串中的单引号。例如,字符串 I'm Tom 可以表示为'I''m Tom'。对于嵌入在双引号中的单引号则没有必要这样做。空字符串是用中间没有任何字

符的两个单引号表示。

5. 布尔数据类型

布尔数据类型的说明如表 4-5 所示。

表 4-5　布尔数据类型说明

数 据 类 型	描　　述
BOOLEAN	布尔类型。1 字节 取值为 true：真；false 为假；Null 为未知

4.1.2　非常规数据类型

GaussDB 还支持多种非常规数据类型，例如，几何数据类型、网络地址类型、文本索引类型、XML 类型和 JSON/JSONB 类型等。

1. 几何数据类型

几何数据类型的说明如表 4-6 所示。

表 4-6　几何数据类型说明

数据类型	描　　述
POINT	平面中的点，存储空间为 16 字节。 表现形式为(x,y)，x 和 y 是用浮点数表示的点的坐标
LSEG	(有限)线段，存储空间为 32 字节。 表现形式为((x1,y1),(x2,y2))，(x1,y1)和(x2,y2)表示线段的端点
BOX	矩形，存储空间为 32 字节。 表现形式为((x1,y1),(x2,y2))，(x1,y1)和(x2,y2)表示矩形的一对对角点
PATH	闭合路径(与多边形类似)，存储空间为 16+16n 字节，n 为正整数。 表现形式为((x1,y1),…)，点表示组成路径的线段的端点，圆括号表明一个闭合的路径
PATH	开放路径，存储空间为 16+16n 字节，n 为正整数。 表现形式为[(x1,y1),…]，点表示组成路径的线段的端点，方括号表明一个开放的路径
POLYGON	多边形(与闭合路径相似)，存储空间为 40+16n 字节，n 为正整数。 表现形式为((x1,y1),…)，点表示多边形的端点，多边形可以认为与闭合路径一样，但是存储方式不一样而且有自己的一套支持函数
CIRCLE	圆，存储空间为 24 字节。 表现形式为<(x,y),r>，(x,y)表示圆心，r 表示半径

2. 网络地址类型

GaussDB 提供用于存储 IPv4、IPv6、MAC 地址的数据类型，用这些数据类型存储网络地址比用纯文本类型好，因为这些类型提供输入错误检查和特殊的操作和功能。网络地址类型的说明如表 4-7 所示。

CIDR 声明网络格式为 address/y，address 表示 IPv4 或者 IPv6 地址，y 表示子网掩码的二进制位数。如果省略 y，则掩码部分使用已有类别的网络编号系统进行计算，但要求输入的数据已经包括了确定掩码所需的所有字节。

表 4-7　网络地址类型说明

数 据 类 型	描　　述
CIDR	CIDR(无类别域间路由,Classless Inter-Domain Routing)类型,存储空间为 7 或 19 字节,可保存 IPv4 或 IPv6 网络
INET	INET 类型,存储空间为 7 或 19 字节,可保存 IPv4 或 IPv6 主机和网络
MACADDR	MAC 类型,存储空间为 6 字节,可保存 MAC 地址,即以太网卡硬件地址

INET 类型在一个数据区域内保存主机的 IPv4 或 IPv6 地址以及一个可选子网。主机地址中网络地址的位数表示子网("子网掩码")。如果子网掩码是 32 并且地址是 IPv4,则这个值不表示任何子网,只表示一台主机。在 IPv6 中,地址长度是 128 位,因此 128 位表示唯一的主机地址。该类型的输入格式是 address/y,address 表示 IPv4 或者 IPv6 地址,y 是子网掩码的二进制位数。如果省略/y,则子网掩码对 IPv4 是 32,对 IPv6 是 128,所以该值表示只有一台主机。如果该值表示只有一台主机,/y 将不会显示。

INET 和 CIDR 类型之间的基本区别是 INET 接受子网掩码,而 CIDR 不接受。

3. 文本索引类型

GaussDB 提供了两种数据类型用于支持全文检索。TSVECTOR 类型表示文本搜索优化的文件格式,TSQUERY 类型表示文本查询。文本索引类型的说明如表 4-8 所示。

表 4-8　文本索引类型说明

数 据 类 型	描　　述
TSVECTOR	TSVECTOR 类型表示一个检索单元,通常是一个数据库表中一行的文本字段或者这些字段的组合,TSVECTOR 类型的值是一个标准词位的有序列表,标准词位就是把同一个词的变型体都标准化成相同的,在输入的同时会自动排序和消除重复
TSQUERY	TSQUERY 类型表示一个检索条件,存储用于检索的词汇,并且使用布尔操作符 &(AND)、|(OR)和!(NOT)组合,括号用来强调操作符的分组

TSVECTOR 的值是唯一分词的分类列表,把一句话的词格式化为不同的词条,在进行分词处理时,TSVECTOR 会自动去掉分词中重复的词条,按照一定的顺序录入。

TSVECTOR 的示例如下:

```
SELECT 'a fat cat sat on a mat and ate a fat rat'::tsvector;
```

执行结果如下:

	tsvector
1	'a' 'and' 'ate' 'cat' 'fat' 'mat' 'on' 'rat' 'sat'

TSQUERY 示例如下:

```
SELECT '!fat & (rat | cat)'::tsquery;
```

执行结果如下:

	tsquery
1	'! fat' & ('rat' | 'cat')

4. XML 类型

XML 数据类型可以被用来存储 XML 数据。它的内部格式和 TEXT 类型相同,它比直接在一个 TEXT 域中存储 XML 数据的优势在于:XML 类型的数据支持基于 LIBXML2 提供的标准 XML 操作函数及 XML 规范性的检查。

XML 类型可以存储格式良好的遵循 XML 标准定义的"文档"以及"内容"片段,它是通过引用更宽泛的"DOCUMENT NODE" XQUERY 和 XPATH 数据模型来定义的。这意味着内容片段中可以有多于一个的顶层元素或字符节点。表达式 XMLVALUE IS DOCUMENT 可以被用来评估一个特定的 XML 值是一个完整文档或者仅仅是一个文档片段。XML 底层使用和 TEXT 类型一样的数据结构进行存储,最大为 1GB。

XML 示例如下:

```
CREATE TABLE xmltest ( id int, data xml );
INSERT INTO xmltest VALUES (1, 'one');
INSERT INTO xmltest VALUES (2, 'two');
SELECT * FROM xmltest ORDER BY 1;
```

执行结果如下:

	id	data
1	1	One
2	2	two

```
SELECT xmlconcat(xmlcomment('hello'),xmlelement(NAME qux, 'xml'),xmlcomment
('world'));
```

执行结果如下:

	xmlconcat
1	<!--hello--><qux>xml</qux><!--world-->

5. JSON/JSONB 类型

JSON(JavaScript Object Notation)数据,可以是单独的一个标量,也可以是一个数组,也可以是一个键值对象,其中数组和对象统称为容器(container)。

标量(scalar):单一的数字、bool、string、null 都可以叫作标量。

数组(array):[]结构,里面存放的元素可以是任意类型的 JSON,并且不要求数组内的所有元素都是同一类型。

对象(object):{}结构,存储 key:value 的键值对,其键只能是用""包裹起来的字符串,值可以是任意类型的 JSON,对于重复的键,以最后一个键值对为准。

4.2 模式

在 SQL 标准中,表的定义通常位于模式(Schema)之下。模式是一个逻辑概念,它充当一个命名空间,有助于更高效地管理和组织数据库中的各种对象。

4.2.1 模式概述

数据库系统设计时,需要面向不同的用户群体和多样化的应用场景。为了有效管理这些需求,SQL 标准引入了"模式"(Schema)的概念。模式是数据库中一组用户对象的逻辑集合,可以被理解为一个组织结构或框架。在不同的技术领域,Schema 一词可能有不同的翻译,例如"模式""架构""轮廓""概要",具体含义需根据上下文进行理解。

通过使用模式,数据库管理员可以将数据库对象(如基本表、视图等)组织成易于管理的逻辑组。这种组织方式不仅有助于维护数据库的整洁性,还能确保不同用户或应用之间的数据互不干扰。此外,相同的数据库对象名称可以出现在同一个数据库的不同模式中,而不会产生冲突。这种设计允许数据库管理员在不同的模式中重用相同的命名,而不必担心命名空间的冲突。

每个数据库可以包含一个或多个模式。每个模式内部可以包含表、视图、索引等不同类型的数据库对象。以 GaussDB 数据库为例,系统在创建时默认会包含一个名为"public"的模式,所有用户默认拥有对该模式的访问权限。模式的概念类似于操作系统中的目录结构,但模式本身不支持嵌套。

在数据库中创建用户时,系统通常会自动为用户创建一个与其用户名相同的模式。这样,每个用户都可以在其个人模式中管理自己的数据库对象,从而实现更好的数据隔离和权限控制。

4.2.2 创建和管理模式

通过管理模式,允许多个用户使用同一数据库而不相互干扰,可以将数据库对象组织成易于管理的逻辑组,同时便于将第三方应用添加到相应的模式下而不引起冲突。管理模式包括创建模式、修改模式、删除模式等。

1. 创建模式

创建模式的命令是 CREATE SCHEMA,其语法格式如下:

```
CREATE SCHEMA schema_name [AUTHORIZATION user_name]
```

其中:

(1) schema_name:模式名称。

(2) AUTHORIZATION user_name:指定模式的所有者。当不指定 schema_name 时,把 user_name 当作模式名,此时 user_name 只能是角色名。取值范围:已存在的用户名/角色名。

例 4.1 创建模式 sales。

```
CREATE SCHEMA sales;
```

访问命名对象时需要使用模式名作为前缀进行访问，如果无模式名前缀，则访问当前默认模式下的命名对象。创建命名对象时也可用模式名作为前缀修饰。

每一个数据库对象都在某个模式下，为此引用对象的基本格式如下：

```
<模式名>.<对象名>
```

例如，创建表的语法格式如下（详见 4.3.1 节）：

```
CREATE TABLE <模式名>.<表名>(<列定义或描述>)
```

再如，查询的语法格式如下（详见第 5 章）：

```
SELECT … FROM <模式名>.<表名>…
```

2. 修改模式

要执行 ALTER SCHEMA 命令以修改数据库模式的属性，用户必须具备相应的权限。具体来说，只有模式的拥有者或被授予了 ALTER 权限的用户才有权进行此类修改。系统管理员由于其高级权限，默认拥有执行此类命令的资格。然而，若要变更模式的所有者，执行此操作的用户必须是当前模式的所有者或系统管理员，并且该用户还必须是新指定的所有者角色的一部分。简而言之，只有具备相应权限的用户才能对模式进行修改。

通过 ALTER SCHEMA 可以修改模式的名称、所有者、防篡改等属性。

修改模式名称的语法格式如下：

```
ALTER SCHEMA schema_name RENAME TO new_name;
```

修改模式所有者的语法格式如下：

```
ALTER SCHEMA schema_name OWNER TO new_owner;
```

例 4.2 修改模式 sales 名称为 sales_new。

```
ALTER SCHEMA sales RENAME TO sales_new;
```

3. 删除模式

删除模式的命令是 DROP SCHEMA，其语法格式如下：

```
DROP SCHEMA [ IF EXISTS ] schema_name [, …] [ CASCADE | RESTRICT ];
```

其中：

(1) IF EXISTS：如果指定的模式不存在，发出一个 notice 而不是抛出一个错误。

(2) schema_name：模式的名称。

(3) CASCADE：自动删除包含在模式中的对象。

(4) RESTRICT：如果模式包含任何对象，则删除失败（默认行为）。

例 4.3 删除模式 sales。

```
DROP SCHEMA sales;
```

4.3 数据表定义和完整性定义功能

数据表是数据库中实际存储数据的对象，所以数据表操作是数据库操作中最基础和最重要的操作。表的质量直接影响着数据库的性能，并且表一旦创建就不应该随意修改，因此在创建表之前必须对表进行设计和评估。在第 3 章已经用 CREATE DATABASE 命令建立了云数据库 OnlineShopDB。本节将学习数据表定义和完整性定义功能。

4.3.1　创建表

创建完数据库之后，就可以开始创建表。关系数据库的表是二维表，包含行和列，创建表就是定义表中的结构，包括列的名称、数据类型和约束等。

列的名称是人们为列取的名字，GaussDB 中支持中文和英文列名。一般为了便于记忆，最好取有意义的名字，例如，用户代码使用"uid"。列的数据类型说明了列的可取值范围，这些数据类型可以是系统数据类型，也可以是用户自己定义的数据类型。列的约束进一步限制列的取值范围，这些约束包括以下几种。

（1）主关键字约束：限制列的取值非空、不重复。

（2）外部关键字约束：限制列的取值受其他列的取值范围约束。

（3）取值范围约束：限制列的取值必须是有意义的，比如，性别只能是"男"或者"女"，年龄必须大于 0 而小于 200 等。

（4）列取值是否允许为空。

（5）列取值是否允许重复。

（6）列取值是否有默认值。

本章使用在第 3 章中创建的 OnlineShopDB 数据库，并在此数据库中创建 7 张表：用户表（users）、商品表（goods）、地址表（address）、购物车表（cart）、订单表（orders）、订单明细表（orderdetail）、商品浏览记录表（browsing）。用户表用于保存用户的基本信息，商品表用于保存商品的基本信息，地址表用于保存用户的地址信息，购物车表用于保存用户的购物车信息，订单表用于保存用户的订单信息，订单明细表用于保存订单对应的明细信息，商品浏览记录表用于保存用户浏览的商品信息。

表 4-9～表 4-15 分别列出了这 7 张表的基本结构说明。

表 4-9　用户表（users）表结构

字段名	数据类型（长度）	是否允许为空	主　键	外　键	含　　义
uid	CHAR(4)	非空	是	否	用户代码
uname	VARCHAR(10)	非空	否	否	用户名
pwd	CHAR(6)	非空	否	否	登录密码
gender	CHAR(4)		否	否	性别 取值范围：'女'、'男' 默认值为'男'
phone	CHAR(11)		否	否	手机号
reg	DATE		否	否	注册时间，默认当前时间
ustatus	TINYINT		否	否	激活状态 取值范围：0—冻结，1—激活 默认值为1
hobby	VARCHAR(20)		否	否	兴趣爱好

数据库原理及应用（微课视频版）

表 4-10 商品表（goods）表结构

字 段 名	数据类型（长度）	是否允许为空	主 键	外 键	含 义
gid	CHAR(4)	非空	是	否	商品代码
gname	VARCHAR(20)	非空	否	否	商品名称，不重复
category	VARCHAR(10)		否	否	商品类别
gstatus	CHAR(4)		否	否	上下架状态 取值范围：'下架'、'上架' 默认值为'下架'
cprice	DECIMAL(6,2)		否	否	成本价格 取值范围：在 0.00～1000.00
sprice	DECIMAL(6,2)		否	否	销售价格 取值范围：销售价格不少于成本价格
inventory	INTEGER		否	否	库存量

表 4-11 地址表（address）表结构

字 段 名	数据类型（长度）	是否允许为空	主 键	外 键	含 义
uid	CHAR(4)	非空	是	是	用户代码
aseq	INTEGER	非空	是	否	收货地址序列号
zip	CHAR(6)		否	否	邮编
info	VARCHAR(50)	非空	否	否	收货地址 说明：即"省 市 区 街道 门牌号"
isdfault	TINYINT		否	否	地址是否为默认 取值：0—非默认，1—默认默认值为 0

表 4-12 购物车表（cart）表结构

字 段 名	数据类型（长度）	是否允许为空	主 键	外 键	含 义
uid	CHAR(4)	非空	是	是	用户代码
gid	CHAR(4)	非空	是	是	商品代码
quantity	INTEGER	非空	否	否	商品数量

表 4-13 订单表（orders）表结构

字 段 名	数据类型（长度）	是否允许为空	主 键	外 键	含 义
oid	CHAR(6)	非空	是	否	订单代码
uid	CHAR(4)	非空	否	是	用户代码
aseq	INTEGER	非空	否	是	收货地址序列号

续表

字 段 名	数据类型（长度）	是否允许为空	主 键	外 键	含 义
paymethod	VARCHAR(6)	非空	否	是	支付方式 取值范围：'网银'、'余额'、'支付宝'、'微信'
osprice	DECIMAL(8,2)		否	否	订单金额
ostatus	VARCHAR (10)		否	否	订单状态：'未支付'、'已支付'、'已发货'、'已收货'。默认值为'未支付'
createdate	DATE		否	否	下单日期。默认当前日期
shipdate	DATE		否	否	发货日期
revdate	DATE		否	否	收货日期，收货日期不早于发货日期

表 4-14　订单明细表（orderdetail）表结构

字 段 名	数据类型（长度）	是否允许为空	主 键	外 键	含 义
oid	CHAR(6)	非空	是	是	订单代码
dseq	INTEGER	非空	是	否	订单明细序列号
gid	CHAR(4)	非空	否	是	商品代码
quantity	INTEGER	非空	否	否	购买数量

表 4-15　商品浏览记录表（browsing）表结构

字 段 名	数据类型（长度）	是否允许为空	主 键	外 键	含 义
uid	CHAR(4)	非空	是	是	用户代码
gid	CHAR(4)	非空	是	是	商品代码
browsedate	DATE	非空	是	是	浏览日期
duration	INTEGER		否	否	停留时长（分钟）

创建表的 SQL 语句的一般格式如下：

```
CREATE TABLE <表名>
( <列名><数据类型>[<列级完整性约束>]
[,<列名><数据类型>[<列级完整性约束>]][,…,n]
[ ,<表级完整性约束>][,…,n])
```

其中：

（1）<表名>指要创建的基本表的名称，最多可以包含 63 个字符。如果某个表名包含空格，则应运用分隔标识符将其括起来。

（2）<列名>必须遵循有关标识符的规则，而且在表中必须是唯一的。列名最多可包含 63 个字符。如果某个列名包含空格，则应运用分隔标识符将其括起来。

（3）＜数据类型＞为列指定数据类型及其数据大小。数据类型可以是系统提供的数据类型，也可以是用户定义的数据类型。

（4）＜列级完整性约束＞指定义在当前列之后的完整性约束。＜表级完整性约束＞指定义在所有列之后的完整性约束。如果完整性约束条件涉及该表的多个属性列，则必须定义在表级上，否则既可以定义在列级也可以定义在表级。

使用 SQL 创建用户表（users）、商品表（goods）、地址表（address）、购物车表（cart）、订单表（orders）、订单明细表（orderdetail）、商品浏览记录表（browsing）的代码如下：

```sql
--建立用户表: users
CREATE TABLE users(
    uid CHAR(4) PRIMARY KEY,
    uname VARCHAR(10) NOT NULL,
    pwd CHAR(6) NOT NULL,
    gender CHAR(4),
    phone CHAR(11),
    reg DATE ,
    ustatus TINYINT ,
    hobby VARCHAR(20)
);

--建立商品表: goods
CREATE TABLE goods (
    gid CHAR(4) PRIMARY KEY,
    gname VARCHAR(20) NOT NULL,
    category VARCHAR(10) ,
    gstatus CHAR(4) ,
    inventory INTEGER,
    cprice DECIMAL(6,2) ,
    sprice DECIMAL(6,2)
);

--建立地址表: address
CREATE TABLE address (
    uid CHAR(4) NOT NULL,
    aseq INTEGER NOT NULL,
    zip CHAR(6),
    info VARCHAR(50) NOT NULL,
    isdfault TINYINT ,
    PRIMARY KEY(uid,aseq)
);

--建立购物车表: cart
CREATE TABLE cart (
    uid CHAR(4) NOT NULL,
    gid CHAR(4) NOT NULL,
    quantity INTEGER NOT NULL,
    PRIMARY KEY (uid, gid)
);

--建立订单表: orders
CREATE TABLE orders (
    oid CHAR(6) PRIMARY KEY,
```

```
        uid CHAR(4) NOT NULL,
        aseq INTEGER NOT NULL,
        paymethod VARCHAR(6) NOT NULL,
        osprice DECIMAL(8,2) ,
        ostatus VARCHAR(10) ,
        createdate DATE DEFAULT now(),
        shipdate DATE,
        revdate DATE
);

--建立订单明细表：orderdetail
CREATE TABLE orderdetail (
        oid CHAR(6) NOT NULL,
        dseq INTEGER,
        gid CHAR(4) NOT NULL,
        quantity INTEGER NOT NULL,
        PRIMARY KEY(oid,dseq)
);

--建立商品浏览记录表：browsing
CREATE TABLE browsing (
        uid CHAR(4) NOT NULL,
        gid CHAR(4) NOT NULL,
        browsedate DATE NOT NULL,
        duration INTEGER,
        PRIMARY KEY (uid, gid,browsedate)
);
```

本节只创建了 7 张表的基本结构，在 4.3.3 节介绍完整性约束之后，再给出创建这 7 张表的完整语句。

4.3.2 管理表

管理表包括修改表结构、删除表和重命名表等。

1. 修改表结构

创建完表之后，还可以对表的结构进行修改。修改表结构包括为表添加和删除列、修改列的定义、定义表的主关键字和外部关键字约束等。

修改表结构的 SQL 语句的一般格式如下：

```
ALTER TABLE <表名>
  ADD <列名><数据类型>[<列级完整性约束>] |
  ADD <表级完整性约束>|
  MODIFY <列名><数据类型>
  DROP COLUMN <列名>|
  DROP <完整性约束名>|
  ALTER COLUMN <列名><数据类型>[<列级完整性约束>]
```

其中：

（1）ADD：添加新列或表级完整性约束。

（2）MODIFY：修改已有列的定义，但是只能修改为兼容数据类型或重新定义是否允许空值。

（3）DROP：删除指定的完整性约束或指定的列。

例 4.4　为商品表（goods）添加"相关服务"列，此列的定义为 service varchar(50)。

```
ALTER TABLE goods
  ADD service varchar (50)
```

例 4.5 将商品表(goods)中的"相关服务"列的数据类型改为 varchar(70)。

```
ALTER TABLE goods
  MODIFY service varchar (70)
```

例 4.6 删除商品表(goods)中的"相关服务"列。

```
ALTER TABLE goods
  DROP service
```

2. 删除表

当确信不再需要某个表时,可以将其删除,删除表时会将与表有关的所有对象一起删掉。删除表时要注意有外部关键字引用关系的表的删除过程和顺序。删除表时必须先删除有外部关键字的参照表,然后再删除被参照表。例如,如果要删除 OnlineShopDB 数据库中的 orders 表,就要先删除 orderdetail 表。

删除表的 SQL 语句的一般格式如下:

```
DROP TABLE <表名>
```

例 4.7 用 SQL 语句删除 t1 表。

```
DROP TABLE t1
```

思考:如果需要删除 goods 表,需要先删除哪些表?

3. 重命名表

重命名表的 SQL 语句的一般格式如下:

```
ALTER TABLE [ IF EXISTS ] <表名>
    RENAME TO <新表名>;
```

其中:

IF EXISTS:如果不存在相同名称的表,不会抛出一个错误,而会发出一个通知,告知表不存在。

例 4.8 重命名表 browsing 为 browsing1。

```
ALTER TABLE IF EXISTS browsing
  RENAME TO browsing1
```

4.3.3 数据完整性约束的创建和管理

数据完整性是指保证数据正确的特性,2.2.5 节详细介绍了数据完整性的基本概念。本节将结合表的创建与管理来讨论如何实现和管理数据完整性约束。

GaussDB 提供了多种数据完整性约束机制,详见表 4-16。

表 4-16 GaussDB 提供的数据完整性约束机制

约　　束	说　　明	应 用 举 例
PRIMARY KEY	限制列的取值非空、不重复	用户表的主关键字为"用户代码"
FOREIGN KEY	限制列的取值受其他列的取值范围约束	地址表中的"用户代码"是参照用户表中的"用户代码"的外部关键字

续表

约　束	说　明	应用举例
DEFAULT	设置列的默认取值	用户的"激活状态"的默认值为 1
CHECK	限制列的取值范围	商品的"上下架状态"只能取如下值：下架和上架
UNIQUE	限制列的取值是唯一的	"商品名称"取值不重复
NOT NULL	限制列不能取空值	"商品名称"取值不能为空

　　根据约束的作用范围,约束分为两种：列级约束和表级约束。列级约束被指定为列定义的一部分,并且只应用于该列。表级约束的声明与列定义无关,可以应用于表中多个列。当一个约束中包含多个列时,必须使用表级约束。例如,商品浏览表的主关键字由用户代码、商品代码和浏览日期三个列组成,则在定义此约束时,必须使用表级约束。

　　约束定义的是关于列中允许值的规则,是强制实施完整性的标准机制。当在 GaussDB 中创建完数据完整性约束后,GaussDB 数据库引擎会自动强制实施数据库完整性约束的检查及其相关处理。

　　数据完整性约束可以用 SQL 语句实现。注意在使用 SQL 语句实现数据完整性时,在创建表时定义约束的语法格式与在已经创建的表上添加约束的语法格式是不相同的。

1. 实体完整性约束

　　实体完整性的目的是要保证关系中的每个元组都是可识别和唯一的。实体完整性是用 PRIMARY KEY 约束实现的。

　　每个表只能有一个 PRIMARY KEY 约束。用 PRIMARY KEY 约束的列的取值必须是不重复的,如果对多列定义了 PRIMARY KEY 约束,则一列中的值可能会重复,但来自 PRIMARY KEY 约束定义中所有列的任何值组合必须唯一。构成主关键字的每个列都不允许取空值。

　　1) 创建表时定义主关键字

　　列级约束的定义语法格式如下：

```
CREATE TABLE <表名>
(<列名><数据类型>[CONSTRAINT 约束名] PRIMARY KEY
…
)
```

　　表级约束的定义语法格式如下：

```
CREATE TABLE <表名>
(<列名><数据类型>,
…
[CONSTRAINT 约束名] PRIMARY KEY (<列名>[,…,n])
```

　　当主关键字由一个列组成时,既可以使用列级约束的定义,也可以使用表级约束的定义；当主关键字由两个及两个以上列组成时,则必须用表级约束定义。请看 4.3.1 节创建表的语句,由于 users 表、goods 表、address 表和 orders 表的主关键字都是由一个列组成,所以主关键字可以用列级约束和表级约束两种方式定义,而 cart 表、orderdetail 表和 browsing 表的主关键字是由两个及两个以上的列组成,所以只能用表级约束定义。

约束名一般不用写，系统会自动为所定义的约束提供一个约束名。

2）修改表时添加主关键字

语法格式如下：

```
ALTER TABLE 表名
   ADD [CONSTRAINT 约束名] PRIMARY KEY (<列名>[, …, n])
```

例 4.9 假设 browsing 表在创建时没有定义主关键字（uid，gid，browsedate），请为其添加。

```
ALTER TABLE browsing
   ADD PRIMARY KEY(uid,gid,browsedate)
```

3）系统对实体完整性约束的检查

在表中定义了实体完整性约束后，当对表执行插入和更新操作时，系统会检查实体完整性约束。

（1）插入操作。当用户向表中插入一行或几行数据时，系统检查新插入的数据的主关键字值是否与已存在的主关键字值重复，或者新插入的数据的主关键字值是否为空。只有新插入的数据的主关键字值既不重复又不为空时，系统才允许插入操作，否则拒绝操作。

（2）更新操作。当用户执行更新表中有主关键字约束的列时，系统检查更新后的主关键字值是否与表中的主关键字值重复，或者更新后的主关键字值是否为空。只有更新后的数据的主关键字值既不重复又不为空时，系统才允许更新操作，否则拒绝操作。

2. 参照完整性约束

参照完整性约束的目的是要保证外部关键字的取值不超出所参照的主主关键字的取值范围。参照完整性是用 FOREIGN KEY 约束实现的。

外部关键字列参照的列必须是有 PRIMARY KEY 约束或者 UNIQUE 约束的列。

1）创建表时定义外部关键字

列级约束的定义语法格式如下：

```
CREATE TABLE <表名>
(…
<列名><数据类型>[CONSTRAINT 约束名][FOREIGN KEY] REFERENCES 被参照表表名(<列名>)
[ MATCH FULL | MATCH PARTIAL | MATCH SIMPLE ]
[ON DELETE {NO ACTION | CASCADE | SET NULL | SET DEFAULT}]
[ON UPDATE {NO ACTION | CASCADE | SET NULL | SET DEFAULT}]
   …
   )
```

表级约束的定义语法格式如下：

```
CREATE TABLE <表名>
(<列名><数据类型>,
…
[CONSTRAINT 约束名] FOREIGN KEY (<列名>) REFERENCES 被参照表表名(<列名>)
[ MATCH FULL | MATCH PARTIAL | MATCH SIMPLE ]
[ON DELETE {NO ACTION | CASCADE | SET NULL | SET DEFAULT}]
[ON UPDATE {NO ACTION | CASCADE | SET NULL | SET DEFAULT}]
   )
```

其中，外键约束涉及一些参数，一是参照字段与被参照字段之间存在三种类型匹配，分别如下。

（1）MATCH FULL：不允许一个多字段外键的字段为 NULL，除非全部外键字段都是 NULL。

（2）MATCH SIMPLE（默认）：允许任意外键字段为 NULL。

（3）MATCH PARTIAL：目前暂不支持。

在被参照表上的一些操作可能会影响到参照表中的记录，为此必须在外键约束中说明如何处理这些"影响"，使用 ON DELETE 子句和 ON UPDATE 子句来说明。[ON DELETE {NO ACTION | CASCADE | SET NULL | SET DEFAULT}]指当删除被参照表（父表）中已被参照表（子表）参照的行时，系统所允许的操作。[ON UPDATE {NO ACTION | CASCADE | SET NULL | SET DEFAULT}]指当更新被参照表（父表）中已被参照表（子表）参照的行时，系统所允许的操作。各操作项的具体含义如下。

（1）NO ACTION：拒绝删除（或更新）操作。

（2）CASCADE：允许删除（或更新）操作，并采取级联删除（或更新）。也就是说，不仅删除（或更新）被参照表中的行，还删除（或更新）参照表中对应的行。

（3）SET NULL：允许删除（或更新）操作。如果被参照表中的行被删除（或更新），则将参照表中的对应值设置为 NULL。若要执行此约束，外部关键字列必须可为空值。

（4）SET DEFAULT：允许删除（或更新）操作。如果被参照表中的行被删除（或更新），则将参照表中的对应值设置为默认值。若要执行此约束，所有外部关键字列都必须有默认定义。如果某个列可为空值，并且未设置显式的默认值，则将使用 NULL 作为该列的隐式默认值。

例 4.10 创建 browsing 表时定义外部关键字。其中，uid 为参照 users 表的外部关键字，gid 为参照 goods 表的外部关键字。

```
CREATE TABLE browsing (
    uid CHAR(4) NOT NULL,
    gid CHAR(4) NOT NULL,
    browsedate DATE NOT NULL,
    duration INTEGER,
    PRIMARY KEY (uid, gid,browsedate),        --只能用表级约束
    FOREIGN KEY(uid) REFERENCES users(uid),   --表级约束,也可以放在列级
    FOREIGN KEY(gid) REFERENCES goods(gid)    --表级约束,也可以放在列级
);
```

2）修改表时添加外部关键字

语法格式如下：

```
ALTER TABLE <表名>
  ADD [CONSTRAINT 约束名] FOREIGN KEY (<列名>) REFERENCES 被参照表表名(<列名>)
[ON DELETE {NO ACTION | CASCADE | SET NULL | SET DEFAULT}]
[ON UPDATE {NO ACTION | CASCADE | SET NULL | SET DEFAULT}]
)
```

例 4.11 假设创建 browsing 表时未定义外部关键字，请为其添加。其中，uid 为参照 users 表的外部关键字，gid 为参照 goods 表的外部关键字。

```
ALTER TABLE browsing
    ADD FOREIGN KEY(uid) REFERENCES users(uid);

ALTER TABLE browsing
    ADD FOREIGN KEY(gid) REFERENCES goods(gid);
```

3）系统对参照完整性约束的检查

在表中定义了参照完整性约束后，系统对参照完整性约束的检查分下述几种情况。

（1）对参照表的操作包括以下两种情况。

① 当向参照表插入数据时，检查新插入的数据的外部关键字值是否在被参照表的主关键字值范围内，若在主关键字值范围内，则允许插入操作，否则拒绝操作。

② 当更新参照表中外部关键字值时，检查更新后的外部关键字值是否在被参照表的主关键字值范围内，若在主关键字值范围内，则允许插入操作，否则拒绝操作。

（2）对被参照表的操作包括以下两种情况。

① 当删除被参照表中的数据时，检查被删除数据的主关键字值是否在参照表中有对它的引用，若无，则允许删除，若有，则根据"DELETE 规范"的设置情况（不执行任何操作、级联、设置空、设置默认值）决定如何操作。

② 当更新被参照表中的主关键字值时，检查被更新的主关键字值是否存在参照表中有对它的引用，若无，则允许更新；若有，则根据"UPDATE 规范"的设置情况（不执行任何操作、级联、设置空、设置默认值）决定如何操作。

3. 唯一值约束

唯一值约束的目的是保证在非主关键字的一列或多列组合中不输入重复的值，比如，希望每个法人的名称不能重复，每个人的手机号不能重复。唯一值约束是用 UNIQUE 约束实现的。

与 PRIMARY KEY 约束类似，UNIQUE 约束可以基于一列或多列定义。尽管 UNIQUE 约束和 PRIMARY KEY 约束都强制唯一性，但在强制下面的唯一性时应使用 UNIQUE 约束而不是 PRIMARY KEY 约束：强制一列或多列组合（不是主键）的唯一性；允许 NULL 值的列（注意：UNIQUE 约束列只允许有一个 NULL 值）。可以对一个表定义多个 UNIQUE 约束，但只能定义一个 PRIMARY KEY 约束。

1）创建表时定义 UNIQUE 约束

列级约束的定义语法格式如下：

```
CREATE TABLE <表名>
(…
<列名><数据类型>[CONSTRAINT 约束名] UNIQUE
…
)
```

表级约束的定义语法格式如下：

```
CREATE TABLE <表名>
(<列名><数据类型>,
…
[CONSTRAINT 约束名] UNIQUE (<列名>[, …, n])
)
```

当 UNIQUE 约束由一个列组成时，既可以使用列级约束的定义，也可以使用表级约束的定义；当 UNIQUE 约束由两个及两个以上列组成时，则必须使用表级约束定义。

例 4.12 要求 goods 表中的 gname（商品名称）不能取重复值，请在创建 goods 表时实现此约束。

```
--建立商品表: goods
CREATE TABLE goods (
    gid CHAR(4) PRIMARY KEY,              --使用列级约束定义主关键字
    gname VARCHAR(20) NOT NULL UNIQUE,    --取值唯一
    category VARCHAR(10) ,
    gstatus CHAR(4) ,
    inventory INTEGER,
    cprice DECIMAL(6,2) ,
    sprice DECIMAL(6,2)
);
```

2）修改表时定义 UNIQUE 约束

语法格式如下：

```
ALTER TABLE 表名
  ADD [CONSTRAINT 约束名] UNIQUE (<列名>[, …, n])
```

例 4.13　要求 goods 表中的 gname(商品名称)不能取重复值,假设创建 good 表时未定义此约束(如 4.3.1 节),请为其添加。

```
ALTER TABLE goods
  ADD UNIQUE(gname);
```

3）系统对唯一值约束的检查

对唯一值约束的检查同实体完整性约束很类似,只是在检查有唯一值约束的列时,系统只需检查新插入数据或者更新后的有唯一值约束的列的值是否与表中已有数据有重复(包括空值的重复)。

4. 默认值约束

默认值约束的目的是为列提供默认值。如果插入行时没有为列指定值,则系统自动使用默认值。默认值约束是用 DEFAULT 约束实现的。默认值可以是计算结果为常量的任何值,例如,常量、内置函数或数学表达式。每个列只能有一个 DEFAULT 约束。

1）创建表时定义 DEFAULT 约束

由于每个 DEFAULT 约束都只能对应一列,所以该约束只有列级约束定义方式,其定义语法格式如下：

```
CREATE TABLE <表名>
(…
<列名><数据类型>[CONSTRAINT 约束名] DEFAULT 默认值
…
)
```

例 4.14　请在创建 users 表时实现默认值约束。

```
CREATE TABLE users(
    uid CHAR(4) PRIMARY KEY,
    uname VARCHAR(10) NOT NULL,
    pwd CHAR(6) NOT NULL,
    gender CHAR(4) DEFAULT '男',         --默认值约束,只能用列级约束
    phone CHAR(11),
    reg DATE DEFAULT CURRENT_DATE,      --默认值约束,只能用列级约束
    ustatus TINYINT DEFAULT 1,          --默认值约束,只能用列级约束
    hobby VARCHAR(20)
);
```

2）修改表时定义 DEFAULT 约束

语法格式如下：

```
ALTER TABLE 表名
  ALTER COLUMN 列名 SET DEFAULT 默认值;
```

例 4.15   假设创建 users 表时未定义默认值约束，请为其添加。

```
ALTER TABLE users
  ALTER COLUMN gender SET DEFAULT '男';
```

3）系统对默认值约束的检查

在表中定义了默认值约束后，当用户对数据进行插入操作并且没有为某个列提供值时，系统检查省略值的列是否有默认值约束，若有，则插入默认值，若无，则系统检查此列是否允许为空，若允许，则插入空值，否则拒绝插入。

5. 检查约束

检查约束目的是限制列的取值范围，例如，人的性别只能是"男"或"女"，规定商品的上下架状态只能取"下架"和"上架"。检查约束是用 CHECK 约束实现的。

CHECK 约束可以限制一个列的取值范围，也可以限制同一个表中多个列之间的取值约束关系。CHECK 约束只能限制一张表中列的取值约束关系，不可以限制多个表中的多个列之间的取值约束关系。

1）创建表时定义 CHECK 约束

列级约束的定义语法格式如下：

```
CREATE TABLE <表名>
(…
<列名><数据类型>[CONSTRAINT 约束名] CHECK(逻辑表达式)
…
)
```

表级约束的定义语法格式如下：

```
CREATE TABLE <表名>
(<列名><数据类型>,
…
[CONSTRAINT 约束名] CHECK(逻辑表达式)
)
```

当 CHECK 约束由一个列组成时，既可以使用列级约束的定义，也可以使用表级约束的定义；当 CHECK 约束由两个及两个以上列组成时，则必须用表级约束定义。

例 4.16   请在创建 orders 表时实现其相关检查约束。

```
--建立订单表: orders
CREATE TABLE orders (
    oid CHAR(6) PRIMARY KEY,
    uid CHAR(4) NOT NULL,
    aseq INTEGER NOT NULL,
    paymethod VARCHAR(6) NOT NULL CHECK(paymethod IN('网银','余额','支付宝','微信')),
                                        --列级约束
    osprice osprice DECIMAL(8,2) ,
    ostatus VARCHAR(10) CHECK(ostatus IN('未支付','已支付','已发货','已收货')) ,
                                        --列级约束
```

```
    createddate DATE DEFAULT now(),
    shipddate DATE,
    revddate DATE CHECK(revDate>=shipDate),          --表级约束
    FOREIGN KEY(uid) REFERENCES users(uid),          --表级约束
    FOREIGN KEY(uid,aseq) REFERENCES address(uid,aseq)  --表级约束
);
```

说明：在"CHECK(paymethod IN('网银','余额','支付宝','微信'))"中，CHECK 后面的括号中是一个逻辑表达式，IN 是逻辑表达式中谓词，表示 paymethod 必须取 IN 后面括号中的值之一。关于条件表达式的谓词及其用法详见 5.1.2 节。

例 4.17 已知关系模式：工作(工作证号，最高工资，最低工资)，限制最低工资必须小于或等于最高工资，请按要求创建对应的工作表。

```
CREATE TABLE 工作表
  (
    工作证号 char(4) PRIMARY KEY,
    最低工资 int,
    最高工资 int,
    CHECK (最低工资<=最高工资)          --多列之间的约束只能在表约束处定义
  )
```

2）修改表时定义 CHECK 约束

语法格式如下：

```
ALTER TABLE 表名
    ADD [CONSTRAINT 约束名] CHECK(逻辑表达式)
```

例 4.18 要求 orders 表中的 paymethod(支付方式)列的取值范围为{网银，余额，支付宝，微信}，假设创建 orders 表时未定义此约束，请为其添加。

```
ALTER TABLE orders
    ADD CHECK(paymethod IN('网银','余额','支付宝','微信'));          --列级约束
```

3）系统对检查约束的检查

对检查约束的检查同唯一值约束的类似。当用户插入数据或者更新有检查约束的数据时，系统检查新插入的值或更新后的值是否符合检查约束中规定的列取值范围，若符合则允许执行操作，否则拒绝操作。

到此为止，数据完整性约束及其实现方法已经全部介绍完毕，下面给出本书案例数据库 OnlineShopDB 中 7 张表的详细结构及其创建表的 SQL 语句。如果已经在 OnlineShopDB 数据库中创建了这 7 张表，可以先按顺序删除(删除时一定要先删除参照表)，然后再执行下面的代码以重新创建。

```
--建立用户表：users
CREATE TABLE users(
    uid CHAR(4) PRIMARY KEY,
    uname VARCHAR(10) NOT NULL,
    pwd CHAR(6) NOT NULL,
    gender CHAR(4) CHECK(gender='女' or gender='男') DEFAULT '男',
    phone CHAR(11),
    reg DATE DEFAULT CURRENT_DATE,
    ustatus TINYINT CHECK(ustatus=0 or ustatus=1) DEFAULT 1,
```

```
        hobby VARCHAR(20)
    );
    --建立商品表: goods
    CREATE TABLE goods (
        gid CHAR(4) PRIMARY KEY,
        gname VARCHAR(20) NOT NULL,
        category VARCHAR(10) ,
        gstatus CHAR(4) DEFAULT '下架' CHECK(gstatus='上架' or gstatus='下架'),
        inventory INTEGER,
        cprice DECIMAL(6,2) CHECK(cprice>=0.0 and cprice<=10000.0),
        sprice DECIMAL(6,2) CHECK(sprice>=cprice)
    );
    --建立购物车表: cart
    CREATE TABLE cart (
        uid CHAR(4) NOT NULL,
        gid CHAR(4) NOT NULL,
        quantity INTEGER NOT NULL,
        PRIMARY KEY (uid, gid),
        FOREIGN KEY(uid) REFERENCES users(uid),
        FOREIGN KEY(gid) REFERENCES goods(gid)
    );
    --建立地址表: address
    CREATE TABLE address (
        uid CHAR(4) NOT NULL,
        aseq INTEGER NOT NULL,
        zip CHAR(6),
        addressinfo VARCHAR(50) NOT NULL,
        isdfault TINYINT CHECK(isDfault in(0,1)), --CHECK(IsDfault=0 OR IsDfault=1)
        PRIMARY KEY(uid,aseq),
        FOREIGN KEY(uid) REFERENCES users(uid)
    );
    --建立订单表: orders
    CREATE TABLE orders (
        oid CHAR(6) PRIMARY KEY,
        uid CHAR(4) NOT NULL,
        aseq INTEGER NOT NULL,
        paymethod VARCHAR(6) NOT NULL CHECK(paymethod IN('网银','余额','支付宝','微信')),
        osprice DECIMAL(8,2) ,
        ostatus VARCHAR(10) CHECK(ostatus IN('未支付','已支付','已发货','已收货'))
DEFAULT '未支付',
        createdate DATE DEFAULT now(),
        shipdate DATE,
        revdate DATE CHECK(revDate>=shipDate),
        FOREIGN KEY(uid) REFERENCES users(uid),
        FOREIGN KEY(uid,aseq) REFERENCES address(uid,aseq)      --有点难度
    );
    --建立订单明细表: orderdetail
    CREATE TABLE orderdetail (
        oid CHAR(6) NOT NULL,
        dseq INTEGER,
        gid CHAR(4) NOT NULL,
        quantity INTEGER NOT NULL,
```

```
    PRIMARY KEY(oid,dseq),
    FOREIGN KEY(oid) REFERENCES orders(oid) ,
    FOREIGN KEY(gid) REFERENCES goods(gid)
);
--建立商品浏览记录表: browsing
CREATE TABLE browsing (
    uid CHAR(4) NOT NULL,
    gid CHAR(4) NOT NULL,
    browsedate DATE NOT NULL,
    duration INTEGER,
    PRIMARY KEY (uid, gid,browsedate),
    FOREIGN KEY(uid) REFERENCES users(uid),
    FOREIGN KEY(gid) REFERENCES goods(gid)
);
```

6. 管理数据完整性

1）查看已定义的约束

在 GaussDB 中查看约束的方法为，登录数据库实例选择要查看的表，展开 constraints 项，可以查看定义在此表上的约束，如图 4-1 所示。

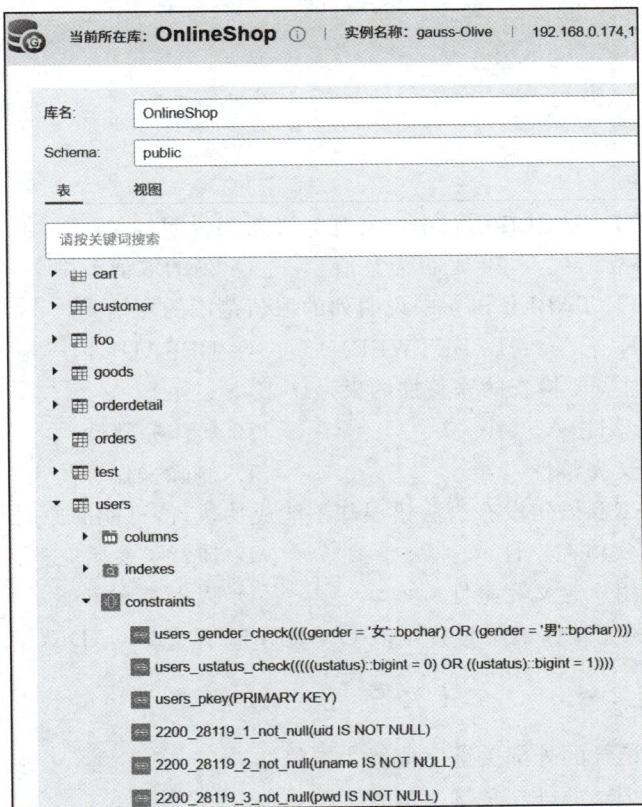

图 4-1　查看约束

2）删除约束

当确信不再需要某个约束时，可以将其删除。

使用 ALTER TABLE 来删除约束的语法如下：

```
ALTER TABLE 表名
    DROP [CONSTRAINT] 约束名
```

例 4.19 删除 orders 中的约束 orders_ostatus_check。

```
ALTER TABLE orders
    DROP CONSTRAINT orders_ostatus_check;
```

4.4 本章小结

　　数据类型在数据库中扮演着极为重要的角色，它们不仅仅用于存储数据，还可以提高查询效率、降低存储空间、提高数据安全性等。本章介绍了常规数据类型和非常规数据类型。

　　模式是数据库中一组用户对象的逻辑集合，可以被理解为一个组织结构或框架。本章讲解了模式基本概念和模式的创建管理。

　　数据库通过关系表来组织数据，表是数据库中用于存储数据的基本结构。本章介绍了表的概述、表的创建和管理。数据完整性是指保证数据正确的特性，4.3.3 节中介绍了实体完整性、参照完整性、唯一值约束、默认值约束和检查约束的创建和管理，这些约束是确保数据库中数据准确性和一致性的基础。

4.5 习题

1. 选择题

（1）在 CREATE TABLE 语句中定义列时必须要说明的是（　　）。

    A. 数据类型　　　　B. 是否为空值　　　　C. 列的取值范围　　　　D. DEFAULT

（2）在 CREATE TABLE 语句中说明列的取值范围的短语是（　　）。

    A. CHECK　　　　B. BETWEEN　　　　C. DEFAULT　　　　D. CONSTRAINT

（3）删除操作时需要检查的完整性约束是（　　）。

    A. 参照完整性　　　　　　　　　　B. 实体完整性

    C. 用户定义完整性　　　　　　　　D. 删除操作和约束无关

（4）一条 INSERT 语句没有语法错误却不能成功执行，可能的原因是（　　）。

    A. 违背了实体完整性　　　　　　　B. 违背了参照完整性

    C. 违背了用户定义完整性　　　　　D. 以上都有可能

（5）如果在参照完整性说明时有短语 ON DELETE CASCADE，则在删除被参照记录时，（　　）。

    A. 禁止删除

    B. 将参照记录的外部关键字值置为空值

    C. 将参照记录的外部关键字值置为默认值

    D. 同时删除所有参照记录

2. 思考题

（1）SQL 语言中常规数据类型有哪些？

（2）在 CREATE TABLE 语句中定义主关键字的关键词是什么？

（3）在 CREATE TABLE 语句中定义参照完整性的关键词是什么？如何定义参照完整性？在定义参照完整性时可以说明参照完整性处理规则，分别叙述删除（DELETE）规则和更新（UPDATE）规则的内容及其作用。

（4）什么情况下需要使用表级约束？

（5）修改表结构的 ALTER TABLE 命令有哪些功能？

第 5 章

数据查询与数据操作

学习目标

（1）熟练掌握数据查询语句。

（2）熟练掌握数据操作语句。

思维导图

```
                                          SELECT语句的命令格式
                                          ┌──────────────┐
                                          │  单表查询     │
                              ┌─────────┐ │  连接查询     │
                              │ 数据查询 │─│  子查询       │
┌────────────────┐           └─────────┘
│ 数据查询与数据操作 │──┤
└────────────────┘           ┌─────────┐  插入数据
                              │ 数据操作 │  删除数据
                              └─────────┘  更新数据
```

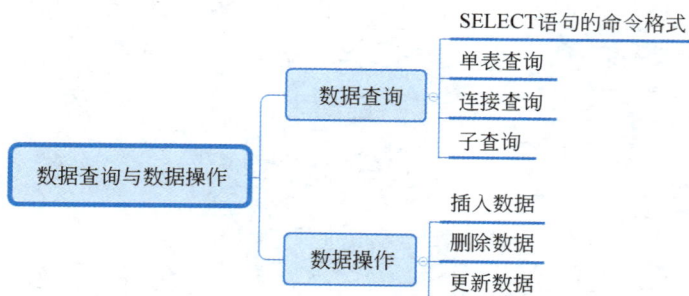

将数据存储到数据库之后，用户就可以对数据库中的数据进行数据查询和数据操作，其中，数据操作包括插入数据、删除数据和更新数据。本章主要介绍如何使用 SQL 语言进行数据查询和数据操作。

5.1 数据查询

5.1.1 SELECT 语句的命令格式

数据库查询是数据库的核心操作。SQL 语言提供了 SELECT 语句进行数据库的查询，该语句具有灵活的使用方式和丰富的功能。其一般格式如下：

```
[ WITH [ RECURSIVE ] with_query [, …] ]
SELECT [ ALL | DISTINCT[ ON ( expression [, …] ) ] ] select_list
                                                      /*需要哪些列*/
[ FROM from_item [, …] ]                               /*来自哪些表*/
[ WHERE search_condition ]                        /*根据什么条件筛选元组*/
[ GROUP BY group_by_expression [ HAVING search_condition]]   /*按什么分组*/
[ ORDER BY order_expression [ ASC | DESC ] ] ]       /*查询结果按什么排序*/
[ LIMIT { [offset,] count | ALL } ]
[ OFFSET start [ ROW | ROWS ] ]
```

```
[ FETCH { FIRST | NEXT } [ count ] { ROW | ROWS } ONLY ]
[ {FOR { UPDATE | SHARE } [ OF table_name [, ···] ] [ NOWAIT ]} [···] ];
```

下面对一些常用关键字语法进行简单介绍,详细的语法说明请参见 GaussDB 的相关文档。

（1）WITH 子句用于声明一个或多个可以在主查询中通过名称引用的子查询,相当于临时表。它常用于复杂查询或递归查询。

（2）SELECT 子句描述查询结果中要返回的列及其限定,其中,ALL 是默认值,说明不去掉重复元组,DISTINCT 说明要去掉重复元组,DISTINCT ON 按指定列/表达式分组返回每个分组中的第一行数据,select_list 一般是表中的属性列表（也可以是表达式）,多个列之间用英文逗号(,)分隔,如果要查询表中的所有列,可以使用"＊"表示。

（3）FROM 子句说明查询是基于哪个(些)表或视图,如果是连接查询,可以使用 JOIN 关键字,详细解释见 5.1.3 节。

（4）WHERE 子句说明查询条件,可以用于查询条件的运算符也非常丰富,表 5-1 列出了常用的运算符。

（5）GROUP BY 子句说明查询分组,与之配套的 HAVING 子句说明分组条件,GROUP BY 分组通常用于分组的汇总查询。

（6）ORDER BY 子句说明查询结果的排序方式。

（7）LIMIT 或 FETCH 子句指定查询的输出结果行,通常与 ORDER BY 子句一起使用。

（8）FOR UPDATE 子句将对 SELECT 检索出来的行进行加锁,这样避免它们在当前事务结束前被其他事务修改或者删除。

SELECT 查询命令的使用非常灵活,用它可以构造各种各样的查询。本节将以网络购物系统中的表为例,介绍 SELECT 语句的各种用法。

5.1.2　单表查询

单表查询是指仅涉及一张表的查询。

1. 选择表中若干列

1）查询指定列

在很多情况下,用户只对表中的一部分属性列感兴趣,这时可以通过在 SELECT 子句的<目标列表达式>中指定要查询的属性。

例 5.1　查询所有商品的商品代码和商品名称。

```
SELECT gid,gname
FROM goods;
```

例 5.2　查询所有用户的用户代码、兴趣爱好和用户姓名。

```
SELECT uid,hobby,uname
FROM users;
```

说明：<目标列表达式>中各列的先后顺序可以与表中的顺序不一致。用户可以根据应用的需要改变列的显示顺序。本例中先列出用户代码,再列出兴趣爱好,最后列出用户姓名。查询结果中各列的顺序与<目标列表达式>中各列的顺序是一致的。

2）查询全部列

查询表中的所有属性列有两种方法：第一种方法是在 SELECT 子句后面列出所有列名；第二种方法是若列的显示顺序与其在原表中的顺序相同，也可以简单地将＜目标列表达式＞指定为"＊"。

例 5.3 查询所有商品的商品代码、商品名称、商品类别、上下架状态、库存量、成本价格、销售价格。

```
SELECT gid, gname, category, gstatus, inventory, cprice, sprice
FROM goods;
```

等价于：

```
SELECT *
FROM goods;
```

3）查询经过计算的列

SELECT 子句的＜目标列表达式＞不仅可以是表中的属性列，也可以是算术表达式、字符串常量、函数等。

例 5.4 从用户表中查询用户代码、用户名和注册年份。

```
SELECT uid,uname,date_part('year',reg)
FROM users;
```

经过计算的列、函数产生的列和常量列在显示结果中不直观，通过定义列别名可以改变查询结果的列标题，这对于含算术表达式、常量、函数名的目标列尤为有用。定义列别名的语法格式如下：

```
列名|表达式 [AS] 列别名
```

例 5.4 可以定义如下列别名：

```
SELECT uid,uname,date_part('year',reg) AS regYear
FROM users;
```

2. 选择表中的若干元组

1）消除取值相同的行

例 5.5 查询购物车表中存在的商品代码。

```
SELECT gid
FROM cart;
```

说明：从本例可以看出，多个本来并不完全相同的元组，投影到指定的某些列上后，可能变成相同的行了。例如，本例的结果集中出现了 2 行"G001"、2 行"G006"、2 行"G008"、2 行"G014"等。本例要查询的是购物车表中存在的商品代码，取值相同的行在结果中是没有意义的，因此应消除掉。使用 DISTINCT 关键字可以解决这个问题，它的作用是去掉结果集中的重复行。注意，DISTINCT 关键字必须紧跟在 SELECT 关键字后面书写。因此本例应该用如下代码实现：

```
SELECT DISTINCT gid
FROM cart;
```

由于上例的查询结果只集中在一列，所以很容易误认为，DISTINCT 关键字是消除 DISTINCT 关键字后面单列的重复值，这种认识是错误的。DISTINCT 关键字是消除查询结果集中的重复行。

例 5.6　查询 TT 表中 Col1 和 Col2 两列,要求去掉重复行,TT 表实例如下所示:

	Co1	Col2	Col3
1	a	b	c
2	a	b	d
3	a	c	e

```
SELECT DISTINCT Col1,Col2
FROM TT;
```

2) 查询满足条件的元组

查询满足指定条件的元组可以通过 WHERE 子句实现。WHERE 子句常用的运算符如表 5-1 所示。

表 5-1　WHERE 子句中常用的运算符

查询方式	运算符
比较	=、>、>=、<、<=、!=、<>
确定范围	BETWEEN AND、NOT BETWEEN AND
确定集合	IN、NOT IN
字符匹配	LIKE、NOT LIKE
空值	IS NULL、IS NOT NULL
否定	NOT

(1) 比较大小。用于比较大小的运算符一般包括=(等于),>(大于),<(小于),>=(大于或等于),<=(小于或等于),!=、^=或<>(不等于)。有些产品还包括!>(不大于),!<(不小于),GaussDB 目前不支持。

例 5.7　查询订单状态为“未支付”的订单表的订单代码、用户代码和订单总金额。

```
SELECT oid,uid,osprice
FROM orders
WHERE ostatus='未支付';
```

说明:订单表中的订单总金额此时还未赋值,所以显示为空。赋值语句详见例 5.81。

例 5.8　查询库存量大于或等于 10 000 的商品代码、商品名称和库存量。

```
SELECT gid,gname,inventory
FROM goods
WHERE inventory>=10000;
```

例 5.9　查询注册时间在 2022 年 1 月 1 日之前的用户信息。

```
SELECT *
FROM users
WHERE reg<'2022-1-1';
```

说明:日期时间型的常量必须要加单引号。

例 5.10 查询订单表中在 2023 年 10 月 15 日之前下单的用户代码。

```
SELECT DISTINCT uid
FROM orders
WHERE createdate<'2023-10-15';
```

说明：由于一个用户可能在 2023 年 10 月 15 日之前有多次下单记录，所以在查询语句中应该通过使用 DISTINCT 关键字来消除重复的记录行，即消除重复的用户代码。

（2）逻辑查询。逻辑查询是由逻辑运算符 AND、OR、NOT 及其组合作为条件的查询。AND 和 OR 用于连接 WHERE 子句中的多个查询条件（布尔表达式）。NOT 用于反转查询条件的结果。当一个语句中使用了多个逻辑运算符时，计算顺序依次为 NOT＞AND＞OR。一般建议用户使用括号改变优先级，这样可以提高查询的可读性，并减少出现细微错误的可能性。使用括号不会造成重大的性能损失。

使用逻辑运算符 AND 的一般格式如下：

```
布尔表达式 1 AND 布尔表达式 2 AND …AND 布尔表达式 n
```

用 AND 连接的条件表示，只有当全部的布尔表达式的结果均为 True 时，整个表达式的结果才为 True；只要有一个布尔表达式的结果为 False，则整个表达式的结果为 False。

使用逻辑运算符 OR 的一般格式如下：

```
布尔表达式 1 OR 布尔表达式 2 OR …OR 布尔表达式 n
```

用 OR 连接的条件表示，只要其中一个布尔表达式为 True，则整个表达式的结果为 True；只有当全部布尔表达式的结果均为 False 时，整个表达式结果为 False。

使用逻辑运算符 NOT 的一般格式如下：

```
NOT 布尔表达式
```

当布尔表达式的结果为 True 时，整个表达式的结果为 Flase；当布尔表达式的结果为 False 时，整个表达式的结果为 True。

例 5.11 查询兴趣爱好为"阅读"且性别为"女"的用户代码和用户名。

```
select uid,uname
from users
where hobby='阅读' and gender='女';
```

例 5.12 查询兴趣爱好为"阅读"或者"音乐"的用户代码和用户名。

```
select uid,uname
from users
where hobby='阅读' or hobby='音乐';
```

例 5.13 查询库存量在 3000 以上（包括 3000），且商品类别为"图书"或""办公用品"的商品信息。

```
SELECT *
FROM goods
WHERE (inventory >=3000) and ((category='图书')OR (category='办公用品'));
```

（3）确定范围。谓词 BETWEEN…AND…和 NOT BETWEEN…AND…可以用来查找属性值在（或不在）指定范围内的元组，其中，BETWEEN 后面是范围的下限（即低值），AND 后面是范围的上限（即高值）。

使用 BETWEEN…AND…的一般格式如下：

> 列名 | 表达式 BETWEEN 下限值 AND 上限值

使用 BETWEEN…AND…的条件表达式的结果等价于下面条件表达式的结果：

> (列名 | 表达式>=下限值) AND (列名 | 表达式<=上限值)

使用 NOT BETWEEN…AND…的一般格式如下：

> 列名 | 表达式 NOT BETWEEN 下限值 AND 上限值

使用 NOT BETWEEN…AND…的条件表达式的结果等价于下面条件表达式的结果：

> (列名 | 表达式<下限值) OR (列名 | 表达式>上限值)

BETWEEN…AND…和 NOT BETWEEN…AND…一般用于对数值型数据和日期型数据进行比较。列名或表达式的类型要与下限值或上限值的类型相同。

例 5.14 查询库存量在 3000 至 6000（包括 3000 和 6000）之间的商品的名称、成本价格、销售价格和库存量。

```
SELECT gname , cprice , sprice , inventory
FROM goods
WHERE inventory BETWEEN 3000 AND 6000;
```

等价于：

```
SELECT gname , cprice , sprice , inventory
FROM goods
WHERE (inventory>=3000) AND (inventory<=6000);
```

例 5.15 查询库存量不在 3000 至 6000（包括 3000 和 6000）之间的商品的名称、成本价格、销售价格和库存量。

```
SELECT gname , cprice , sprice , inventory
FROM goods
WHERE inventory NOT BETWEEN 3000 AND 6000;
```

等价于：

```
SELECT gname , cprice , sprice , inventory
FROM goods
WHERE (inventory<3000) OR (inventory>6000);
```

（4）确定集合。谓词 IN 可以用来查找属性值指定集合的元组。

使用 IN 的一般格式如下：

> 列名 | 表达式 IN (常量 1,常量 2,…,常量 n)

当列值（或表达式值）与 IN 集合中的某个常量值相等时，结果为 True；当列值（或表达式值）与 IN 集合中的任何一个常量值都不相等时，结果为 False。使用 IN 的条件表达式的结果等价于下面条件表达式的结果：

> (列名 | 表达式=常量 1) OR (列名 | 表达式=常量 2) OR … OR (列名 | 表达式=常量 n)

使用 NOT IN 的一般格式如下：

> 列名 | 表达式 NOT IN (常量 1,常量 2,…,常量 n)

当列值（或表达式值）与 IN 集合中的任何一个常量值都不相等时，结果为 True；当列值（或表达式值）与 IN 集合中的某个常量值相等时，结果为 False；使用 NOT IN 的条件表达式的结果等价于下面条件表达式的结果：

(列名 | 表达式<>常量 1) AND (列名 | 表达式<>常量 2) AND … AND (列名 | 表达式<>常量 n)

例 5.16 查询商品类别为"图书""办公用品""数码"的商品名称、类别和库存量。

```
SELECT gname ,category,inventory
FROM goods
WHERE category IN('图书','办公用品','数码');
```

等价于：

```
SELECT gname ,category,inventory
FROM goods
WHERE (category='图书') OR (category='办公用品') OR (category='数码');
```

例 5.17 查询商品类别不为"图书""办公用品""数码"的商品名称、类别和库存量。

```
SELECT gname ,category,inventory
FROM goods
WHERE category NOT IN('图书','办公用品','数码');
```

等价于：

```
SELECT gname ,category,inventory
FROM goods
WHERE (category<>'图书') AND (category<>'办公用品') AND (category<>'数码');
```

（5）字符匹配。谓词 LIKE 确定特定字符串是否与指定匹配串相匹配。匹配串可以包含常规字符和通配符。匹配过程中，常规字符必须与字符串中指定的字符完全匹配。但是，通配符可以与字符串的任意部分相匹配。与使用＝和!＝字符串比较运算符相比，使用通配符可使 LIKE 运算符更加灵活。其一般语法格式如下：

列名 | 字符串表达式 [NOT] LIKE '<匹配串>'

其含义是查找指定的列值与<匹配串>相匹配（或不匹配）的元组。<匹配串>可以是一个完整的字符串，也可以含有通配符，常用通配符如表 5-2 所示。

表 5-2　常用通配符及其含义

通 配 符	含 义
_	匹配任何单个字符
%	匹配包含零个或多个字符串的任意字符串

例 5.18 查询用户表中姓"王"的用户信息。

```
SELECT *
FROM users
WHERE uname LIKE '王%';
```

例 5.19 查询收货地址为"北京"的用户代码和收货地址。

```
SELECT uid,addressinfo
FROM address
WHERE addressinfo LIKE '北京%'
```

例 5.20 查询收货地址不为"北京"的用户代码和收货地址。

```
SELECT uid,addressinfo
FROM address
WHERE addressinfo NOT LIKE '北京%'
```

例 5.21 查询收货地址中含有"河西区"的用户代码和收货地址。

```
SELECT uid,addressinfo
FROM address
WHERE addressinfo LIKE '%河西区%'
```

例 5.22 查询用户表中姓名第 2 个字为"晓"的用户信息。

```
SELECT *
FROM users
WHERE uname LIKE '_晓%';
```

（6）空值。空值表示值未知。空值不同于空白或零值。没有两个相等的空值。比较两个空值或将空值与任何其他值相比均返回未知，这是因为每个空值均为未知。空值一般表示数据未知、不适用或将在以后添加数据。

若要在查询中测试空值，则在 WHERE 子句中使用 IS NULL 或 IS NOT NULL。具体格式如下：

```
列名|表达式 IS [NOT] NULL
```

不能使用普通的比较运算符（＝、!＝等）来判断某个列或表达式是否为 NULL 值。

例 5.23 查询没有填写兴趣爱好的用户代码和用户名。

```
SELECT uid,uname
FROM users
WHERE hobby IS NULL ;
```

例 5.24 查询填写了兴趣爱好的用户代码和用户名。

```
SELECT uid,uname
FROM users
WHERE hobby IS NOT NULL ;
```

3. 对查询结果进行排序

用户可以用 ORDER BY 子句对查询结果按照一个或多个属性列的升序（ASC）或降序（DESC）排序，省略值为升序。ORDER BY 之所以重要，是因为关系理论规定除非已经指定 ORDER BY，否则不能假设查询结果集中的行带有任何序列。如果查询结果集中行的顺序对 SELECT 语句很重要，那么在 SELECT 语句中就必须使用 ORDER BY 子句。ORDER BY 子句的一般格式如下：

```
ORDER BY <列名>[ASC|DESC][,…n]
```

空值被视为最低的可能值。

例 5.25 指定一列作为排序依据列。查询商品表信息，要求查询结果按销售价格的升序排列。

```
SELECT *
FROM goods
ORDER BY sprice ASC
```

说明："ORDER BY sprice ASC"中的 ASC 是可以省略的。

例 5.26 指定一列作为排序依据列。查询商品表信息，要求查询结果按销售价格的降序排列。

```
SELECT *
FROM goods
ORDER BY sprice DESC
```

例 5.27 指定多列作为排序依据列。查询商品表信息，要求查询结果按商品类别的升序排列，同一类别的再按库存量的降序排列。

```
SELECT *
FROM goods
ORDER BY category ASC, inventory DESC
```

4. 限制查询结果的数量

在查询数据时可以使用 LIMIT 子句或 FETCH 子句限制查询结果的数量。其语法格式如下：

```
[LIMIT { [offset,] count | ALL }]
[OFFSET start [ ROW | ROWS ]]
[ FETCH { FIRST | NEXT } [ count ] { ROW | ROWS } ONLY ]
```

其中，LIMIT 表示最多返回 count 行结果，参数 offset 为可选项，指定从哪一行开始显示，offset 为 0（默认值）表示从第一条记录开始显示，offset 为 1 表示从第二条记录开始显示，以此类推；OFFSET 表示跳过指定的 start 行数（在显示查询结果时，忽略前 start 条记录，从 start+1 条记录开始显示），默认为 0；FETCH 表示最多返回 count 行结果，默认为 1；ROW 和 ROWS 是同义词，FIRST 和 NEXT 是同义词；ONLY 表示不返回更多的数据。

注意事项：

（1）如果 SELECT 语句中既有 LIMIT（或 FETCH）子句，又有 ORDER BY 子句，则 LIMIT（或 FETCH）子句必须在 ORDER BY 子句后面，否则将报语法错误。

（2）LIMIT ALL 和没有 LIMIT 子句作用是一样的，表示不限定查询返回的记录数。

（3）OFFSET 0 和没有 OFFSET 子句作用是一样的。

例 5.28 查询运动类商品的销售价格最高前 3 名的商品代码、商品名称、商品类别和销售价格。

```
SELECT gid, gname, category, sprice
FROM goods
WHERE category = '运动'
ORDER BY sprice DESC
LIMIT 3;
```

该查询也可以用 FETCH 子句，查询语句如下：

```
SELECT gid, gname, category, sprice
FROM goods
WHERE category = '运动'
ORDER BY sprice DESC
FETCH FIRST 3 rows ONLY ;
```

例 5.29 查询销售价格最高的忽略前 2 名的商品代码、商品名称、商品类别和销售价格。

```
SELECT gid, gname, category, sprice
FROM goods
ORDER BY sprice DESC
OFFSET 2 rows;
```

例 5.30 查询销售价格最高的第 3 名到第 6 名的商品代码、商品名称、商品类别和销售价格。

```
SELECT gid,gname,category,sprice
FROM goods
ORDER BY sprice DESC
OFFSET 2 rows
FETCH NEXT 4 rows ONLY;
```

5. 分组与汇总查询

SQL SELECT 查询可以直接对查询结果进行汇总计算,也可以对查询结果进行分组计算。在查询中完成汇总计算的函数称为聚合函数,实现分组查询的子句为 GROUP BY 子句。

1) 聚合函数与汇总查询

聚合函数对一组值执行计算,并返回单个值。常用的聚合函数如表 5-3 所示。

表 5-3　常用的聚合函数

聚 合 函 数	含　　义
COUNT(＊)	统计元组的个数
COUNT([DISTINCT∣ALL]＜列名∣表达式＞)	统计一列中值的个数
SUM([DISTINCT∣ALL]＜列名∣表达式＞)	计算一列值的总和(此列必须是数值型)
AVG([DISTINCT∣ALL]＜列名∣表达式＞)	计算一列值的平均值(此列必须是数值型)
MAX([DISTINCT∣ALL]＜列名∣表达式＞)	求一列值中的最大值
MIN([DISTINCT∣ALL]＜列名∣表达式＞)	求一列值中的最小值

说明:如果指定 DISTINCT 关键字,则表示在统计时要取消指定列的重复值。如果不指定 DISTINCT 关键字或指定 ALL 关键字(默认选项),则表示不取消重复值。

除了 COUNT(＊) 以外,聚合函数都会忽略空值。

例 5.31　查询用户的总数。

```
SELECT COUNT(＊)
FROM users ;
```

例 5.32　查询有过订单记录的用户总数。

```
SELECT COUNT(distinct uid)
FROM orders;
```

例 5.33　查询 2022 年 1 月 1 日之后下单的所有订单的订单总金额和平均订单总金额。

```
SELECT SUM(osprice),AVG(osprice)
FROM orders
WHERE createdate>='2022/1/1';
```

查询结果如下所示:

	sum	avg
1	NULL	NULL

说明:由于这里销售金额没有赋值,所以查询结果为 NULL。

执行完例 5.81 给订单表的销售金额列赋值后,此题执行结果如下:

	sum	avg
1	8674.38	1734.8760000000000000

例 5.34 查询"运动"类商品中的最高成本价格和最低成本价格。

```
SELECT MAX(cprice),AVG(cprice)
FROM goods
WHERE category='运动';
```

思考：下面查询语句的执行结果是什么？

```
SELECT COUNT ( * ), COUNT (cprice), SUM (cprice), AVG (cprice), MAX (cprice), MIN
(cprice)
FROM goods
WHERE cprice IS NULL;
```

查询结果如下所示：

	count	count	sum	avg	max	min
1	0	0	NULL	NULL	NULL	NULL

2）GROUP BY 分组查询与计算

聚合函数经常与 SELECT 语句的分组子句一起使用。在 SQL 标准中分组子句是 GROUP BY，GROUP BY 分组查询的一般语法格式如下：

```
SELECT <分组依据列>[,…n,],<聚合函数>[,…n,]
FROM <数据源>
[WHERE <检索条件表达式>]
GROUP BY <分组依据列>[,…n,]
[HAVING <分组提取条件>]
```

其中：

（1）SELECT 子句和 GROUP BY 子句中的<分组依据列>[,…,n]是相对应的，它们说明按什么进行分组。分组依据列可以只有一列，也可以有多列。

（2）WHERE 子句中的<检索条件表达式>是与分组无关的，用来筛选 FROM 子句中指定的数据源所产生的行。执行查询时，先从数据源中筛选出满足<检索条件表达式>的元组，然后再对满足条件的元组进行分组。

（3）GROUP BY 子句用来分组 WHERE 子句的输出。

（4）HAVING 子句用来从分组的结果中筛选行。所以该子句中的<分组提取条件>是分组后的元组应该满足的条件。通常，HAVING 与 GROUP BY 子句一起使用，但也可以单独使用。HAVING 子句可以使用 WHERE 子句中使用的条件谓词，具体请参见表 5-1。

（5）有分组时，查询列表中的列只能为分组依据列和聚合函数。

例 5.35 统计每个用户浏览的商品总数。

```
SELECT uid ,COUNT(DISTINCT gid )
FROM browsing
GROUP BY uid
```

如果在查询语句中没有 GROUP BY 子句,则聚合函数是对整个数据源中满足条件的所有元组进行统计计算的。如果查询语句中包含了 GROUP BY 子句,则聚合函数是对分组之后的每组元组进行统计计算的。

为了帮助理解,下面分析一下系统执行这个查询语句的步骤。

(1)通过 FROM 子句获得要查询的数据源,查询结果如下所示:

	uid	gid	browsedate	duration
1	U001	G002	2021/8/1	5
2	U001	G003	2021/8/1	10
3	U001	G016	2021/8/3	15
4	U001	G018	2022/9/3	9
5	U001	G003	2022/12/11	4
6	U002	G008	2022/10/1	9
7	U002	G010	2022/10/1	12
8	U002	G011	2022/12/3	16
9	U003	G018	2023/1/3	20
10	U003	G009	2023/1/3	14
11	U004	G009	2022/12/3	13
12	U004	G008	2023/1/3	2
13	U004	G013	2022/12/11	20
14	U004	G009	2022/12/16	13
15	U005	G013	2021/12/3	15
16	U005	G006	2022/1/3	5
17	U005	G007	2021/12/3	8

(2)根据 GROUP BY 子句中的分组依据列进行分组,即按 uid 相同为一组对数据源进行分组,如图 5-1 所示,为了便于读者理解,组与组之间用空白行隔开;分完组后,再根据 SELECT 子句的聚合函数 COUNT(DISTINCT gid)对每组数据进行统计计算;最后,得到例 5.35 所示的查询结果。

如果现在需要对分组汇总后的信息进行进一步的筛选,例如,筛选出浏览商品综述超过 5 个的用户代码,则需要用到 HAVING 子句。

例 5.36 统计浏览商品总数超过 3 个的用户代码和浏览商品总数。

```
SELECT uid ,COUNT(DISTINCT gid )
FROM browsing
GROUP BY uid
HAVING COUNT(DISTINCT gid )>3;
```

说明： 在例 5.36 中,查询的执行顺序是这样的,先从 browsing 表中获取源数据;然后按 uid 相同为一组对源数据进行分组;再利用 COUNT(DISTINCT gid)对每组数据进行统计,

	uid	gid	browsedate	duration	
1	U001	G002	2021/8/1	5	
2	U001	G003	2021/8/1	10	
3	U001	G016	2021/8/3	15	计算uid,COUNT(DISTINCT gid)
4	U001	G018	2022/9/3	9	
5	U001	G003	2022/12/11	4	
6	U002	G008	2022/10/1	9	
7	U002	G010	2022/10/1	12	计算uid,COUNT(DISTINCT gid)
8	U002	G011	2022/12/3	16	
9	U003	G018	2023/1/3	20	计算uid,COUNT(DISTINCT gid)
10	U003	G009	2023/1/3	14	
11	U004	G009	2022/12/3	13	
12	U004	G008	2023/1/3	2	计算uid,COUNT(DISTINCT gid)
13	U004	G013	2022/12/11	20	
14	U004	G009	2022/12/16	13	
15	U005	G013	2021/12/3	15	
16	U005	G006	2022/1/3	5	计算uid,COUNT(DISTINCT gid)
17	U005	G007	2021/12/3	8	

图 5-1　按 uid 相同为一组对数据源进行分组

以得到每个用户浏览商品的总数；接着，从每组的统计结果中筛选统计结果大于 3 的分组，即浏览商品总数超过 3 的用户代码；最后，显示筛选结果。例 5.36 的查询结果其实是对例 5.35 所示的查询结果进行筛选后得到的，即查询例 5.35 的查询结果中满足条件"COUNT（DISTINCT gid ）＞3"的数据行。

另外，如果分组列包含一个空值，那么该行将成为结果中的一个组。如果分组列包含多个空值，那么这些空值将放入一个组中。

3）WHERE 与 HAVING

HAVING 子句对 GROUP BY 子句设置条件的方式与 WHERE 子句和 SELECT 语句交互的方式类似。WHERE 子句搜索条件在进行分组操作之前应用；而 HAVING 搜索条件在进行分组操作之后应用。HAVING 语法与 WHERE 语法类似，但 HAVING 可以包含聚合函数。HAVING 子句可以引用选择列表中出现的任意项。

对于那些在分组操作之前应用的检索条件，应当在 WHERE 子句中指定它们；对于既可以在分组操作之前应用也可以在分组之后应用的检索条件，在 WHERE 子句中指定它们更有效，这样可以减少必须分组的行数。对于那些必须在执行分组操作之后应用的搜索条件，应当在 HAVING 子句中指定它们。

例 5.37　统计"U001"和"U003"用户浏览的商品总数，列出用户号和浏览的商品总数。

方法一：

```
SELECT uid ,COUNT(DISTINCT gid )
FROM browsing
WHERE uid IN('U001','U003')
GROUP BY uid;
```

方法二：

```
SELECT uid ,COUNT(DISTINCT gid )
FROM browsing
GROUP BY uid
HAVING uid IN('U001','U003');
```

说明：从例 5.37 可以看出，方法一的执行效率要高于方法二的执行效率。方法一是先通过 WHERE 子句从 browsing 表中筛选出符合条件的记录（共 7 条记录），然后再对这些记录进行分组统计。方法二是先对全表进行分组统计（共 25 条记录），然后再通过 HAVING 子句筛出符合条件的信息。显然方法一处理的记录数要小于方法二处理的记录数。而要是统计浏览商品总数超过 5 个的用户代码和浏览商品总数，则只能使用 HAVING 子句来实现，见例 5.36。

例 5.38　统计浏览商品时长大于 10 秒，且浏览商品总数大于 2 个的用户代码和浏览商品总数。

```
SELECT uid ,COUNT(DISTINCT gid )
FROM browsing
WHERE duration>10
GROUP BY uid
HAVING COUNT(DISTINCT gid )>=2;
```

说明：该例同时使用了 WHERE 子句和 HAVING 子句，检索条件"duration＞10"是在分组之前应用的，所以要用 WHERE 来解决；而检索条件"COUNT(DISTINCT gid)＞＝2"是在分组汇总后应用的，所以要用 HAVING 来解决。

6. 使用 CASE 子句对查询结果进行分析

CASE 表达式是特殊的 SQL 表达式，它允许按列值显示可选值，用于计算多个条件并为每个条件返回单个值。CASE 表达式有两种格式：搜索 CASE 表达式和简单 CASE 表达式，详见 7.1 节。这个表达式也可以用在查询语句的选择列表中，用于对列或表达式的值进行分情况处理。

例 5.39　查询类别为"图书"的商品的库存信息，列出商品代码、商品名称、库存量。同时对库存量做如下处理：当库存量大于 3000 时，在结果中显示"库存量高"，当库存量在 500 到 3000 之间时，在结果中显示"库存量一般"，当库存量小于 500 时，在结果中显示"库存量紧张"。

```
SELECT gid,gname,
  Case
    WHEN inventory >3000 THEN '库存量高'
    WHEN inventory BETWEEN 500 AND 3000 THEN '库存量一般'
    WHEN inventory <500 THEN '库存量紧张'
  END
FROM goods
WHERE category ='图书';
```

7. 合并查询

合并查询是将两个或更多查询的结果组合为单个结果集，该结果集包含联合查询中的所有查询的全部行。UNION 运算不同于使用联接合并两个表中的列的运算。使用 UNION 运算符组合的结果集都必须具有相同的结构，而且它们的列数必须相同，相应的结果集列的数据类型也必须完全兼容。使用 UNION 的格式如下：

```
SELECT 语句 1
UNION [ALL]
SELECT 语句 2
UNION [ALL]
...
SELECT 语句 n
```

默认情况下，UNION 运算符将从结果集中删除重复的行。如果使用 ALL 关键字，那么结果中将包含所有行而不删除重复的行。

例 5.40　查询购物车中存放"G001""G006""G017"三件商品的用户代码。

分析：本例即查询购物车中存放"G001"商品的用户代码集合与存放"G006"商品的用户代码集合、存放"G017"商品的用户代码集合的并集。

```
SELECT uid
FROM cart
WHERE gid='G001'
UNION
SELECT uid
FROM cart
WHERE gid='G006'
UNION
SELECT uid
FROM cart
WHERE gid='G017';
```

使用 UNION 将多个查询结果合并起来时，系统会自动去掉重复元组。本例也可以用前面学过的知识来实现：

```
SELECT DISTINCT uid
FROM cart
WHERE gid IN('G001','G006','G017') ;
```

但是，在这种实现方法中，SELECT 后面必须跟 DISTINCT 以去掉重复元组。

合并结果集后，结果集中的列别名采用第一个查询语句的列别名。例如：

```
SELECT uid 用户代码
FROM cart
WHERE gid='G001'
UNION
SELECT uid
FROM cart
WHERE gid='G006'
UNION
SELECT uid
FROM cart
WHERE gid='G017';
```

如果要对合并后的结果集排序，由于只有当查询结果集生成后才能对结果集进行排序，所以 ORDER BY 子句要放在最后一个查询语句的后面。

例 5.41　查询购物车中存放"G001""G006""G017"三件商品的用户代码，查询结果按用户代码降序排列。

```
SELECT uid
FROM cart
WHERE gid='G001'
UNION
SELECT uid
FROM cart
WHERE gid='G006'
UNION
SELECT uid
FROM cart
WHERE gid='G017'
ORDER BY uid DESC;
```

8. 保存查询结果到新表

有时可能需要将查询结果保存到一个新表中,以便日后查看。使用 INTO 子句可以创建一个新表,并用 SELECT 的结果集填充该表。如果执行带 INTO 子句的 SELECT 语句,必须在目标数据库中具有 CREATE TABLE 权限。

使用 INTO 子句的一般语法如下:

```
SELECT 子句
INTO <新表>
FROM <数据源>
……
```

其中:

(1) 新表的格式通过对选择列表中的表达式进行取值来确定。新表中的列按选择列表指定的顺序创建。新表中的每列与选择列表中的相应表达式具有相同的名称、数据类型和值。

(2) 当选择列表中包括计算列时,新表中的相应列不是计算列。新列中的值是在执行 SELECT…INTO 时计算出的。

(3) 此语句包含两个功能:第一是根据查询语句创建一个新表;第二是执行查询语句并将查询的结果保存到所建新表中。

(4) 新表可以是永久表,也可以是临时表。

例 5.42　统计每个用户浏览的商品总数,并将查询结果保存到永久表 C_gid_T 中。

```
SELECT uid ,COUNT(DISTINCT gid ) C_gid
INTO C_gid_T
FROM browsing
GROUP BY uid
```

执行结果如下所示:

SQL执行记录　消息

```
---------------开始执行---------------

【拆分SQL完成】:将执行SQL语句数量:(1条)

【执行SQL:(1)】
SELECT uid ,COUNT(DISTINCT gid ) C_gid
INTO C_gid_T
FROM browsing
GROUP BY uid
执行成功,耗时:[6ms.]
```

说明：这里必须为 SELECT 子句中的函数列指定列别名,否则会因为没有为表的第二列指定列名而导致创建表失败。执行上面的代码后,就可以对新建表 C_gid_T 进行查询了,例如：

```
SELECT * FROM C_gid_T
```

5.1.3　连接查询

前面介绍的查询都是针对一张表进行的,当查询涉及多张表,特别是当查询结果的数据涉及多张表时需要使用连接查询。连接查询是关系数据库中最主要的查询,主要包括内连接、外连接和交叉连接等,由于交叉连接的查询结果在实际中意义不大,因此我们只介绍内连接和外连接。

1. 表别名

SQL 允许在 FROM 子句中为表名定义表别名。就像列别名（或列标题）是给列的另一个名字一样,表别名是给表的另一个名字。表别名的作用主要体现在两方面：一是可以简化表名的书写,特别是当表名比较长或是中文时；二是在自连接中要求必须为表名指定表别名。其格式如下：

```
<表名>[AS] <表别名>
```

（1）表别名最多可以有 63 个字符,过长会提示截断。

（2）如果在 FROM 子句中表别名被用于指定的表,那么在整个 SELECT 语句中都要使用表别名。

（3）表别名应该是有意义的。

（4）表别名只对当前的 SELECT 语句有效。

2. 内连接

内连接是一种最常用的连接类型。使用内连接时,如果两张表的相关字段满足连接条件,则可以从这两张表中提取数据并组合成新的记录,即内连接指定返回所有匹配的行对,放弃两张表中不匹配的行。

常用的内连接语法格式如下：

```
FROM 表 1 [ INNER ] JOIN 表 2 ON <连接条件>
```

连接查询中用来连接两张表的条件称为连接条件。连接条件可在 FROM 或 WHERE 子句中指定,但一般指定在 FROM 子句中。其一般格式如下：

```
[<表名 1>.]<列名 1><比较运算符>[<表名 2>.]<列名 2>
```

其中,当比较运算符为＝时,称为等值连接。使用其他运算符称为非等值连接。连接条件中的列名称称为连接字段。连接条件中的各连接字段类型必须是可以比较的,但不必是相同的。

以 Nested Loop Join 为例,数据库执行连接操作的过程为,首先在表 1 中找到第 1 个元组,然后从头开始扫描表 2,逐一查找满足连接条件的元组,找到后就将表 1 中的第 1 个元组与该元组拼接起来,形成结果表中的一个元组。表 2 全部查找完成,再找表 1 中第 2 个元组,然后再从头开始扫描表 2,逐一查找满足连接条件的元组,找到后就将表 1 中的第 2 个元组与该元组拼接起来,形成结果表中的一个元组。重复上述操作,直到表 1 中的全部元组都处理完毕为止。

内连接包括一般内连接和自连接。当内连接语法格式中的表 1 和表 2 不相同时,即连接不相同的两张表时,称为表的一般内连接。当表 1 和表 2 相同时,即一张表与其自己进行连接,称为表的自连接。

1)一般内连接

例 5.43　两张表连接查询。查询用户及商品浏览情况。

分析:用户的基本情况存放在 users 表中,商品浏览记录存放在 browsing 表中,所以本查询实际上涉及 users 与 browsing 两张表。这两张表之间的联系是通过公共属性 uid 实现的。

```
SELECT *
FROM users JOIN browsing ON users.uid=browsing.uid;
```

查询结果如下所示:

	uid	uname	pwd	gender	phone	reg	ustatus	hobby	uid	gid	browsedate	duration
1	U001	刘雨燕	123456	女	13800000001	2021/7/1	1	阅读	U001	G002	2021/8/1	5
2	U001	刘雨燕	123456	女	13800000001	2021/7/1	1	阅读	U001	G003	2021/8/1	10
3	U001	刘雨燕	123456	女	13800000001	2021/7/1	1	阅读	U001	G003	2022/12/11	4
4	U001	刘雨燕	123456	女	13800000001	2021/7/1	1	阅读	U001	G016	2021/8/3	15
5	U001	刘雨燕	123456	女	13800000001	2021/7/1	1	阅读	U001	G018	2022/9/3	9
6	U002	刘伟	654321	男	13900000002	2022/8/15	1	音乐	U002	G008	2022/10/1	9
7	U002	刘伟	654321	男	13900000002	2022/8/15	1	音乐	U002	G010	2022/10/1	12
8	U002	刘伟	654321	男	13900000002	2022/8/15	1	音乐	U002	G011	2022/12/3	16
9	U003	王柯	789456	男	13700000003	2022/9/25	1	美食	U003	G009	2023/1/3	14
10	U003	王柯	789456	男	13700000003	2022/9/25	1	美食	U003	G018	2023/1/3	20
11	U004	张梦琦	987654	女	13500000004	2022/10/12	1	运动	U004	G008	2023/1/3	2
12	U004	张梦琦	987654	女	13500000004	2022/10/12	1	运动	U004	G009	2022/12/3	13
13	U004	张梦琦	987654	女	13500000004	2022/10/12	1	运动	U004	G009	2022/12/16	13
14	U004	张梦琦	987654	女	13500000004	2022/10/12	1	运动	U004	G013	2022/12/11	20
15	U005	王晓雪	543210	女	13600000005	2021/11/20	1	摄影	U005	G006	2022/1/3	5
16	U005	王晓雪	543210	女	13600000005	2021/11/20	1	摄影	U005	G007	2021/12/3	8
17	U005	王晓雪	543210	女	13600000005	2021/11/20	1	摄影	U005	G013	2021/12/3	15
18	U005	王晓雪	543210	女	13600000005	2021/11/20	1	摄影	U005	G013	2021/12/16	6

说明:从上面查询结果可以看出,两张表的连接结果中包含了两张表的全部列,uid 列有两个,一个来自 users 表,一个来自 browsing 表(不同表中的列可以重名),这两个列的值是完全相同的(因为连接条件为 users.uid=browsing.uid)。因此,在写多表连接查询的语句时应当将这些重复的列去掉,方法是在 SELECT 子句中直接写所需要的列,而不是写 *。

为去掉重复列,查询语句改写如下:

```
SELECT users.uid,uname,phone,hobby,gid,browsedate ,duration
FROM users JOIN browsing ON users.uid=browsing.uid;
```

查询结果如下所示:

	uid	uname	phone	hobby	gid	browsedate	duration
1	U001	刘雨燕	13800000001	阅读	G002	2021/8/1	5
2	U001	刘雨燕	13800000001	阅读	G003	2021/8/1	10
3	U001	刘雨燕	13800000001	阅读	G003	2022/12/11	4
4	U001	刘雨燕	13800000001	阅读	G016	2021/8/3	15
5	U001	刘雨燕	13800000001	阅读	G018	2022/9/3	9
6	U002	刘伟	13900000002	音乐	G008	2022/10/1	9
7	U002	刘伟	13900000002	音乐	G010	2022/10/1	12
8	U002	刘伟	13900000002	音乐	G011	2022/12/3	16
9	U003	王柯	13700000003	美食	G009	2023/1/3	14
10	U003	王柯	13700000003	美食	G018	2023/1/3	20
11	U004	张梦琦	13500000004	运动	G008	2023/1/3	2
12	U004	张梦琦	13500000004	运动	G009	2022/12/3	13
13	U004	张梦琦	13500000004	运动	G009	2022/12/16	13
14	U004	张梦琦	13500000004	运动	G013	2022/12/11	20
15	U005	王晓雪	13600000005	摄影	G006	2022/1/3	5
16	U005	王晓雪	13600000005	摄影	G007	2021/12/3	8
17	U005	王晓雪	13600000005	摄影	G013	2021/12/3	15
18	U005	王晓雪	13600000005	摄影	G013	2021/12/16	6

在本例中,由于 users 表和 browsing 表中都有 uid 列,为了避免混淆,SELECT 子句中 uid 列前和 FROM 子句的 uid 列前都加了表名前缀限制,以表明告诉 DBMS 在哪张表找到 uid 列。当然 SELECT 子句中 uid 列的表名前缀也可以换成 browsing,因为此例的连接条件是 users.uid 和 browsing.uid 等值连接。除了 SELECT 子句和 WHERE 子句,ORDER BY 子句中也可以在可能引起混淆的列前加表名前缀。在列名前添加表名前缀的格式如下:

表名.列名

例 5.43 也可以使用 5.1.3 节介绍的表别名,以简化表名的书写,但一定要注意:一旦为表指定了别名,则在查询语句中的其他地方,所有用到表名的地方都要使用表别名,而不能再使用原表名。本例的查询语句改写如下:

```
SELECT u.uid,uname,phone,hobby,gid,browsedate,duration
FROM users u JOIN browsing b ON u.uid=b.uid;
```

例 5.44 非等值连接查询。已知 employee 表(如图 5-2 所示)中的工资(salary)必须在

job_grade 表（如图 5-3 所示）中的最低工资（lowest_salary）和最高工资（highest_salary）之间。查询所有雇员的姓名（ename）、工资和其工资等级（grade）。

eno	ename	salary	wno	manager
E01	张立	24000	W01	NULL
E02	何舜	17000	W04	E07
E03	王玉	2000	W01	E01
E04	刘春	9000	NULL	NULL
E05	何一蒙	6000	W01	E01
E06	李晓强	4200	W02	NULL
E07	孙洁	3000	W04	NULL
E08	李露	50000	W01	E03

图 5-2　employee 表实例

grade	lowest_salary	highest_salary
A	1000	2999
B	3000	5999
C	6000	9999
D	10000	14999
E	15000	24999
F	25000	40000

图 5-3　job_grade 表实例

```
SELECT ename,salary,grade
FROM employee JOIN job_grade ON salary Between lowest_salary AND highest_salary;
```

等价于

```
SELECT ename,salary,grade
FROM employee JOIN job_grade ON (salary>=lowest_salary) AND (salary<=highest_
salary) ;
```

说明：本例是通过创建一个非等值连接来求每个雇员的工资级别。工资必须在任何一对最低工资和最高工资范围内。

例 5.45　三张表连接查询。查询"刘雨燕"的商品浏览情况，要求列出用户名称、商品名称、浏览日期和停留时长。

分析：由于属性 uname 只出现在 users 表中，属性 gname 只出现在 goods 表中，而属性 browsedate 和 duration 出现在 browsing 中，即本例所涉及的属性分别在三张表中，所以此查询涉及三张表。又由于 users 表与 browsing 表通过属性 uid 相关联，good 表与 browsing 表通过属性 gid 相关联，所以此查询需要将这三张表按照它们的关联进行连接，即三表连接。

```
SELECT uname,gname,browsedate,duration
FROM users u JOIN browsing b ON u.uid=b.uid
JOIN goods g ON b.gid=g.gid
WHERE uname='刘雨燕';
```

例 5.46　查询购物车中有"扫地机"的用户代码和用户名。

分析：这个查询所涉及的属性 uname 和 gname 均与 cart 表无关，但是由于 users 表与 goods 表之间没有直接的关联，因此，这两张表的连接必须借助于第三张表：cart 表，即此查询仍为三张表的连接查询。

```
SELECT u.uid,uname
FROM users u JOIN cart c ON u.uid=c.uid
JOIN goods g ON c.gid=g.gid
WHERE gname='扫地机';
```

例 5.47　四张表连接查询。查询购买过"篮球"的用户代码和用户名。

```
SELECT u.uid,uname
FROM users u JOIN orders o ON u.uid=o.uid
JOIN orderdetail od ON o.oid=od.oid
JOIN goods g ON od.gid=g.gid
WHERE gname='篮球';
```

例 5.48 统计每件商品的销售总额，结果按销售总额的降序排列。

```
SELECT g.gid,SUM(quantity * sprice)
FROM orderdetail od JOIN goods g ON od.gid=g.gid
GROUP BY g.gid
ORDER BY SUM(quantity * sprice) DESC;
```

例 5.49 统计下单时间为 2023 年 1 月 1 日以后每件商品的销售总额，结果按销售总额的降序排列。

```
SELECT g.gid,SUM(quantity * sprice)
FROM orders o join orderdetail od ON o.oid=od.oid
JOIN goods g ON od.gid=g.gid
WHERE createdate>='2023-1-1'
GROUP BY g.gid
ORDER BY SUM(quantity * sprice) DESC;
```

2）自连接

连接操作不仅可以在两张不同的表之间进行，也可以是一张表与其自身进行连接，后者称为表的自连接。自连接也可以理解为一张表的两个副本之间的连接。使用自连接时必须为表指定两个别名，使之在逻辑上成为两张表。

例 5.50 查询与用户"张晓彤"的兴趣爱好相同的用户代码、用户名和兴趣爱好。

```
SELECT u1.uid,u2.uname,u2.hobby
FROM users u1 JOIN users u2 ON u1.hobby=u2.hobby
WHERE u1.uname='张晓彤' AND u2.uname!='张晓彤';
```

例 5.51 在如图 5-2 所示的雇员表中，雇员编号（Eno）和经理（Manager）两个属性出自同一个值域，同一元组的这两个属性值是"上下级"关系。一个雇员只能对应一个经理，一个经理可以对应多个雇员。请根据雇员关系查询上一级经理及其职员（被其领导）的清单。

```
SELECT E1.Ename, '领导' AS Lead ,E2.Ename
FROM Employee E1 JOIN Employee E2 ON E1.Eno=E2.Manager;
```

3. 外连接

在内连接操作中，只有满足连接条件的元组才能作为结果输出。例如，例 5.43 的结果表中没有"U008"这个用户的信息，原因是他们没有浏览过商品，在 browsing 表中没有相应的元组。但有时我们想以用户表为主体列出每个用户的基本情况及其商品浏览情况，若某个用户没有浏览过商品，只输出其基本情况信息，其商品浏览信息为空值即可，这时就需要使用外连接。

外连接的语法格式如下：

```
FROM 表 1 LEFT | RIGHT | FULL [OUTER] JOIN 表 2 ON <连接条件>
```

从语法格式可以看出，外连接又分为左（外）连接（LEFT）、右（外）连接（RIGHT）和全（外）连接（FULL）三种，其中 OUTER 可以省略。

外连接与前面介绍的内连接不同。内连接是只有满足连接条件，相应的结果才会出现

在结果表中;而外连接可以使不满足连接条件的元组也出现在结果表中。其中:

（1）左连接的含义是不管表1中的元组是否满足连接条件,均输出表1的元组;如果是在连接条件上匹配的元组,则表2返回相应值,否则表2返回空值。

（2）右连接的含义是不管表2中的元组是否满足连接条件,均输出表2的元组;如果是在连接条件上匹配的元组,则表1返回相应值,否则表1返回空值。

（3）全连接的含义是不管表1和表2的元组是否满足连接条件,均输出表1和表2的内容;如果是在连接条件上匹配的元组,则另一个表返回相应值,否则另一个表返回空值。

（4）外连接操作一般只在两张表上进行。

例 5.52 左连接或右连接实现。查询用户及商品浏览情况,包括用户代码、用户名、手机号、兴趣爱好、商品代码、浏览日期、停留时长。

```
SELECT users.uid,uname,phone,hobby,gid,browsedate ,duration
FROM users LEFT JOIN browsing ON users.uid=browsing.uid;
```

查询结果如下所示:

	uid	uname	phone	hobby	gid	browsedate	duration
1	U001	刘雨燕	13800000001	阅读	G002	2021/8/1	5
2	U001	刘雨燕	13800000001	阅读	G003	2021/8/1	10
3	U001	刘雨燕	13800000001	阅读	G003	2022/12/11	4
4	U001	刘雨燕	13800000001	阅读	G016	2021/8/3	15
5	U001	刘雨燕	13800000001	阅读	G018	2022/9/3	9
6	U002	刘伟	13900000002	音乐	G008	2022/10/1	9
7	U002	刘伟	13900000002	音乐	G010	2022/10/1	12
8	U002	刘伟	13900000002	音乐	G011	2022/12/3	16
9	U003	王柯	13700000003	美食	G009	2023/1/3	14
10	U003	王柯	13700000003	美食	G018	2023/1/3	20
11	U004	张梦琦	13500000004	运动	G008	2023/1/3	2
12	U004	张梦琦	13500000004	运动	G009	2022/12/3	13
13	U004	张梦琦	13500000004	运动	G009	2022/12/16	13
14	U004	张梦琦	13500000004	运动	G013	2022/12/11	20
15	U005	王晓雪	13600000005	摄影	G006	2022/1/3	5
16	U005	王晓雪	13600000005	摄影	G007	2021/12/3	8
17	U005	王晓雪	13600000005	摄影	G013	2021/12/3	15
18	U005	王晓雪	13600000005	摄影	G013	2021/12/16	6
19	U008	张晓彤	13800670001	阅读	NULL	NULL	NULL

说明：该查询是用左连接实现。请看查询结果，在用户代码为"U008"的这行数据中，gid、browsedate 和 duration 列的值均为 NULL，表明这个用户没有浏览商品记录，即它们不满足表连接条件，因此在相应列上用空值替代。

该查询也可以用右连接实现，代码如下：

```
SELECT users.uid,uname,phone,hobby,gid,browsedate ,duration
FROM browsing RIGHT JOIN users ON browsing.uid=users.uid;
```

请注意左连接实现和右连接实现时 JOIN 关键字两边表的位置是不能随意交换的。而在例 5.43 中，用内连接实现两张表连接时，JOIN 关键字两边表的位置是可以交换的。

例 5.53 左连接或右连接实现。查询没有商品浏览记录的用户代码、用户名、手机号和兴趣爱好。

```
SELECT users.uid,uname,phone,hobby
FROM users LEFT JOIN browsing ON users.uid=browsing.uid
WHERE browsing.uid IS NULL ;
```

查询结果如下所示：

	uid	uname	phone	hobby
1	U008	张晓彤	13800670001	阅读

说明：从例 5.52 的查询结果可以看出，来自 users 表的 users.uid、uname、phone 和 hobby 三列上有数据，但是来自 browsing 表的 gid、browsedate 和 duration 三列都为空值的元组对应的用户一定是没有浏览过商品的用户。因此我们在查询时只要在连接后的结果中选出 browsing 表中的某个主属性或定义为非空的属性为空值时，就能筛选出没有浏览过商品的用户所在的元组。由于 browsing 表中的 uid、gid 和 browsedate 都是主属性，所以该例的查询语句也可以写为

```
SELECT users.uid,uname,phone,hobby
FROM users LEFT JOIN browsing ON users.uid=browsing.uid
WHERE gid IS NULL ;
```

或

```
SELECT users.uid,uname,phone,hobby
FROM users LEFT JOIN browsing ON users.uid=browsing.uid
WHERE browsedate IS NULL ;
```

wno	city	area
W01	北京	370
W02	上海	500
W03	广州	200
W04	武汉	400

图 5-4　warehouse 表实例

例 5.54 全连接实现。已知雇员（employee）与仓库（warehouse）之间是一对多的联系。从图 5-2 employee 表实例和图 5-4 warehouse 表实例可以看出，某些雇员还未分配到任何仓库中工作，某些仓库还未雇用任何雇员。请查询雇员分配到仓库的情况，要求包括未分配到任何仓库工作的雇员和未雇用任何雇员的仓库。

```
SELECT *
FROM employee E FULL JOIN warehouse W ON E.wno=W.wno
```

查询结果如下所示：

	eno	ename	salary	wno	manager	wno	city	area
1	E01	张立	24000	W01	NULL	W01	北京	370
2	E02	何舜	17000	W04	E07	W04	武汉	400
3	E03	王玉	2000	W01	E01	W01	北京	370
4	E04	刘春	9000	NULL	NULL	NULL	NULL	NULL
5	E05	何一蒙	6000	W01	E01	W01	北京	370
6	E06	李晓强	4200	W02	NULL	W02	上海	500
7	E07	孙洁	3000	W04	NULL	W04	武汉	400
8	E08	李露	50000	W01	E03	W01	北京	370
9	NULL	NULL	NULL	NULL	NULL	W03	广州	200

说明：从查询结果可以看出，"E04"雇员还没未被分配到任何仓库工作，"W03"仓库还没雇用任何雇员。

5.1.4 子查询

子查询是一个嵌套在 SELECT、INSERT、UPDATE 或 DELETE 语句或其他子查询中的查询。子查询也称为内部查询或内部选择，而包含子查询的语句也称为外部查询或外部选择。

嵌套在外部 SELECT 语句中的子查询包括以下组件。

（1）包含常规选择列表组件的常规 SELECT 查询。

（2）包含一个或多个表或视图名称的常规 FROM 子句。

（3）可选的 WHERE 子句。

（4）可选的 GROUP BY 子句。

（5）可选的 HAVING 子句。

子查询的 SELECT 查询总是使用圆括号括起来。子查询可以嵌套在外部 SELECT、INSERT、UPDATE 或 DELETE 语句的 WHERE 或 HAVING 子句内，也可以嵌套在其他子查询内。尽管根据可用内存和查询中其他表达式的复杂程度的不同，嵌套限制也有所不同，但嵌套到 32 层是可能的。个别查询可能不支持 32 层嵌套。任何可以使用表达式的地方都可以使用子查询，只要它返回的是单个值。

如果某个表只出现在子查询中，而没有出现在外部查询中，那么该表中的列就无法包含在输出（外部查询的选择列表）中。

包含子查询的语句通常采用以下格式中的一种。

（1）WHERE 表达式 [NOT] IN（子查询）。

（2）WHERE 表达式 比较运算符[ANY | ALL]（子查询）。

（3）WHERE [NOT] EXISTS（子查询）。

1. 使用 IN 运算符的子查询

使用 IN 运算符的子查询的语法格式如下：

```
WHERE 表达式 [NOT] IN (子查询)
```

子查询一定要在 IN 运算符后面。使用 IN 运算符的子查询的执行顺序是，先执行子查询，然后在子查询的结果基础上再执行外层查询。

子查询返回的结果是仅包含单个列的集合，外层查询就是在这个集合上使用 IN 运算符进行比较，所以子查询中 SELECT 子句中只能有一个目标列表达式，并且外层查询中使用 IN 运算符的列要与该目标列表达式的数据类型相同、语义相同。

例 5.55 查询与用户"张晓彤"的兴趣爱好相同的用户代码、用户名和兴趣爱好。

分析：先分步骤来完成此查询，然后再构造子查询。

(1) 查询用户"张晓彤"的兴趣爱好。

```
SELECT hobby
FROM users
WHERE uname='张晓彤';
```

(2) 查询兴趣爱好为第 1 步查询结果的用户代码、用户名和兴趣爱好，并去掉"张晓彤"。

```
SELECT uid,uname,hobby
FROM users
WHERE hobby IN (1)              --用1代表第1步的查询结果,此查询仅用于分析,不能执行
AND uname<>'张晓彤';
```

将第 1 步查询嵌入到第 2 步查询的条件中，构造子查询，SQL 语句如下：

```
SELECT uid,uname,hobby
FROM users
WHERE hobby IN(
    SELECT hobby
    FROM users
    WHERE uname='张晓彤')
    AND uname<>'张晓彤';
```

说明：本例的查询也可以用自连接实现，具体见例 5.50。

例 5.56 查询购物车中有"扫地机"的用户代码和用户名。

```
SELECT uid,uname        --(3)查询用户代码第2步查询结果的用户代码和用户名
FROM users
WHERE uid IN
(SELECT uid              --(2)查询在购物车中存放商品代码为第1步查询结果的用户代码
FROM cart
WHERE gid IN
(SELECT gid             --(1)查询'扫地机'的商品代码
  FROM goods
  WHERE gname='扫地机');
);
```

说明：本例的查询也可以用一般内连接实现，具体见例 5.46。

例 5.57 查询没有商品浏览记录的用户代码、用户名、手机号和兴趣爱好。

```
SELECT uid,uname,phone,hobby
FROM users
WHERE uid NOT IN
```

```
(SELECT uid
 FROM browsing);
```

说明：此查询还可以使用外连接来实现，详见例 5.53。

例 5.58 查询没有浏览过商品"G003"的用户代码、用户名、手机号和兴趣爱好。

```
SELECT uid, uname, phone, hobby
FROM users
WHERE uid NOT IN
(SELECT uid
 FROM browsing
 WHERE gid='G003');
```

思考：此例是否能使用外连接来实现？

例 5.59 查询下单日期在 2023 年、订单总金额最高的用户代码、用户名、注册时间和手机号。

```
SELECT uid, uname, reg, phone
FROM users
WHERE uid IN
    (SELECT uid
     FROM orders
     WHERE date_part('YEAR', createdate)=2023
     GROUP BY uid
     ORDER BY SUM(osprice) DESC
     LIMIT 1);
```

说明：需要执行完例 5.81 给订单表的销售金额列赋值后，此题才有执行结果。

2. 使用比较运算符的子查询

使用比较运算符的子查询的语法格式如下：

WHERE 表达式 比较运算符 (子查询)

比较运算符可以是=、<、>、<=、>=等。子查询一定要在比较运算符后面。使用比较运算符的子查询的执行顺序是，先执行子查询，然后在子查询的结果基础上再执行外层查询。

与使用 IN 运算符的子查询所不同的是，使用比较运算符的子查询必须返回的是单个列的单个值而不是集合，如果这样的子查询返回多个值，则属于错误的查询。使用"="运算符的子查询也可以使用 IN 运算符的子查询实现；若能够确定使用 IN 运算符的子查询结果为一个值，则该子查询也可以使用"="运算符的子查询实现。

例 5.60 使用等号的子查询。查询与用户"张晓彤"的兴趣爱好相同的用户代码、用户名和兴趣爱好。

```
SELECT uid, uname, hobby
FROM users
WHERE hobby =(
    SELECT hobby
    FROM users
    WHERE uname='张晓彤')
    AND uname<>'张晓彤';
```

说明：由于用户"张晓彤"的兴趣爱好，所以该查询既可以使用"="运算符的子查询实现，也可以使用 IN 运算符的子查询实现（详见例 5.55）。另外，该查询还可以用自连接实现

(详见例 5.50)。

例 5.61 使用等号的子查询。查询下单日期在 2023 年且订单金额最高的下单用户代码、用户名、注册时间和手机号。

```
SELECT u.uid,uname,reg,phone --(2)查询下单日期在 2023 年、订单金额为第 1 步查询结果
--的信息
FROM users u JOIN orders o ON u.uid=o.uid
WHERE   date_part('YEAR',createdate)=2023 AND osprice=
        (SELECT MAX(osprice)           --(1)查询下单日期在 2023 年的最高订单金额
         FROM orders
         WHERE date_part('YEAR',createdate)=2023);
```

说明：该查询执行时可以理解为先通过执行查询(1)获得"查询下单日期在 2023 年的最高订单金额"，然后再执行查询(2)获得最终结果。另外，需要执行完例 5.81 给订单表的销售金额列赋值后，此题才有执行结果。

该查询等价于使用 IN 运算符的子查询，SQL 语句如下：

```
SELECT u.uid,uname,reg,phone
FROM users u JOIN orders o ON u.uid=o.uid
WHERE date_part('YEAR',createdate)=2023 AND osprice IN
    (SELECT MAX(osprice)
     FROM orders
     WHERE date_part('YEAR',createdate)=2023);
```

例 5.62 使用不等号的子查询。查询下单日期在 2023 年且订单金额高于 2023 年平均订单金额的下单用户代码、订单代码、订单金额、下单日期。

```
SELECT uid,oid,osprice,createdate --(2)查询下单日期在 2023 年且订单金额高于第 1 步
--查询结果的信息
FROM orders
WHERE   date_part('YEAR',createdate)=2023 AND osprice>
        (SELECT AVG(osprice)        --(1)查询下单日期在 2023 年的平均订单金额
         FROM orders
         WHERE date_part('YEAR',createdate)=2023);
```

说明：需要执行完例 5.81 给订单表的销售金额列赋值后，此题才有执行结果。

3. 使用量词的嵌套查询

在嵌套查询中也可以使用 ANY、SOME 和 ALL 等量词。它们的基本格式如下：

<表达式><比较运算符>[ANY|ALL|SOME] (子查询)

其中，ANY 和 SOME 是同义词，只要表达式和子查询结果集中的某个值满足比较关系，则结果为真；而 ALL 则要求表达式和子查询结果集中的所有值都满足比较关系时，结果才为真。

例 5.63 查询商品表中库存量大于或等于任意一种商品类别中商品平均库存量的商品信息。

```
SELECT  *
FROM goods
WHERE inventory >=ANY(
        SELECT AVG(inventory)
        FROM goods
        GROUP BY category );
```

例 5.64 查询商品表中库存量比每个商品类别中商品平均库存量都高的商品信息。

```
SELECT *
FROM goods
WHERE inventory>ALL(
        SELECT AVG(inventory)
        FROM goods
        GROUP BY category);
```

4. 内、外层互相关嵌套查询

前面介绍的嵌套查询都是外层查询依赖于内层查询的结果,而内层查询与外层查询无关;但有的时候,也需要用到内层和外层互相关的查询,即内层查询需要外层查询提供数据,而外层查询又依赖内层查询的结果。

例 5.65 查询商品表中库存量高于本商品类别中商品平均库存量的商品代码和商品名称。

```
SELECT gid,gname
FROM goods gout
WHERE inventory >(
        SELECT AVG(inventory)
        FROM goods gin
        WHERE gout.category=gin.category);
```

在这个查询中,外层查询(别名为 gout)和内层查询是同一个关系。外层查询提供 gout 关系中的每件商品的商品类别字段值给内层查询使用;内层查询利用这个商品类别字段值,确定该商品类别的平均库存量;然后外层查询再根据 gout 关系的同一记录的库存量值与该平均库存量值进行比较,如果商品的库存量值大于所在商品类别的平均库存量,则该件商品就被选择。

在外层的语句中字段名前没有加前缀,表示引用的是外层字段;在内层的语句中字段名前没有加前缀,表示引用的是内层字段;只有在内层引用外层的字段,或者在外层引用内层的字段时才需要用前缀进行标识。

5. 使用 EXISTS 的嵌套查询

在嵌套查询中可以使用 EXISTS 或 NOT EXISTS,具体形式如下:

```
[NOT] EXISTS (子查询)
```

EXISTS 或 NOT EXISTS 用来检查在子查询的查询结果是否为空。如果子查询的查询结果为空,则 EXISTS 为真,否则为假。NOT EXISTS 反之。

例 5.66 查询目前销售过的商品代码和商品名称。

```
SELECT gid,gname FROM goods
WHERE EXISTS(
        SELECT * FROM orderdetail
        WHERE gid=goods.gid
);
```

例 5.67 查询目前还没有销售过的商品信息。

```
SELECT gid,gname FROM goods
WHERE NOT EXISTS(
        SELECT * FROM orderdetail
        WHERE gid=goods.gid
);
```

注意：

（1）在写[NOT] EXISTS 嵌套查询时，由于它只是检测子查询中是否有结果返回，所以通常在内层查询中不写具体的列名，而是用 * 表示。

（2）在使用 NOT EXISTS 和 NOT IN 时，如果一个值列表中包含空值(NULL)，NOT EXISTS 返回 TRUE；而 NOT IN 返回 FALSE。

（3）注意内层查询条件的书写，通常情况下，需要使用到外层的字段，使得它们内外层相互关联。

6. 使用 WITH 的嵌套查询

WITH 查询用于声明一个或多个可以在主查询中通过名称引用的子查询，相当于临时表，常用于复杂查询或递归查询。WITH 子句的语法格式如下：

```
WITH [ RECURSIVE ] with_query [, …]
```

其中，如果声明了 RECURSIVE，则允许 SELECT 子查询通过名称引用它自己；with_query 的详细格式如下：

```
with_query_name [ ( column_name [, …] ) ] AS ( {select | values | insert | update |
delete} )
```

其中：

（1）with_query_name：指定子查询生成的结果集名称，在查询中可使用该名称访问子查询的结果集。

（2）column_name 指定子查询结果集中显示的列名。

（3）每个子查询可以是 SELECT、VALUES、INSERT、UPDATE 或 DELETE 语句。

例 5.68   查询每张订购单的订单代码、用户代码、订单金额。其中，订单金额通过计算获取。

```
WITH t_amount_sprice AS(select OID, sum(orderdetail.quantity * goods.Sprice) AS
amount_sprice
        from orderdetail join goods on orderdetail.Gid=goods.Gid
        GROUP BY oid)
select o.oid,uid,amount_sprice
from t_amount_sprice t join orders o on t.oid=o.oid
```

该查询在 WITH 子句中定义了一个名为 t_amount_sprice 的子查询，然后在主查询语句中引用 t_amount_sprice，统计每张订购单的订单代码、用户代码、订单金额。

目前，订购单表中的订单金额还没有赋值，所以这里基于 WITH 的嵌套查询通过订单明细表和商品表的信息来计算每单订购金额。

5.2 数据操作

SQL 中，数据操作语言(DML)是用于对数据库中的数据进行增删改等操作的指令集。这些操作主要包含三种基本形式：插入(INSERT)、删除(DELETE)和更新(UPDATE)。它们的主要作用是修改数据库中的数据，而不是返回数据查询结果。插入操作是指向表中插入一个或多个元组(记录)的操作；删除操作是指从表中删除一个或多个元组(记录)的操作；更新操作是指更改表中某些元组的某些属性值的操作。

5.2.1 插入数据

SQL 的插入语句是 INSERT,一般有两种格式:第一种格式是直接向表中插入一个记录,即单行记录的插入;第二种格式是向表中插入一个查询结果,即多行记录的插入。

1. 插入一个

插入一个记录的 INSERT 语句的语法格式如下:

```
INSERT [INTO] <表名>[(<列名>)[,…n])]
VALUES (<表达式>[,…n]);
```

表达式要与列名一一对应,数据类型必须一致。当插入一个完整的记录时通常可以不指定"列名",但表达式的顺序必须和该表定义时属性列的顺序完全一致,且表达式的个数必须与该表定义时属性列的个数完全相同;如果插入时只指定了部分属性的值,其他值取空值或默认值,则必须指定"列名",并且"表达式"和"列名"要一一对应。在表定义时说明了 NOT NULL 的属性列不能赋空值。

例 5.69 向 users 表插入一条用户记录。

```
INSERT INTO users (uid, uname, pwd, gender, phone, reg, ustatus, hobby)
VALUES ('U001', '刘雨燕', '123456', '女', '13800000001', '2021-07-01', 1, '阅读');
```

说明:VALUES 中的表达式要与 users 后面的列的含义和类型都一一对应,即将"U001"、"刘雨燕"、"123456"、"女"、"13800000001"、"2021-07-01"、1、"阅读"依次作为属性列 uid、uname、pwd、gender、phone、reg、ustatus、hobby 的值。不可以写成

```
INSERT INTO users (pwd, uname, uid, gender, phone, reg, ustatus, hobby) --错误语句
VALUES ('U001', '刘雨燕', '123456', '女', '13800000001', '2021-07-01', 1, '阅读');
```

"U001"与 pwd 不对应,"刘雨燕"与 uname 不对应,"123456"与 uid 不对应。如果列名的顺序调整了,VALUES 中表达式的顺序也要随之调整。即可以这样写:

```
INSERT INTO users (pwd, uname, uid, gender, phone, reg, ustatus, hobby) --正确语句
VALUES ('123456', '刘雨燕', 'U001', '女', '13800000001', '2021-07-01', 1, '阅读');
```

由于本例的插入操作是对表中的新记录的每一个属性列都赋了值,所以列名可以省略,本例的实现语句还可以这样写:

```
INSERT INTO users                                    --正确语句
VALUES ('123456', '刘雨燕', 'U001', '女', '13800000001', '2021-07-01', 1, '阅读');
```

说明:此时 VALUES 中的表达式的顺序必须与 users 表定义时列的属性完全一致。

例 5.70 将一个用户记录(用户代码:U002;用户名:刘伟;登录密码:654321;性别:男)插入 users 表中。

```
INSERT INTO users (uid, uname, pwd, gender)
VALUES ('U002','刘伟', '654321', '男');
```

执行后,user 表中就会增加一条记录(用户代码:U002;用户名:刘伟;登录密码:654321;性别:男;手机号:NULL;注册时间:默认值;激活状态:默认值;兴趣爱好:NULL)。如果希望在插入语句中省略全部列名,则需要给每一列赋值,NULL(无默认值的列)和 DEFAULT(有默认值的列)也要写到 VALUES 中的表达式列表中,语句如下:

```
INSERT INTO users
VALUES ('U002','刘伟', '654321', '男',NULL,DEFAULT,DEFAULT,NULL);
```

2. 批量插入多个记录

批量插入多个记录的 INSERT 语句的格式如下：

```
INSERT [INTO] <表名>[(<列名>)[,…n])]
VALUES
    (<表达式>[,…n]),
   (<表达式>[,…n]),
   (<表达式>[,…n]),
   …
   (<表达式>[,…n]);
```

VALUES 关键字后面跟着多组用逗号分隔的值列表，每组值对应一条要插入的记录。

例 5.71 向 goods 表插入多条商品记录。

```
INSERT INTO goods (gid, gname,category, gstatus, inventory,cprice, sprice)
VALUES
   ('G001', '国家地理', '图书','上架',2000, 20 ,39.8),
   ('G002', '中国四大名著', '图书','上架', 5000,80, 133.3),
   ('G003', '数据库系统概论', '图书', '上架',3000,20 , 44.2),
   ('G004', '文件夹', '办公用品','上架',10000, 5, 12),
   ('G005', 'U 盘', '数码', '上架',6000, 50, 92);
```

3. 插入一个查询结果

在 SQL 中还允许从一个关系表中选择一些记录插入另外一个已经创建好的关系表中（当然相应属性要出自同一个值域）。插入一个查询结果的 INSERT 语句的格式如下：

```
INSERT [INTO] <表名>[(列名)[,…,n])]
<SELECT 查询>
```

例 5.72 统计每个用户浏览的商品总数，并把结果存入数据库。

首先在数据库中建立一个新表，其中一列存放用户代码，另一列存放相应的浏览商品的总数。

```
CREATE TABLE c_gid_t(
   uid CHAR(4),
   c_gid INTEGER
);
```

然后对 browsing 按用户代码分组求浏览商品的总数，再把用户代码和浏览商品的总数存入新表中。

```
INSERT INTO c_gid_t
   SELECT uid ,COUNT(DISTINCT gid ) c_gid
   FROM browsing
   GROUP BY uid;
```

说明：该例也可以用 5.1.2 介绍的 SELECT…INTO 语句实现。唯一的区别是，INSERT INTO…SELECT 语句需要把查询数据插入一个已经创建好的表中；而 SELECT…INTO 语句不需要，它本身就具有创建表的功能。使用 SELECT…INTO 语句实现如下：

```
SELECT uid ,COUNT(DISTINCT gid ) c_gid
INTO new_ c_gid
FROM browsing
GROUP BY uid;
```

5.2.2 删除数据

SQL 的删除语句 DELETE 的语法格式如下：

```
DELETE [FROM] <表名>
[[FROM <表名>] WHERE <条件表达式>]
```

其中：

（1）DELETE 命令是从指定的表中删除满足"条件表达式"的所有元组。

（2）如果没有指定删除条件，则删除表中的全部元组，所以在使用该命令时要格外小心。

（3）DELETE 命令只删除元组，它不删除表或表结构。

删除语句可以分为无条件删除、基于本表条件的删除和基于其他表条件的删除。

1. 无条件删除

无条件删除是指没有指定删除条件的删除，即删除表中全部数据，但保留表结构。

例 5.73　删除所有的商品记录。

```
DELETE FROM goods;
```

2. 基于本表条件的删除

基于本表条件的删除是指删除条件涉及属性列所在的表与要删除的表为同一张表。

例 5.74　删除库存量为 0 的商品记录。

```
DELETE FROM goods
WHERE inventory=0;
```

例 5.75　删除用户"U010"的所有订单记录。

```
DELETE FROM orders
WHERE uid='U010';
```

3. 基于其他表条件的删除

基于其他表条件的删除是指删除条件涉及的部分属性列所在的表与要删除的表不为同一张表。在写删除语句时一定要明确删除的是哪张表的记录，执行一条删除语句一次只能删除一张表中的一条或多条记录。另外，基于其他表条件的删除可以使用多表连接实现，也可以使用子查询实现。

例 5.76　删除库存量为 0 的商品的购物车记录。

```
DELETE FROM cart
WHERE gid IN
  ( SELECT gid
    FROM goods
    WHERE inventory=0) ;
```

例 5.77　删除商品"空调"所在订单的订单记录。

```
DELETE FROM orders
WHERE oid IN
 (SELECT oid
  FROM orderdetail
  WHERE gid=
    (select gid
     FROM goods
     WHERE gname='空调')));
```

数
据
库
原
理
及
应
用
（
微
课
视
频
版
）

在 DELETE FROM 命令中不用 WHERE 指定删除条件将删除所有记录。

另外一条命令 TRUNCATE 则是用来删除所有记录。TRUNCATE 命令的一般格式如下：

```
TRUNCATE table_name;
```

TRUNCATE 在功能上与不带 WHERE 子句的 DELETE 语句相同，两者均删除表中的全部行。但是 DELETE 语句每次删除一行，并在事务日志中为所删除每行记录一项；而 TRUNCATE 通过释放存储表数据所用数据页来删除数据，并且只在事务日志中记录页的释放。所以 TRUNCATE 效率更高。

TRUNCATE、DELETE、DROP 三者的差异如下。

（1）TRUNCATE TABLE，删除内容，释放空间，但不删除定义。

（2）DELETE TABLE，删除内容，不删除定义，不释放空间。

（3）DROP TABLE，删除内容和定义，释放空间。

5.2.3　更新数据

SQL 的更新语句 UPDATE 的语法格式如下：

```
UPDATE <表名> SET <列名>=<表达式>[,…n]
[[FROM <表名>] WHERE <条件表达式>]
```

其中：

（1）UPDATE 更新满足"条件表达式"的所有记录的指定属性值。

（2）一次可以更新多个属性的值。

（3）如果没有指定更新条件，则更新表中的全部记录。

更新语句可以分为无条件更新、基于本表条件的更新和基于其他表条件的更新。

1. 无条件更新

无条件更新是指没有指定更新条件的更新，即更新表中所有记录的指定属性列。

例 5.78　将所有商品的销售价格降低 10%。

```
UPDATE goods SET sprice=sprice * (1-0.1);
```

2. 基于本表条件的更新

基于本表条件的更新是指更新条件涉及属性列所在的表与要更新的表为同一张表。

例 5.79　将所有"运动"类商品的销售价格降低 10%。

```
UPDATE goods SET sprice=sprice * (1-0.1)
WHERE category='运动';
```

3. 基于其他表条件的更新

在数据库操作中，有时需要根据另一张表中的数据来更新当前表的记录。这种基于其他表条件的更新操作，涉及的属性列可能位于不同的表中。在编写此类更新语句时，必须明确指定要更新的目标表，因为一次更新操作只能针对单一表进行。为了实现基于其他表条件的更新，可以使用多表连接和子查询两种方式。多表连接是指通过在更新语句中使用 JOIN 子句，可以将多个表连接起来，使得更新操作可以根据连接条件涉及的另一张表的数据来修改目标表的记录。子查询允许在一个查询中嵌套另一个查询，这可以在更新语句中用来引用另一张表的数据。通过子查询，可以将另一张表的条件逻辑封装起来，然后将其结果用于更新当前表的记录。

例 5.80 将 2024 年 1 月 1 日以后下单，所有"运动"类商品所在订单的发货日期延迟 2 天。

```
UPDATE orders SET shipdate=shipdate+ INTERVAL '2 day'
WHERE createdate>='2024/1/1' and oid IN
(SELECT oid
 FROM orderdetail
 WHERE gid IN
   (SELECT gid
    FROM goods
    WHERE category='运动'));
```

例 5.81 修改 orders 表，给订单金额列赋值。

```
UPDATE orders set osprice=amount_sprice
FROM ( SELECT OID, Sum(orderdetail.quantity * goods.Sprice) AS amount_sprice
       FROM orderdetail join goods on orderdetail.Gid=goods.Gid
       GROUP BY oid
) AS TT
WHERE orders.Oid=TT.Oid;
```

这里的 FROM 子句中用到了嵌套查询，也可以使用 WITH 嵌套查询，具体如下：

```
WITH tt AS(
SELECT OID, sum(orderdetail.quantity * goods.Sprice) AS amount_sprice
        FROM orderdetail join goods on orderdetail.Gid=goods.Gid
        GROUP BY oid )
UPDATE orders SET osprice=amount_sprice
FROM TT
WHERE orders.Oid=TT.Oid;
```

在进行更新操作时，应当注意以下几点。

（1）确保更新操作的逻辑清晰，以避免不必要的数据更改或数据不一致。

（2）在执行更新之前，最好先通过 SELECT 语句测试连接条件或子查询，确保它们返回预期的结果集。

（3）考虑到性能影响，特别是在涉及大量数据或复杂连接的情况下，优化查询语句以减少资源消耗。

（4）在生产环境中执行更新操作前，应该在测试环境中进行充分测试，并确保有数据备份，以便在操作出现意外时能够恢复数据。

当对表执行插入操作、删除操作和更新数据操作之前，系统首先检查这些操作是否符合数据的完整性约束条件，如果符合则进行操作，否则拒绝操作。当对表进行插入操作和更新操作时，需要对实体完整性约束、参照完整性约束和用户定义完整性约束进行检查；当对表进行删除操作时，只需要对参照完整性约束进行检查。

5.3 本章小结

数据库查询作为数据库系统的基石，其核心地位不言而喻。SQL 中的 SELECT 语句，以其直观而强大的表达能力，精准地映射了用户对数据检索的需求，其设计逻辑紧密贴合人类思维习惯，使得学习与应用变得相对轻松。SELECT 指明了查询的具体内容，FROM 限定了数据的来源范围，WHERE 则设定了筛选数据的条件，而 ORDER BY 负责结果的排序展示，GROUP BY 与 HAVING 则携手实现了对数据的分组与分组条件的进一步限定。这一系列子句的组合，犹如构建数据检索蓝图的积木，只要清晰把握查询的意图，便能灵活搭建出满足需求的 SQL 语句。

本章内容围绕 SQL 查询展开，由浅入深地划分为简单查询、连接查询、子查询及查询优化四大板块。每一部分都紧密结合"OnlineShopDB"数据库，讲解 SQL SELECT 语句的基本用法和应用技巧，旨在帮助读者不仅掌握语句的语法结构，更能理解其背后的逻辑与原理，从而在面对实际问题时能够游刃有余。

此外，本章还拓展至数据库的其他基本操作——插入、删除与更新数据。这些操作不仅是数据管理的基本手段，也是数据维护、更新的关键环节。值得注意的是，在删除与更新操作中引入子查询，极大地增强了这些操作的灵活性和表达能力，使得数据处理更加精准高效。通过本章的学习，读者将能够全面掌握 SQL 在数据查询与操作方面的强大功能，为后续的数据库管理与应用打下坚实的基础。

5.4 习题

1. 选择题

（1）查询各种零件的平均库存量、最多库存量与最少库存量之间差值的 SQL 语句如下：

```
SELECT 零件号,(    )
FROM P
(    );
```

问题 1：
    A. AVG(库存量) AS 平均库存量,MAX(库存量)−MIN(库存量)AS 差值
    B. 平均库存量 AS AVG(库存量),差值 AS MAX(库存量)−MIN(库存量)
    C. AVG 库存量 AS 平均库存量,MAX 库存量−MIN 库存量 AS 差值
    D. 平均库存量 AS AVG 库存量,差值 AS MAX 库存量−MIN 库存量

问题 2：
    A. ORDER BY 供应商   B. ORDER BY 零件号
    C. GROUP BY 供应商   D. GROUP BY 零件号

（2）给定关系模式 SP_P(供应商号,项目号,零件号,数量)，查询至少给 3 个(包含 3 个)不同项目供应了零件的供应商，要求输出供应商号和供应零件数量的总和，并按供应商号降序排列。

```
SELECT 供应商号,SUM(数量)
FROM SP_P (    )
(    )
(    )
```

问题 1：
    A. ORDER BY 供应商号   B. GROUP BY 供应商号

C. ORDER BY 供应商号 ASC　　　　D. GROUP BY 供应商号 DESC

问题2：

    A. WHERE 项目号＞2

    B. WHERE COUNT(项目号)＞2

    C. HAVING (DISTINCT 项目号)＞2

    D. HAVING COUNT(DISTINCT 项目号)＞2

问题3：

    A. ORDER BY 供应商号　　　　B. GROUP BY 供应商号

    C. ORDER BY 供应商号 DESC　　　　D. GROUP BY 供应商号 DESC

（3）查询供应商所供应的零件名称为 P1 或 P3，且 50≤库存量≤300 以及供应商地址包含"雁塔路"的 SQL 语句如下：

```
SELECT 零件名称,供应商,库存量
FROM P
WHERE (     ) AND 库存量 (     ) AND 供应商所在地 (     );
```

问题1：

    A. 零件名称＝'P1' AND 零件名称＝'P3'

    B. (零件名称＝'P1' AND 零件名称＝'P3')

    C. 零件名称＝'P1' OR 零件名称＝'P3'

    D. (零件名称＝'P1' OR 零件名称＝'P3')

问题2：

    A. BETWEEN 50 TO 300　　　　B. BETWEEN 50 AND 300

    C. IN (50 TO 300)　　　　D. IN 50 AND 300

问题3：

    A. IN '雁塔路%'　　　　B. LIKE '_雁塔路%'

    C. LIKE '%雁塔路%'　　　　D. LIKE '雁塔路%'

（4）某企业人事管理系统中有如下关系模式，员工表 Emp(eno, ename, age, sal, dname)，属性分别标识员工号、员工姓名、年龄、工资和部门名称；部门表 Dept(dname, phone)，属性分别标识部门名称和联系电话。需要查询其他部门比销售部门(Sales)所有员工年龄都要小的员工姓名及年龄，对应的 SQL 语句如下：

```
SELECT ename, age, FROM Emp WHERE age (     )
    (SELECT age FROM Emp WHERE dname='Sales') AND (     )
```

问题1：

    A. ＜ALL　　　　B. ＜ANY　　　　C. IN　　　　D. EXISTS

问题2：

    A. dname＝'Sales'　　　　B. dname＜＞'Sales'

    C. dname＜'Sales'　　　　D. dname＞'Sales'

（5）SQL 语言中，NULL 值代表(　　)。

    A. 空字符串　　　　B. 数值0　　　　C. 空值　　　　D. 空指针

（6）在 SQL 中，表达年龄(Sage)非空的 WHERE 子句为(　　)。

A. Sage<>NULL

B. Sage!＝NULL

C. Sage IS NOT NULL

D. Sage NOT IS NULL

（7）对于不包含子查询的 SELECT 语句，聚集函数不允许出现的位置是（　　）。

A. SELECT 子句

B. WHERE 子句

C. GROUP BY 子句

D. HAVING 子句

（8）某企业有部门关系模式 Dept（部门号，部门名，负责人工号，任职时间），员工关系模式 Emp（员工号，姓名，年龄，月薪资，部门号，电话，办公室）。部门和员工关系的外键分别是（　　）。查询每个部门中月薪资最高的员工号、姓名、部门名和月薪资的 SQL 查询语句如下：

```
SELECT 员工号,姓名,部门号,月薪资
FROM Emp Y,Dept
WHERE (    ) AND 月薪资=(
    SELECT Max(月薪资)
    FROM Emp Z
    WHERE (    ));
```

问题 1：

A. 员工号和部门号

B. 负责人工号和部门号

C. 负责人工号和员工号

D. 部门号和员工号

问题 2：

A. Y.部门号＝Dept.部门号

B. Emp.部门号＝Dept.部门号

C. Y.员工号＝Dept.负责人工号

D. Emp.部门号＝Dept.负责人工号

问题 3：

A. Z.员工号＝Y.员工号

B. Z.员工号＝Y.负责人工号

C. Z.部门号＝部门号

D. Z.部门号＝Y.部门号

（9）给定关系模式如下，学生（学号，姓名，专业），课程（课程号，课程名称），选课（学号，课程号，成绩）。查询所有学生的选课情况的操作是（　　），查询所有课程的选课情况的操作是（　　）。

问题 1：

A. 学生 JOIN 选课

B. 学生 LEFT JOIN 选课

C. 学生 RIGHT JOIN 选课

D. 学生 FULL JOIN 选课

问题 2：

A. 选课 JOIN 课程

B. 选课 LEFT JOIN 课程

C. 选课 RIGHT JOIN 课程

D. 选课 FULL JOIN 课程

（10）关系 $R(A_1,A_2,A_3)$，$S(A_2,A_3,A_4)$ 将查询 $\pi_{A_1,A_4}(\sigma_{A_2<'2015'\wedge A_4='95'}(R \bowtie S))$ 转换为等价的 SQL 语句如下：

```
SELECT A1,A4 FROM R, S
WHERE (    )
```

A. $R.A_2<2015$ OR $S.A_4=95$

B. $R.A_2<2015$ OR $S.A_4=95$

C. $R.A_2<2015$ OR $S.A_4=95$ OR $R.A_2=S.A_2$

D. $R.A_2 < 2015$ AND $S.A_4 = 95$ AND $R.A_2 = S.A_2$ AND $R.A_3 = S.A_3$

2. SQL 题（请书写满足下列要求的 SQL 语句）

（1）已知关系模式：学生表 S（学号，姓名，性别，出生日期，院系），课程表 C（课程号，课程名，学时），选课成绩表 SC（学号，课程号，成绩）。查询选修课程在 5 门以上（含 5 门）的学生的学号、姓名和平均成绩，并按平均成绩降序排序。

（2）已知关系模式：银行表（银行代码，银行名称，电话），法人表（法人代码，法人名称，经济性质，注册资金），贷款表（银行代码，法人代码，贷款日期，贷款金额，贷款期限）。

① 查询每种经济性质的法人人数，并将查询结果保存到"统计结果表"中，假设此表已经建好。

② 删除"新都美百货公司"的贷款记录。

③ 修改法人"漂美广告有限公司"的经济性质为私营，注册资金为 50 万元。

（3）已知 3 个关系模式：

销售人员表（职工号，姓名，年龄，地区，邮政编码）
产品表（产品号，产品名，生产厂家，价格，生产日期）
销售情况表（职工号，产品号，销售日期，销售数量）

写出实现如下要求的 SQL 语句。

① 查询 2001 年 12 月 31 日之后（不包括 2001 年 12 月 31 日）的销售情况，要求列出职工号、产品号、销售日期和销售数量，查询结果按销售数量的降序进行排序。

② 查询销售人员的最大年龄。

③ 查询最大年龄的销售人员的职工号和姓名。

④ 查询姓"李"的并且名字是三个字的职工的所有信息（职工号，姓名，年龄，地区，邮政编码）。

⑤ 查询 2001 年 12 月 31 日和 2006 年 12 月 31 日之间的销售情况，要求列出销售人员姓名、销售的产品名以及销售日期。

⑥ 统计每个产品的销售总数量，要求列出产品号和销售总数量。

⑦ 统计每个产品的销售总数量，要求只列出销售总数量大于 2000 的产品号和销售总数量。

⑧ 查询销售人员的销售情况，包括有销售记录的销售人员和没有销售记录的销售人员，要求列出销售人员姓名、销售的产品号、销售数量和销售日期。

⑨ 列出 2000 年 1 月 1 日以后销售总量第一的产品的名称和生产厂家。

⑩ 将生产厂家为"天津"的产品的价格降低 200。

⑪ 删除销售生产厂家为"青岛"的产品的销售记录。

⑫ 向产品表添加一条记录：（004，啤酒，蓝岛，3，2007/2/3）。

⑬ 向销售人员表中添加一条记录，职工号为 20，姓名为李玉。

（4）基于本书 OnlineShopDB 数据库，查询商品表销售量高于本商品类别中商品平均销售量的商品代码和商品名称。

第 6 章

视图与索引

学习目标

（1）掌握视图的概念和应用。
（2）掌握索引的概念和应用。

思维导图

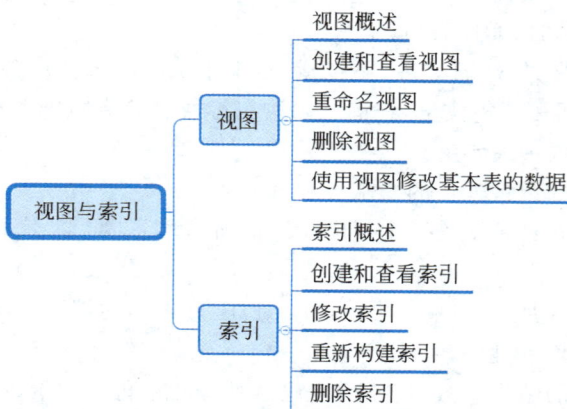

6.1 视 图

视图是数据库中的一种对象，它是数据库系统提供给用户以多种角度观察数据库中的数据的一种重要机制。本章主要介绍视图的概念、管理及其在数据查询中的应用。

6.1.1 视图概述

视图通常用来集中、简化和自定义每个用户对数据库的不同认识。视图也可用作安全机制，可以通过视图访问数据，而不授予用户直接访问视图基本表的权限。

视图是从一个或几个基本表（或视图）导出的表，它与基本表不同，是一个虚表。数据库只存放视图的定义，而不存放视图对应的数据，这些数据仍存放在原来的基本表中。所以基本表中的数据发生变化，从视图中查询出的数据也就随之改变了。从这个意义上讲，视图就像一个窗口，透过它可以看到数据库中自己感兴趣的数据及其变化。举一个简单的例子：假设一个房间里有很多东西，这些东西类似于表。用户可以直接进入房间内去看这些东西，这就是直接操作表。也可以在房间外通过墙壁上的小孔看房间内的东西。这个小孔就类似于视图。随着小孔的位置和大小的不同,看到房间内的东西也不同。当房间内的东西改变时,通过小孔看到的内容也会随之更新。

视图可以包括以下内容。

(1)基本表的行和列的子集。

(2)两个或多个基本表的联合。

(3)两个或多个基本表的连接。

(4)基本表的统计汇总。

(5)另外一个视图的子集。

(6)视图和基本表的混合。

视图具有如下优点。

1)简化数据访问

为复杂的查询定义一个视图,用户不必输入复杂的查询语句,只需对该视图进行简单查询即可。

2)增强数据安全性

对不同用户定义不同的视图,使机密数据不出现在不应该看到这些数据的用户视图中。

3)保证数据的逻辑独立性

数据的逻辑独立性是指当数据库的逻辑结构发生改变而保证应用程序不受影响。由于应用程序基于视图,当定义视图的基本表结构发生改变时,只需修改视图定义中的子查询部分,从而保证了视图不变,这样使用户的应用程序不受影响。

4)使用户能以多种角度看待同一数据

数据库的特点之一是数据共享,当需要不同的用户共享同一数据库时,视图使不同的用户以不同的方式看待同一数据。

6.1.2　创建和查看视图

创建视图的语法格式如下:

```
CREATE [ OR REPLACE ] [ TEMP | TEMPORARY ] VIEW view_name [ ( column_name [, …] ) ]
    [ WITH ( {view_option_name [=view_option_value]} [, … ] ) ]
    AS query;
```

其中:

(1)OR REPLACE:可选。如果视图已存在,则重新定义。

(2)TEMP | TEMPORARY:可选。创建一个临时视图。在当前会话结束时会自动删除视图。如果视图引用的任何表是临时表,视图将被创建为临时视图(不管 SQL 中有没有指定 TEMP|TEMPORARY)。

(3)view_name:要创建的视图名称。可以用模式修饰。

(4)column_name:可选的名称列表,用作视图的字段名。如果没有给出,字段名取自查询中的字段名。

(5)view_option_name [= view_option_value]:该子句为视图指定一个可选的参数。目前 view_option_name 支持的参数仅有 security_barrier 和 check_option。

① security_barrier：当 VIEW 视图提供行级安全时，应使用该参数。取值范围：Boolean 类型（true、false）。

② check_option：控制更新视图的行为。取值范围：CASCADED、LOCAL。

（6）query：为视图提供行和列的 SELECT 或 VALUES 语句。

例 6.1 创建基于一张基本表的视图。创建性别为"女"的用户的视图。

```
CREATE OR REPLACE VIEW V_users
AS
 SELECT uid,uname,gender,pwd,phone
 FROM users
 WHERE gender='女';
```

本例中的视图 V_users 省略了列名，隐含由 SELECT 语句中的 5 个列名组成。

DBMS 执行创建视图语句的结果只是保存了视图的定义，并没有执行其中的 SELECT 语句。只是在对视图进行查询时，才按视图的定义从基本表中将数据查出。

视图是一张虚拟表，视图定义后，用户就可以像对基本表一样对视图进行查询了。

查询视图举例：利用 SELECT 语句查看视图 V_users 的数据。

```
SELECT *
FROM V_users ;
```

例 6.2 创建基于多张基本表的视图。创建查询用户及其购物车信息的视图。

```
CREATE OR REPLACE VIEW V_cart(uname2,gname2,quantity2)
AS
  SELECT uname,gname,quantity
  FROM users u JOIN cart c on u.uid=c.uid
     JOIN goods g on c.gid=g.gid ;
```

当希望为视图指定新的列名时，可以在创建视图时指定视图自己的列名，也可以在 SELECT 子句的列名后面加上列别名，效果是等价的。上面创建视图的代码也可以写成：

```
CREATE OR REPLACE VIEW V_cart
AS
  SELECT uname uname2,gname gname2,quantity quantity2
  FROM users u JOIN cart c on u.uid=c.uid
     JOIN goods g on c.gid=g.gid ;
```

查询视图举例：利用视图 V_cart 查询用户"刘雨燕"购物车中商品的数量，按降序排列。

```
SELECT *
FROM  V_cart
WHERE uname2='刘雨燕'
ORDER BY quantity2 DESC ;
```

例 6.3 创建用户浏览商品记录的视图。

```
CREATE OR REPLACE VIEW V_browsing(uname2,gname2, browsedate2)
AS
  SELECT uname,gname, browsedate
  FROM users u JOIN browsing b on u.uid=b.uid
          JOIN goods g on g.gid=b.gid;
```

例 6.4 创建基于视图的视图。基于视图 V_cart（详见例 6.2）创建查询购物车上商品

"文件夹"的存放情况,包括用户名、商品名和购物车中商品数量。

```
CREATE OR REPLACE VIEW V_cartgood
AS
 SELECT *
 FROM V_cart
 WHERE gname2='文件夹';
```

查询视图举例:利用视图 V_cartgood 查询用户"刘雨燕"购物车中商品"文件夹"的存放情况,包括用户名、商品名和购物车中商品数量。

```
SELECT *
FROM V_cartgood
WHERE uname2='刘雨燕';
```

例 6.5　创建带虚列的视图。创建查询用户代码、用户名、手机号和注册年份的视图。

```
CREATE OR REPLACE VIEW V_usersyear(uid,uname, phone,reg_year)
AS
  SELECT uid,uname, phone,date_part('year',reg)
  FROM users;
```

等价于:

```
CREATE OR REPLACE VIEW V_usersyear
AS
  SELECT uid,uname,phone,date_part('year',reg) reg_year
  FROM users;
```

定义基本表时,为了减少数据库中的冗余数据,表中只存放基本数据,由基本数据经过各种计算派生出的数据一般是不存储的。但由于视图中的数据并不实际存储,所以定义视图时可以根据应用的需求,在 SELECT 语句中包含算术表达式或函数,这些表达式或函数与视图的其他列一样对待,由于它们是计算得来的,并不存储在基本表内,所以称为虚列。本例中的 reg_year 就是虚列,它是由注册时间计算得到的。

例 6.6　创建分组视图。创建查询每件商品的总销售数量的视图。

```
CREATE OR REPLACE VIEW V_sumq(gid,sumq)
AS
  SELECT gid,SUM(quantity)
  FROM orderdetail
  GROUP BY gid;
```

等价于:

```
CREATE OR REPLACE VIEW V_sumq
AS
  SELECT gid,SUM(quantity) sumq
  FROM orderdetail
  GROUP BY gid;
```

由于 SELECT 语句中含有聚合函数,所以要么给出该视图的所有属性列,要么给出 SELECT 子句中的聚合函数对应的列的列别名。

查询视图举例:利用视图 V_sumq 查询总销售数量超过 10 的商品名称。

```
SELECT gname
FROM V_sumq v join goods g on v.gid=g.gid
where sumq>10
```

要查询"总销售数量超过 10 的商品名称"，也可以直接基于基本表进行查询，代码如下：

```
SELECT gname
FROM goods
WHERE gid in(
  SELECT gid
  FROM orderdetail
  GROUP BY gid
  HAVING SUM(quantity) >10
);
```

但如果经常需要查询这方面的统计信息，显然基于视图 V_sumq 查询大幅简化了查询人员的工作量，提高了编程效率。

6.1.3　重命名视图

重命名视图的语法格式如下：

```
ALTER VIEW [ IF EXISTS ] view_name RENAME TO new_name;
```

其中：

（1）IF EXISTS：使用这个选项，如果视图不存在时不会产生错误，仅有一个提示信息。

（2）view_name：视图名称，可以用模式修饰。取值范围：字符串，即已经存在的视图名。

说明：如果用户是更改视图的查询定义，直接使用 CREATE OR REPLACE VIEW。ALTER VIEW 则是更改视图的各种辅助属性。

例 6.7　将视图 V_sumq 重新命名为 V_sq。

```
ALTER VIEW V_sumq RENAME TO V_sq;
```

6.1.4　删除视图

删除视图的语法格式如下：

```
DROP VIEW [ IF EXISTS ] view_name [, …] [ CASCADE | RESTRICT ];
```

其中：

（1）IF EXISTS：如果指定的视图不存在，则发出一个 notice 而不是抛出一个错误。

（2）view_name：要删除的视图名称。取值范围：已存在的视图。

（3）CASCADE：级联删除依赖此视图的对象（比如其他视图）。

（4）RESTRICT：如果有依赖对象存在，则拒绝删除此视图。此选项为默认值。

例 6.8　删除视图 V_sq。

```
DROP VIEW V_sq
```

6.1.5　使用视图修改基本表的数据

通过视图不仅可以进行数据查询，还可以进行数据修改。视图的主要用途就是数据查询，使用视图查询表的信息与普通表的查询是相同的，没有限制。通过视图还可以对数据进行插入、更新和删除操作。在目前的数据库版本中，不能直接在视图上执行 INSERT、UPDATE 或 DELETE 语句，需要先定义规则或触发器后才可以用视图修改基本表数据。

例 6.9　在 V_users 视图上直接执行 INSERT 命令。

```
INSERT INTO V_users VALUES('U010','张业','123','女','13123454321');
```

系统将提示如下错误信息：

```
--------------开始执行--------------

【拆分SQL完成】：将执行SQL语句数量：（1条）

【执行SQL: (1)】
INSERT INTO V_users  VALUES('U010','张业','123','女','13123454321')
执行失败，失败原因: ERROR: cannot insert into view "v_users".
    Hint: You need an unconditional ON INSERT DO INSTEAD rule or an INSTEAD OF INSERT trigger.
```

下面讲解通过创建规则实现在视图上进行 INSERT、UPDATE 或 DELETE 操作。

1）利用规则实现对简单视图的 INSERT 操作

为了在 V_users 视图上执行 INSERT 语句，首先创建一个规则。

例 6.10　创建在 V_users 视图上执行 INSERT 语句的规则。

```
CREATE RULE r_v_users_insert AS ON INSERT TO v_users DO INSTEAD
INSERT INTO users(uid,uname,pwd,gender,phone)
VALUES(new.uid,new.uname,new.pwd,new.gender,new.phone);
```

规则 r_v_users_insert 创建后，执行

```
INSERT INTO V_users VALUES('U010','张业','123','女','13123454321');
```

成功执行。

对用户表进行查询就能查看到新插入的记录。

2）利用规则实现对简单视图的 UPDATE 操作

为了在 V_users 视图上执行 UPDATE 语句，首先创建一个规则。

例 6.11　创建在 V_users 视图上执行 UPDATE 语句的规则。

```
CREATE RULE r_V_users_update AS ON UPDATE TO V_users DO INSTEAD
UPDATE users
SET uid =new. uid, uname =new. uname, pwd =new. pwd, gender =new. gender, phone=
new. phone
WHERE uid =old. uid;
```

规则 r_V_users_update 创建后，执行

```
UPDATE V_users SET uname='刘玉' WHERE uid='U001';
```

成功执行。

对用户表进行查询就能查看到用户代码为'U001'的姓名已经修改成"刘玉"。

3）利用规则实现对简单视图的 DELETE 操作

为了在 V_users 视图上执行 DELETE 语句，首先创建一个规则。

例 6.12　创建在 V_users 视图上执行 DELETE 语句的规则。

```
CREATE RULE r_V_users_delete AS ON DELETE TO V_users DO INSTEAD
DELETE FROM users WHERE uid =old. uid;
```

规则 r_V_users_delete 创建后，执行

```
DELETE FROM V_users WHERE eno='U10';
```

成功执行。

对用户表进行查询就能看到用户代码为"U10"的记录已经被删除。

6.2 索引

6.2.1 索引概述

索引是一种高效的数据结构,旨在提升对数据库表内数据的检索效率。它通过物理存储方式,对表中的一列或多列数据进行排序,并存储指向数据行的指针。利用索引,数据库能够跳过耗时的全表扫描,直接定位至目标数据行。在处理大规模数据库时,这一点尤为关键,因为全表扫描不仅会大幅消耗系统资源,还会显著延长查询时间。

索引的主要作用如下。

(1) 提高查询效率:通过索引,数据库可以迅速定位到数据,从而显著提高查询性能。

(2) 加速连接操作:在涉及多个表的连接查询中,索引可以帮助数据库更快地找到相关记录。

(3) 保证数据的唯一性:唯一索引可以确保表中某一列或多列的值是唯一的,防止数据冗余和不一致性。

(4) 支持排序和分组操作:通过索引,数据库可以更快地对数据进行排序和分组操作。

同时,索引也会占用额外的磁盘空间,并可能增加数据插入、更新和删除操作的开销,因此在设计索引时需要权衡其利弊。索引建立在数据库表中的某些列上。因此,在创建索引时,应该仔细考虑在哪些列上创建索引。

(1) 在经常需要搜索查询的列上创建索引,可以加快搜索的速度。

(2) 在作为主键的列上创建索引,强制该列的唯一性和组织表中数据的排列结构。

(3) 在经常使用连接的列上创建索引,可以加快连接的速度。

(4) 在经常需要根据范围进行搜索的列上创建索引,因为索引已经排序,其指定的范围是连续的。

(5) 在经常需要排序的列上创建索引,因为索引已经排序,这样查询可以利用索引的排序,加快排序查询时间。

(6) 在经常使用 WHERE 子句的列上创建索引,加快条件的判断速度。

(7) 为经常出现在关键字 ORDER BY、GROUP BY、DISTINCT 后面的字段建立索引。

注意:索引创建成功后,系统会自动判断何时引用索引。当系统认为使用索引比顺序扫描更快时,就会使用索引。索引创建成功后,必须和表保持同步以保证能够准确地找到新数据,这样就增加了数据操作的负荷。因此须定期删除无用的索引。

6.2.2 创建和查看索引

在表上创建索引的语法格式如下:

```
CREATE [ UNIQUE ] INDEX [ CONCURRENTLY ] [ IF NOT EXISTS ] [ [schema_name.] index_
name ]
ON table_name [ USING method ]
    ({ { column_name | ( expression ) } [ ASC | DESC ] [ NULLS { FIRST | LAST } ] }[,
...])
```

```
[ TABLESPACE tablespace_name ]
[ WHERE predicate ];
```

其中：

（1）UNIQUE：可选关键字，用于创建唯一索引，确保索引列的值是唯一的。

（2）CONCURRENTLY：以不阻塞 DML 的方式创建索引（加 ShareUpdateExclusiveLock 锁）。创建索引时，一般会阻塞其他语句对该索引所依赖表的访问。指定此关键字，可以实现创建过程中不阻塞 DML。

（3）IF NOT EXISTS：如果指定 IF NOT EXISTS 关键字，创建索引前会在当前 schema 中查找是否已有名字相同的 relation。若已有同名 relation 存在，则不会新建，返回 NOTICE 提示。未指定 IF NOT EXISTS 关键字时，若 schema 中存在同名 relation，返回 ERROR 告警。

（4）index_name：索引的名称。

（5）USING method：指定创建索引的方法。

取值范围如下。

① btree：btree 索引使用一种类似于 B＋树的结构来存储数据的键值，通过这种结构能够快速地查找索引。btree 适合支持比较查询以及查询范围。在表为 ustore 创建索引时，btree 索引会自动转换为 ubtree 索引。

② ubtree：仅供 ustore 表使用的多版本 btree 索引，索引页面上包含事务信息，能并自主回收页面。ubtree 索引默认开启 insertpt 功能。

行存表支持的索引类型：btree（行存表默认值）、gin、gist。行存表（USTORE 存储引擎）支持的索引类型：ubtree。列存表支持的索引类型：psort（列存表默认值）、btree、gin。全局临时表不支持 gin 索引和 gist 索引。

（6）table_name：要在其上创建索引的表的名称。

（7）column_name：要在索引中包含的列的名称。

（8）expression：创建一个基于该表的一个或多个字段的表达式索引，通常必须写在圆括号中。如果表达式有函数调用的形式，圆括号可以省略。

（9）ASC：指定按升序排序（默认）。

（10）DESC：指定按降序排序。

（11）NULLS FIRST：指定空值在排序中排在非空值之前，当指定 DESC 排序时，本选项为默认的。

（12）NULLS LAST：指定空值在排序中排在非空值之后，未指定 DESC 排序时，本选项为默认的。

（13）WHERE predicate：创建一个部分索引。部分索引是一个只包含表的一部分记录的索引，通常是该表中比其他部分数据更有用的部分。例如，有一个表，表中包含已记账和未记账的订单，未记账的订单只占表的一小部分而且这部分是最常用的部分，此时就可以通过只在未记账部分创建一个索引来改善性能。另外一个可能的用途是使用带有 UNIQUE 的 WHERE 强制一个表的某个子集的唯一性。

取值范围：predicate 表达式只能引用表的字段，它可以使用所有字段，而不仅是被索引的字段。目前，子查询和聚集表达式不能出现在 WHERE 子句中。不建议使用 int 等数值类型作为 predicate，因为 int 等数值类型可以隐式转换为 bool 值（非 0 值隐式转换为 true，0 转换为 false），可能导致非预期的结果。

例 6.13　创建普通索引。在 users 表的 uname 字段上创建一个普通索引，以便更快地通过用户名查询用户信息。

```
CREATE INDEX idx_users_uname ON users (uname);
```

例 6.14　使用 IF NOT EXISTS 避免重复索引。尝试在 users 表的 phone 字段上创建一个索引，但如果索引已存在则不创建。

```
CREATE INDEX IF NOT EXISTS idx_users_phone ON users(phone);
```

例 6.15　创建复合索引。在 goods 表的 gname 和 category 字段上创建一个复合索引，以便根据商品名和类别进行查询。

```
CREATE INDEX idx_goods_gname_category ON goods (gname, category);
```

例 6.16　创建唯一索引。在 users 表的 uname 列上创建一个唯一索引。

```
CREATE UNIQUE INDEX idx_uname_unique ON users (uname);
```

例 6.17　创建降序索引。在 orderdetail 表的 quantity 列上创建一个降序索引。

```
CREATE INDEX idx_price_desc ON orderdetail (quantity DESC);
```

例 6.18　创建空值优先的索引。在 address 表的 zip 列上创建一个索引，并指定空值优先。

```
CREATE INDEX idx_zip_nulls_first ON address (zip NULLS FIRST);
```

例 6.19　创建部分索引。在 users 表的 phone 列上创建一个部分索引，只包含已注册（假设 Ustatus 为 1）的用户。

```
CREATE INDEX idx_phone_active ON users (phone) WHERE Ustatus =1;
```

例 6.20　创建表达式索引。在 goods 表上创建一个索引，索引列是 gname 列的小写形式。

```
CREATE INDEX idx_lower_gname ON goods (LOWER(gname));
```

例 6.21　查看 users 表上的所有索引。

```
SELECT indexname, tablename
FROM pg_indexes
WHERE tablename ='users';
```

查询结果如下所示：

Indexname	tablename
idx_users_phone	users
idx_phone_active	users
idx_uname_unique	users
idx_users_uname	users
users_pkey	users

6.2.3 修改索引

如果需要调整索引的结构或属性，可以使用 ALTER INDEX 语句来修改现有索引。在 GaussDB 中，修改索引通常涉及重命名表索引、修改表索引所属表空间、修改表索引的存储参数、重建表索引等操作。

1. 重命名表索引

重命名表索引的语法格式如下：

```
ALTER INDEX [ IF EXISTS ] index_name RENAME TO new_name;
```

其中：

index_name 是要修改的索引名。

IF EXISTS 是一个可选子句，如果指定的索引不存在，则发出一个 NOTICE 而不是 ERROR。

new_name 是新的索引名。

例 6.22　将索引 idx_users_uname 的名字重命名为 idx_users_uname2。

```
ALTER INDEX idx_users_uname RENAME TO idx_users_uname2;
```

2. 修改表索引所属表空间

修改表索引所属表空间的语法格式如下：

```
ALTER INDEX [ IF EXISTS ] index_name SET TABLESPACE tablespace_name;
```

其中：

tablespace_name 是表空间的名称。

3. 修改表索引的存储参数

修改表索引的存储参数的语法格式如下：

```
ALTER INDEX [ IF EXISTS ] index_name SET ( {storage_parameter =value} [, …] );
```

其中：

storage_parameter 是索引方法特定的参数名。

value 是索引方法特定的存储参数的新值。

例 6.23　修改索引 idx_users_phone 的存储参数（假设我们想要设置填充因子为 70）。

```
ALTER INDEX IF EXISTS idx_users_phone SET (FILLFACTOR =70);
```

4. 重建表索引

重建表索引的语法格式如下：

```
ALTER INDEX index_name REBUILD [ PARTITION index_partition_name ];
```

其中：

index_partition_name 是索引分区名（如果适用）。

例 6.24　重建表索引 idx_users_phone。

```
ALTER INDEX idx_users_phone REBUILD;
```

6.2.4 重新构建索引

随着时间的推移，由于数据的插入、更新和删除操作，索引可能会变得碎片化，导致性能下降。这时，可以通过重建索引来优化其性能。GaussDB 提供了 REINDEX 命令来重新构建索引。

语法如下：

```
REINDEX INDEX index_name;
```

例 6.25　重建索引 idx_users_uname。

```
REINDEX INDEX idx_users_uname;
```

注意：

（1）重建索引是一个资源密集型操作，可能会暂时影响数据库性能。因此，通常建议在系统低峰时段进行。

（2）重建索引会锁定用户对表的写操作，不会锁定读操作。在执行此操作前，应评估对业务的影响。

（3）在重建索引前，用户可以通过临时增大 maintenance_work_mem 和 psore_work_mem 的取值来加快索引的重建。

ALTER INDEX … REBUILD 允许在不删除现有索引的情况下进行重建，这可以避免因删除索引而可能导致的锁和性能问题。使用 REINDEX 时，数据库会创建一个新的索引来替换旧的索引，这个过程可能会锁定索引，因此在高并发环境下可能需要谨慎使用。REINDEX 通常在索引损坏或者索引碎片过多时使用，以恢复索引的完整性和性能。

6.2.5　删除索引

当索引不再需要时，可以使用 DROP INDEX 语句来删除它，以释放系统资源。

语法如下：

```
DROP INDEX index_name;
```

例 6.26　删除索引 idx_users_uname。

```
DROP INDEX idx_users_uname;
```

使用索引时需要注意以下事项。

（1）在创建索引时，应仔细选择要在索引中包含的列以及是否需要创建复合索引（即包含多个列的索引）。

（2）索引虽然可以提高查询效率，但也会占用额外的存储空间，并可能增加数据修改操作的开销。因此，应根据实际情况权衡利弊，避免过度索引。

（3）在进行索引操作（如创建、删除或重建）时，应考虑到这些操作可能对数据库性能产生的影响，并尽量在数据库负载较低时进行。

（4）在执行索引相关的操作时，特别是在生产环境中，建议先做好备份，并在非高峰时段进行，以避免对数据库性能产生不良影响。此外，对于大型数据库，重建索引可能是一个耗时的操作，需要耐心等待其完成。

6.3　本章小结

视图是关系数据库的一个重要概念。视图是从基本关系或基本表中派生出来的虚拟关系或虚拟表，但从用户的角度看视图和基本表一样都是关系。

　　视图可以包含来自不同表的数据,甚至可以包含经过计算或聚合的数据,这使得用户能够以一种更加直观和简化的方式来访问和操作数据。视图的主要优势在于它们提供了数据的逻辑封装,这意味着用户不需要了解底层数据表的复杂结构,就可以通过视图来执行查询和更新操作。视图还可以提高查询性能,因为它们可以预先定义复杂的查询,用户在需要时只需简单地引用视图,而不需要每次都重新构建复杂的查询语句。同时,视图还可以用于数据的安全性管理,通过定义视图来控制用户对特定数据的访问权限,从而保护数据不被未授权访问。

　　索引是数据库中一种至关重要的数据结构,它的作用类似于书籍的目录,能够极大地提高数据检索的速度和效率。在数据库中,索引通常基于一个或多个列的值构建,这些列被称为索引键。索引通过维护一个有序的数据结构,如 B 树或哈希表,来快速定位到数据表中的特定记录。索引是数据库优化中的一个重要工具,它通过提供快速的数据检索和排序功能,显著提高了数据库的性能。然而,索引的使用也需要考虑其对存储空间和数据维护的影响。正确地设计和维护索引是数据库管理中的关键任务之一。

6.4　习题

1. 选择题

(1) 关于视图,下面说法错误的是(　　　)。

　　A. 视图能够简化用户的操作

　　B. 视图使用户能以多种角度看待同一数据

　　C. 通过视图可以进行任何的数据修改操作

　　D. 视图能够对机密数据提供安全保护

(2) 在定义视图的语句中可以包含(　　　)语句。

　　A. SELECT　　　　　B. INSERT　　　　　C. DELETE　　　　　D. UPDATE

(3) 下列关于索引的叙述正确的是(　　　)。

　　A. 可以根据需要在基本表上建立一个或多个索引,从而提高系统的查询效率

　　B. 一个基本表最多只能有一个索引

　　C. 建立索引的目的是为了指定别名,从而使别的表也可以引用

　　D. 一个基本表上至少要存在一个索引

(4) 创建索引的 SQL 语句是(　　　)。

　　A. CREATE INDEX　　　　　　　　B. ALTER INDEX

　　C. DROP INDEX　　　　　　　　　D. REINDEX INDEX

(5) 关于索引,下面说法正确的是(　　　)。

　　A. 索引可以提高系统查询操作的效率

　　B. 数据库系统允许一个表建立多个聚集索引

　　C. 数据库系统只允许一个表建立一个非聚集索引

　　D. 索引可以提高系统修改操作的效率

2. 填空题

(1) _____是从一个或几个基本表(或视图)导出的表,它与基本表不同,是一个

虚表。

（2）重建索引的命令是＿＿＿＿＿＿＿＿＿＿＿。

3. 思考题

（1）什么是视图？视图的优点和缺点是什么？

（2）试述如何使用视图修改基本表的数据。

（3）试述索引的作用。

（4）基于本书 OnlineShopDB 数据库创建一个视图，查询购物车中有"扫地机"的用户代码和用户名。

（5）基于本书 OnlineShopDB 数据库创建一个视图，查询没有商品浏览记录的用户代码、用户名、手机号和兴趣爱好。

第 7 章

数据库编程

学习目标

（1）掌握变量的定义、流程控制语句。

（2）掌握存储过程、函数和触发器的概念及使用。

（3）理解游标的概念及使用。

思维导图

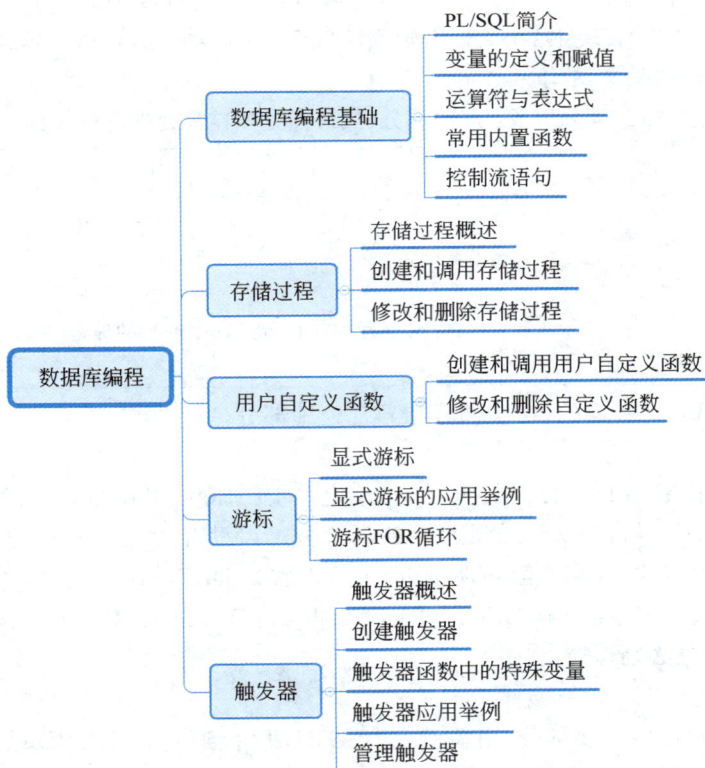

通常在数据库中编写程序可以提高系统的效率和可重用性。本章首先基于 GaussDB 介绍变量、常用函数、流程控制语句等编程需要用到的基础知识，然后详细介绍存储过程、用户自定义函数、游标和触发器的创建和使用方法。

7.1　数据库编程基础

　　尽管 SQL 语言是关系型数据库的标准语言，功能强大，但它无法显示处理过程化的业务，所以基本上每一种数据库都会对 SQL 进行扩展。

　　GaussDB 支持两种过程化 SQL 语言：基于 PostgreSQL 的 PL/pgSQL 和基于 Oracle 的 PL/SQL。这意味着开发者可以使用类似 Oracle 的 PL/SQL 语法、PostgreSQL 的 PL/pgSQL 语法来编写存储过程和函数，这为用户提供了强大的数据库编程能力，使得用户可以在数据库层面上实现复杂的业务逻辑，同时也为从其他数据库平台迁移到 GaussDB 提供了便利。

　　本章在介绍存储过程时基于 PL/SQL，介绍用户自定义函数时基于 PL/pgSQL，这样读者能熟悉这两种过程化 SQL 语言。

7.1.1　PL/SQL 简介

　　PL/SQL 是一种块结构语言，它将一组语句放在一个块中，一次性发送给服务器，PL/SQL 引擎分析收到的 PL/SQL 语句块中的内容，把其中的过程控制语句由 PL/SQL 引擎自身去执行，把 PL/SQL 块中的 SQL 语句交给服务器的 SQL 语句执行器执行。

1. PL/SQL 块的基本结构

　　PL/SQL 块主要由三部分组成：声明部分、执行部分和异常处理部分。其基本结构如下：

```
DECLARE
    ...                    --声明部分,定义变量、数据类型等
BEGIN
    ...                    --执行部分,实现块的功能
EXCEPTION
    ...                    --异常处理部分,处理程序执行过程中产生的异常
END;
```

　　其中，执行部分是必需的，声明部分和异常处理部分是可选的。

　　1）声明部分

　　声明部分由关键字 DECLARE 开始，用于定义 PL/SQL 用到的变量、类型、游标、局部的存储过程和函数。当不涉及变量声明时声明部分可以没有。

　　（1）对匿名块来说，如果没有声明部分，则可以省去 DECLARE 关键字。

　　（2）对存储过程来说，没有 DECLARE，AS 相当于 DECLARE。即便没有变量的声明部分，关键字 AS 也必须保留。

　　2）执行部分

　　执行部分是程序的主要部分，由关键字 BEGIN 开始，到关键字 END 结束，通过对变量赋值、流程控制、数据查询、数据操纵等实现块的功能。该部分包含了需要执行的 PL/SQL 语句和 SQL 语句，也可以包含其他的 PL/SQL 块。

　　3）异常处理部分

　　异常处理部分从关键字 EXCEPTION 开始，用于处理该块执行过程中产生的异常。

　　注意事项如下：

（1）PL/SQL 块可以嵌套。

（2）与 SQL 语句一样,所有的关键字都不区分大小写。

（3）在一个块中,每个声明或语句都以分号(;)结束。

（4）在关键字 DECLARE、BEGIN 和 EXCEPTION 后不要加分号,但一个块的结束部分 END 后面需要加分号(;)。

（5）PL/SQL 程序也可以使用注释语句,有两种注释方式,一种是单行注释,即上面程序块结构中用到的双减号(--);另一种是多行注释"/ * …… * /"。

例 7.1 下面是一个包含声明部分和执行部分的 PL/SQL 程序块,用于求圆的周长。

```
DECLARE
  pi NUMBER :=3.14;
  r NUMBER;
  c NUMBER DEFAULT 0;
BEGIN
  r :=5;                                          --赋值
  c:=2 * pi * r;
  DBE_OUTPUT.PRINT_LINE('圆的周长是:'||c);          --输出结果
END;
```

程序执行结果如下:

```
圆的周长是: 31.40
```

2. PL/SQL 块的分类

PL/SQL 块可以分为以下两类。

（1）匿名块:一般用于不频繁执行的脚本或不重复进行的活动。它们在一个会话中执行,并不被存储,例 7.1 中的程序块就是一个匿名块。

（2）子程序:存储在数据库中的存储过程、函数、操作符和高级包等。当在数据库上建立好后,可以在其他程序中调用它们。关于存储过程、函数方面的内容请参见 7.2 节和 7.3 节。

7.1.2 变量的定义和赋值

变量是用于存储可变值的数据类型。变量通常在程序中定义,并在执行期间可以更改其值。

1. 定义变量

在 GaussDB 中,可以使用以下语法来定义变量:

```
variable_name type [ NOT NULL ] [ { DEFAULT | := | = } value ];
```

其中,各关键字和参数的含义如下。

（1）variable_name:变量名。

（2）type:变量类型。变量类型除了支持基本类型,还可以使用％TYPE 和％ROWTYPE 去声明一些与其他表字段或表结构本身相关的变量。

（3）NOT NULL:设置变量不能为空值。所有声明为 NOT NULL 的变量必须在声明时定义一个非空的默认值。

（4）DEFAULT:给变量设置默认值。

（5）value:该变量的初始值(如果不给定初始值,则初始值为 NULL)。value 也可以是表达式。

声明变量的一些示例，如下所示：

```
v_name   VARCHAR;
v_count  INT DEFAULT 20;     --设置默认值
v_price  MONEY :=25.8;       --":="与"="兼容
v_phone  users.phone%TYPE;--v_phone 的数据类型与 users 表中 phone 字段的数据类型
--相同
v_row    users%ROWTYPE;    --v_row 为记录型变量，具有与 users 表中的行相同的类型
```

在上面的示例中，%TYPE 主要用于声明某个与其他变量类型（例如，表中某列的类型）相同的变量。%ROWTYPE 主要用于对一组数据的类型声明，用于存储表中的一行数据或从游标匹配的结果。使用它们的好处如下。

（1）当变量用于存储某个字段的值时，使用%TYPE 能够使得变量的数据类型实时与指定字段类型保持一致，这样就不用预先知道该变量的数据类型，也不会出现由于字段类型发生改变而必须修改 PL/SQL 程序（修改变量的数据类型）的情况。

（2）当变量用于存储数据表中查询到的一条记录时，使用%ROWTYPE 的记录型变量可以实时与指定表结构保持一致，这样就不会出现由于表的列数或字段类型发生改变而必须修改 PL/SQL 程序的情况。

（3）在"SELECT * INTO ……"语句中使用%ROWTYPE 的记录型变量可以更有效、更简洁地存储检索到的记录。

2. 赋值语句

除了在声明变量时给变量赋初始值以外，在程序执行过程中也可以给变量赋值。

1）使用"：="或"="给变量赋值

给变量赋值的语法格式如下：

```
variable_name :=value ;
```

其中，各关键字和参数的含义如下。

（1）variable_name：变量名。

（2）value：可以是值或表达式。值 value 的类型需要和变量 variable_name 的类型兼容才能正确赋值。

2）INTO 方式赋值

通过基础 SQL 命令加 INTO 子句可以将单行或多列的结果赋值给一个变量（记录、行类型、标量变量列表）。其语法格式如下：

```
SELECT select_expressions INTO [STRICT] target FROM …
```

或

```
SELECT INTO [STRICT] target expression [FROM …]
```

其中：

（1）target：存储 select_expressions 或 expression 值。target 可以是一个记录变量、一个行变量或一个由逗号分隔的简单变量和记录/行域列表。

（2）STRICT：在开启参数 set behavior_compat_options = 'select_into_return_null'的前提下（默认未开启），若指定该选项，则该查询必须刚好返回一行不为空的结果集，否则会

报错,报错信息可能是 NO_DATA_FOUND(没有行)、TOO_MANY_ROWS(多于一行)或 QUERY_RETURNED_NO_ROWS(没有数据返回)。若不指定该选项,则没有该限定,且支持返回空结果集。

例 7.2   使用%ROWTYPE、%TYPE 查询订单号为"O65789"的订单状态、用户姓名和手机号,如果不存在,则提示没有这个订单。

```
DECLARE
  v_phone    users.phone%TYPE;
  v_name     users.uname%TYPE;
  v_row      orders%ROWTYPE;
BEGIN
  SELECT * INTO v_row FROM orders WHERE oid='O65789';
  DBE_OUTPUT.PRINT_LINE( '订单状态是: '|| v_row.ostatus);
  SELECT uname,phone INTO v_name, v_phone FROM users WHERE uid=v_row.uid;
  DBE_OUTPUT.PRINT_LINE( '用户名是: '||v_name||', 手机号是:'|| v_phone);
EXCEPTION
  WHEN NO_DATA_FOUND THEN
      DBE_OUTPUT.PRINT_LINE('该订单不存在');
  WHEN TOO_MANY_ROWS THEN
      DBE_OUTPUT.PRINT_LINE('返回多个结果');
END;
```

程序执行结果如下:

订单状态是: 未支付
用户名是: 刘雨燕,手机号是:13800000001

3. 变量的作用域

变量的作用域表示变量在代码块中的可访问性和可用性。变量只有在它的作用域内才有效。需要注意以下 4 点。

(1) 变量必须先声明后使用,由于块可以嵌套,所以变量在过程内有不同的作用域、不同的生存期。

(2) 变量必须在 DECLARE 部分声明,即必须建立 BEGIN-END 块。

(3) 同一变量可以在不同的作用域内定义多次,内层的定义会覆盖外层的定义。

(4) 在外部块定义的变量,可以在嵌套块中使用。但外部块不能访问嵌套块中的变量。

7.1.3 运算符与表达式

在数据库编程中经常会用到算术运算、比较运算、逻辑运算和位运算等。

1) 算术运算符

算术运算符用于进行算术运算,包括加(+)、减(−)、乘(*)、除(/)和取余(%)等,其中,除号(/)的结果不会取整。

2) 比较运算符

大部分数据类型都可用比较运算符进行比较,并返回一个布尔类型的值。GaussDB 提供的比较运算符如表 7-1 所示。

表 7-1　比较运算符

运　算　符	含　　义	运　算　符	含　　义
=	等于	<>或 != 或 ^=	不等于
>	大于	>=	大于或等于
<	小于	<=	小于或等于

3）逻辑运算符

常用的逻辑运算符有 3 个：AND、OR 和 NOT。它们的运算结果有三个值，分别为 TRUE、FALSE 和 NULL，其中 NULL 代表未知。其运算优先级顺序为 NOT＞AND＞ OR。逻辑运算规则见表 7-2。

表 7-2　逻辑运算符

条件 1	条件 2	条件 1 AND 条件 2 的结果	条件 1 OR 条件 2 的结果	NOT 条件 1 的结果
TRUE	TRUE	TRUE	TRUE	FALSE
TRUE	FALSE	FALSE	TRUE	FALSE
TRUE	NULL	NULL	TRUE	FALSE
FALSE	FALSE	FALSE	FALSE	TRUE
FALSE	NULL	FALSE	NULL	TRUE
NULL	NULL	NULL	NULL	NULL

4）位运算符

位运算符只能用于整数类型、位串类型 bit 和 bit varying，其含义如表 7-3 所示。

表 7-3　位运算符

运　算　符	含　　义	示　　例	结　　果
&	按位与（二元运算）	95&15	15
|	按位或（二元运算）	27|12	31
#	按位异或（二元运算）	17#5	20
~	按位取反（一元运算）	~6	−7
<<	按位左移（二元运算）	2<<4	32
>>	按位右移（二元运算）	16>>2	4

5）字符串运算符

在 GaussDB 中可以用 || 作为字符串的连接运算。例如，'Gauss'||'DB' 的结果为 'GaussDB'。字符串的其他操作均要通过字符串函数来完成，参见后面章节的介绍。

常量、变量、字段名或函数通过与运算符的有机结合可以构成各类表达式。

7.1.4　常用内置函数

数据库提供的函数可以让用户更方便快捷地执行某些操作。GaussDB 提供了许多功能强大、易于使用的函数,下面主要介绍字符串函数、日期时间函数、数字函数、聚合函数、类型转换函数。

1. 字符串函数

字符串函数是指用来进行字符串处理的函数,表 7-4 列出了一些常见的字符串处理函数。

表 7-4　字符串处理函数

函　　数	返回类型	描　　述	示　　例	结　　果
length(string)	int	获取参数 string 中字符的数目	length('华北地区')	4
reverse(str)	text	返回颠倒的字符串(按字符颠倒)	reverse('abcd')	dcba
replace(string text, from text, to text)	text	把字符串 string 中出现的所有子字符串 from 的内容替换成子字符串 to 的内容	replace('wangzhang','ang','en')	wenzhen
replace(string, substring)	text	删除字符串 string 中出现的所有子字符串 substring 的内容	replace('wangzhang','ang')	wzh
substring(string [from int] [for int])	text	截取子字符串,from int 表示从第几个字符开始截取,for int 表示截取几个字节	substring('hello' from 2 for 3)	ell
substr(bytea, from, count)	text	从参数 bytea 中抽取子字符串。from 表示抽取的起始位置,count 表示抽取的子字符串长度	substr('hello', 2,3)	ell
left(str text, n int)	text	返回字符串的前 n 个字符。当 n 是负数时,返回除最后|n|个字符以外的所有字符	left('abcde',2)	ab
right(str text, n int)	text	返回字符串中的后 n 个字符。当 n 是负值时,返回除前|n|个字符以外的所有字符	right('abcde',2)	de
upper(string)	text	把字符串转换为大写	upper('abcd')	ABCD
lower(string)	text	把字符串转换为小写	lower('WHERE')	where

2. 日期时间函数

日期时间函数用于处理和操作日期和时间相关的数据。表 7-5 列出了一些常见的日期时间函数。

表 7-5　日期时间函数

函　　数	返回类型	描　　述	示　　例	结　　果
age(timestamp, timestamp)	interval	将两个参数相减,并以年、月、日作为返回值。若相减值为负,则函数返回值亦为负,入参可以都带 timestamp 或都不带 timestamp	age('2024-4-10','2020-5-6') 或 age(timestamp'2024-4-10', timestamp'2020-5-6')	3 years 11 mons 4 days
current_date	date	返回当前日期	current_date	2024-04-11

续表

函　　数	返回类型	描　　述	示　　例	结　果
current_time	time with time zone	返回当前时间（不包含日期）	current_time	17：43：34.501637+08
now()	timestamp with time zone	返回当前日期及时间。事务级别时间,同一个事务内返回结果不变	now()	2024-04-11 18：06：26.810151+08
date_part(text, timestamp)	double precision	获取日期或者时间值中子域的值,例如年或者月份的值。等效于extract(field from timestamp)	date_part('hour', timestamp '2023-05-20 10:20:50')	10
date_part(text, interval)	double precision	获取日期/时间值中子域的值。获取月份值时,如果月份值大于12,则取与12的模。等效于extract(field from interval)	date_part('month', interval '2 years 5 months')	5
extract(field from timestamp)	double precision	从时间戳timestamp中获取由field指定子域的值	extract('year' from timestamp '2023-05-20 10:20:50')	2023
extract(field from interval)	double precision	从时间间隔interval中获取由field指定子域的值	extract('year' from interval '2 years 5 months')	2

3. 数字函数

数字函数主要用于处理数字数据和执行数字操作,表7-6列出了一些常用的数字函数。

表7-6　数字函数

函　　数	返回类型	描　　述	示　　例	结果
abs(x)	和输入相同	返回绝对值	abs(−5)	5
ceil(x)	整数	不小于参数的最小的整数	ceil(20.3)	21
floor(x)	与输入相同	不大于参数的最大整数	floor(25.7)	25
round(x)	与输入相同	离输入参数最近的整数	round(25.7)	26
trunc(x)	与输入相同	截断（取整数部分）	trunc(25.6)	25
div(y numeric, x numeric)	numeric	y除以x的商的整数部分	div(9,4)	2
mod(x,y)	与参数类型相同	x/y的余数（模）。如果x是0,则返回0	mod(9,4)	1

4. 聚合函数

聚合函数是指用于对数据库中的数据进行聚合计算的函数。该类函数的功能是将多个值合并为一个值,本书在第5章的分组与汇总查询中已经介绍聚合函数COUNT、SUM、AVG、MIN和MAX等的应用。

5. 类型转换函数

类型转换函数是指用于将数据库中的数据类型转换为其他数据类型的函数。这些函数通常用于处理不同类型的数据,例如,将日期转换为字符串,将字符串转换为数字等。表 7-7 列出了一些常用的类型转换函数。

表 7-7 类型转换函数

函 数	返回类型	描 述	示 例	结 果
cast(x as y)	与 y 类型相同	将 x 转换成 y 指定的类型	cast('12.56' as numeric)	12.56
to_char(datetime/interval [,fmt])	varchar	将一个 DATE、TIMESTAMP 等类型的 DATETIME 或者 INTERVAL 值按照 fmt 指定的格式转换为 VARCHAR 类型	to_char(now(),'YYYY/MM/DD HH12:MI:SS')	2024/04/11 11:18:07
to_char(numeric/smallint/integer/bigint/double precision/real[,fmt])	varchar	将一个整型或者浮点类型的值转换为指定格式的字符串	to_char(9235,'9,999.99')	9,235.00
to_date(text)	timestamp without time zone	将文本类型的值转换为指定格式的时间戳	to_date('2024-04-10')	2024-04-10 00:00:00
to_date(text,text)	timestamp without time zone	将字符串类型的值转换为指定格式的日期	to_date('10 Apr 2024','DD Mon YYYY')	2024-04-10

以上简单介绍了本书中可能用到的函数,除此之外,GaussDB 还提供了数组函数、范围函数、窗口函数、安全函数和系统信息函数等。关于函数更多详细介绍可参阅 GaussDB 相关使用手册。

7.1.5 控制流语句

在 GaussDB 数据库中也可以使用流程控制语句,利用这些控制语句可以实现复杂的计算或控制功能,灵活操纵数据库中的数据。

1. 条件语句

条件语句的主要作用是判断参数或者语句是否满足已给定的条件,根据判定结果执行相应的操作。

GaussDB 有 IF_THEN、IF_THEN_ELSE 和 IF_THEN_ELSIF_ELSE 等形式的 IF 语句。其语法格式如下:

```
IF boolean_expression THEN
    statements
[ELSIF boolean_expression THEN
    statements][, … ]
[ELSE
    statements]
END IF;
```

其中,boolean_expression 是布尔表达式,其值为 TRUE 或 FALSE;statements 为满足对应

数据库原理及应用（微课视频版）

条件时需要执行的语句。

例 7.3　判断当前系统日期是上旬、中旬还是下旬。

```
DECLARE
    v_date DATE :=now( );
    v_day  VARCHAR;
BEGIN
    v_day:=trim(to_char(v_date,'DD'));
    IF v_day<=10 THEN
        DBE_OUTPUT.PRINT_LINE('现在是上旬');
    ELSIF v_day<=20 THEN
        DBE_OUTPUT.PRINT_LINE('现在是中旬');
    ELSE
        DBE_OUTPUT.PRINT_LINE('现在是下旬');
    END IF;
END;
```

条件语句从关键字 IF 开始，以关键字 END IF 结束，需要注意 END IF 后面有一个分号（;）。

IF 语句还可以嵌套，例 7.4 演示了如何嵌套条件语句。

例 7.4　查询 goods 表中商品号为"G001"的库存量 inventory，如果库存量小于 100，则将其销售价格 sprice 上调 15%；如果库存量在 100 到 500 之间，则将其销售价格上调 10%。

```
DECLARE
  v_num goods.inventory%TYPE;
BEGIN
  SELECT inventory INTO v_num FROM goods WHERE gid='G001';
  IF v_num<=500 THEN
    IF v_num<100 THEN
        UPDATE goods SET sprice=sprice * 1.15 WHERE gid='G001';
    ELSE
        UPDATE goods SET sprice =sprice * 1.1 WHERE gid='G001';
    END IF;
  END IF;
EXCEPTION
  WHEN NO_DATA_FOUND THEN
      DBE_OUTPUT.PRINT_LINE('该商品不存在!');
END;
```

2. 分支语句

对于多条件的判断，使用分支语句比使用 IF 语句的阅读性会更好些。分支语句可以从多个条件分支中选择一个相对应的执行动作。GaussDB 中的分支语句包含两种格式：简单 CASE 和搜索 CASE。

1）简单 CASE

简单 CASE 语句的语法格式如下：

```
CASE case_expression
WHEN expression1 THEN statements1;
WHEN expression2 THEN statements2;
...
[ELSE statementsn;]
END CASE;
```

语法说明如下。

（1）case_expression：变量或表达式。

（2）WHEN expression＜n＞ THEN statements＜n＞：当 case_expression 的值与 expression1 的值相等时，执行 THEN 后面的 statements1 语句；当 case_expression 的值与 expression2 的值相等时，执行 THEN 后面的 statements2 语句；以此类推。如果 case_expression 的值与所有的表达式都不匹配，则执行 ELSE 后面的语句。

例 7.5　判断当前日期处于哪季（3、4、5 月为春季，6、7、8 月为夏季，9、10、11 月为秋季，12、1、2 月为冬季）。

```
DECLARE
    v_date      DATE :=now();
    v_month     VARCHAR;
BEGIN
    v_month:=to_char(v_date,'MM');
    CASE v_month
      WHEN 3,4,5 THEN
        DBE_OUTPUT.PRINT_LINE('现在是春季');
      WHEN 6,7,8 THEN
        DBE_OUTPUT.PRINT_LINE('现在是夏季');
      WHEN 9,10,11 THEN
        DBE_OUTPUT.PRINT_LINE('现在是秋季');
      ELSE
        DBE_OUTPUT.PRINT_LINE('现在是冬季');
    END CASE;
END;
```

2）搜索 CASE

搜索 CASE 使用条件来确定要执行的动作。其语法格式如下：

```
CASE
WHEN condition1 THEN statements1;
WHEN condition2 THEN statements2;
…
[ELSE statementsn;]
END CASE;
```

在搜索 CASE 语句中，与简单 CASE 不同的是关键字 CASE 后面没有变量或表达式，WHEN 后面是条件，当条件为真时执行对应 THEN 后面的语句。如果所有 WHEN 后面的条件都为 FALSE，则执行 ELSE 后面的语句。

例 7.6　用搜索 CASE 实现例 7.5 的功能。

```
DECLARE
    v_date      DATE :=now();
    v_month     VARCHAR;
BEGIN
  v_month:=to_char(v_date,'MM');
  CASE
    WHEN v_month>=3 AND v_month <=5 THEN DBE_OUTPUT.PRINT_LINE('现在是春季');
    WHEN v_month>=6 AND v_month <=8 THEN DBE_OUTPUT.PRINT_LINE('现在是夏季');
    WHEN v_month>=9AND v_month <=11 THEN DBE_OUTPUT.PRINT_LINE('现在是秋季');
    ELSE
        DBE_OUTPUT.PRINT_LINE('现在是冬季');
```

```
        END CASE;
    END;
```

3. 循环语句

在 GaussDB 数据库中,循环语句包括简单 LOOP 语句、WHILE_LOOP 语句和 FOR_LOOP 语句等。

1) 简单 LOOP 语句

简单 LOOP 是一个无条件的循环语句,直到执行 EXIT 语句或 RETURN 语句才退出循环。其语法格式如下:

```
LOOP
    Statements
END LOOP;
```

注意:该循环必须要结合 EXIT 使用,否则将陷入死循环。

EXIT 语句将退出最内层循环,然后执行 END LOOP 后面的代码,其语法格式如下:

```
EXIT [WHEN condition];
```

在 EXIT 语句中,如果使用了关键字 WHEN,则 EXIT 语句只在 condition 为 TRUE 时才被执行。

例 7.7 使用简单 LOOP 语句计算 $1+2+3+\cdots+50$ 的值。

```
DECLARE
    v_num  NUMBER DEFAULT 1;          --定义一个变量用于循环计数
    v_sum  NUMBER :=0;                --保存相加的和
BEGIN
    LOOP
      v_sum :=v_sum+v_num;
      v_num :=v_num+1;
      EXIT WHEN v_num>50;
    END LOOP;
    DBE_OUTPUT.PRINT_LINE('1+2+3…+50= '||v_sum);
END;
```

2) WHILE_LOOP 语句

简单 LOOP 语句是先执行循环体,然后再判断条件,决定是否终止循环,所以在简单 LOOP 语句中,不管条件是否满足,至少会执行一次。而 WHILE_LOOP 语句与它不同,该语句是先判断条件,只有满足 WHILE 条件才会执行循环体中的代码,其语法格式如下:

```
WHILE condition
LOOP
      statements
  END LOOP;
```

其中,condition 为循环条件,只有当 condition 为 TRUE 时,才执行 LOOP 后面的语句;当 condition 为 FALSE 时,会退出循环,执行 END LOOP 后面的语句。所以 WHILE_LOOP 语句在每次进入循环体时都要进行条件判断。

例 7.8 使用 WHILE_LOOP 语句计算 $1+2+\cdots+50$ 的值。

```
DECLARE
    v_num  NUMBER DEFAULT 1;
    v_sum  NUMBER :=0;
BEGIN
```

```
    WHILE v_num <=50 LOOP
        v_sum :=v_sum+v_num;
        v_num :=v_num+1;
    END LOOP;
    DBE_OUTPUT.PRINT_LINE('1+2+3···+50='||v_sum);
END;
```

3）FOR_LOOP（integer 变量）语句

当循环次数确定时，就可以用 FOR_LOOP（integer 变量）循环语句，其语法格式如下：

```
FOR counter IN [REVERSE] lower_bound .. upper_bound [BY step] LOOP
    statements
END LOOP;
```

其中：

（1）循环变量 counter 会自动定义为 integer 类型并且只在此循环中存在。counter 的值介于 lower_bound（下限）和 upper_bound（上限）之间，其初始值是 lower_bound。当 counter 的值不在 lower_bound 和 upper_bound 范围内时，循环处理停止。

（2）当使用 REVERSE 关键字时，表示降序循环。此时，lower_bound 必须大于或等于 upper_bound，否则循环体不会被执行。

（3）变量 step 为步长。如果没有使用 BY step，则 counter 的值每次循环根据上下限的 REVERSE 关键字进行加 1 或者减 1，否则 counter 的值每次循环将加 step 或者减 step。

例 7.9　求 5!。

```
DECLARE
    v_fac NUMBER :=1;
BEGIN
    FOR i IN 1 .. 5 LOOP
        v_fac=v_fac * i;
    END LOOP;
    DBE_OUTPUT.PRINT_LINE( '5! ='||v_fac);
END;
```

4）FOR_LOOP 查询语句

FOR_LOOP 查询语句用于遍历查询结果，并操纵相应的数据，其语法格式如下：

```
FOR target IN query LOOP
    statements
END LOOP;
```

其中，变量 target 会自动定义，类型和 query 的查询结果的类型一致，并且只在此循环中有效。target 的取值就是 query 的查询结果。

例 7.10　利用 FOR_LOOP 查询语句显示用户名为"刘雨燕"的收货地址。

```
BEGIN
    FOR adr IN select * from address where uid in (select uid from users where
uname='刘雨燕') LOOP
    DBE_OUTPUT.PRINT_LINE('刘雨燕的收货地址有: '||adr.addressInfo);
    END LOOP;
END;
```

执行该匿名块的结果如下：

刘雨燕的收货地址有：北京市海淀区永定路街道
刘雨燕的收货地址有：上海市黄浦区半淞园路街道
刘雨燕的收货地址有：天津市河西区天塔街道

7.2　存储过程

在 7.1 节中所举的大多数示例都是匿名块（没有名称），每次执行时都需要给出整个块的代码，不方便重复执行。GaussDB 提供了存储过程，通过指定名字来调用程序块，这样可以提高执行效率、方便重复使用。

7.2.1　存储过程概述

存储过程是一组为了实现特定功能的 SQL 和 PL/SQL 的组合。使用存储过程可以将执行商业规则和业务逻辑的代码存储在 GaussDB 数据库中，这样代码只需存储一次就能够被多个程序使用，从而简化了应用程序的开发和维护，提高了运行性能。

存储过程的作用主要有以下 4 点。

（1）由于存储过程不仅存储在数据库中，并且在数据库服务器上运行，这样可以运用存储过程封装一些经常需要执行的操作，从而避免在网络上传输大量无用的信息或原始数据，只需要传输调用存储过程的指令和数据库服务器返回的处理结果即可。

（2）把完成某一数据库处理的功能设计为存储过程，可以有效减少程序开发的复杂性，达到多次复用的目的，保证不同应用之间的一致性，程序维护也更便利。

（3）利用存储过程可以将业务逻辑实现与应用程序解耦合。当业务需求更新时，只需更改存储过程的定义，而不需要更改应用程序。

（4）可以利用存储过程间接实现一些安全控制功能。例如，在购物数据库中，不允许某些用户直接访问数据库中的表或视图，但是允许他们查询指定时间段的订单数，就可以创建一个存储过程，授权他们执行这个存储过程来完成相关信息的查询，从而达到安全控制的目的。

7.2.2　创建和调用存储过程

在 GaussDB 数据库中，可以用 CREATE PROCEDURE 语句创建存储过程，基本的语法格式如下：

```
CREATE [ OR REPLACE ] PROCEDURE procedure_name
    [ ( { [ argname ] [ argmode ] argtype [ { DEFAULT | := | = } expression ] }[,…]) ]
{ IS | AS }
    plsql_body
```

其中：

（1）OR REPLACE：当存在同名的存储过程时，替换原来的定义。

（2）procedure_name：新创建的存储过程名称，可以带有模式名。

（3）argname：参数的名称。

（4）argmode：说明参数的模式。参数的模式包括 IN（向存储过程传递参数），OUT（从存储过程返回参数），INOUT（传递参数和返回参数）或 VARIADIC（用于声明数组类型的参数),默认值是 IN。只有 OUT 模式的参数能跟在 VARIADIC 参数之后。

(5) argtype:参数的数据类型。

(6) DEFAULT 或:=或=:给参数设置默认值或初始值。

(7) IS 或 AS:这两个关键字等价,其作用类似于匿名块中的关键字 DECLARE。在 IS 或 AS 后面声明存储过程要用到的变量、数据类型等。

(8) plsql_body:需要执行的 SQL 和 PL/SQL。通过对变量赋值、流程控制、数据查询、数据操纵等实现存储过程的功能。

可以使用 CALL 命令调用已定义的函数和存储过程。CALL 命令的语法格式如下:

```
CALL [schema.] {func_name| procedure_name} ( param_expr );
```

其中:

(1) schema:函数或存储过程所在的模式名称。

(2) func_name| procedure_name:所调用函数名或存储过程名。关于函数参见 7.3 节。

(3) param_expr:参数列表。可以用符号":="或者"=>"将参数名和参数值隔开,这种方法的好处是参数可以以任意顺序排列。若参数列表中仅出现参数值,则参数值的排列顺序必须和存储过程定义时的相同。

存储过程可以嵌套,即在一个存储过程中可以调用另外一个存储过程。

下面通过实例介绍各类存储过程的创建和调用。

1. 无参数存储过程

例 7.11　创建一个修改订单状态的存储过程 p_modify_status。如果订单的收货日期不为空值,则将订单状态修改为"已收货";如果发货日期不为空值,收货日期为空值,则将订单状态修改为"已发货"。

```
CREATE OR REPLACE PROCEDURE p_modify_status
AS
BEGIN
--如果订单的收货日期不为空值,则将订单状态修改为"已收货"
    UPDATE orders SET ostatus ='已收货'
    WHERE revdate IS NOT NULL;
--如果发货日期不为空值,收货日期为空值,则将订单状态修改为"已发货"
    UPDATE orders SET ostatus ='已发货'
    WHERE shipdate IS NOT NULL AND revdate IS NULL;
END;
```

存储过程创建好后,并没有被执行,如果要实现存储过程的功能,需要用 CALL 语句调用该存储过程。调用存储过程 p_modify_status 的语句如下:

```
CALL p_modify_status();
```

执行该语句,订单表中的订单状态将根据发货日期和收货日期是否为空值进行相应的修改。

2. 使用带 IN 参数的存储过程

IN 参数是指输入参数,在调用存储过程时需要为其赋值(也可以使用默认值),在存储过程中修改该参数的值不能被返回。参数的默认模式是 IN。

例 7.12　创建一个存储过程 p_insert_cart,往购物车表中添加一条指定的记录。

```
CREATE OR REPLACE PROCEDURE p_insert_cart (v_uid varchar, v_gid varchar , v_
quantity int)
AS
BEGIN
    INSERT INTO cart VALUES(v_uid, v_gid, v_quantity);
END;
```

存储过程 p_insert_cart 定义了三个参数：v_uid 表示用户号，v_gid 表示商品号，v_quantity 表示商品数量。由于没有指定参数模式，表示这三个参数都是输入参数，在调用存储过程时，需要给参数赋值。给参数赋值主要有两种方式。

1）按位置传递

按位置传递是指在调用存储过程时按参数的顺序仅给出参数值。如果在创建存储过程时没有给参数指定默认值，则要求参数的个数与参数值的个数匹配，否则提示错误。使用 CALL 调用存储过程 p_insert_cart 的示例如下：

```
CALL p_insert_cart ('U003', 'G002', 2);
                    --插入用户号为"U003"，商品号为"G002"、商品数量为 2 的记录
```

2）按参数名称传递

按参数名称传递是指在调用存储过程时不仅提供参数值，还提供参数名。在这种情况下，可以不按参数的顺序传递，指定参数名的赋值方式为"参数名：＝参数值"或者"参数名＝＞参数值"。上面的调用语句可写成

```
CALL p_insert_cart (v_gid:='G002', v_quantity:=2, v_uid:='U003');
```

或

```
CALL p_insert_cart (v_gid=>'G002', v_quantity=>2, v_uid=>'U003');
```

3. 使用带 OUT 参数的存储过程

OUT 参数是指输出参数，该值可在存储过程内部被修改，并可返回。使用这种模式的参数必须要加关键字 OUT。

例 7.13　创建一个存储过程 p_good_num，指定关键字，返回商品名中含关键字的商品数，如果没有指定关键字，则显示所有商品数。

```
CREATE OR REPLACE PROCEDURE p_good_num(v_name varchar ='%', v_num OUT int)
AS
BEGIN
    SELECT COUNT(*) INTO v_num
    FROM goods WHERE gname like '%'||v_name||'%';      --语句中的"||"实现字符串拼接
END;
```

在创建存储过程 p_good_num 时，通过"＝"给参数 v_name 指定默认值"％"，在调用存储过程时，如果没有指定 v_name 参数值，则 v_name 等于"％"，表示统计所有的商品数。在用 CALL 调用存储过程时，输出参数可以传入一个变量或者任一常量，如下所示：

```
CALL p_good_num (v_num=>1);        --显示 goods 表的记录数(商品数)
CALL p_good_num('球',num);          --显示 goods 表中商品名中含"球"的个数
```

4. 使用带 IN OUT 参数的存储过程

如果存储过程的一个参数同时使用了 IN 和 OUT 关键字，则该参数既可以接收传入的参数值，又可以在存储过程中修改，然后返回。但要注意，在 PL/SQL 块中调用带 IN OUT

参数的存储过程时,只能用变量为其传值,不能用常量值传值。

    例 7.14   创建一个存储过程 p_name_in_out,返回与指定用户有相同爱好的另一名用户。

```
CREATE OR REPLACE PROCEDURE p_name_in_out(v_name IN OUT varchar)
IS
    v_user_name varchar;
BEGIN
    SELECT uname INTO v_user_name FROM users
    WHERE hobby in (SELECT hobby FROM users WHERE uname=v_name) AND uname!=v_name
    LIMIT 1;
    v_name:=v_user_name;
EXCEPTION
        WHEN NO_DATA_FOUND THEN
    v_name:='';
END;
```

使用 CALL 调用存储过程 p_name_in_out 的示例命令如下:

```
CALL p_name_in_out(v_name=>'刘雨燕');              --显示与刘雨燕有相同爱好的用户名
```

在调用带输出参数(OUT)或输入输出参数(IN OUT)的存储过程时,一般通过函数、存储过程或触发器间接调用。

    例 7.15   创建一个存储过程 p_call_test,通过调用存储过程 p_name_in_out 显示与指定用户有相同爱好的另一名用户。

```
CREATE OR REPLACE PROCEDURE p_call_test(v_name varchar)
IS
    v_in_name varchar;                              --保存输入的用户名
BEGIN
    v_in_name=v_name;
    p_name_in_out(v_name);
    IF v_name ='' THEN
        DBE_OUTPUT.PRINT_LINE('没有与'|| v_in_name||'有相同爱好的用户');
    ELSE
        DBE_OUTPUT.PRINT_LINE('与'|| v_in_name||'有相同爱好的用户是'||v_name);
    END IF;
END;
```

调用存储过程 p_call_test 的示例如下:

```
CALL p_call_test(v_name=>'刘雨燕');
```

显示结果如下:

```
与刘雨燕有相同爱好的用户是张晓彤
```

注意事项如下:

(1)不能创建与函数拥有相同名称和参数列表的存储过程。

(2)在存储过程内部使用未声明的变量,存储过程被调用时会报错。

(3)在存储过程内部调用其他无参数的存储过程时,可以省略括号,直接使用存储过程名进行调用。

7.2.3　修改和删除存储过程

1. 修改存储过程

在 CREATE PROCEDURE 语句中加"OR REPLACE"关键字就可以修改存储过程，在此不再赘述。

2. 删除存储过程

删除存储过程的语法格式如下：

```
DROP PROCEDURE [ IF EXISTS ] procedure_name ;
```

其中，各关键字和参数的含义如下。

（1） IF EXISTS：如果存储过程存在则执行删除操作，存储过程不存在也不会报错，只是发出一个 NOTICE。

（2） procedure_name：要删除的存储过程名称。

例如，删除存储过程 p_name_in_out 的命令如下：

```
DROP PROCEDURE IF EXISTS p_name_in_out;
```

7.3　用户自定义函数

GaussDB 的用户自定义函数与存储过程很相似，同样可以通过参数传递值，但存储过程无返回值，函数有返回值。

7.3.1　创建和调用用户自定义函数

1. 创建自定义函数

在 GaussDB 数据库中用 CREATE FUNCTION 语句创建自定义函数。在定义函数时可以使用兼容 PostgreSQL 风格的语法格式，也可以使用兼容 Oracle 风格的语法格式。本书主要介绍兼容 PostgreSQL 风格的自定义函数，其简要语法格式如下：

```
CREATE [ OR REPLACE ] FUNCTION function_name
  [ ( [ { argname [ argmode ] argtype [ { DEFAULT | := | = } expression ]} [, …] ] ) ]
[RETURNS retype | RETURNS TABLE ({column_name column_type} [, …])]
  LANGUAGE lang_name
  {
      AS 'definition'
  }
```

其中，各关键字和参数的含义如下。

（1） OR REPLACE：当存在同名的函数时，替换原来的定义。

（2） function_name：要创建的函数名称（可以用模式修饰）。

（3） argname：函数参数的名称。

（4） argmode：函数参数的模式。其取值范围：IN、OUT、INOUT 或 VARIADIC。默认值是 IN。只有 OUT 模式的参数后面能跟 VARIADIC（VARIADIC 用于声明数组类型的参数）。

（5） argtype：函数参数的类型。

（6）expression：参数的默认表达式。

（7）retype：函数返回值的数据类型。retype 中如果有 SETOF 关键字，则表示该函数将返回一个集合，而不是单独一项。

（8）column_name：字段名称。

（9）column_type：字段类型。

（10）LANGUAGE lang_name：用以实现函数的语言的名称。可以是 SQL、internal，或者是用户定义的过程语言名称。为了保证向下兼容，该名称可以用单引号（包围），且单引号内必须为大写。

（11）definition：一个定义函数的字符串常量，含义取决于语言。它可以是一个内部函数名称、一个指向某个目标文件的路径、一个 SQL 查询、一个过程语言文本。

从语法上可以看出，函数和存储过程很相似，不同的是函数有 RETURNS 子句用于指定返回值的数据类型，而在函数体中也需要使用 RETURN 语句返回对应数据类型的值，该值可以是一个常量，也可以是一个变量。

2. 调用自定义函数

自定义函数创建之后，其使用方法与前面介绍的系统内置函数用法类似，主要有以下两种方式。

（1）与存储过程一样，可以使用 CALL 命令调用已定义的函数。CALL 语句的语法格式参见 7.2.2 节。

（2）因为函数具有返回值，所以可以调用函数作为表达式的一部分使用，例如，在 SQL 语句中直接调用函数。

3. 自定义函数应用举例

1）创建和调用带 IN 参数的自定义函数

例 7.16 创建一个函数 f_get_day，该函数计算当前系统日期到指定日期的天数。

```
CREATE OR REPLACE FUNCTION f_get_day(v_date date)
  RETURNS integer AS
$$
  DECLARE
    v_day integer;
  BEGIN
    v_day=EXTRACT(DAY FROM (current_date-v_date));
    RETURN v_day;
  END;
$$LANGUAGE plpgsql;
```

可以用 CALL 语句调用已经存在的函数，例如，计算当前系统日期与 2024 年 4 月 20 日的相差天数，其调用语句如下所示。

```
CALL f_get_day('2024-4-20');
```

还可以在 SQL 语句中调用函数，例如，查询用户表每名用户的姓名、注册日期和注册天数的语句如下：

```
SELECT uname, reg, f_get_day(reg) reg_day FROM users;
```

例 7.17 创建一个函数 f_address，该函数根据用户名返回该用户的所有地址信息。

```
CREATE OR REPLACE FUNCTION f_address(v_name varchar)
RETURNS SETOF address
AS $$
BEGIN
    RETURN QUERY SELECT * FROM address
            WHERE uid in (SELECT uid FROM users WHERE uname=v_name);
END;
$$LANGUAGE plpgsql;
```

函数 f_address 返回的是一个 address 表结构的数据集,所以返回值声明为 SETOF 表名。可以用 CALL 语句调用该函数,例如,返回用户名为"刘雨燕"的所有地址信息的调用语句如下:

```
CALL f_address ('刘雨燕');
```

返回结果如下所示:

	uid	aseq	zip	addressinfo	isdfault
1	U001	1	100080	北京市海淀区永定路街道	0
2	U001	2	200020	上海市黄浦区半淞园路街道	1
3	U001	3	300210	天津市河西区天塔街道	1

同样可以在 SQL 语句中调用函数,示例语句如下:

```
SELECT f_address ('刘雨燕');
```

返回结果如下所示:

	f_address
1	(U001,1,100080,北京市海淀区永定路街道,0)
2	(U001,2,200020,上海市黄浦区半淞园路街道,1)
3	(U001,3,300210,天津市河西区天塔街道,1)

也可以用类似查询表的方式,并对函数执行结果进行条件判断和过滤,示例语句如下:

```
SELECT * FROM f_address ('刘雨燕') WHERE addressInfo LIKE '%北京%';
```

返回结果如下所示:

	uid	aseq	zip	addressinfo	isdfault
1	U001	1	100080	北京市海淀区永定路街道	0

2) 创建和调用带 OUT 参数的自定义函数

例 7.18　创建一个函数 f_rectangle,该函数计算长方形的周长和面积。

```
CREATE OR REPLACE FUNCTION f_rectangle(x int,y int,OUT c int,OUT s int)
RETURNS record
AS $$
BEGIN
```

```
    c:=2 * (x+y);          --计算周长
    s:=x * y;              --计算面积
END;
$$LANGUAGE plpgsql;
```

用 CALL 语句调用函数 f_rectangle 的示例语句如下：

```
CALL f_rectangle(5,8,1,1);
```

返回结果如下所示：

	c	s
1	26	40

在创建函数 f_rectangle 时，因为有多个输出参数，所以返回的是 RECORD 类型。使用 CALL 命令调用函数或存储过程时，对于非重载的函数，参数列表必须包含输出参数，输出参数可以传入一个变量或者任一常量，在上面调用示例中，输出参数传的是一个常量"1"。

用 SELECT 语句调用函数 f_rectangle 的示例语句如下：

```
SELECT f_rectangle(5,8);
```

返回结果如下所示：

	f_rectangle
1	(26,40)

7.3.2 修改和删除自定义函数

1. 修改自定义函数

创建函数时用 OR REPLACE 关键字可以修改函数的定义。使用 ALTER FUNCTION 语句可以修改自定义函数的属性。

修改自定义函数名称的语法格式如下：

```
ALTER FUNCTION function_name ([{[argmode][argname]argtype}[,…]]) RENAME
TO new_name;
```

修改自定义函数所属者的语法格式如下：

```
ALTER FUNCTION function_name ([{[argmode][argname]argtype}[,…]]) OWNER
TO new_owner;
```

修改自定义函数模式的语法格式如下：

```
ALTER FUNCTION function_name ([{[argmode][argname]argtype}[,…]]) SET
SCHEMA new_schema;
```

其中，各关键字和参数的含义如下。

（1）function_name：要修改的函数名称。

（2）argmode：标识该参数是输入、输出参数。

（3）argname：函数参数的名称。

（4）argtype：函数参数的类型。

（5）new_name：函数的新名称。要修改函数的所属模式，必须拥有新模式的 CREATE 权限。

（6）new_owner：函数的新所有者。要修改函数的所有者，新所有者必须拥有该函数所属模式的 CREATE 权限。

（7）new_schema：函数的新模式。

例如，将函数 f_get_day（date）的名称修改为 f_day 的语句如下：

```
ALTER FUNCTION f_get_day(date) RENAME TO f_day;
```

2. 删除自定义函数

删除自定义函数的语法格式如下：

```
DROP FUNCTION [ IF EXISTS ] function_name
[ ( [ {[ argmode ] [ argname ] argtype} [, …] ] ) [ CASCADE | RESTRICT ] ];
```

其中，各关键字和参数的含义如下。

（1）IF EXISTS：如果函数存在则执行删除操作，函数不存在也不会报错，只是发出一个 NOTICE。

（2）function_name：要删除的函数名称。

（3）argmode：函数参数的模式。

（4）argname：函数参数的名称。

（5）argtype：函数参数的类型。

（6）CASCADE | RESTRICT：默认值为 RESTRICT（如果有任何依赖对象存在，则拒绝删除该函数），如果指定 CASCADE，则表示级联删除依赖于函数的对象。

例如，删除函数 f_rectangle 的命令如下：

```
DROP FUNCTION IF EXISTS f_rectangle;
```

7.4 游标

游标是指向查询结果集的一个句柄或指针，它可以将查询结果集中的记录逐一读取出来，并在程序块中进行处理。游标提供了一种从结果集中提取单条记录的手段。

通常将游标分为两种：隐式游标和显式游标。隐式游标是系统自动创建并管理的游标，用户不能直接命名和控制此类游标，但可以通过访问隐式游标的属性来获取与最近执行的 SQL 语句相关的信息。显式游标是用户自己创建并使用的游标。针对不同的 SQL 语句，游标的使用情况是不同的，详细信息参见表 7-8。

表 7-8　游标使用情况

SQL 语句	游　　标
非查询语句	隐式的
结果是单行的查询语句	隐式的或显式的
结果是多行的查询语句	显式的

7.4.1 显式游标

显式游标主要用于对查询语句的处理,尤其是在查询结果为多条记录的情况下。

1. 显式游标的处理步骤

显式游标的使用主要遵循 4 个步骤:声明游标、打开游标、提取游标数据并处理、关闭游标。

下面主要介绍显式游标的使用步骤。

1)声明游标

显式游标在使用前首先需要声明,即定义一个游标名以及与其相对应的 SELECT 语句。声明游标的语法格式如下:

```
CURSOR cursor_name [ ( parameter [,…]) ]
{ IS | FOR } select_statement;
```

其参数说明如下。

(1) cursor_name:定义的游标名。

(2) parameter:游标参数,只能为输入参数,其格式为 parameter_name datatype。输入参数可以多个,使用逗号(,)分隔。在游标中使用参数可以使游标的应用更灵活。

(3) select_statement:查询语句。

2)打开游标

打开游标就是执行游标所对应的 SELECT 语句,将其查询结果放入工作区,然后指针指向结果集的首记录。如果游标有输入参数,在打开游标时需要给这些参数传值,否则会出错(参数指定默认值的除外)。打开游标的语句是 OPEN,基本格式如下:

```
OPEN cursor_name [ ( parameter [,…]) ];
```

3)提取游标数据并处理

游标打开后,需要用 FETCH 语句读取游标指向的结果集中的记录,存放到指定的变量中。该语句执行完后,游标的指针自动下移,指向下一条记录。由于查询结果集通常是多条记录,而 FETCH 语句每次只读取一条记录,所以通常用循环语句来读取游标数据,然后进行处理,直到结果集中的记录都处理完为止。提取游标数据的语法格式如下:

```
FETCH cursor_name INTO (variable_list[,…]);
```

其中,variable_list 是用来存储游标当前指定记录的变量。这些变量的个数、类型等应该和查询结果集的结构一致。

4)关闭游标

当提取和处理完游标结果集中的数据后,应及时关闭游标,以释放该游标所占用的系统资源,并使该游标的工作区变成无效,不能再使用 FETCH 语句获取其中数据。关闭后的游标可以使用 OPEN 语句重新打开。关闭游标的语法格式如下:

```
CLOSE cursor_name;
```

2. 游标的属性

使用游标的属性可控制程序流程或者了解程序的状态。游标的常用属性有 4 个。

(1) %FOUND 属性:布尔型,主要用于判断游标是否成功提取到数据。如果最近一次使用 FETCH 语句读取到数据则为 TRUE，否则为 FALSE。

（2）％NOTFOUND 属性：布尔型，与％FOUND 相反。

（3）％ISOPEN 属性：布尔型，当游标已打开时返回 TRUE，否则返回 FALSE。

（4）％ROWCOUNT 属性：数值型，返回已从游标中读取的记录数。

7.4.2 显式游标的应用举例

1. 简单游标循环示例

例 7.19 创建一个存储过程，使用游标查询指定用户号的地址信息（序号、邮编和地址）。

```
CREATE OR REPLACE PROCEDURE p_addr_cursor (v_uid varchar)
AS
  add_row address%rowtype;                              --定义记录型变量
  CURSOR addr_cursor FOR SELECT * FROM address WHERE uid=v_uid;   --声明游标
    BEGIN
      OPEN addr_cursor;                                 --打开游标
      RAISE INFO ' ----------地址信息列表 ----------';
      RAISE INFO '序号      邮编        地址';
      LOOP
        FETCH addr_cursor INTO add_row;                 --提取数据
        EXIT WHEN addr_cursor%NOTFOUND;                 --判断是否成功读取数据
        DBE_OUTPUT.PRINT_LINE(add_row.aseq||' '||add_row.zip||' '||add_row.
        addressInfo);
      END LOOP;
      CLOSE addr_cursor;
END;
```

用 CALL 语句调用 p_addr_cursor 的示例和返回结果如下所示：

```
CALL p_addr_cursor('U004');
 ----------地址信息列表 ----------
序号        邮编               地址
1          400010             重庆市渝中区解放碑街道
2          310015             浙江省杭州市下城区石桥街道
```

2. 嵌套游标示例

例 7.20 创建一个存储过程，使用游标列出每个用户及其地址的信息。

这个例子将嵌套使用游标，在游标 user_cursor 中嵌套了游标 addr_cursor。addr_cursor 是一个带参数的游标，可以使用不同的参数值打开游标，得到不同的结果集。

```
CREATE OR REPLACE PROCEDURE p_users_cursor
AS
--声明2个记录型变量,用于存储FETCH语句读出的数据
  u_row        users%rowtype;
  add_row      address%rowtype;
--声明游标 user_cursor,游标的内容是从用户表检索的相关信息
    CURSOR user_cursor FOR SELECT * FROM users;
--声明一个带参数的游标 addr_cursor,游标的内容是从地址表检索指定用户的相关地址信息
    CURSOR addr_cursor(v_uid VARCHAR) FOR SELECT * FROM address WHERE uid=v_uid;
BEGIN
--打开游标 user_cursor
```

```
    OPEN user_cursor;
  LOOP
--提取用户数据
    FETCH user_cursor INTO u_row;
--判断是否成功读取数据,若成功则显示用户信息,否则退出循环
    EXIT WHEN user_cursor%NOTFOUND;
    DBE_OUTPUT.PRINT_LINE('用户名: '||u_row.uname||',电话: '||u_row.phone||',其
地址有: ');
--打开游标 addr_cursor
    OPEN addr_cursor(u_row.uid);
    LOOP
--提取地址数据
      FETCH addr_cursor INTO add_row;
--判断是否成功读取数据
      EXIT WHEN addr_cursor%NOTFOUND;
      DBE_OUTPUT.PRINT_LINE(' 序号: '||add_row.aseq||',地址: '||add_row.
addressInfo);
    END LOOP;
--关闭游标 addr_cursor
    CLOSE addr_cursor;
  END LOOP;
--关闭游标 user_cursor
  CLOSE user_cursor;
END;
```

利用 CALL 语句调用存储过程 p_users_cursor 的语句如下：

```
CALL p_users_cursor();
```

这段程序包括两层循环,外层循环使用游标 user_cursor 读取用户信息,内层循环使用游标 addr_cursor 读取当前用户的地址信息。特别注意：内、外层循环都使用游标的 % NOTFOUND 属性进行控制。

7.4.3 游标 FOR 循环

游标在 WHILE 语句、LOOP 语句中的使用称为游标循环,一般这种循环都需要使用 OPEN、FETCH 和 CLOSE 语句。使用游标 FOR 循环不需要这些操作,可以简化游标循环的操作。

游标 FOR 循环适用于显式游标的循环,不用执行显式游标的四个步骤。首先,游标 FOR 循环会显式地声明一个代表当前行的循环索引变量,然后它会打开游标,反复从结果集中提取数据存放到循环索引变量中,当所有行都被处理完后,它就关闭游标。游标 FOR 循环的语法格式如下：

```
FOR loop_name IN select_statement
LOOP
    statement;
END LOOP;
```

其参数说明如下。

(1) loop_name：循环索引变量。loop_name 会自动定义且只在此循环中有效,类型和 select_statement 的查询结果类型一致。loop_name 的取值就是 select_statement 的查询结果。

（2）select_statement：查询语句，可以是已经定义的游标名。

（3）statement：对提取的数据进行处理的语句。

例 7.21　使用游标 FOR 循环实现例 7.19 中的功能。

```
CREATE OR REPLACE PROCEDURE p_address_cursor (v_uid varchar)
AS
    CURSOR addr_cursor FOR SELECT * FROM address WHERE uid=v_uid;    - -声明游标
BEGIN
    RAISE INFO ' ----------地址信息列表 ----------';
    RAISE INFO '序号     邮编      地址';
    FOR add_row IN addr_cursor
    LOOP
     RAISE INFO '%  %  %',add_row.aseq,add_row.zip,add_row.addressInfo;
    END LOOP;
END;
```

对比例 7.19 的循环语句，可以发现：

（1）在 FOR 循环之前，系统会自动打开游标；循环结束后，系统也会自动关闭游标，不需要人为操作。

（2）在 FOR 循环过程中，不需要 FETCH 语句，系统会自动提取数据存放到循环索引变量中。

（3）使用游标 FOR 循环可以大幅简化对游标的操作。

7.5　触发器

触发器是 GaussDB 数据库中的一种数据库对象，它是一种自动触发的 SQL 代码块，用于在满足特定条件时执行预定义的操作。

7.5.1　触发器概述

触发器可以用于监控数据库中的数据变化、日志记录，实现复杂约束和业务规则等。它与存储过程和函数不同的是，存储过程和函数需要调用才执行，而触发器会在执行某种特定类型的操作时自动触发执行一个特殊的函数，即触发器函数。

1. 触发器类型

根据触发器的触发频率，可以将触发器分为行级触发器和语句级触发器。行级触发器在受触发事件影响的每一行都会被调用一次。语句级触发器在执行一条 SQL 语句时被调用一次。例如，某个 DELETE 语句删除了表的 5 条记录，那么针对 DELETE 事件的行级触发器将会被调用 5 次，而语句级触发器将被调用 1 次。

根据触发的事件，触发器还可以分为 INSERT 类型触发器、UPDATE 类型触发器、DELETE 类型触发器和 TRUNCATE 类型触发器。

根据触发的时机，触发器还可以分为 BEFORE 触发器、AFTER 触发器和 INSTEAD OF 触发器。

（1）行级 BEFORE 触发器在记录行操作之前被调用，行级 AFTER 触发器在记录行操作之后被调用。

（2）语句级 BEFORE 触发器在语句执行之前被调用，语句级 AFTER 触发器在语句执行之后被调用。TRUNCATE 类型触发器只能是语句级，不能是行级。

（3）INSTEAD OF 触发器只能在视图上定义而且必须是行级。

表和视图上支持的触发器种类见表 7-9。

表 7-9　表和视图上支持的触发器种类

触 发 时 机	触 发 事 件	行　级	语　句　级
BEFORE	INSERT/UPDATE/DELETE	表	表和视图
	TRUNCATE	不支持	表
AFTER	INSERT/UPDATE/DELETE	表	表和视图
	TRUNCATE	不支持	表
INSTEAD OF	INSERT/UPDATE/DELETE	视图	不支持
	TRUNCATE	不支持	不支持

2. 触发器函数

用户在创建触发器之前需要先定义该触发器被触发时执行的函数，这个函数被称为触发器函数，用于实现触发器的功能。

触发器函数可以用系统提供的语言（如 PL/pgSQL）编写，使用 CREATE FUNCTION 命令创建，创建的形式是一个不接收参数并且返回 trigger 类型的函数。需要注意的是，该函数即使在 CREATE TRIGGER 语句中声明为准备接收参数，但它也必须声明为无参数，因为触发器的参数是通过 TG_ARGV[]传递的。

触发器函数有返回值，如果没有返回值，将执行失败，类似的报错信息如下：

```
执行失败，失败原因：ERROR: control reached end of trigger procedure without RETURN
    Where: PL/pgSQL function tri_goods_func()
```

语句级触发器应该总是返回 NULL，即在触发器函数中须写上"RETURN NULL"。

对于 AFTER 这类行级触发器来说，其返回值会被忽略。

对于 BEFORE 和 INSTEAD OF 这类行级触发器来说，触发事件为 INSERT/UPDATE 的触发器函数，其正常返回值是 NEW；触发事件为 DELETE 的触发器函数，其正常返回值是 OLD。如果返回的是 NULL，则表示忽略当前行的操作。如果返回非 NULL 的行，对于 INSERT 和 UPDATE 操作来说，返回的行将成为被插入的行或将要更新的行。

一个触发器函数可以被多个触发器使用。触发器函数的使用示例参见 7.5.4 节。

7.5.2　创建触发器

创建触发器语句的基本格式如下：

```
CREATE [ OR REPLACE ] TRIGGER trigger_name { BEFORE | AFTER |
    INSTEAD OF } { event [ OR … ]} ON table_name
    [FOR [ EACH ] { ROW | STATEMENT }
    [ WHEN { condition }] EXECUTE PROCEDURE function_name ( arguments );
```

其中，各关键字和参数的含义如下：

（1）trigger_name：触发器名称，该名称不能限定模式，因为触发器自动继承其所在表的模式，且同一个表的触发器不能重名。

（2）BEFORE：触发器函数是在触发事件发生前执行。

（3）AFTER：触发器函数是在触发事件发生后执行，约束触发器只能指定为 AFTER。

（4）INSTEAD OF：触发器函数直接替代触发事件。

（5）event：启动触发器的事件，触发事件包括 INSERT、UPDATE、DELETE 或 TRUNCATE，也可以通过 OR 同时指定多个触发事件。对于 UPDATE 事件类型，可以使用下面语法指定列：

```
UPDATE OF column_name1 [, column_name2 … ]
```

表示只有修改这些列时，才会启动触发器，但是 INSTEAD OF UPDATE 类型不支持指定列信息。

（6）table_name：需要创建触发器的表名称。

（7）FOR EACH ROW | FOR EACH STATEMENT：触发器的触发频率。FOR EACH ROW 用于指定该触发器是受触发事件影响的每一行触发一次；FOR EACH STATEMENT 用于指定该触发器是每个 SQL 语句只触发一次。未指定时默认值为 FOR EACH STATEMENT。约束触发器只能指定为 FOR EACH ROW。

（8）condition：用于设置执行触发器函数的条件。当指定 WHEN 时，只有在条件返回 true 时才会调用该函数。

（9）在 FOR EACH ROW 触发器中，WHEN 条件可以通过分别写入 OLD.column_name 或 NEW.column_name 来引用旧行或新行值的列。当然，INSERT 触发器不能引用 OLD，DELETE 触发器不能引用 NEW。另外，INSTEAD OF 触发器不支持 WHEN 条件。WHEN 表达式不能包含子查询。

（10）function_name：用户定义的触发器函数，在触发器触发时执行。

（11）arguments：执行触发器时要提供给函数的可选的以逗号分隔的参数列表。参数是文字字符串常量，简单的名称和数字常量也可以写在这里，但它们都将被转换为字符串。

注意事项如下：

（1）GaussDB 当前仅支持在普通行存表上创建触发器，不支持在临时表、unlogged 表等类型表上创建触发器。

（2）如果为同一事件定义了多个相同类型的触发器，则按触发器的名称字母顺序触发它们。

（3）触发器常用于多表间数据关联同步场景，对 SQL 执行性能影响较大，不建议在大数据量同步及对性能要求高的场景中使用。

7.5.3　触发器函数中的特殊变量

当把一个 PL/pgSQL 函数当作触发器函数调用时，系统会在顶层的声明段中自动创建一些特殊变量（如 NEW、OLD 等）。这些变量可以在触发器函数中使用。在 plpgsql 类型触发器函数中可以使用的特殊变量见表 7-10。

表 7-10　plpgsql 类型触发器函数中的特殊变量

变 量 名	变 量 含 义
NEW	数据类型是 RECORD；该变量为行级触发器中的 INSERT 及 UPDATE 操作存储新的数据行。在语句级触发器和 DELETE 操作的行级触发器中此变量没有分配
OLD	数据类型是 RECORD；该变量为行级触发器中的 UPDATE 及 DELETE 操作存储旧的数据行。在语句级触发器和 INSERT 操作的行级触发器中此变量没有分配
TG_NAME	数据类型是 name；实际触发的触发器名称
TG_WHEN	数据类型是 text；触发器触发的时机（BEFORE/AFTER/INSTEAD OF）
TG_LEVEL	数据类型是 text；触发频率（ROW/STATEMENT）
TG_OP	数据类型是 text；激活触发器的操作（INSERT/ UPDATE/DELETE/TRUNCATE）
TG_RELID	数据类型是 oid；触发器所在表的对象标识（OID）
TG_RELNAME	数据类型是 name；触发器所在表的名称（已废弃，现用 TG_TABLE_NAME 替代）
TG_TABLE_SCHEMA	数据类型是 name；触发器所在表的模式名
TG_TABLE_NAME	数据类型是 name；触发器所在表的名称
TG_NARGS	数据类型是 integer；是在 CREATE TRIGGER 语句中赋予触发器函数的参数个数
TG_ARGV[]	数据类型是 text 的数组；触发器函数的参数列表，下标从 0 开始，非法下标（小于 0 或者大于或等于 tg_nargs）导致返回一个 NULL 值

7.5.4　触发器应用举例

本小节通过示例介绍触发器的应用。

例 7.22　创建一个触发器，当给订单表 orders 的收货日期赋值（revDate 字段值由空值修改为不是空值）时，将该订单的订单状态修改为"已收货"。

（1）创建触发器函数。

```
CREATE OR REPLACE FUNCTION tri_update_orders_func() RETURNS TRIGGER AS
$$
DECLARE
BEGIN
    IF (NEW.revDate IS NOT NULL) AND (OLD.revDate IS NULL) THEN
        UPDATE orders SET ostatus='已收货' WHERE oid=NEW.oid;
    END IF;
    RETURN NEW;
END
$$ LANGUAGE PLPGSQL;
```

（2）在订单表 orders 上创建 UPDATE 触发器。

```
CREATE TRIGGER tri_update_orders
AFTER UPDATE ON orders
FOR EACH ROW
EXECUTE PROCEDURE tri_update_orders_func();
```

（3）修改订单表 orders 的收货日期，检查触发结果。

```
update orders set revDate='2023-5-1' where oid='O14322';
```

查询 orders 表数据可以发现触发器已成功将订单号为"O14322"的订单状态修改为"已收货"。

例 7.23 创建一个触发器，在插入订单明细表 orderdetail 记录前检查该商品的库存数量是否足够，如果不够则提示"该商品的库存数量不够，不能购买！"，否则修改该商品的库存数量（库存数量=库存数量−购买数量）。

（1）创建触发器函数。

```
CREATE OR REPLACE FUNCTION tri_insert_orderdetail_func() RETURNS TRIGGER AS
$$
DECLARE
    v_inventory int;                                    --保存商品的库存数量
BEGIN
    SELECT inventory INTO v_inventory FROM goods WHERE gid=NEW.gid;
    IF (NEW.quantity >v_inventory) THEN             --当购买数量>库存数量时不能购买
        RAISE NOTICE '该商品的库存数量不够,不能购买!';
        RETURN NULL;
    ELSE
        UPDATE goods SET inventory=inventory-NEW.quantity WHERE gid=NEW.gid;
        RETURN NEW;
    END IF;
END
$$LANGUAGE PLPGSQL;
```

（2）在订单明细表 orderdetail 上创建 INSERT 触发器。

```
CREATE TRIGGER tri_ins_orderdetail
BEFORE INSERT ON orderdetail
FOR EACH ROW
EXECUTE PROCEDURE tri_insert_orderdetail_func();
```

（3）插入一条订单明细记录，检查触发结果。

执行插入语句：

```
INSERT INTO orderdetail(oid,dseq,gid,quantity) VALUES('O65789',4,'G002',8000);
```

由于"G002"商品的库存数量只有 5000，小于 8000，所以系统提示如下信息：

插入记录失败：

```
warning:
该商品的库存数量不够,不能购买!
```

执行插入语句：

```
INSERT INTO orderdetail(oid,dseq,gid,quantity) VALUES('O65789',4,'G002',10);
```

订单明细中插入了该记录，"G002"商品库的库存数量由 5000 变成了 4990，表明触发器实现了相应的功能。

例 7.24 创建触发器，实现对 goods 表的审计功能（新建一张表 goods_audit，用于记录对 goods 表的 INSERT、UPDATE 和 DELETE 操作）。

（1）创建表 goods_audit，记录对 goods 表的数据更新操作。

```
CREATE TABLE goods_audit(
    op_date TIMESTAMP,                              --操作日期和时间
    op_type VARCHAR(20) );                          --操作类型
```

（2）创建触发器函数。

```
CREATE OR REPLACE FUNCTION tri_goods_func() RETURNS TRIGGER AS
$$
DECLARE
BEGIN
    INSERT INTO goods_audit VALUES(now(),TG_OP);        --TG_OP 为操类型
    RETURN NULL;
END
$$ LANGUAGE PLPGSQL;
```

（3）在表 goods 上创建语句级触发器。

```
CREATE TRIGGER sta_trigger_goods
AFTER INSERT OR UPDATE OR DELETE ON goods
FOR EACH STATEMENT
EXECUTE PROCEDURE tri_goods_func();
```

（4）在 goods 上执行 INSERT、UPDATE 和 DELETE 命令，检查触发结果。

```
INSERT INTO goods (gid, gname,category, gstatus, inventory,cprice, sprice)
VALUES ('G021','数据库原理','图书','上架',500, 36, 50),
('G022','C语言程序设计','图书','上架', 200,26, 38);
UPDATE goods SET gstatus ='下架' where category ='运动';
DELETE FROM goods WHERE gid='G021';
```

执行"SELECT ＊ FROM goods_audit；"语句，结果如下：

	op_date	op_type
1	2024-09-09 20:33:22	INSERT
2	2024-09-09 20:33:24	UPDATE
3	2024-09－09 20:33:26	DELETE

从上面的验证结果可以看出，goods_audit 表记录了对 goods 表进行的所有添加、修改和删除操作。虽然在插入记录时插入了 2 条记录，修改记录时修改了 3 条记录，但由于是语句级触发器，每个 SQL 语句只触发一次，所以在 goods_audit 表中 INSERT 和 UPDATE 操作只有一条记录。

7.5.5 管理触发器

1. 修改触发器名

使用 ALTER TRIGGER 语句可以修改触发器名称，其语法格式如下：

```
ALTER TRIGGER trigger_name ON table_name RENAME TO new_name;
```

其中，各关键字和参数的含义如下。

（1）trigger_name：要修改的触发器名称。

（2）table_name：要修改的触发器所在的表名或视图名。

（3）new_name：修改后的新名称。

例 7.25　将触发器 del_browsing_trigger 的名称修改为 tri_del_browsing。

```
ALTER TRIGGER del_browsing_trigger ON v_browsing RENAME TO tri_del_browsing;
```

2. 禁用/启动触发器

使用 ALTER TABLE 语句启动或禁用触发器的语法格式如下：

```
ALTER TABLE [ IF EXISTS ] table_name
    ENABLE TRIGGER [ trigger_name | ALL | USER ]
    | DISABLE TRIGGER [ trigger_name | ALL | USER ]
```

其中，各关键字和参数的含义如下。

（1）table_name：需要修改的表名。

（2）ENABLE TRIGGER［trigger_name｜ALL｜USER］：启用触发器 trigger_name，或启用所有触发器，或仅启用用户触发器。

（3）DISABLE TRIGGER［trigger_name｜ALL｜USER］：禁用触发器 trigger_name，或禁用所有触发器，或仅禁用用户触发器（此选项不包括内部生成的约束触发器，例如，可延迟唯一性和排除约束的约束触发器）。

例如，禁用 goods 表上的 sta_trigger_goods 触发器的命令如下：

```
ALTER TABLE goods DISABLE TRIGGER sta_trigger_goods;
```

禁用 goods 表上所有触发器的命令如下：

```
ALTER TABLE goods DISABLE TRIGGER ALL;
```

启动 goods 表上的 sta_trigger_goods 触发器的命令如下：

```
ALTER TABLE goods ENABLE TRIGGER sta_trigger_goods;
```

3. 删除触发器

使用 DROP TRIGGER 语句可以删除触发器，其语法格式如下：

```
DROP TRIGGER [ IF EXISTS ] trigger_name ON table_name [ CASCADE | RESTRICT ];
```

其中，各关键字和参数的含义如下。

（1）IF EXISTS：如果要删除的触发器不存在，则发出一个 NOTICE 而不是报错。

（2）trigger_name：要删除的触发器名称。

（3）table_name：要删除的触发器所在的表名称。

（4）CASCADE：级联删除依赖此触发器的对象。

（5）RESTRICT：如果有依赖对象存在，则拒绝删除此触发器。此选项为默认值。

例 7.26 删除触发器 sta_trigger_goods 的命令如下：

```
DROP TRIGGER sta_trigger_goods ON goods;
```

7.6 本章小结

本章首先介绍了 PL/SQL 块的结构和分类、变量的定义与赋值、运算符、流程控制等，这些内容是 GaussDB 数据库编程基础。

本章重点介绍了存储过程、用户自定义函数、游标和触发器。

存储过程是存储在数据库服务器中的程序，它将查询和操作数据的过程存储在数据库中，并在数据库服务器端执行。存储过程可以有效减少网络传输量，便于代码重用，提高系统效率和系统的安全性能。

　　用户可以用 PL/pgSQL、PL/SQL 语言等创建函数。函数与存储过程很相似,同样可以通过参数传递值,也可以返回值。它与存储过程不同之处在于,存储过程可以不返回任何值,函数必须有返回值。

　　游标是指向查询结果集的一个句柄或指针,它可以将查询结果集中的记录逐一读取出来,并在 PL/SQL 程序块中进行处理。游标提供了一种从结果集中提取单条记录的手段。常用的显式游标涉及定义游标、打开游标、从游标读记录、控制循环处理游标和关闭游标等内容。游标 FOR 循环不需要使用 OPEN、FETCH 和 CLOSE 语句,可以简化游标循环的操作。

　　触发器经常用于实现复杂约束和业务规则等。它与存储过程和函数不同的是,存储过程和函数需要调用才执行,而触发器会在执行某种特定类型的操作时自动触发执行触发器函数,实现特定功能。

7.7 习题

1. 选择题

(1) 在 GaussDB 数据库中,调用存储过程或函数的命令是(　　)。
　　A. CALL　　　　　　B. DO　　　　　　　C. EXEC　　　　　　D. RUN

(2) 下面关于存储过程的描述不正确的是(　　)。
　　A. 存储过程可以完成某一特定的业务逻辑
　　B. 存储过程可使用控制流语句和变量,大幅增强了 SQL 的功能
　　C. 存储过程的执行是在客户端完成的
　　D. 利用存储过程可以提高安全性,限制对数据库的访问

(3) 在 PL/SQL 程序块的组成中,必须有的是(　　)。
　　A. 声明部分　　　　　　　　　　　　B. 声明部分和执行部分
　　C. 异常处理部分　　　　　　　　　　D. 执行部分

(4) 现有职工表和工作表,其结构如下:

职工表(职工号,姓名,工作编号,工资)
工作表(工作编号,最低工资,最高工资)

要求职工表中的工资必须在工作表中相应工作的工资范围之内,实现方法是(　　)。
　　A. 在职工表的工资列上定义 CHECK 约束
　　B. 在工作表上建立一个插入和更新操作的触发器
　　C. 在职工表的工资列上建立一个插入和更新操作的触发器
　　D. 在职工表上建立一个插入和更新操作的触发器

(5) 用于判断游标是否打开的属性是(　　)。
　　A. %ROWCOUNT　　　　　　　　　B. %ISOPEN
　　C. %FOUND　　　　　　　　　　　　D. %NOTFOUND

2. 填空题

(1) 在 GaussDB 中定义存储过程的命令是_____。
(2) 可以使用游标的_____属性来判断游标是否成功提取到数据。

（3）删除触发器的命令是_____。

（4）length('数字 123')的结果是_____。

（5）_____游标是系统自动创建并管理的游标，用户不能直接命名和控制此类游标，但可以通过访问它的属性来获取与最近执行的 SQL 语句相关的信息。

3. 思考题

（1）简述存储过程和函数的异同。

（2）什么是游标？为什么需要游标？

（3）使用游标通常包括哪些步骤？

（4）什么是触发器？根据触发器的触发频率，可以将触发器分为哪几种类型？调用的频率有什么不同？

第 三 篇

数据库设计

第 8 章

关 系 数 据 理 论

学习目标

（1）掌握函数依赖的定义、Amstrong 公理及推论、逻辑蕴含和闭包、属性集闭包、函数依赖集等价和最小函数依赖集。

（2）掌握第一范式、第二范式、第三范式、BC 范式，理解多值依赖与第四范式。

（3）理解模式分解准则，掌握模式分解方法。

思维导图

```
                                    ┌─ 函数依赖的定义及相关术语
                                    ├─ Amstrong公理
                        ┌─ 函数依赖 ─┼─ 逻辑蕴涵和闭包
                        │           ├─ 属性集闭包及其算法
                        │           └─ 函数依赖集的等价和最小化
                        │           ┌─ 第一范式
                        │           ├─ 第二范式
关系数据理论 ─────────────┼─ 规范化 ──┼─ 第三范式
                        │           ├─ BC范式
                        │           └─ 多值依赖与第四范式
                        │           ┌─ 模式分解的准则
                        └─ 模式分解 ─┴─ 3NF无损连接和保持函数依赖算法
```

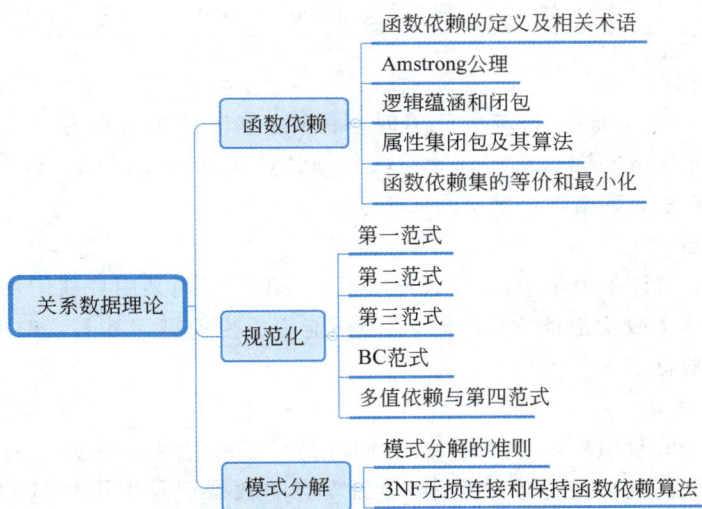

本章先向读者介绍函数依赖的概念以及推导函数依赖的 Amstrong 公理及推论。然后介绍逻辑蕴涵和闭包的概念，由于计算闭包的复杂性，引入计算属性集闭包的算法来判断函数依赖是否属于闭包。接着介绍简化数据库关系模式设计的最小函数依赖集。基于函数依赖的相关概念，详细介绍数据库关系模式需要满足的从低到高的规范化级别：第一范式、第二范式、第三范式、BC 范式以及第四范式。进一步介绍让关系模式的设计满足规范化的模式分解方法，在理解满足无损连接的分解方法和保持函数依赖的分解方法的基础上，介绍实际中常用的第三范式无损连接和保持函数依赖算法。

8.1 问题的提出

前面章节讨论了数据库基础、SQL语言以及数据库编程，是在已经设计好的关系模式上进行介绍的。当面对一个实际应用问题时，如何为这个问题设计出合适的数据库模式至关重要。在数据库设计中，需要考虑设计几个关系模式、哪些属性应该放在同一个关系中、哪些属性应该放在不同的关系中、关系之间如何关联等问题。一个逻辑结构设计合理的数据库，既能解决应用问题场景，也能为系统未来的扩展和数据维护奠定坚实的基础。

表8-1所示为在线购物系统中的订单关系，思考一下在这个关系中都存在哪些问题。

表 8-1 订单关系示例

oid	uid	aseq	info	paymethod	ostatus	createdate
O65789	U001	1	北京市海淀区永定路街道	余额	未支付	2023-1-1
O11745	U001	2	上海市黄浦区半淞园路街道	微信	已支付	2023-5-7
O56324	U002	1	湖北省武汉市洪山区卓刀泉街道	微信	已收货	2023-11-7
O14322	U003	4	北京市东城区东华门街道	微信	已发货	2023-4-1
O92834	U001	1	北京市海淀区永定路街道	支付宝	已收货	2023-12-1

1. 数据冗余问题

当用户给一个收货地址下多个订单时，每条订单记录中都保存了收货地址序列号（aseq）和收货地址（info）信息，会出现大量收货地址信息的重复，例如，订单代码"O65789"和"O92834"，这会造成数据库存储空间的浪费。

2. 数据插入异常

在表8-1所示的订单关系中，订单代码oid是关键字。当某用户新增加一个收货地址，但用户还没有给这个收货地址下订单时，即还不能生成主关键字oid，这时无法在订单关系中插入收货地址数据。

3. 数据更新异常

当用户的某个收货地址发生变化时，例如，用户"U001"的aseq为1的地址更改为"北京市海淀区花园路街道"，在订单关系中，会出现有的数据记录中用户"U001"的aseq为1的地址是"北京市海淀区永定路街道"，而有的数据记录中用户"U001"的aseq为1的地址是"北京市海淀区花园路街道"。

4. 数据删除异常

当删除订单关系中订单记录或订单记录归档存储后，相应的收货地址信息也被删除或者归档，这可能并不是用户所期望的结果。

造成以上操作异常的问题原因，是表8-1不是一个设计合理的关系模式，其属性之间存在着不良的依赖联系。如果将表8-1分解为如下两个关系模式：

地址(<u>uid</u>,<u>aseq</u>,info)

订单(<u>oid</u>,uid,aseq,paymethod,ostatus,createdate)

则不存在以上问题。

如何消除这些不良的依赖关系？本章接下来讨论描述属性之间依赖的函数依赖以及用来消除属性之间不良依赖的规范化和模式分解。

8.2 函数依赖

8.2.1 函数依赖的定义及相关术语

数据依赖是指关系模式内部各属性之间的相互依赖、相互约束的联系，即元组中某些分量的取值依赖于其他分量的取值。数据依赖是现实世界属性间相互联系的抽象，属于数据内在的性质，反映了属性之间的语义关系。

其中两种重要的数据依赖，是函数依赖和多值依赖。本节首先介绍函数依赖，多值依赖将在8.3.5节介绍。

定义 8.1 设有关系模式 $R(A_1, A_2, \cdots, A_n)$，X 和 Y 均为 $\{A_1, A_2, \cdots, A_n\}$ 的子集。r 是 $R(A_1, A_2, \cdots, A_n)$ 的一个具体关系，r 中的任意两个元组 t_i 和 t_j 在 X 属性集上的分量相等时，则 t_i 和 t_j 在 Y 属性上的分量值一定相等，即 r 在 X 属性集上的每一个具体值，Y 都有唯一的具体值与之对应，则称 X 函数决定 Y，或 Y 函数依赖于 X，记作 $X \rightarrow Y$。

假设有如下的商品关系模式，gid 为主键：

$$商品(\underline{gid}, gname, cprice, sprice)$$

则存在如下的函数依赖：

$$商品代码 gid \rightarrow 成本价格 cprice$$
$$商品代码 gid \rightarrow 销售价格 sprice$$

即对于商品代码确定的一个具体商品，其成本价格和销售价格也确定了，因此商品的成本价格函数依赖于商品代码，商品的销售价格也函数依赖于商品代码。

为了更加方便清晰地描述函数依赖的推理规则，先介绍如下的术语和符号。

(1) 若 $X \rightarrow Y$，则 X 称为此函数依赖的决定因素。

(2) 若 Y 不函数依赖于 X，记作 $X \nrightarrow Y$。

(3) 若 $X \rightarrow Y$，且 $Y \nsubseteq X$，则称 $X \rightarrow Y$ 是非平凡的函数依赖。

(4) 若 $X \rightarrow Y$，且 $Y \subseteq X$，则称 $X \rightarrow Y$ 是平凡的函数依赖。

(5) 若 $X \rightarrow Y$，且对于任意的 $X' \subset X$，都有 $X' \nrightarrow Y$，则称 Y 完全函数依赖于 X，记作 $X \xrightarrow{f} Y$。

(6) 若 $X \rightarrow Y$，且至少存在一个 $X' \subset X$，使得 $X' \rightarrow Y$，则称 Y 部分函数依赖于 X，记作 $X \xrightarrow{p} Y$。

(7) 若 $X \rightarrow Y$，且 $Y \rightarrow X$，则可记作 $X \leftrightarrow Y$。

(8) 若 $X \rightarrow Y$，$Y \rightarrow Z$，$Y \nrightarrow X$，且 $X \rightarrow Y$ 和 $Y \rightarrow Z$ 都是非平凡函数依赖（$Y \nsubseteq X$，$Z \nsubseteq Y$），则称 Z 传递函数依赖于 X，记作 $X \xrightarrow{传递} Z$。

(9) 假设用 U 表示关系模式 R 的属性全集，即 $U = \{A_1, A_2, \cdots, A_n\}$，用 F 表示关系模式 R 上的函数依赖集，则关系模式 R 可以表示为 $R(U, F)$。

例 8.1 结合在线购物系统中的商品关系模式（$\underline{gid}$，gname，cprice，sprice）和地址关系

模式(uid,aseq,info)，理解非平凡函数依赖和平凡函数依赖以及完全函数依赖和部分函数依赖。

1. 非平凡函数依赖和平凡函数依赖

对于地址关系模式(uid,aseq,info)，假设 $X=\{\text{uid},\text{aseq}\}$，$Y=\{\text{info}\}$，uid 和 aseq 作为地址关系模式的联合主键，在地址关系的元组中，uid 和 aseq 的值决定 info 的取值。即满足 $X \rightarrow Y$，且 $Y \nsubseteq X$，因此$\{\text{uid},\text{aseq}\} \rightarrow \{\text{info}\}$是非平凡的函数依赖。

对于商品关系模式，如果主键是由 gid 和 gname 作为联合主键，即(gid,gname,cprice,sprice)，假设 $X=\{\text{gid},\text{gname}\}$，$Y=\{\text{gname}\}$，gid 和 gname 作为联合主键时，在商品关系的元组中，gid 和 gname 的值决定 gname 的取值，但$\{\text{gname}\} \subseteq \{\text{gid},\text{gname}\}$。即满足 $X \rightarrow Y$，且 $Y \subseteq X$，因此$\{\text{gid},\text{gname}\} \rightarrow \{\text{gname}\}$是平凡的函数依赖。

在实际的数据库设计中，通常讨论属性间的非平凡的函数依赖。

2. 完全函数依赖和部分函数依赖

对于地址关系模式(uid,aseq,info)，假设 $X=\{\text{uid},\text{aseq}\}$，$Y=\{\text{info}\}$，有$\{\text{uid},\text{aseq}\} \subset \{\text{uid},\text{aseq}\}$和$\{\text{aseq}\} \subset \{\text{info}\}$，但由于每个用户有多个收货地址，uid 的值不能决定 info 的取值，即$\{\text{uid}\} \nrightarrow \{\text{info}\}$，$\{\text{aseq}\} \nrightarrow \{\text{info}\}$，因此$\{\text{uid},\text{aseq}\} \xrightarrow{f} \{\text{info}\}$，即$\{\text{info}\}$完全函数依赖于$\{\text{uid},\text{aseq}\}$。

对于商品关系模式(gid,gname,cprice,sprice)，假设 $X=\{\text{gid},\text{gname}\}$，$Y=\{\text{cprice}\}$，由于$\{\text{gid}\} \subset \{\text{gid},\text{gname}\}$且$\{\text{gid}\} \rightarrow \{\text{cprice}\}$，即至少存在一个 $X' \subset X$ 使得$X' \rightarrow Y$，因此$\{\text{gid},\text{gname}\} \xrightarrow{p} \{\text{cprice}\}$，即$\{\text{cprice}\}$部分函数依赖于$\{\text{gid},\text{gname}\}$。

在实际的数据库设计中，通常讨论属性间的完全函数依赖。

8.2.2 Amstrong 公理

如果已知关系模式 R 上的函数依赖集 F，如何根据 F 推导出 R 上还有哪些函数依赖？William W. Amstrong 于 1974 年为此提出了一套函数依赖的推理规则，称为 Amstrong 公理。

1. Amstrong 公理

设有关系模式 $R(U,F)$，U 为 R 的属性全集，F 表示关系模式 R 上的函数依赖集，$X \subseteq U$，$Y \subseteq U$，$Z \subseteq U$，则有如下的推理规则。

(1) 自反律：如果 $Y \subseteq X$，则 $X \rightarrow Y$。

(2) 增广律：如果 $X \rightarrow Y$，则 $XZ \rightarrow YZ$。

(3) 传递律：如果 $X \rightarrow Y$，$Y \rightarrow Z$，则 $X \rightarrow Z$。

下面从函数依赖的定义出发证明 Amstrong 公理的正确性。

证：

假设关系模式 $R(U,F)$的任一关系 r 中有任意两个元组 t_i 和 t_j。

(1) 自反律的证明。

① 由已知条件可知 $Y \subseteq X \subseteq U$。

② 若 $t_i[X]=t_j[X]$，由于 $Y \subseteq X$，则有 $t_i[Y]=t_j[Y]$。

③ 根据定义 8.1，$X \rightarrow Y$ 成立。自反律得证。

（2）增广律的证明。

① 若 $t_i[XZ]=t_j[XZ]$，由于 $X\subseteq XZ$ 和 $Z\subseteq XZ$，则有 $t_i[X]=t_j[X]$ 和 $t_i[Z]=t_j[Z]$ 成立。

② 根据 $X\rightarrow Y$，若 $t_i[X]=t_j[X]$，则有 $t_i[Y]=t_j[Y]$。

③ 由 $t_i[Y]=t_j[Y]$ 和 $t_i[Z]=t_j[Z]$，则有 $t_i[YZ]=t_j[YZ]$ 成立。

④ 根据定义 8.1，若 $t_i[XZ]=t_j[XZ]$，则有 $t_i[YZ]=t_j[YZ]$，所以 $XZ\rightarrow YZ$ 成立。增广律得证。

（3）传递律的证明。

① 由 $X\rightarrow Y$ 推导出，即若 $t_i[X]=t_j[X]$，则有 $t_i[Y]=t_j[Y]$。

② 由 $Y\rightarrow Z$ 推导出，即若 $t_i[Y]=t_j[Y]$，则有 $t_i[Z]=t_j[Z]$。

③ 根据定义 8.1，若 $t_i[X]=t_j[X]$，则有 $t_i[Z]=t_j[Z]$，所以 $X\rightarrow Z$ 成立。传递律得证。

2. Amstrong 公理的推论

根据 Amstrong 公理的推理规则，可以推导出如下推论。

（1）合并规则：如果 $X\rightarrow Y,X\rightarrow Z$，则 $X\rightarrow YZ$。

（2）分解规则：如果 $X\rightarrow YZ$，则 $X\rightarrow Y,X\rightarrow Z$。

（3）伪传递规则：如果 $X\rightarrow Y,YW\rightarrow Z$，则 $XW\rightarrow Z$。

下面使用 Amstrong 公理证明以上三个推论的正确性。

证：

（1）合并规则：如果 $X\rightarrow Y,X\rightarrow Z$，则 $X\rightarrow YZ$。

① 由 $X\rightarrow Y$ 和增广律推导出 $XX\rightarrow XY$，即 $X\rightarrow XY$。

② 由 $X\rightarrow Z$ 和增广律推导出 $XY\rightarrow ZY$，即 $XY\rightarrow YZ$。

③ 由 $X\rightarrow XY$、$XY\rightarrow YZ$ 以及传递率推导出 $X\rightarrow YZ$。合并规则得证。

（2）分解规则：如果 $X\rightarrow YZ$，则 $X\rightarrow Y,X\rightarrow Z$。

① 由于 $Y\subseteq YZ$、$Z\subseteq YZ$，根据自反律推导出 $YZ\rightarrow Y$ 和 $YZ\rightarrow Z$。

② 根据传递律，由 $X\rightarrow YZ$ 和 $YZ\rightarrow Y$ 推导出 $X\rightarrow Y$，由 $X\rightarrow YZ$ 和 $YZ\rightarrow Z$ 推导出 $X\rightarrow Z$。分解规则得证。

（3）伪传递规则：如果 $X\rightarrow Y,YW\rightarrow Z$，则 $XW\rightarrow Z$。

① 由于 $X\rightarrow Y$，根据增广律推导出 $XW\rightarrow YW$。

② 根据 $XW\rightarrow YW$、$YW\rightarrow Z$ 以及传递率推导出 $XW\rightarrow Z$。伪传递规则得证。

根据 Amstrong 公理推论的合并规则和分解规则，可以推导出如下的重要结论。

引理 8.1 $X\rightarrow A_1A_2\cdots A_n$ 的充分必要条件是 $X\rightarrow A_k$ 成立（$k=1,2,\cdots,n$）。

由引理 8.1 可知，属性集 $\{A_1A_2\cdots A_n\}$ 函数依赖于 X 的充分必要条件是此属性集中的每一个属性都函数依赖于 X。

该引理的充分性可以根据合并规则证明，必要性可以根据分解规则证明。

8.2.3　逻辑蕴涵和闭包

假设关系模式 $R(U，F)$，F 是 R 上的函数依赖集，可以根据 Amstrong 公理及推论，推导出 R 上还有哪些函数依赖，这个过程就是函数依赖的逻辑蕴涵。

定义 8.2　设有关系模式 $R(U，F)$，U 为 R 的属性全集，F 表示关系模式 R 上的函数依赖集，$X \subseteq U$，$Y \subseteq U$，对于 R 的任何一个关系 r，都可以从 F 中的函数依赖推导出 $X \rightarrow Y$，则称 F 逻辑蕴涵 $X \rightarrow Y$，或称 $X \rightarrow Y$ 是 F 的逻辑蕴涵。

定义 8.3　在关系模式 $R(U，F)$ 中，被 F 所逻辑蕴涵的所有函数依赖称为 F 的闭包，记作 F^+。

Amstrong 公理及推论是计算闭包 F^+ 的理论基础，但闭包 F^+ 的计算是一个非常复杂的过程。即使 F 中的函数依赖较少，计算出的 F^+ 也有可能很大。例如，关系模式 $R(U，F)$，$U = \{A_1，A_2，\cdots，A_n\}$，可以通过下述的具体例子体会闭包 F^+ 的计算过程。

例 8.2　设有关系模式 $R(U，F)$，$U = \{X，Y，\cdots，Z\}$，$F = \{X \rightarrow Z，Y \rightarrow Z\}$，根据 F 计算 F^+。

（1）初始时 $F^+ = F$。

（2）对于 F^+ 中的每个函数依赖，应用 Amstrong 公理的自反律和增广律，将推导出的新的函数依赖加入 F^+。

（3）对 F^+ 中的任意两个函数依赖，检查是否可以应用传递律，将新产生的函数依赖加入 F^+。

（4）重复步骤（2）和步骤（3），直到 F^+ 不再扩大为止。

$$F^+ = \begin{cases} \Phi \rightarrow \Phi, \\ X \rightarrow \Phi, X \rightarrow X, X \rightarrow Z, X \rightarrow XZ \\ Y \rightarrow \Phi, Y \rightarrow Y, Y \rightarrow Z, Y \rightarrow YZ \\ Z \rightarrow \Phi, Z \rightarrow Z \\ XY \rightarrow \Phi, XY \rightarrow XY, XY \rightarrow X, XY \rightarrow YZ, XY \rightarrow Y, \\ XY \rightarrow XZ, XY \rightarrow Z, XY \rightarrow XYZ, \\ YZ \rightarrow \Phi, YZ \rightarrow YZ, YZ \rightarrow Y, YZ \rightarrow Z, \\ XZ \rightarrow \Phi, XZ \rightarrow XZ, XZ \rightarrow X, XZ \rightarrow Z, \\ XYZ \rightarrow \Phi, XYZ \rightarrow XYZ, XYZ \rightarrow X, XYZ \rightarrow YZ, \\ XYZ \rightarrow Y, XYZ \rightarrow XZ, XYZ \rightarrow Z, XYZ \rightarrow XY, \end{cases}$$

图 8-1　函数依赖集 F 的闭包 F^+

计算出的闭包 F^+ 如图 8-1 所示。

根据函数依赖的推理规则及推论直接计算 F^+ 是很复杂的。当需要判断一个函数依赖是否是 F 的逻辑蕴涵时，通过计算 F^+ 进行判断显然不是最佳的方法。因此，引入属性集闭包的概念，以简化逻辑蕴涵的判断过程。

8.2.4　属性集闭包及其算法

定义 8.4　设有关系模式 $R(U，F)$，U 为 R 的属性全集，即 $U = \{A_1，A_2，\cdots，A_n\}$，$F$ 表示关系模式 R 上的函数依赖集，若 $X \subseteq U$，根据 Amstrong 公理能从 F 推导出函数依赖 $X \rightarrow A_i$，则满足此条件的 A_i 构成的属性集为 X 关于函数依赖集 F 的闭包，即 $X_F^+ = \{A_i \mid X \rightarrow A_i$ 能根据 Amstrong 公理从 F 推导出\}，记作 X_F^+。

引理 8.2　设 F 是属性集 U 上的一组函数依赖，$X \subseteq U$ 且 $Y \subseteq U$，则 $X \rightarrow Y$ 能用 Amstrong 公理从 F 推导出来的充分必要条件是 $Y \subseteq X_F^+$。

证：

（1）充分性的证明。

设 $Y \subseteq X_F^+$，且 $Y = \{B_1，B_2，\cdots，B_k\}$。

由于 $\{B_j\} \subseteq Y(j = 1,2,\cdots,k)$，而 $Y \subseteq X_F^+$，因此有 $\{B_j\} \subseteq X_F^+$，根据属性集闭包的定义推导出 $X \rightarrow B_j$。再由引理 8.1 推导出 $X \rightarrow B_1B_2\cdots B_k$，即 $X \rightarrow Y$ 成立，充分性得证。

（2）必要性的证明。

设 $X \rightarrow Y$ 是用 Amstrong 公理从 F 推导出来的，且 $Y = \{B_1，B_2，\cdots，B_k\}$。

根据引理 8.1 和 $X \rightarrow B_1B_2\cdots B_k$，推导出 $X \rightarrow B_j(j = 1,2,\cdots,k)$。根据属性集闭包的定义，得出 $B_j \in X_F^+(j = 1,2,\cdots,k)$，因此 $Y \subseteq X_F^+$，必要性得证。

引理 8.2 在属性集闭包X_F^+ 和函数依赖集闭包F^+之间建立了联系。如果要判断 $X{\rightarrow}Y$ 是否能根据 Amstrong 公理从 F 推导出来，即 $X{\rightarrow}Y$ 是否在 F 的闭包F^+ 中，就不需要经过复杂的过程去计算 F^+，而可以根据引理 8.2，通过计算属性集闭包X_F^+ 来判断 $X{\rightarrow}Y$ 是否在 F 的闭包F^+ 中，这就是研究属性集闭包的原因。

算法 8.1 计算属性集闭包 X_F^+ 的算法。

（1）输入：属性集 X，函数依赖集 F。

（2）输出：属性集 X 关于函数依赖集 F 的闭包X_F^+。

（3）属性集闭包X_F^+ 的计算过程。

① 令$X^{(0)}=X$，$j=0$。即首先以 X 作为X_F^+ 的初始值。

② 计算 Z，$Z=\{A\mid(\exists W)(\exists V)(W{\rightarrow}V\in F\wedge W\subseteq X^{(j)}\wedge A\in V)\}$。即求出$X^{(j)}$的所有子集 W，若函数依赖 $W{\rightarrow}V$ 属于函数依赖集 F，则将属性集 V 中的属性加入 Z 中。

③ $X^{(j+1)}=X^{(j)}\bigcup Z$。即将步骤②中更新后的集合 Z 与$X^{(j)}$取并集，生成$X^{(j+1)}$。

④ 若$X^{(j+1)}=X^{(j)}$或$X^{(j)}=U$，即$X^{(j)}$不再扩大，则$X^{(j)}$就是所求的X_F^+，算法终止。

⑤ 否则，$j=j+1$ 后，跳转到步骤②。

例 8.3 设有关系模式 $R(U,F)$，属性全集 $U=\{A,B,C,D,E,G\}$，函数依赖集 $F=\{AB{\rightarrow}C,C{\rightarrow}A,BC{\rightarrow}D,ACD{\rightarrow}B,D{\rightarrow}EG,BE{\rightarrow}C,CG{\rightarrow}BD,CE{\rightarrow}AG\}$，求属性集闭包$(BD)_F^+$。

（1）设$X^{(0)}=\{BD\}$。

（2）在 F 中找出左部为$X^{(0)}=\{BD\}$的任意子集的函数依赖，有 $D{\rightarrow}EG$，即 $V=\{EG\}$，将 V 中的所有属性加入 Z 中，即 $Z=\{EG\}$。

（3）$X^{(1)}=X^{(0)}\bigcup Z=\{BD\}\bigcup\{EG\}=\{BDEG\}$。

（4）$X^{(1)}\neq X^{(0)}$且 $X^{(1)}\neq U$，则继续求$X^{(2)}$。

（5）继续在 F 中找出左部为$X^{(1)}=\{BDEG\}$的任意子集的函数依赖，有 $D{\rightarrow}EG$，$BE{\rightarrow}C$，所以 $Z=\{CEG\}$。

（6）$X^{(2)}=X^{(1)}\bigcup Z=\{BDEG\}\bigcup\{CEG\}=\{BCDEG\}$。

（7）$X^{(2)}\neq X^{(1)}$且 $X^{(2)}\neq U$，则继续求$X^{(3)}$。

（8）继续在 F 中找出左部为$X^{(2)}=\{BCDEG\}$的任意子集的函数依赖，有 $C{\rightarrow}A$，$BC{\rightarrow}D$，$D{\rightarrow}EG$，$BE{\rightarrow}C$，$CG{\rightarrow}BD$，$CE{\rightarrow}AG$，所以 $Z=\{ABCDEG\}$。

（9）$X^{(3)}=X^{(2)}\bigcup Z=\{BCDEG\}\bigcup\{ABCDEG\}=\{ABCDEG\}$。

（10）$X^{(3)}=U$，则$X^{(3)}$就是所求的X_F^+，算法终止。

8.2.5　函数依赖集的等价和最小化

定义 8.5 设 F 和 G 是关系模式$R(U)$的两个函数依赖集。

（1）若$F^+\subseteq G^+$，则称 G 是 F 的覆盖。

（2）若$F^+\subseteq G^+$且$G^+\subseteq F^+$，则称 F 和 G 等价，即$F^+=G^+$。

引理 8.3 $F^+=G^+$的充分必要条件是 $F\subseteq G^+$且 $G\subseteq F^+$。

证：

（1）充分性的证明。

已知 $F\subseteq G^+$，则有 $F^+\subseteq(G^+)^+$，而$(G^+)^+=G^+$，因此有 $F^+\subseteq G^+$。

同理可证 $G^+\subseteq F^+$,所以有 $F^+=G^+$。充分性得证。

（2）必要性的证明。

由于 $F^+=G^+$ 且 $F\subseteq F^+$,可推导出 $F\subseteq G^+$。

由于 $F^+=G^+$ 且 $G\subseteq G^+$,可推导出 $G\subseteq F^+$。必要性得证。

为什么需要讨论函数依赖集的等价和最小化？在设计数据库时,通常是根据语义定义关系中属性之间的依赖关系,即函数依赖集。关系模式 $R(U)$ 的两个函数依赖集 F 和 G 等价,即两个等价的函数依赖集的信息表示能力完全相同,如果 F 所包含的函数依赖个数比 G 所包含的函数依赖个数少,但 F 和 G 所蕴含的信息却一样多,这时选择函数依赖集 F 更加简化设计。当一个函数依赖集不是最简时,会影响后续的关系处理,例如,关系的分解、判断是否为无损分解等。因此,在数据库设计中,通常需要对指定函数依赖集进行简化,找出它的最小函数依赖等价集。

定义 8.6 设 F 是关系模式 $R(U,F)$ 的函数依赖集,若 F 满足下列条件,则称 F 是一个最小函数依赖集或最小覆盖。

（1）F 中任一函数依赖的右部仅含有一个属性。

（2）F 中不存在这样的函数依赖 $X\rightarrow Y$,当 $Z\subset X$ 时,使得 F 与 $F-\{X\rightarrow Y\}\cup\{Z\rightarrow Y\}$ 等价。

（3）F 中不存在这样的函数依赖 $X\rightarrow Y$,使得 F 与 $F-\{X\rightarrow Y\}$ 等价。

在上述定义中,条件（1）确保 F 中的每一个函数依赖的右部都仅有一个属性;条件（2）确保 F 中的每一个函数依赖的左部没有多余的属性;条件（3）确保 F 中没有多余的函数依赖。

引理 8.4 设 $X\rightarrow Y$ 是 F 中的任一函数依赖,若 $X=B_1\cdots B_m,m\geqslant 2,Z=X-B_j(j=1,2,\cdots,m)$,$G=F-\{X\rightarrow Y\}\cup\{Z\rightarrow Y\}$,则 F 与 G 等价的充分必要条件是 $Y\in Z_F^+$。

证：

（1）充分性的证明。

已知 $Y\in Z_F^+$,根据引理 8.2 推导出 $Z\rightarrow Y\in F^+$。

由 $Z=X-B_j$ 可知 $Z\subseteq X$,根据自反律推导出 $X\rightarrow Z\in F$,而 $G=F-\{X\rightarrow Y\}\cup\{Z\rightarrow Y\}$,因此 $X\rightarrow Z\in G$,由于 $G\subseteq G^+$,所以 $X\rightarrow Z\in G^+$。

又因为 $Z\rightarrow Y\in G$,且 $G\subseteq G^+$,所以 $Z\rightarrow Y\in G^+$。

根据传递率推导出 $X\rightarrow Y\in G^+$。而 $X\rightarrow Y$ 是 F 中的任意函数依赖,所以 $F\subseteq G^+$。

由 $G=F-\{X\rightarrow Y\}\cup\{Z\rightarrow Y\}$ 可知,G 中除 $Z\rightarrow Y$ 外的其他函数依赖都属于 F,而 $Z\rightarrow Y\in F^+$,所以有 $G\subseteq F^+$。

根据引理 8.3 可得 F 与 G 等价,充分性得证。

（2）必要性的证明。

由 $G=F-\{X\rightarrow Y\}\cup\{Z\rightarrow Y\}$ 可知,$Z\rightarrow Y\in G$,根据引理 8.2 推导出 $Y\in Z_G^+$。

由 F 与 G 等价可知,$Y\in Z_F^+$。必要性得证。

引理 8.4 用于求 F 的最小函数依赖集时去除函数依赖左部的多余属性,确保 F 的最小函数依赖集中不存在部分函数依赖。

引理 8.5 设 $X\rightarrow Y$ 是 F 中的任一函数依赖,若 $G=F-\{X\rightarrow Y\}$,则 F 与 G 等价的充分必要条件是 $Y\in X_G^+$。

证：

（1）充分性的证明。

已知 $Y \in X_G^+$，根据引理 8.2 推导出 $X \to Y \in G^+$。

因为 $X \to Y$ 是 F 中任意函数依赖，所以有 $F \subseteq G^+$。

根据 $G = F - \{X \to Y\}$ 可知 $G \subseteq F \subseteq F^+$，所以根据引理 8.3 推导出 $F^+ = G^+$，即 F 与 G 等价。

充分性得证。

（2）必要性的证明。

由于 F 与 G 等价，根据引理 8.3 推导出 $F \subseteq G^+$。

又由于 $X \to Y \in F$，所以 $X \to Y \in G^+$，根据引理 8.2 推导出 $Y \in X_G^+$。必要性得证。

引理 8.5 用于求 F 的最小函数依赖集时，去除多余的函数依赖。

根据定义 8.6、引理 8.4 以及引理 8.5，可以求出给定函数依赖集 F 的最小函数依赖集。

算法 8.2　计算函数依赖集 F 的最小函数依赖集的算法。

（1）目标 1：使 F 中任一函数依赖的右部仅有一个属性。

方法：逐一检查 F 中的各函数依赖 $X \to Y$，若 $Y = A_1 \cdots A_k$，$k \geqslant 2$，根据 Amstrong 公理推论中的分解规则，可用 $\{X \to A_j | j = 1, \cdots, k\}$ 替换 $X \to Y$。

（2）目标 2：将 F 中函数依赖的左部的多余属性去掉。

方法：逐一取出 F 中的各函数依赖 $X \to Y$，若 $X = B_1 \cdots B_m$，$m \geqslant 2$，逐一检查 $X - B_j$（$j = 1, \cdots, m$），如果 $Y \in (X - B_j)_F^+$，根据引理 8.4，则 F 与 $F - \{X \to Y\} \cup \{(X \to B_j) \to Y\}$ 等价，可以用 $X - B_j$ 替换 X。

（3）目标 3：将 F 中多余的函数依赖去掉。

方法：逐一取出 F 中的各函数依赖 $X \to Y$，令 $G = F - \{X \to Y\}$，根据引理 8.5，如果 $Y \in X_G^+$，则 F 与 G 等价，可以将 $X \to Y$ 从 F 中去掉。

一个函数依赖的最小覆盖不是唯一的，它与各函数依赖的处理顺序以及函数依赖的左部属性的取舍有关。

例 8.4　设关系模式 $R(U, F)$，$U = \{A, B, C, D\}$，$F = \{C \to AB, B \to C, A \to C, BC \to A\}$，求 F 的最小覆盖。

（1）根据分解规则，将 F 中所有函数依赖的右部单属性化，得到 $F = \{C \to A, C \to B, B \to C, A \to C, BC \to A\}$。

（2）根据引理 8.4，使得 F 中每一个函数依赖的左部没有多余属性，主要化简左部有两个及以上属性的函数依赖。

只需对 $BC \to A$ 判断 $B \to A$ 和 $C \to A$ 是否属于 F。

由于 $B \to C \in F$ 且 $C \to A \in F$，根据传递律，可以判断出 $B \to A \in F$。

由于 $C \to A$ 已经属于 F，这里选择用 $B \to A$ 代替 $BC \to A$，即 $F = \{C \to A, C \to B, B \to C, A \to C, B \to A\}$。

（3）根据引理 8.5，删除 F 中多余的函数依赖。

① 检查 $C \to A$，令 $G = F - \{C \to A\} = \{C \to B, B \to C, A \to C, B \to A\}$，检查 G 与 F 是否等价。

根据引理 8.5，只需判断 $A \in C_G^+$ 是否成立。由 $C \to B \in G$、$B \to A \in G$、传递律可推导出

$C{\rightarrow}A{\in}G$，于是有 $C{\rightarrow}C{\in}G$、$C{\rightarrow}A{\in}G$、$C{\rightarrow}B{\in}G$，因此 $B_G^+=\{A,B,C\}$，可推断出 $C{\in}B_G^+$，所以 G 与 F 等价。$C{\rightarrow}A$ 是多余的函数依赖，从 F 中删除该函数依赖，这时 $F=\{C{\rightarrow}B,B{\rightarrow}C,A{\rightarrow}C,B{\rightarrow}A\}$。

② 检查 $C{\rightarrow}B$，令 $G=F-\{C{\rightarrow}B\}=\{B{\rightarrow}C,A{\rightarrow}C,B{\rightarrow}A\}$，检查 G 与 F 是否等价。

根据引理 8.5，只需判断 $B{\in}C_G^+$ 是否成立。由于 $C{\rightarrow}C{\in}G$，因此 $C_G^+=\{C\}$，可推断出 $B{\notin}C_G^+$，所以 $C{\rightarrow}B$ 不是多余的函数依赖，不能删除，这时 $F=\{C{\rightarrow}B,B{\rightarrow}C,A{\rightarrow}C,B{\rightarrow}A\}$。

③ 检查 $B{\rightarrow}C$，令 $G=F-\{B{\rightarrow}C\}=\{C{\rightarrow}B,A{\rightarrow}C,B{\rightarrow}A\}$，检查 G 与 F 是否等价。

根据引理 8.5，只需判断 $C{\in}B_G^+$ 是否成立。由 $B{\rightarrow}A$、$A{\rightarrow}C$、传递律可推导出 $B{\rightarrow}C{\in}G$，于是有 $B{\rightarrow}C{\in}G$、$B{\rightarrow}B{\in}G$、$B{\rightarrow}A{\in}G$，因此 $B_G^+=\{A,B,C\}$，可推断出 $C{\in}B_G^+$，所以 G 与 F 等价。$B{\rightarrow}C$ 是多余的函数依赖，从 F 中删除该函数依赖，这时 $F=\{C{\rightarrow}B,A{\rightarrow}C,B{\rightarrow}A\}$。

同理推导出 $A{\rightarrow}C$、$B{\rightarrow}A$ 不是多余的函数依赖，不能去除。

所以，F 的最小覆盖为 $\{C{\rightarrow}B,A{\rightarrow}C,B{\rightarrow}A\}$。

例 8.5 设有关系模式 $R(U,F)$，$U=\{A,B,C,D,E\}$，$F=\{AB{\rightarrow}E,DE{\rightarrow}B,B{\rightarrow}AC,C{\rightarrow}E,E{\rightarrow}A\}$，求 F 的最小覆盖。

(1) 根据分解规则，将 F 中所有函数依赖的右部单属性化，得到 $F=\{AB{\rightarrow}E,DE{\rightarrow}B,B{\rightarrow}A,B{\rightarrow}C,C{\rightarrow}E,E{\rightarrow}A\}$。

(2) 根据引理 8.4，使得 F 中每一个函数依赖的左部没有多余属性，主要化简左部有两个及以上属性的函数依赖。

对于 $AB{\rightarrow}E$，需要判断 $A{\rightarrow}E$ 和 $B{\rightarrow}E$ 是否属于 F。由于 $B{\rightarrow}B{\in}F$、$B{\rightarrow}A{\in}F$、$B{\rightarrow}C{\in}F$，并且由 $B{\rightarrow}C$、$C{\rightarrow}E$、传递律可推导出 $B{\rightarrow}E{\in}F$，因此 $B_F^+=\{A,B,C,E\}$，$E{\in}B_F^+$，根据引理 8.4，可以用 $B{\rightarrow}E$ 代替 $AB{\rightarrow}E$，这时 $F=\{B{\rightarrow}E,DE{\rightarrow}B,B{\rightarrow}A,B{\rightarrow}C,C{\rightarrow}E,E{\rightarrow}A\}$。

对于 $DE{\rightarrow}B$，需要判断 $D{\rightarrow}B$ 和 $E{\rightarrow}B$ 是否属于 F，可推导出 $D_F^+=\{D\}$，$E_F^+=\{A,E\}$，由于 $B{\notin}D_F^+$ 并且 $B{\notin}E_F^+$，因此 $DE{\rightarrow}B$ 的左部没有多余属性，保持不变。

(3) 根据引理 8.5，删除 F 中多余的函数依赖。

① 检查 $B{\rightarrow}E$，令 $G=F-\{B{\rightarrow}E\}=\{DE{\rightarrow}B,B{\rightarrow}A,B{\rightarrow}C,C{\rightarrow}E,E{\rightarrow}A\}$，检查 G 与 F 是否等价，根据引理 8.5，只需判断 $E{\in}B_G^+$ 是否成立。由于 $B_G^+=\{A,B,C,E\}$，$E{\in}B_G^+$，所以 G 与 F 等价，$B{\rightarrow}E$ 是多余的函数依赖，从 F 中删除该函数依赖，这时 $F=\{DE{\rightarrow}B,B{\rightarrow}A,B{\rightarrow}C,C{\rightarrow}E,E{\rightarrow}A\}$。

② 检查 $DE{\rightarrow}B$，令 $G=F-\{DE{\rightarrow}B\}=\{B{\rightarrow}A,B{\rightarrow}C,C{\rightarrow}E,E{\rightarrow}A\}$。由于 $D{\subseteq}DE$、$E{\subseteq}DE$，根据自反律推导出 $DE{\rightarrow}D$、$DE{\rightarrow}E$。由于 $E{\rightarrow}A$，根据增广律推导出 $DE{\rightarrow}AD$，根据自反律推导出 $AD{\rightarrow}A$，根据传递律推导出 $DE{\rightarrow}A$，$DE_G^+=\{A,D,E\}$，$B{\notin}DE_G^+$，因此 $DE{\rightarrow}B$ 不是多余的函数依赖，不能去除。

③ 检查 $B{\rightarrow}A$，令 $G=F-\{B{\rightarrow}A\}=\{DE{\rightarrow}B,B{\rightarrow}C,C{\rightarrow}E,E{\rightarrow}A\}$。由于 $B{\rightarrow}B{\in}G$、$B{\rightarrow}C{\in}G$，并且由 $B{\rightarrow}C$、$C{\rightarrow}E$、传递律可推导出 $B{\rightarrow}E{\in}G$，因此 $B_G^+=\{B,C,E\}$，$A{\notin}$

B_G^+，因此 $B{\rightarrow}A$ 不是多余的函数依赖，不能去除。

同理推导出 $C{\rightarrow}E$、$E{\rightarrow}A$ 不是多余的函数依赖，不能去除。

所以，F 的最小覆盖为 $\{DE{\rightarrow}B$，$B{\rightarrow}A$，$B{\rightarrow}C$，$C{\rightarrow}E$，$E{\rightarrow}A\}$。

8.3 规范化

规范化理论用于指导关系模式的设计，根据关系模式满足的不同程度的要求，范式（Nomal Form）级别从低到高，包括第一范式（1NF）、第二范式（2NF）、第三范式（3NF）、BC范式（BCNF）、第四范式（4NF）等。当关系模式 R 满足第 x 个范式时，可以将此关系模式称为 xNF 关系，记作 $R{\in}x$NF。

范式的级别越高，关系模式需要满足的要求越严格，规范化程度越高，关系模式设计的质量越好，会减少各种操作异常的问题。例如，2NF 关系在满足 1NF 的基础上，进一步满足2NF 中新增的要求。

因此，在数据库设计中，为了设计出良好质量的关系模式，常需要将满足较低级别范式的关系模式通过模式分解转换为多个满足较高级别范式的关系模式，这个过程称为规范化。

8.3.1 第一范式

定义 8.7 设有关系模式 $R(U,F)$，它的所有分量都是不可分割的最小数据项，则称 R 为第一范式（1NF）关系，记作 $R(U,F){\in}$1NF。

1NF 是每一个关系模式都必须满足的最低要求。

表 8-2 是所设计的一个商品关系，其属性包括商品代码（gid）、商品名称（gname）以及商品价格（gprice），其中，商品价格又分为成本价格（cprice）和销售价格（sprice）。显然这不是一个设计良好的关系，商品价格 gprice 不满足不可分割的最小数据项，该商品关系不满足第一范式。将表 8-2 中的 gprice 去除，使得商品关系的每个属性都是不可分割的，转换为表 8-3 所示的第一范式关系。

表 8-2 不满足 1NF 的商品关系

gid	gname	gprice	
		cprice	sprice
G001	国家地理	20	39.8
G002	中国四大名著	80	133.3
G003	数据库系统概论	20	44.2
G004	文件夹	5	12
G005	U 盘	50	93
G006	钢笔	70	101

表 8-3　满足 1NF 的商品关系

gid	gname	cprice	sprice
G001	国家地理	20	39.8
G002	中国四大名著	80	133.3
G003	数据库系统概论	20	44.2
G004	文件夹	5	12
G005	U 盘	50	93
G006	钢笔	70	101

8.3.2　第二范式

定义 8.8　设有关系模式 $R(U,F)$，$R(U,F) \in 1NF$，且 $R(U,F)$ 中的每一个非主属性都完全函数依赖于关键字，则称 $R(U,F)$ 为第二范式(2NF)关系，记作 $R(U,F) \in 1NF$。

当 $R(U,F)$ 中的关键字为单属性时，非主属性都完全函数依赖于主属性，$R(U,F)$ 是 2NF 关系；当 $R(U,F)$ 中的关键字为多属性时，如果存在构成关键字属性组的真子集决定非主属性，即存在非主属性对关键字的部分函数依赖时，$R(U,F)$ 不是 2NF 关系，否则为 2NF。

表 8-3 是满足 1NF 的商品关系，其是否满足 2NF 呢？这个商品关系的关键字是商品代码(gid)，商品名称(gname)、成本价格(cprice)以及销售价格(sprice)都完全函数依赖于商品代码(gid)，因此其是 2NF 关系。

对于表 8-4 所设计的地址关系，关键字是用户代码(uid)和收货地址序列号(aseq)，收货地址(info)完全函数依赖于用户代码(uid)和收货地址序列号(aseq)，但用户名(uname)只依赖于用户代码(uid)，即存在非主属性部分函数依赖于关键字。因此表 8-4 所设计的地址关系不是 2NF 关系。

表 8-4　不满足 2NF 的地址关系

uid	aseq	uname	info
U001	1	刘雨燕	北京市海淀区永定路街道
U001	2	刘雨燕	上海市黄浦区半淞园路街道
U001	3	刘雨燕	天津市河西区天塔街道
U005	1	王晓雪	北京市西城区金融街街道

在表 8-4 的地址关系中，可能会存在数据冗余以及插入、更新、删除的数据操作异常现象，这不是一个良好的关系模式设计，可以通过模式分解将其分解为不存在部分函数依赖的关系模式，消除上述的数据操作异常现象。分解后的关系模式如下：

用户(uid,uname)

地址(uid,aseq,info)

用户关系模式的关键字是 uid，地址关系模式的关键字是(uid,aseq)，地址关系模式中的 uid 为外键。模式分解后的这两个关系模式都是 2NF 关系,不存在上述的数据操作异常现象。

8.3.3　第三范式

定义 8.9　设有关系模式 $R(U,F)$,$R(U,F) \in 2NF$,且 $R(U,F)$ 中的每一个非主属性都不传递函数依赖于关键字,则称 $R(U,F)$ 为第三范式(3NF)关系,记作 $R(U,F) \in 3NF$。

如果一个关系模式满足 2NF,判断关系模式是否满足 3NF 的根本是判断非主属性之间是否有函数依赖。若有,则不满足 3NF;若无,则满足 3NF。

如果一个关系模式满足 2NF,并且它最多只有一个非主属性,则一定满足 3NF。

如果一个关系模式满足 1NF,并且没有非主属性,则一定满足 3NF。

例如,设有关系模式 $R(A,B,C)$,则

(1) A 为关键字,且存在函数依赖 $B \rightarrow C$,则关系模式 $R(A,B,C)$ 是 2NF 关系,但根据 $A \rightarrow B$ 和 $B \rightarrow C$ 可推导非主属性 C 传递函数依赖于关键字 A,因此关系模式 $R(A,B,C)$ 不是 3NF 关系。

(2) A 为关键字,且不存在函数依赖 $B \rightarrow C$ 和 $C \rightarrow B$,即不存在非主属性之间的函数依赖,则关系模式 $R(A,B,C)$ 是 3NF 关系。

(3) 还有一种特殊情况,关系模式 $R(A,B,C)$ 的关键字由 A、B、C 组成,没有非主属性,则关系模式 $R(A,B,C)$ 是 3NF 关系。

表 8-5 是在线购物系统中所设计的一个订单关系,其属性包括订单代码(oid)、用户代码(uid)、收货地址序列号(aseq)、邮编(zip)、收货地址(info)以及支付方式(paymethod)。在这个关系中,关键字是订单代码(oid),但是收货地址(info)函数依赖于(uid,aseq),所以收货地址(info)传递函数依赖于订单代码(oid)。订单关系模式(oid,uid,aseq,zip,info,paymethod)不是 3NF 关系,可能会存在数据冗余以及插入、更新、删除的数据操作异常现象。例如,当插入“O87234,U002,1,430060,湖北省武汉市武昌区中华路 20 号,余额”数据时,用户 U002 的两个不同收货地址的序列号 aseq 相同。

表 8-5　不满足 3NF 的订单关系

oid	uid	aseq	zip	info	paymethod
O65789	U001	1	100080	北京市海淀区永定路街道	余额
O11745	U001	2	200020	上海市黄浦区半淞园路街道	微信
O56324	U002	1	430015	湖北省武汉市洪山区卓刀泉街道	微信
O14322	U003	4	100020	北京市东城区东华门街道	微信
O92834	U001	1	100080	北京市海淀区永定路街道	支付宝

为了解决上述订单关系中的数据操作异常现象,通过模式分解将其分解为非主属性之间不存在传递函数依赖的关系,分解后的关系如下:

地址(uid,aseq,zip,info)

订单(oid,uid,aseq,paymethod)

上述分解后的地址关系模式和订单关系模式都是 3NF 关系。

8.3.4 BC 范式

BC 范式（Boyce-Codd Normal Form）由 Ronald Boyce 和 Edgar F. Codd 共同提出，对第三范式的一些操作异常问题进行了修正，称为修正的第三范式，也称为 BC 范式。

定义 8.10 设有关系模式 $R(U, F)$，$R(U,F) \in 1NF$，若 $X \rightarrow Y$ 是 F 上的任一函数依赖，其中 $Y \not\subseteq X$ 且 $X \xrightarrow{f} U$，则称 $R(U, F)$ 为 BC 范式（BCNF）关系，记作 $R(U,F) \in BCNF$。

BCNF 与 3NF 的不同之处在于：3NF 允许主属性被非主属性决定，但 BCNF 不允许非主属性决定任何属性（包括非主属性和主属性）。

例 8.6 设地址关系模式（uid,aseq,info,uname），假设用户名是唯一的，则存在如下函数依赖：

$$(uid,aseq) \rightarrow info$$
$$uname \rightarrow uid$$

在上述的两个函数依赖中，由于没有部分函数依赖和传递函数依赖，因此该地址关系模式（uid, aseq, info, uname）是 3NF 关系。但由于存在主属性 uid 函数依赖于非主属性 uname，因此其不是 BCNF 关系。在该关系模式中仍然存在数据操作的异常问题，例如，当一个用户删除了所有的收货地址后，该用户信息的记录也会被删除。通过模式分解去除主属性对非主属性的函数依赖，将上述的地址关系模式分解为如下的两个关系模式：

$$用户(\underline{uid},uname)$$
$$地址(\underline{uid,aseq},info)$$

以上两个分解后的关系模式是 BCNF 范式。但由于分解过程是去除主属性对非主属性的依赖，因此 3NF 到 BCNF 的转换不能保持函数依赖。在实际的数据库设计场景中，需要关注函数依赖被破坏后对需求中语义的影响，通常推荐在保持 3NF 关系的同时，通过应用程序逻辑、数据的触发器等避免数据操作异常问题。

8.3.5 多值依赖与第四范式

定义 8.11 设有关系模式 $R(U, F)$，$X \subseteq U,Y \subseteq U,Z \subseteq U,Z = U - X - Y$，若对于 X 的一个给定值，存在一组 Y 值与之对应，而 Y 的这组值又不以任何方式与 Z 的值相关，则称 Y 多值依赖于 X，记作 $X \rightarrow\rightarrow Y$。

若 $Z = \phi$（即 Z 为空），则将多值依赖 $X \rightarrow\rightarrow Y$ 称为平凡的多值依赖，否则称为非平凡的多值依赖。

多值依赖具有对称性质，即若 $X \rightarrow\rightarrow Y$，并且 $Z = U - X - Y$，则 $X \rightarrow\rightarrow Z$ 也成立。

函数依赖可以看作多值依赖的特例。根据函数依赖的定义，关系模式 $R(U, F)$ 的一个具体关系 r，当 r 在 X 属性集上的每一个具体值，Y 都有唯一的具体值与之对应，则存在函数依赖 $X \rightarrow Y$，这也符合多值依赖的定义，因此也有 $X \rightarrow\rightarrow Y$。

例 8.7 设订单关系模式（oid,uid,gid,quantity），对于一个用户 uid，可以购买多种商品，即存在多值依赖 uid $\rightarrow\rightarrow$ gid。多值依赖会导致关系中的数据冗余和数据操作异常问题。

定义 8.12 设有关系模式 $R(U, F)$，$R(U, F) \in 1NF$，对于 $R(U, F)$ 的任一非平凡多值依赖 $X \rightarrow\rightarrow Y$，$X$ 都含有候选关键字，则称 $R(U, F)$ 为第四范式（4NF）关系，记作 $R(U,$

F)∈4NF。

例 8.7 中的订单关系模式存在多值依赖,但多值依赖的左部不含有候选关键字,因此不是 4NF 关系。该关系模式通过模式分解转换为如下两个关系模式:

$$订单(\underline{oid},\underline{uid})$$
$$订单明细(\underline{oid},\underline{gid},quantity)$$

8.3.6 关系模式规范化小结

规范化是数据库逻辑设计的重要理论指导,目的是通过模式分解消除关系上不合理的数据依赖,从而减少数据冗余和数据操作异常问题。规范化的过程是从低规范级别到高规范级别逐步检查和分解,如图 8-2 所示。

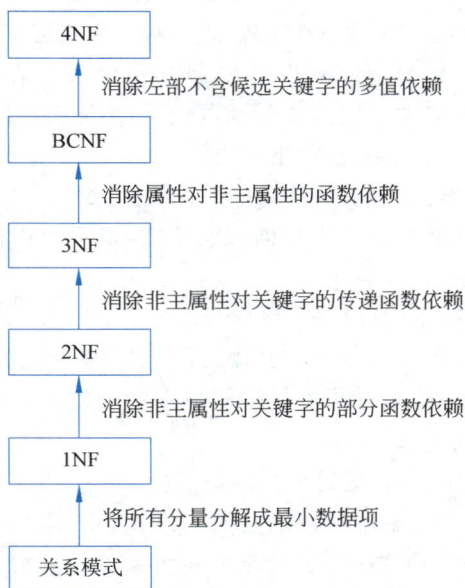

```
          ┌──────────┐
          │   4NF    │
          └──────────┘
               ↑   消除左部不含候选关键字的多值依赖
          ┌──────────┐
          │   BCNF   │
          └──────────┘
               ↑   消除属性对非主属性的函数依赖
          ┌──────────┐
          │   3NF    │
          └──────────┘
               ↑   消除非主属性对关键字的传递函数依赖
          ┌──────────┐
          │   2NF    │
          └──────────┘
               ↑   消除非主属性对关键字的部分函数依赖
          ┌──────────┐
          │   1NF    │
          └──────────┘
               ↑   将所有分量分解成最小数据项
          ┌──────────┐
          │  关系模式  │
          └──────────┘
```

图 8-2 规范化过程

规范化的级别越高,可能导致数据库的查询变得越复杂,查询操作需要越多的连接操作来完成,这会影响数据库的查询性能,同时也带来数据库的维护难度上升等问题。在实际的数据库的设计中,需要在规范化和数据库性能之间做平衡。通常 3NF 或 BCNF 关系是实际应用中常用的规范化目标,3NF 关系已经消除了大部分的数据异常操作问题,由于分解为 BCNF 关系会破坏语义上的函数依赖,因此是否要进一步分解为 BCNF 或 4NF 关系,需根据实际应用场景进一步分析,也可以考虑通过应用程序逻辑等保障数据库的一致性。

此外,在关系数据理论中,除了函数依赖和多值依赖外,还有连接依赖、包含依赖、传递依赖等,相应也有更高级别的范式。例如,第五范式(5NF)是消除非候选关键字的表字段连接依赖。感兴趣的读者可以进一步查阅相关资料。

8.4 模式分解

8.4.1 模式分解的准则

在数据库设计中，为了消除数据操作的异常，通常需要对关系模式进行规范化，将较低规范级别的关系分解为多个较高规范级别的关系，这个过程称为模式分解。

模式分解遵循以下步骤。

（1）确定范式要求：通常至少需要满足 3NF 关系。

（2）分析依赖关系：关系模式中包括的函数依赖、多值依赖等。

（3）确定分解策略：根据分析出的依赖关系，选择合适的分解策略。常见的分解策略包括无损连接的模式分解和保持函数依赖的模式分解。无损连接的模式分解是指分解后的关系模式通过自然连接能够恢复到原来的关系模式，不会丢失信息。保持函数依赖的模式分解是指分解后不能丢失原来关系模式中的函数依赖，不能破坏原来的语义。

根据两种分解策略的组合关系，有如下三类。

① 模式分解满足无损连接，但不满足保持函数依赖。

无损连接可以保证模式分解过程中数据的完整性，但不能保持函数依赖意味着会在分解过程中丢失应用场景的语义。

② 模式分解不满足无损连接，但满足保持函数依赖。

无损连接分解是保持函数依赖分解的基础，只有当分解后的模式集合能够无损连接时，即保证分解前后的数据完整性，进一步的保持函数依赖分解才有意义。通常不推荐这种分解策略组合。

③ 模式分解满足无损连接，也满足保持函数依赖。

在实际应用中，无损连接分解和保持函数依赖分解往往需要结合使用，以确保分解后的数据库模式既满足数据完整性的要求，又满足依赖关系保持的要求，通常有 3NF 无损连接和保持函数依赖的分解、BCNF 无损连接等。

（4）执行分解：根据选定的分解策略，将原关系模式分解成多个子关系模式。

（5）验证分解结果：检查分解后的子关系模式是否满足无损连接和保持依赖的要求，确保分解后的数据库设计是有效的。

（6）优化和调整：根据实际应用需求，对分解后的关系模式进行进一步的优化和调整，以提高性能和满足特定的业务规则。

模式分解需要确保分解后的关系模式与分解前的关系模式等价，即满足无损连接和保持函数依赖的分解。

下面介绍关系模式分解、无损连接性以及保持函数依赖的定义。

首先给出关系模式分解的定义。

定义 8.13 设有关系模式 $R(U, F)$，$\rho = \{R_1(U_1, F_1), \cdots, R_n(U_n, F_n)\}$ 是 R 的一个分解，其中，$U = U_1 \bigcup U_2 \bigcup \cdots \bigcup U_n$，$U_i \not\subseteq U_j$，$1 \leqslant i, j \leqslant n$，$i \neq j$，并且 F_i 是 F 在 U_i 上的投影，即

$$F_i = \Pi_{U_i}(F) = \{X \rightarrow Y \mid X \rightarrow Y \in F^+ \wedge XY \subseteq U_i\}$$

接下来介绍无损连接性的定义。

定义 8.14 设有关系模式 $R(U，F)，\rho=\{R_1(U_1，F_1)，\cdots，R_n(U_n，F_n)\}$ 是 R 的一个分解,其中,$U=U_1\bigcup U_2\bigcup\cdots\bigcup U_n$,且 $U_i\not\subseteq U_j，1\leqslant i，j\leqslant n，i\neq j$。若对于 $R(U，F)$ 的任一关系 r,都满足

$$r=\Pi_{U_1}(r)\bowtie\Pi_{U_2}(r)\cdots\bowtie\Pi_{U_n}(r)$$

则称分解 ρ 具有无损连接性,其中,$\Pi_{U_i}(r)$ 是关系 r 在 $U_i(1\leqslant i\leqslant n)$ 上的投影。

下面是保持函数依赖的定义。

定义 8.15 设有关系模式 $R(U,F)，\rho=\{R_1(U_1，F_1)，\cdots，R_n(U_n，F_n)\}$ 是 R 的一个分解,若 $F^+=(\bigcup\limits_{i=1}^{k}F_i)^+$,则称分解 ρ 保持函数依赖。

保持函数依赖的分解要求分解前函数依赖的闭包和分解后各个函数依赖并集的闭包相等,即分解不能丢失函数依赖。

下面分别讨论无损连接性的判断方法和保持函数依赖的判断方法。

针对无损连接性的判断有两种方法。

(1) 方法一:当只有两个分解时,即关系模式 $R(U,F)$ 的分解 $\rho=\{R_1(U_1，F_1)，R_2(U_2，F_2)\}$ 具有无损连接性的充分必要条件是 $R_1\bigcap R_2\rightarrow R_1-R_2\in F^+$ 或 $R_1\bigcap R_2\rightarrow R_2-R_1\in F^+$。

(2) 方法二:当有两个以上的分解时,使用表格法判断。

由于篇幅受限,感兴趣的读者可扫描右侧二维码获取关于表格法判断无损连接性的步骤和例题。

例 8.8 设有关系模式 $R(U，F)$,其中 $U=\{A，B，C，D\}，F=\{AB\rightarrow C，A\rightarrow B，B\rightarrow D，C\rightarrow D\}$,判断 $\rho=\{R_1(ABC)，R_2(BD)\}$ 的无损连接性。

由于 $R(U，F)$ 分解为两个关系模式,使用方法一判断分解 ρ 的无损连接性。

$R_1\bigcap R_2=\{B\}，R_1-R_2=\{AC\}，R_2-R_1=\{D\}$,由于函数依赖集中有 $B\rightarrow D$,所以 $R_1\bigcap R_2\rightarrow R_2-R_1$ 成立,分解 $\rho=\{R_1(ABC)，R_2(BD)\}$ 满足无损连接性。

保持函数依赖的分解要求模式分解不能丢失函数依赖,因此可以通过引理 8.2 判断分解前的函数依赖集是否在分解后的函数依赖集中包含或者蕴涵。

例 8.9 设有关系模式 $R(U，F)$,其中 $U=\{A，B，C，D，E，G\}，F=\{E\rightarrow D，C\rightarrow B，CE\rightarrow G，B\rightarrow A\}$,判断 $\rho=\{R_1(AB)，R_2(BC)，R_3(ED)，R_4(EAG)\}$ 是保持函数依赖的分解。

根据定义 8.13,通过投影运算求出 $R(U，F)$ 的每个分解的函数依赖集,得到

$$R_1(AB)，\quad F_1=\{B\rightarrow A\}$$
$$R_2(BC)，\quad F_2=\{C\rightarrow B\}$$
$$R_3(ED)，\quad F_3=\{E\rightarrow D\}$$
$$R_4(EAG)，\quad F_4=\{\phi\}$$

设 $F'=F_1\bigcup F_2\bigcup F_3\bigcup F_4=\{E\rightarrow D，C\rightarrow B，B\rightarrow A\}$,现在需要判断函数依赖 $CE\rightarrow G$ 是否属于 $(F')^+$,求属性集 CE 关于 F' 的闭包,即 $CE_{F'}^+$。由 $C\rightarrow B、B\rightarrow A$ 以及传递律可推导出 $C\rightarrow A$,并且 $E\rightarrow D、C\rightarrow B、CE\rightarrow CE$,因此 $CE_{F'}^+=\{ABCDE\}$。由于 $G\notin CE_{F'}^+$,根据引理 8.1 推导出 $CE\rightarrow G\notin(F')^+$,因此 ρ 不是保持函数依赖的分解。

8.4.2 3NF 无损连接和保持函数依赖算法

在 8.4.1 节的模式分解策略中提到,在数据库实际设计中,无损连接分解和保持函数依

赖分解往往需要结合使用,通常有 3NF 无损连接和保持函数依赖的分解、BCNF 无损连接等。

3NF 无损连接和保持函数依赖的分解可以保证:

(1) 分解后的关系模式是 3NF 关系。

(2) 保持函数依赖的分解。

(3) 无损连接分解。

由于 3NF 无损连接和保持函数依赖分解的算法涉及计算关系模式的关键字,因此下面先介绍求关键字的方法。

算法 8.3 求关系模式 $R(U,F)$ 的候选关键字的算法。

(1) 只在 F 中函数依赖的右部出现的属性,一定不属于候选关键字。

(2) 只在 F 中函数依赖的左部出现的属性,一定属于候选关键字。

(3) 将 U 中剩余的属性逐个与步骤(2)中找出的属性组合成属性集,若该属性集的闭包为属性全集 U,则该属性集为 $R(U,F)$ 的候选关键字。

例 8.10 设有关系模式 $R(U,F)$,其中,$U=\{A,B,C,D\}$,$F=\{AC \rightarrow B,AB \rightarrow C,B \rightarrow D\}$,求 $R(U,F)$ 的候选关键字。

(1) 属性 D 只在 F 中函数依赖的右部出现,属性 D 一定不属于候选关键字。

(2) 属性 A 只在 F 中函数依赖的左部出现,属性 A 一定属于候选关键字。

(3) 将剩余属性 B、C 分别与 A 组合,为 AB 和 AC。

首先求 AB 的属性集闭包 $AB_F^+=\{ABCD\}=U$,AB 是候选关键字。

再求 AC 的属性集闭包 $AC_F^+=\{ABCD\}=U$,AC 是候选关键字。

因此,$R(U,F)$ 的候选关键字是 AB 和 AC。

算法 8.4 计算关系模式 $R(U,F)$ 的 3NF 无损连接和保持函数依赖分解的算法。

(1) 计算 $R(U,F)$ 中 F 的最小覆盖,并将求出的最小覆盖仍然记为 F。

(2) 若 $X \rightarrow Y$,且 $X \cup Y=U$,则 $\rho=\{R\}$,不需要分解,算法终止。

(3) 将在 F 中未出现的属性构成关系模式 $R_0(U_0,\phi)$,从 U 中删除 U_0 所包含的属性,剩余的属性仍然记为 U。

(4) 对 F 中的所有函数依赖,将左部属性相同的分为一组,每一组函数依赖 F_i 所涉及的所有属性构成属性集 U_i,如 $U_i \subseteq U_j$,$i \neq j$,则去掉 U_i。

(5) 经过以上步骤得到 $R(U,F)$ 的分解 $\rho=\{R_0,R_1,\cdots,R_n\}$,构成 R 的一个保持函数依赖的分解,并且每个 R 都是 3NF 关系。

(6) 设 K 是 $R(U,F)$ 的关键字,令 $\tau=\rho \cup R_K(K,F_K)$,若对某个 U_i,当 $K \subseteq U_i$ 时,将 R_K 从 τ 中删除;当 $U_i \subseteq K$ 时,将 R_i 从 τ 中删除。

(7) τ 是 $R(U,F)$ 的 3NF 无损连接和保持函数依赖的分解。

例 8.11 设有关系模式 $R(U,F)$,其中,$U=\{A,B,C,D,E\}$,$F=\{A \rightarrow D,A \rightarrow B,E \rightarrow D,D \rightarrow B,BC \rightarrow D,DC \rightarrow A\}$,求 $R(U,F)$ 的 3NF 无损连接和保持函数依赖的分解。

(1) 根据算法 8.2 计算 F 的最小覆盖,仍然记为 F,即

$$F=\{A \rightarrow D,E \rightarrow D,D \rightarrow B,BC \rightarrow D,DC \rightarrow A\}$$

(2) F 中没有满足条件 $X \rightarrow Y$ 且 $X \cup Y=U$ 的函数依赖,继续执行算法的步骤(3)。

(3) U 中的所有属性都在 F 中出现过,继续执行算法的步骤(4)。

（4）对 F 中的所有函数依赖，将左部属性相同的分为一组，即

第 1 组 $A \rightarrow D$，涉及属性 AD

第 2 组 $E \rightarrow D$，涉及属性 DE

第 3 组 $D \rightarrow B$，涉及属性 BD

第 4 组 $BC \rightarrow D$，涉及属性 BCD

第 5 组 $DC \rightarrow A$，涉及属性 ACD

由于第 1 组的属性集包含在第 5 组的属性集中，去除第 1 组的属性集；第 3 组的属性集包含在第 4 组的属性集中，去除第 3 组的属性集。

（5）得到的模式分解结果为

$$\rho = \{R_1(DE), R_2(BCD), R_3(ACD)\}$$

（6）根据算法 8.3 求出 $R(U, F)$ 的一个候选关键字为 ACE，令 $\tau = \rho \bigcup R_{ACE}(ACE, F_{ACE})$，对于 ρ 中的 U_i，不存在 $ACE \subseteq U_i$ 和 $U_i \subseteq ACE$，因此

$$\tau = \rho \bigcup R_{ACE}(ACE, F_{ACE})$$
$$= \{R_1(DE), R_2(BCD), R_3(ACD), R_4(ACE)\}$$

（7）τ 是 $R(U, F)$ 的 3NF 无损连接和保持函数依赖的分解。

8.5 本章小结

本章首先以在线购物系统中的订单关系模式的设计为例，分析该订单关系模式中存在的问题，产生这些问题的原因是在订单关系模式设计中存在的不良依赖关系，进一步引出消除不良依赖关系的方法是规范化和模式分解。

然后详细介绍了规范化和模式分解的理论基础。函数依赖是定义关系模式属性之间的语义关系；Amstrong 公理及推论是计算函数依赖 F 的闭包的基础；由于计算闭包的复杂性，属性集闭包是判断函数依赖是否属于闭包的可行计算方法；为了简化和优化数据库关系模式的设计，会尽量选择能够表达语义关系的最小函数依赖集。

在函数依赖的理论基础上，进一步详细介绍了规范化和模式分解。规范化通过模式分解消除关系模式的不良的函数依赖，使关系模式满足更高的规范级别，包括 1NF、2NF、3NF、BCNF、4NF 等。接下来详细介绍了无损连接模式分解和保持函数依赖模式分解的定义及其算法。在数据库逻辑设计实践中，通常结合两种分解策略使用，本章也详细介绍了 3NF 无损连接和保持函数依赖的计算方法。

8.6 习题

1. 选择题

（1）给定关系模式 $R(U, F)$，属性全集 $U = \{A, B, C, D, E, G, H\}$，函数依赖集 $F = \{A \rightarrow B, AE \rightarrow H, BG \rightarrow DC, E \rightarrow C, H \rightarrow E\}$，下列函数依赖不成立的是（　　）。

    A. $A \rightarrow AB$ B. $H \rightarrow C$ C. $AEB \rightarrow C$ D. $A \rightarrow BH$

（2）下列关于函数依赖的叙述中，不正确的是（　　）。

    A. 由 $X \rightarrow Y, Y \rightarrow X$，则 $X \rightarrow YZ$ B. 由 $X \rightarrow YZ$，则 $X \rightarrow Y, Y \rightarrow Z$

C. 由 $X{\rightarrow}Y,WY{\rightarrow}Z$，则 $XW{\rightarrow}Z$ D. 由 $X{\rightarrow}Y,Z\subseteq Y$，则 $X{\rightarrow}Z$

(3) 若关系模式 $R(U，F)$ 属于 3NF，则（   ）。

    A. 一定属于 BCNF

    B. 消除了插入的删除异常

    C. 仍存在一定的插入和删除异常

    D. 属于 BCNF 且消除了插入和删除异常

(4) E-R 图转换为关系模型时，对实体中的多值属性采用的方法是（   ）。

    A. 将实体的关键字分别和每个多值属性独立构成一个关系模式

    B. 将多值属性和其他属性一起构成该实体对应的关系模式

    C. 多值属性不在关系中出现

    D. 所有多值属性组成一个关系模式

(5) 由于关系模式设计不当引起的更新异常是指（   ）。

    A. 两个事务同时对一数据项进行更新而造成数据不一致

    B. 由于关系的不同元组中数据冗余，更新时不能同时更新所有元组造成的数据不一致

    C. 未经授权的用户对数据进行了更新

    D. 对数据的更新因为违反完整性的约束条件而遭到拒绝

2. 填空题

(1) 设关系模式 $R(U，F)$，其中 $U=\{课程，教师，上课时间，教室，学生\}$，$F=\{课程{\rightarrow}教师，(上课时间，教室){\rightarrow}课程，(上课时间，教师){\rightarrow}课程，(上课时间，学生){\rightarrow}教室\}$，则关系模式 $R(U，F)$ 的关键字是_____。

(2) 关系模式 $R(U，F)$，属性全集 $U=\{A，B，C，D，E\}$，函数依赖集 $F=\{A{\rightarrow}BC，C{\rightarrow}D，BD{\rightarrow}A，AD{\rightarrow}E，BD{\rightarrow}E\}$，则 $(CE)_F^+=$ _____。

(3) 如果一个函数依赖集满足每个函数依赖的右部是_____，每个函数依赖的左部_____，同时函数依赖集中没有多余的函数依赖，则该函数依赖集称作最小函数依赖集。

(4) 关系规范化理论是为解决_____问题而提出的。

(5) 设有关系模式 $R(U，F)$，其中 $U=\{A，B，C\}$。$F=\{AB{\rightarrow}C，C{\rightarrow}A\}$，则关系 R 至多达到第_____范式。

3. 简答题

(1) 理解以下术语，对关联的术语进行辨析。

① 函数依赖；② 非平凡函数依赖和平凡函数依赖以及两者的区别；③ 完全函数依赖和部分函数依赖以及两者的区别；④ 传递函数依赖；⑤ 逻辑蕴涵、函数依赖集闭包和属性集闭包以及函数依赖集闭包和属性集闭包之间的关系；⑥ 函数依赖集等价和最小函数依赖集，为什么需要讨论函数依赖集的等价和最小化？

(2) 试讨论满足 1NF、2NF、3NF、BCNF、多值依赖、4NF 的关系模式 $R(U，F)$ 所要求的条件。

(3) 给定关系模式 $R(U，F)$，属性全集 $U=\{A，B，C，D\}$，函数依赖集 $F=\{AB{\rightarrow}C，CD{\rightarrow}D\}$。若将 R 分解成 $\rho=\{R_1(A，B，C)，R_2(A，C，D)\}$，请判断分解 ρ 是否具有无损连接性？是否保持函数依赖？请给出判断理由。

（4）已知关系模式 $R = (\{A, B, C, D, E\}, \{ABC \rightarrow DE, BC \rightarrow D, D \rightarrow E\})$，试求：

① R 的候选关键字。② R 是第几范式？③ F 的最小覆盖。④ 使用 3NF 保持函数依赖和无损连接算法给出分解结果。

（5）某公司数据库中的元件关系模式为 P（元件号，元件名称，供应商，供应商所在地，库存量），函数依赖集 F 如下所示：$F = \{$元件号→元件名称，（元件号，供应商）→库存量，供应商→供应商所在地$\}$。试求：

① 元件关系模式 P 的关键字。② 元件关系模式 P 存在冗余以及插入异常和删除异常等问题，请对元件关系模式 P 做模式分解。③ 判断分解后的关系模式最高可以达到第几范式？请给出判断理由。

第 **9** 章

数据库设计

学习目标

（1）掌握数据库设计的基本步骤和方法。

（2）理解需求分析的任务和方法。

（3）掌握概念数据模型、逻辑数据模型、物理数据模型设计的方法。

（4）掌握用 PowerDesigner 完成数据库设计的方法。

思维导图

```
                        ┌─ 数据库设计概述 ─┬─ 数据库设计的基本任务
                        │                 ├─ 数据库设计的方法
                        │                 └─ 数据库设计的步骤
                        │
                        ├─ 需求分析 ───────┬─ 需求分析的任务与内容
                        │                 └─ 需求分析的步骤与方法
                        │
                        │                 ┌─ 实体—联系方法
                        ├─ 概念数据模型设计 ┼─ 概念数据模型设计的方法与步骤
                        │                 ├─ 数据库建模工具PowerDesigner
    数据库设计 ─────────┤                 └─ 使用PowerDesigner建立概念数据模型的基本方法
                        │
                        ├─ 逻辑数据模型设计 ┬─ 把E-R模型转换为关系数据模型
                        │                 └─ 关系模式规范化的应用
                        │
                        ├─ 物理数据模型设计 ┬─ 物理数据模型设计的内容
                        │                 └─ 物理数据模型设计实例
                        │
                        └─ 数据库的实施与维护 ┬─ 数据库的实施
                                            └─ 数据库的运行和维护
```

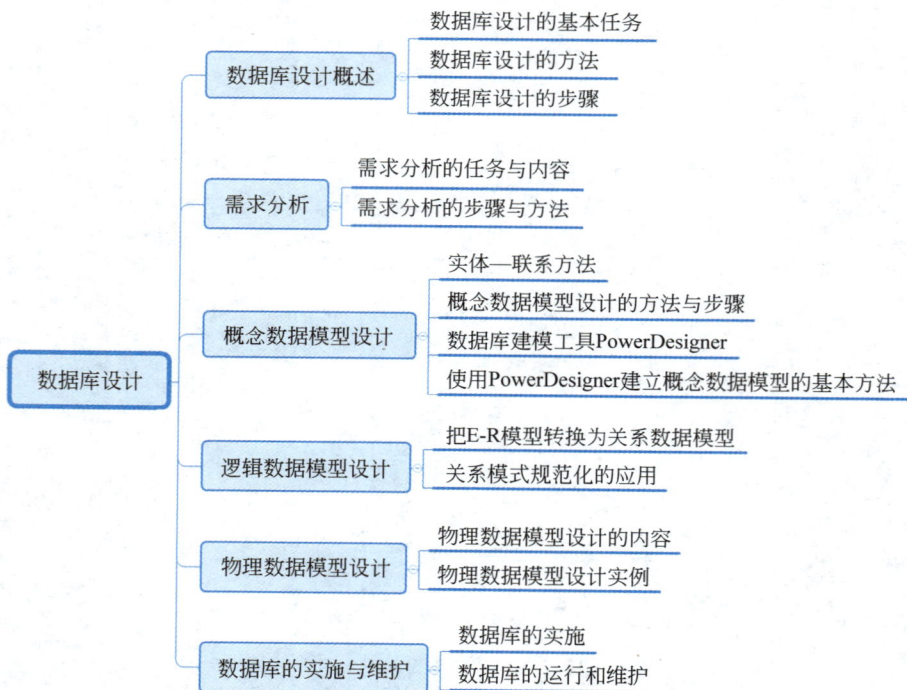

　　数据库设计是信息系统开发和建设的重要组成部分。本章首先介绍数据库设计的步骤和方法，然后根据数据库设计步骤重点介绍需求分析、概念数据模型设计、逻辑数据模型设计和物理数据模型设计的内容和方法，并给出利用 PowerDesigner 完成数据库设计的案例。

9.1　数据库设计概述

数据库是信息系统的核心组成部分,它的设计直接影响到信息系统能否正常、有效地运行。一个优秀的数据库设计能够满足系统需求,同时提高数据的存储、查询、安全和维护的性能。

数据库设计有广义和狭义两种定义,广义的定义是指基于数据库的应用系统或管理信息系统的设计,它包括系统功能设计和数据库结构设计两部分内容;而狭义的定义则专指数据库模式或结构的设计。在本章主要指的是后者。

9.1.1　数据库设计的基本任务

数据库设计就是对于一个给定的应用环境,通过设计反映现实世界应用需求的概念数据模型,并将其转换成逻辑数据模型和物理数据模型,并最终建立为现实世界服务的数据库。因此,数据库设计的基本任务就是根据用户的信息需求、处理需求和数据库的支撑环境(包括 DBMS、操作系统、硬件),设计一个结构合理、使用方便、效率较高的数据库。

其中,信息需求是指在数据库中应该存储和管理哪些数据对象;处理需求是指需要进行哪些业务处理和操作,如对数据对象的增加、修改、删除、查询和统计等操作。在充分了解用户的信息需求、处理需求基础之上,结合硬件、操作系统环境以及 DBMS 的特性,通过数据库设计得到相应的数据模型。这一数据模型要能概括具体数据库应用系统的全局数据结构,满足本系统所有用户的应用需求。然后,根据该模型创建数据库及其应用系统,达到有效存储数据、实现处理需求的目的。

9.1.2　数据库设计的方法

数据库设计的根本是对现实世界数据管理需求的理解,是综合运用计算机软件、硬件技术,结合应用系统领域的知识和管理技术的系统工程。它不仅仅需要个人的经验和技巧,更要遵循基于软件工程思想的数据库设计的一般方法、规则和步骤。在现实世界中,应用领域千差万别,信息结构错综复杂,而设计者的知识、经验和思路又各有不同,所以数据库设计的方法和路径也不完全相同。

早期数据库设计主要采用手工和经验相结合的方法。设计的质量与设计人员的经验和水平有直接的关系,由于缺乏科学方法和设计工具的支持,设计质量难以保证。为此,人们经过不懈的努力和探索,提出各种数据库设计方法来规范数据库设计,研究和开发数据库建模工具用于辅助设计人员完成数据库设计过程中的各项任务,达到事半功倍的效果。

数据库建模工具是一种能够设计和管理数据库结构的软件,它能够提供可视化的界面,让用户通过拖曳、输入等方式建模,具有支持多种数据库平台(如 MySQL、Oracle、SQL Server 等),提高开发效率,能够自动生成 SQL 脚本等优势。

目前常用的数据库建模工具有 PowerDesigner、ERWin、Navicat Premium 等。本书将使用 PowerDesigner 作为数据库建模工具。

9.1.3 数据库设计的步骤

一般认为数据库设计可以分为以下 6 个阶段。

（1）需求分析阶段。

（2）概念数据模型设计阶段。

（3）逻辑数据模型设计阶段。

（4）物理数据模型设计阶段。

（5）数据库实施阶段。

（6）数据库运行与维护阶段。

图 9-1 示意了数据库设计的 6 个阶段及各阶段的设计依据和结果。下面对各阶段的任务进行简要说明。

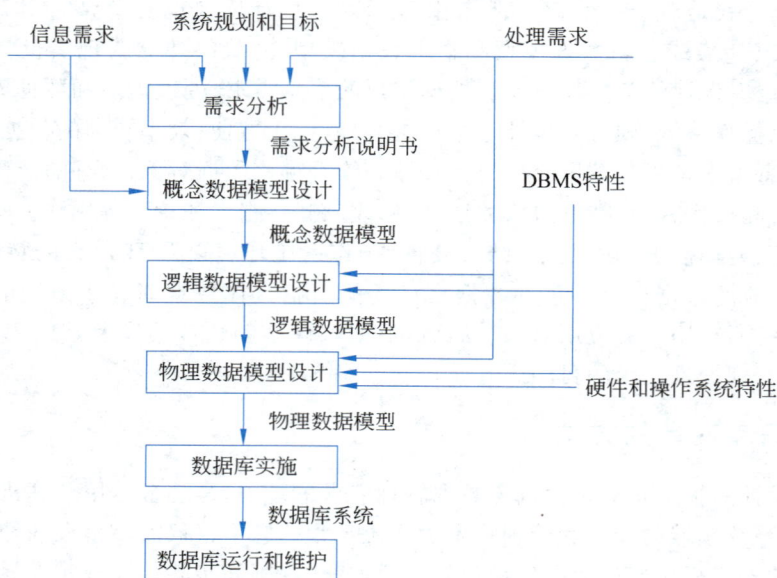

图 9-1 数据库设计的 6 个阶段

需求分析阶段要在用户调查的基础上，通过分析，逐步明确用户对系统的需求，包括数据需求和围绕这些数据的业务处理需求。通过对组织、部门、企业等进行详细调查，在了解现有系统的概况、确定新系统功能的过程中，收集支持系统目标的基础数据及其处理方法。需求分析阶段是整个设计过程的基础，如果需求分析的工作做得不好，会导致整个数据库设计的重新返工。这一阶段的主要成果是需求分析说明书。

概念数据模型设计阶段是整个数据库设计的关键，此过程是对需求分析的结果进行综合和归纳，产生反映企业各组织信息需求的数据库概念结构，即概念数据模型。

逻辑数据模型设计阶段将概念数据模型设计的结果转换成选定的 DBMS 所支持的数据模型，并对其进行优化。

物理数据模型设计阶段为逻辑数据模型设计的结果选取一个最适合应用环境的数据库物理结构。这个物理结构依赖于给定的计算机系统，而且与具体选用的 DBMS 密切相关。物理数据模型设计常常包括某些操作约束，如响应时间与存储要求等。

数据库实施阶段是设计人员运用 DBMS 所提供的数据库语言(如 SQL)以及数据库开发工具,根据逻辑数据模型设计和物理数据模型设计的结果建立数据库,编制应用程序,装入实际数据并试运行。

数据库运行与维护阶段是指将试运行的数据库应用系统投入正式使用,并在使用过程中不断地进行调整和完善。

另外,在数据库的设计过程中还包括一些其他设计,如数据库的安全性、一致性和备份与恢复等方面的设计。

在数据库设计过程中,需求分析和概念数据模型设计独立于计算机的软件、硬件和DBMS。逻辑数据模型设计和物理数据模型设计与选定的 DBMS 有关,物理数据模型设计还与计算机的软硬件环境密切相关。

9.2　需求分析

需求分析就是调查和分析用户的业务活动和数据的使用情况,弄清所用数据的种类、范围、数量以及它们在业务活动中交流的情况,确定用户对数据库系统的使用要求和各种约束条件等,形成用户需求分析说明书。

9.2.1　需求分析的任务与内容

需求分析的任务是准确了解并分析用户对系统的需要和要求,弄清系统要达到的目标和实现的功能,明确系统需要做什么并编写需求分析说明书。

需求分析的重点是调查、收集和分析用户在数据管理中的应用要求。需求分析的主要内容如下。

(1) 数据需求分析:从对数据组织与存储的设计角度,辨识数据库应用系统所需管理的各类数据项和数据结构,与数据处理需求分析结果一起,组成数据字典。这是下一步进行概念数据模型设计的基础。

(2) 功能需求分析:主要针对数据库应用系统应具有的功能进行分析,可分为数据处理需求分析与业务规则需求分析。数据处理需求分析从数据访问和处理的角度,明确对各数据项所需要进行的数据访问操作。

(3) 性能需求分析:分析数据库应用系统应具有的性能指标,如数据操作响应时间或数据访问响应时间、系统吞吐量、允许并发访问的最大用户数等。

(4) 其他需求分析:分析系统安全性、扩展性、健壮性、易用性、数据库备份与恢复要求、服务器配置需求等。

9.2.2　需求分析的步骤与方法

实施需求分析的步骤如下。

(1) 明确系统涉及的范围以及要达到的目标。

(2) 以双方签订的合同为基础,调查清楚用户的实际需求,与用户达成共识。主要内容如下。

① 了解组织结构、各部门分管的业务和职能等。

② 调查各部门的业务活动情况,收集业务流程图、业务单据、功能需求等业务资料及标准制度文件。

③ 在熟悉业务活动的基础上,协助用户明确对新系统的各种要求。

④ 确定新系统的边界,明确哪些功能应由计算机完成,哪些功能应由人工完成。由计算机完成的功能就是新系统应该实现的功能。

（3）编写需求分析说明书。其内容包括系统目标、业务描述、业务流程图、用例图或数据流图等。

（4）对需求分析说明书进行评审,评审中会收集到新的需求,根据新的需求更新需求文档,直到需求评审一致性通过,输出最终的需求分析说明书。

在开展需求调研工作前要拟定调查提纲和调研计划,可通过需求调研会、访谈法、观察法、体验法、单据分析法、报表分析法、问卷调查法等收集用户需求。这些需求调研方法各有优缺点,可将它们组合应用,即针对想要了解的内容以及需要了解的对象的工作特点,采用不同的方式。

关于如何编写需求分析说明书,可查阅相关资料,按照需求分析说明书标准模板进行填写。

9.3　概念数据模型设计

在数据库的整个设计阶段,概念数据模型设计是非常重要的,因为只有准确理解和描述现实世界的数据管理需求,才能设计出好的数据库。在 1.4.2 节曾对概念数据模型做了简要介绍,本节则重点讨论怎么进行概念数据模型设计,介绍数据库设计工具,最后给出概念数据模型设计案例。

9.3.1　实体—联系方法

描述概念数据模型最具影响力和最具代表性的是实体-联系方法,即通常所说的 E-R（entity-relationship）方法。这种方法由于简单、实用,得到了非常普遍的应用,也是目前描述信息结构最常用的方法。在 1.4.2 节介绍了有关 E-R 方法的基本概念,虽然已经能完成基本的建模工作,但还需要进行一些扩充才能更恰当地反映现实世界的需求。为此,这里首先对 E-R 方法中涉及的其他一些概念（如弱实体、依赖联系等）进行必要补充,然后介绍概念数据模型设计步骤和方法,最后用 E-R 方法来进行概念数据模型设计。

1. 弱实体

通常把客观存在并可以相互区分的客观事物或抽象事件称为实体,其中“可区分”强调了实体有标识特征。在现实世界中还存在另外一类实体,它自身不具有标识特征,需要借助其他实体的特征才能够进行区分,这样的实体称为弱实体。与此相对,有标识特征的实体称为强实体。

弱实体必须依靠其他实体才能存在。如果弱实体所依靠的实体消失了,则该弱实体也就变得没有意义了。例如,网上购物的“订单”是一个强实体,而“订单明细”就是弱实体,必须依靠“订单”实体才能存在,如果订单不存在,则该订单的订单明细自然也就跟着被删除了。再如,考虑贷款和还款两个实体,有贷款才存在还款,没有贷款就不存在还款信息,因此

"还款"也是一个弱实体。

2. 依赖联系

弱实体和它所依赖的实体(强实体)之间必然存在着一种联系,通常把这种联系称作依赖联系。例如前面所提到的订单和订单明细之间的联系,贷款和还款之间的联系都是一个依赖联系。依赖联系都是一对多的联系,弱实体也只有作为一对多联系的一部分才有意义。

3. 强制联系和非强制联系

实体之间的联系可以分为强制联系和非强制联系。例如,专业和学生之间存在一对多的联系,学生任何时候都必须属于某个专业,因此专业和学生之间的联系是强制联系。再如,社团和学生之间存在一对多或多对多联系,学生可以属于某个社团,也可以不属于任何社团,因此社团和学生之间的联系是非强制联系。依赖联系都是强制联系。

9.3.2 概念数据模型设计的方法与步骤

概念数据模型设计是不依赖于任何数据库管理系统的,它是对用户信息需求的归纳。这一阶段的设计结果是数据库的概念结构,或称概念数据模型,由于它是从现实世界的角度进行抽象和描述,所以与具体的硬件环境和软件环境均无关。

1. 一般步骤

设计概念数据模型的具体步骤通常如下。

(1)先设计面向全局应用的全局概念结构的初步框架,即先建立起整个系统的总体框架。

(2)根据职能部门或系统功能划分成局部应用。

(3)依据划分后的局部应用完成局部 E-R 图的设计。

(4)最后将局部 E-R 图合并、转换成全局 E-R 图。

(5)对全局 E-R 图进行审核、优化,消除不一致,得到最终的 E-R 图,完成概念数据模型设计。

以上设计过程显然是自顶向下和自底向上的一个往复过程,它符合一般系统的设计规律。

2. 局部 E-R 图的设计

在根据划分后的局部应用完成局部 E-R 图的设计时,至少要包括以下内容。

(1)确定实体。

(2)确定实体的属性以及实体的标识属性(关键字)。

(3)确定实体间的联系、联系类型和联系的属性。

(4)画出表示概念数据模型的 E-R 图(可利用相应的建模工具,如 PowerDesigner)。

3. 合并 E-R 图

在完成局部 E-R 图后需将局部 E-R 图合并为全局 E-R 图。在进行 E-R 图合并时,要注意消除不一致性和冗余。具体内容如下。

(1)统一命名。在不同的局部 E-R 图中,表示相同事物的实体名和属性名可能不一样,在合并 E-R 图时先将它们的名称统一,要消除同名异义和同义异名的现象。

(2)统一实体的属性。在不同的局部 E-R 图中同一实体包含的属性可能不同。例如实体课程,在课程管理业务中有责任教师、先修课程等属性,而在学生选课业务中则没有这些属性。在合并时需要让该实体的属性统一，即要包含不同局部 E-R 图中的全部属性。另外，同一属性也有可能在不同的局部 E-R 图中有不同的数据类型、取值范围等。例如，学号属性在有的局部 E-R 图中定义为字符型，有的又定义为数字型，在合并时也需要统一。

（3）统一对象。同一对象在不同应用中可能有不同的抽象。例如，"专业"在某一局部应用中被当作实体，而在另一局部应用中则被当作属性。解决的方法是将它们统一，使同样的对象具有相同的抽象。在统一时要经过认真的分析。

（4）保留所有联系。两个实体之间在不同的应用中可能存在着不同的联系，在合并时需要将所有联系都保留下来。比如，有"教师"和"课程"两个实体，在课程建设业务中它们之间的联系是"负责"（一名教师可以负责多门课程，一门课程只能有一个责任教师，即一对多联系），而在授课业务中它们之间的联系是"讲授"（一名教师可以讲授多门课程，一门课程也可以由多名教师讲授，即多对多联系），合并后这两个联系都需要保留，如图 9-2 所示。

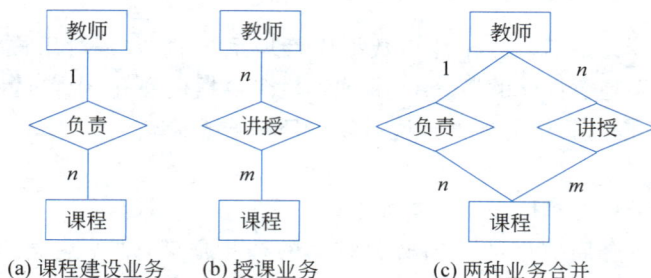

图 9-2　两个实体之间的两种联系

4. E-R 图的审核和验证

经过合并后得到全局 E-R 图，即形成了整体的概念数据库结构或概念数据模型，然后必须对整体概念数据模型进行必要的审核和验证，以保证它的正确性和可用性。

审核或验证工作如下。

（1）整体概念数据模型内部必须具有一致性，不能有相互矛盾的表述。

（2）整体概念数据模型必须能够准确反映原来的每个局部模型的结构，包括实体、属性和联系等。

（3）整体概念数据模型必须能够满足需求分析阶段所确定的所有要求，这一条实际蕴涵了以上两条。

9.3.3　数据库建模工具 PowerDesigner

PowerDesigner 是一款功能强大的企业级建模工具，用于对复杂的业务和系统进行可视化设计与建模。无论是系统分析人员、数据库设计人员还是数据库开发人员，它都能提供从业务建模到数据库实现的全方位支持。通过使用 PowerDesigner，企业可以加速应用系统开发过程，减少错误并优化资源利用。

PowerDesigner 16 版本提供了概念数据模型（Conceptual Data Model，CDM）、逻辑数据模型（Logical Data Model，LDM）、物理数据模型（Physical Data Model，PDM）、面向对象模型（Object Oriented Model，OOM）等 11 种模型。模型间的相互转换关系如图 9-3 所示。

利用 PowerDesigner 设计数据库的流程是，首先设计概念数据模型，进行实体、属性和

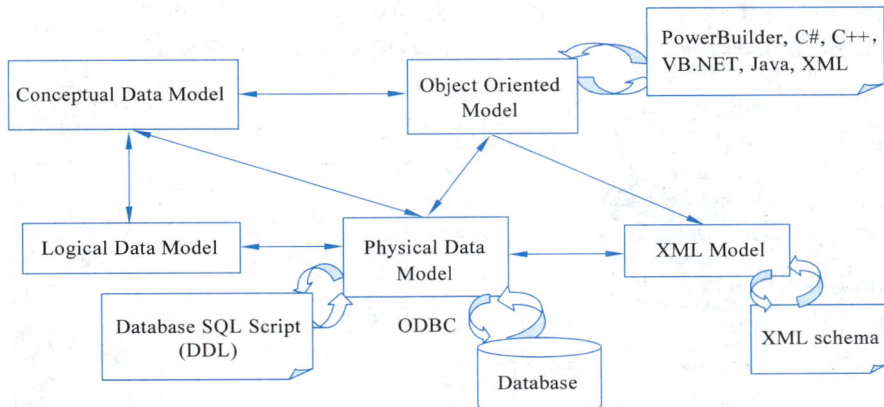

图 9-3　PowerDesigner 各模型之间的转换关系

联系的定义,然后由概念数据模型生成逻辑数据模型和物理数据模型,在生成的物理数据模型中定义视图、触发器、存储过程、索引和完整性约束等,完成物理数据库设计,最后生成创建目标数据库的脚本或者直接创建目标数据库。

　　利用 PowerDesigner 还可以完成逆向工程,其处理流程是,首先通过 ODBC 等访问技术连接目标数据库,然后由目标数据库生成物理数据模型,再根据物理数据模型生成逻辑数据模型和概念数据模型。

9.3.4　使用 PowerDesigner 建立概念数据模型的基本方法

　　本书以 PowerDesigner 16.5.0 为例建立概念数据模型。图 9-4 是概念数据模型设计界面中的工具箱,其中的命令按钮大致可以分为四类。

图 9-4　概念数据模型(CDM)工具箱

　　(1) Standard:指针、整体选择、放大、缩小、属性、剪裁、注释、连接/扩展依赖等编辑手段和工具。

　　(2) Conceptual Diagram:实体、联系、继承、关联和关联连接等设计 E-R 图的要素。

　　(3) Free Symbols:主题/标题、文本、线条、圆弧、矩形、椭圆形、圆角矩形、任意形状、多边形等辅助信息和符号。

　　(4) Predefined Symbols:椭圆形、三角形、平行四边形、六边形、文件夹、文档等预定义符号。

　　下面简单说明在 PowerDesigner 中建立概念数据模型的方法。

1. 新建概念数据模型

　　启动安装好的 PowerDesigner,选择 File→New Model 菜单命令或单击"创建一个新模型"图标 ，弹出如图 9-5 所示的对话框，选择 Conceptual Data Model（概念数据模型）选项，在 Model name 文本框中输入模型名，单击 OK 按钮建立概念数据模型。

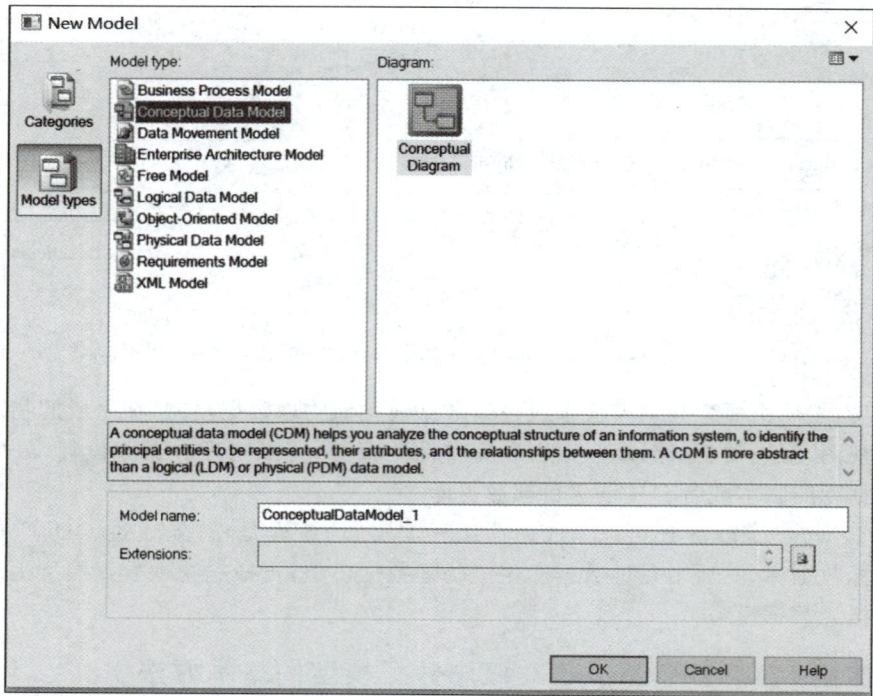

图 9-5　New Model 对话框

　　在进入的概念数据模型画板中，如果没有 ToolBox（工具箱），选择 View 菜单中的 ToolBox 命令即可显示工具箱。

2. 添加和编辑实体

　　为了添加实体，在图 9-4 所示的工具箱中选择"实体"工具 ，然后在画板的空白位置单击即可增加一个实体，可以连续增加多个实体。单击工具箱中的"指针"（Pointer）工具或右击，可以释放对"实体"工具的选择。

　　双击创建的实体（或在创建的实体上右击，然后从快捷菜单中选择 Properties 命令），打开"实体属性"对话框，这是一个含有多个选项卡的界面。在 General 选项卡中可输入或编辑实体名称、代码、注释等。在 Attributes 选项卡中输入、编辑实体的属性，如图 9-6 所示。

　　1）General 选项卡

　　General 选项卡的设置说明如下。

　　（1）Name：指定实体名，一般用于在界面中的显示。在一个模型中，实体名不能重复。

　　（2）Code：指定实体的代码，在转换成关系数据库时实体的 Code 将是数据库中的表名。

　　（3）Generate：默认是选择状态，如果取消，则在转换为其他模型时，会忽略这个实体。

　　2）Attributes 选项卡

　　Attributes 选项卡的设置说明如下。

　　（1）Name：指定实体的属性名，一般用于在界面中的显示。在一个实体中属性名不能

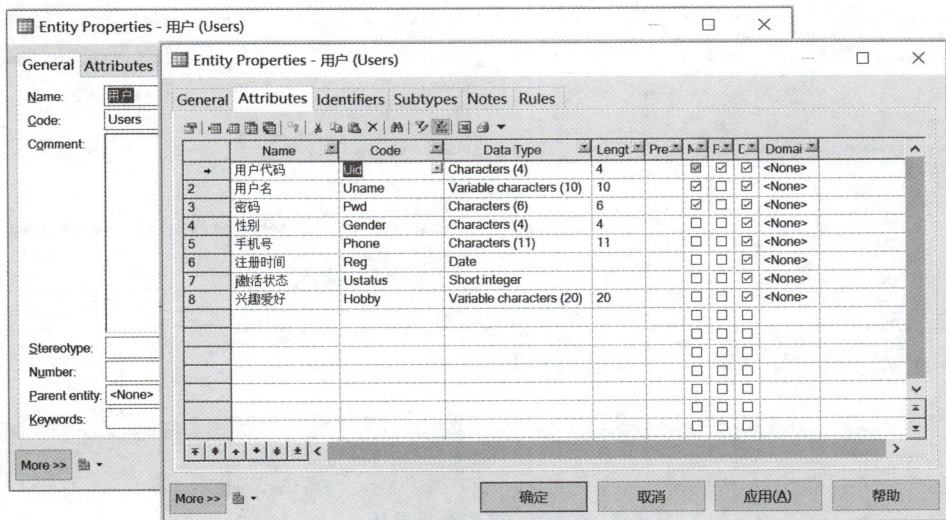

图 9-6　编辑实体的界面

重复。

（2）Code：指定属性的代码。属性的 Code 将是数据库中的列名。

（3）Data Type：通过下拉列表选择或单击 按钮，指定属性的数据类型。

（4）Length：指定属性的数据类型的长度。

（5）Precision：当属性的数据类型为精确数字类型时，指定小数点位数。

（6）M（Mandatory）：是否允许属性的值为空值。

（7）P（Primary Identifier）：指定实体的标识属性。

（8）D（Displayed）：是否在实体图表符号中显示。

（9）Domain：指定属性的域。

3．添加和编辑联系

建立两个实体之间联系的方法如下。

（1）在图 9-4 所示的 CDM 工具箱中选择"联系"工具 。

（2）在第一个实体上按住鼠标拖曳到第二个实体后释放鼠标，此时会默认在这两个实体之间建立一个一对多的联系。

（3）双击要编辑的联系（或右击要编辑的联系，然后从快捷菜单中选择 Properties 命令），打开联系编辑界面，如图 9-7 所示。

图 9-7 所示界面的上半部分是联系示意图，下半部分有多个选项卡用于编辑联系。

在图 9-7（a）所示的 General 选项卡中输入联系的名称。

在图 9-7（b）所示的 Cardinalities 选项卡中可设置联系类型，具体内容如下。

（1）基本联系类型有 One-One（一对一）、One-Many（一对多）、Many-One（多对一）或 Many-Many（多对多）。

（2）勾选 Mandatory 复选框说明联系是强制联系，勾选 Dependent 复选框说明联系是依赖联系。

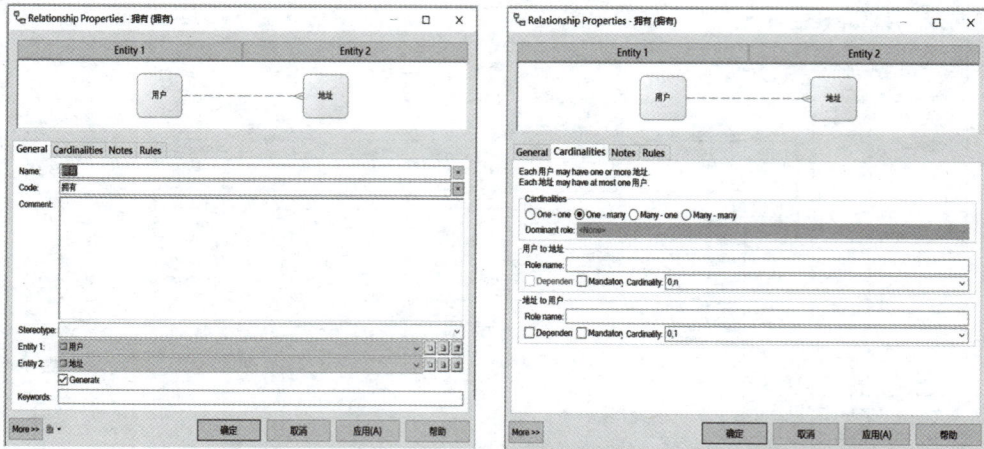

(a) General选项卡   (b) Cardinalities选项卡

图 9-7　联系编辑界面

9.3.5　概念数据模型设计实例

本节以网上购物系统为例来说明概念数据模型设计的过程。

1. 系统需求概述

网上购物系统为用户提供一个能够通过 Web 网站购买商品的平台，系统分为前端子系统和后台子系统。用户（买家）通过前端购买商品，系统管理人员通过后台子系统对商品、订单等信息进行管理。

前端子系统的功能如下。

（1）用户能够在网站注册，填写用户个人信息和收货地址，修改和查看个人注册信息，修改个人密码，对收货地址进行维护。

（2）用户能够浏览商品信息，将商品加入购物车，并可以修改购物车的货品和数量。

（3）用户能够在登录网站后，根据购物车中选购的商品下订单，查看自己所有订单和订单的详细信息，并可以查看订单当前处理状态。

（4）用户还应该可以在订单被系统管理员确认前取消订单。

后台子系统的功能如下。

（1）系统管理员能够添加和维护商品信息。

（2）系统管理员能够查看所有订单信息，确认订单，对新确认的订单安排发货，修改订单状态。

（3）系统管理员可以查看商品信息、商品销量情况等。

（4）系统管理员可以对数据进行统计，如统计指定时间段的订单数量、总金额等。

（5）系统自动记录用户浏览了哪些商品、停留的时长等信息，这些数据为分析用户喜好提供依据。

网上购物系统的功能结构如图 9-8 所示。

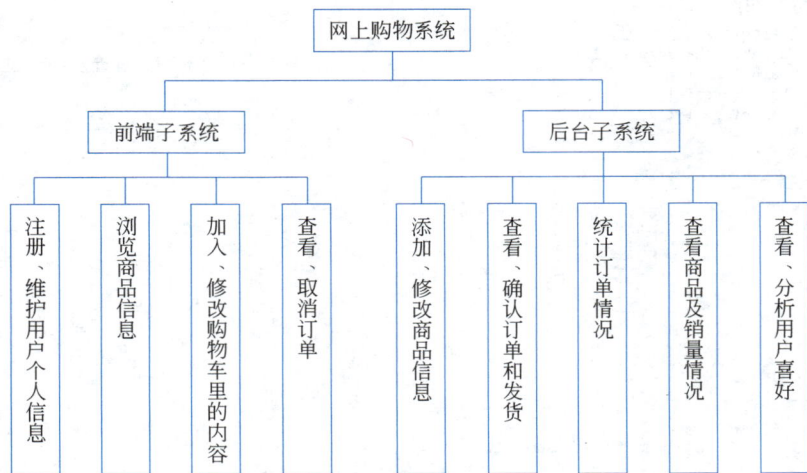

图 9-8　网上购物系统的功能结构

2. 设计局部 E-R 图

根据所划分的子系统,设计局部 E-R 图。

1) 前端子系统的 E-R 图

前端子系统涉及 6 个实体:用户、商品、订单、订单明细、购物车和地址。其中,用户与商品之间、订单与商品之间是多对多的联系,用户与订单之间、用户与地址之间是一对多的联系。由于一个多对多的联系可以转换成两个一对多的联系,所以在用 PowerDesigner 表示的前端子系统的 E-R 图中(如图 9-9 所示),直接将用户与商品之间的多对多联系转换为实体"购物车"并添加了属性"数量",将订单与商品之间的多对多联系转换为实体"订单明细"并添加了属性"订单明细序列号"和"购买数量"。需要注意的是,订单明细、地址是一个弱实体,即订单和订单明细之间、用户和地址之间都是一种依赖联系(打开实体"用户"与"地址"之间的联系"拥有"属性窗口,在图 9-7(b)所示的 Cardinalities 选项卡中勾选 Dependent 复选框;订单和订单明细之间的设置方法类似)。

2) 后台子系统的 E-R 图

后台子系统涉及 5 个实体:用户、商品、订单、订单明细和商品浏览记录。其中,订单与商品之间是多对多的联系,用户与订单之间、用户与商品浏览记录之间、商品与商品浏览记录之间都是一对多的联系。同样的将订单与商品之间的多对多联系转换成实体"订单明细"并输入订单明细的属性。用 PowerDesigner 表示的后台子系统的 E-R 图如图 9-10 所示。

3. 合并局部 E-R 图,消除不一致和冗余,形成全局 E-R 图

将各个局部 E-R 图汇集成一个整体的 E-R 图,消除冗余和冲突,进行优化后产生全局 E-R 图。例如,在后端子系统的 E-R 图中,地址是一个属性,而在前台子系统的 E-R 图中,地址是一个实体。另外,前端子系统和后台子系统关于实体"商品"和"订单"的属性是不同的,实体"订单"中关于金额所用的属性名也不同,所有这些不一致、冲突的地方都要消除。由于实体"用户"与"地址"、"地址"与"订单"都是一对多联系,所以删除冗余"用户"与"订单"的联系,最终优化后的网上购物系统的全局 CDM 如图 9-11 所示。

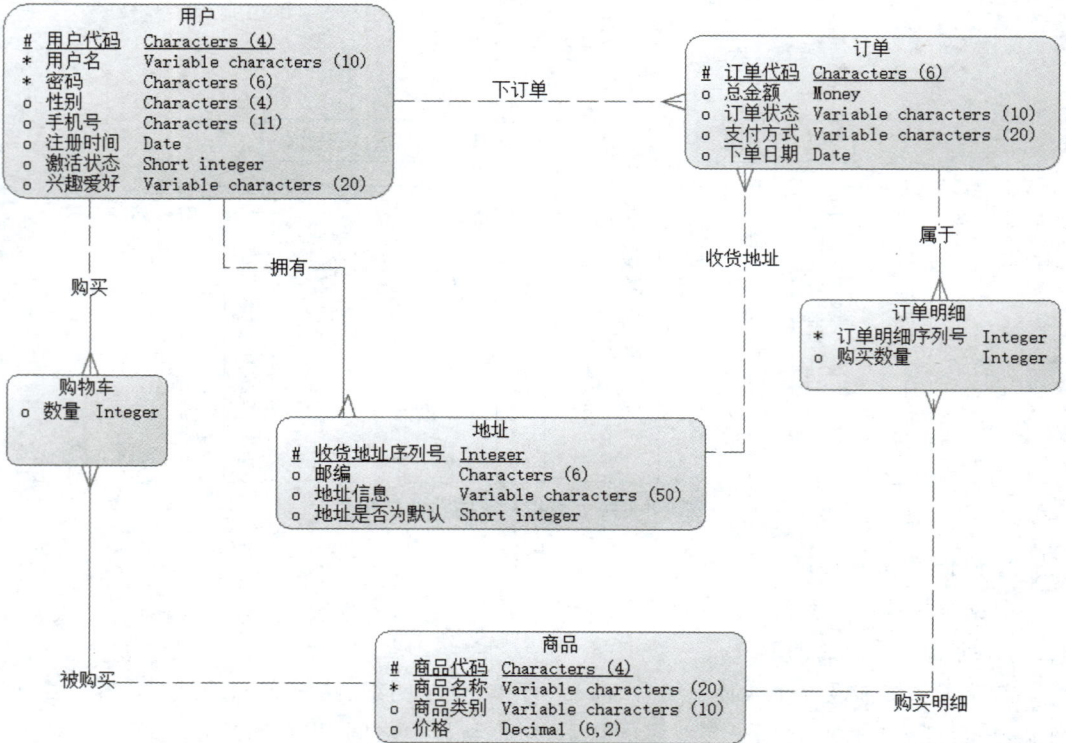

图 9-9　前端子系统的 E-R 图

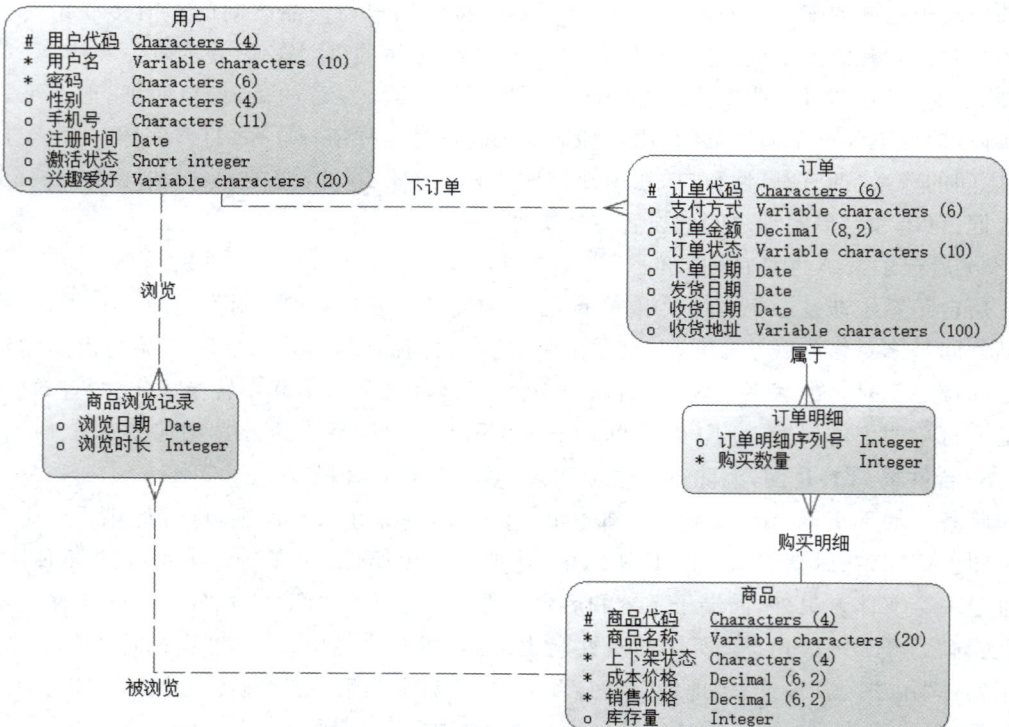

图 9-10　后台子系统的 E-R 图

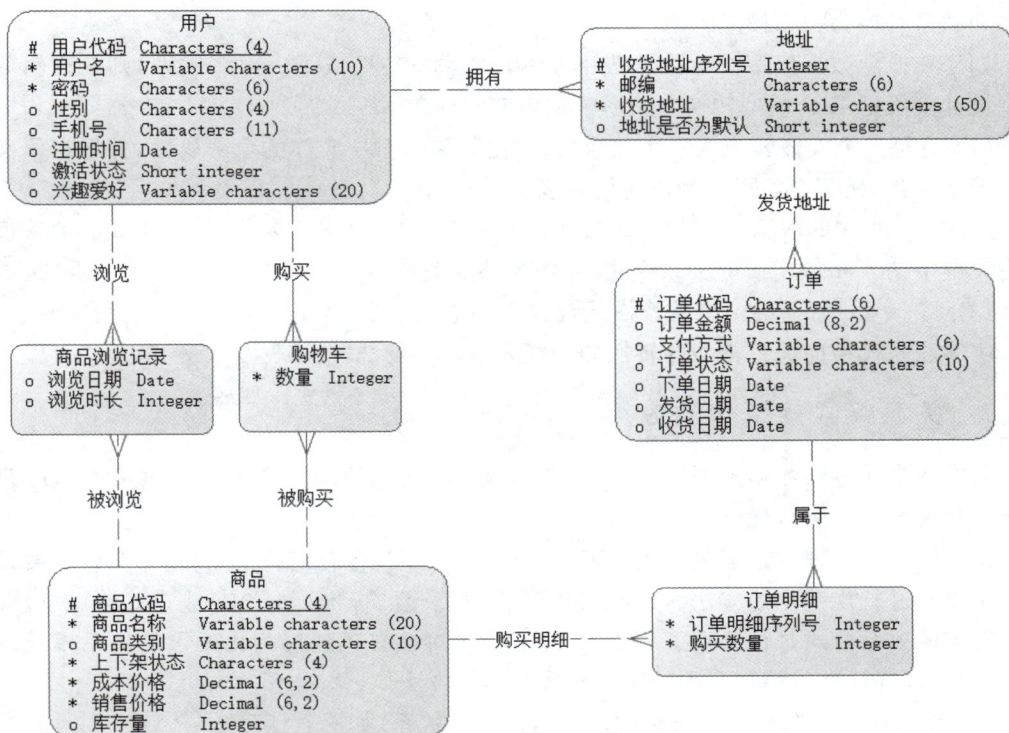

图 9-11　网上购物系统的全局 E-R 图

单击"保存"图标,将最终的 E-R 图存为后缀名为.cdm 的文件。

9.4　逻辑数据模型设计

逻辑数据模型设计的任务是将概念数据模型转换成某个具体的 DBMS 所支持的数据模型,一般称为逻辑数据模型,这里只介绍关系模型的转换。转换后的数据模型应与转换前的 E-R 模型保持一致的应用语义。

逻辑数据模型设计一般分为两步进行。

(1)将概念数据模型转换成逻辑数据模型。转换后可能会遇到如下问题。

① 命名问题。转换后的实体和属性可以采用原名,也可以另行命名,避免重名。

② 非原子属性问题。如果转换为关系模型,对于可分解的属性(非原子属性)可将其进行纵向和横行展开。

③ 联系转换问题。在将 E-R 图转换为关系模型时,不同的联系类型,其转换结果是不同的,具体参见 9.4.1 节中的内容。

(2)逻辑数据模型的优化。数据库逻辑设计的结果不是唯一的。为了进一步提高数据库应用系统的性能,还应该适当修改逻辑数据模型的结构以达到最佳效果。

9.4.1　把 E-R 模型转换为关系数据模型

在逻辑数据库设计阶段,首先将概念数据模型转换为关系数据模型,即将 E-R 图中的实体和联系转换为关系模式。

如果在概念数据模型设计阶段已经将多对多联系转换成了一对多联系，则在逻辑数据模型设计阶段把 E-R 模型转换为关系模型将非常简单。

（1）将每一个实体转换为一个关系模式，使其包含对应实体的全部属性，并根据语义确定关键字（实际在概念数据模型阶段已经确定）。

（2）将一对多的联系直接并入 n 端实体的关系模式，这只需要将"1"端实体的关系模式的主关键字纳入 n 端实体的关系模式，并作为外部关键字。

（3）将一对一联系的两个关系模式合并为一个关系模式。

实体联系模型向关系模型的转换的详细介绍可参见 2.3 节。

9.4.2　关系模式规范化的应用

通常在生成逻辑数据模型后，为了进一步提高数据库的设计质量，要以关系规范化理论为指导对关系模式进行优化。

本书的第 8 章曾讨论了关系数据理论，介绍了关系规范化的概念，讨论了为什么要进行规范化以及进行规范化的方法。现在可以运用规范化的标准（如 3NF 或 BCNF）来检验目前所得到的关系模式是否达到了规范化的要求，并对没有达到规范化要求的关系模式进行模式分解，最终设计出结构合理的关系模式。具体方法如下。

（1）确定每个关系模式中各属性间的数据依赖关系（如函数依赖）。

（2）判断每个关系模式属于第几范式。

（3）对于低于 3NF 的关系模式，可以利用第 8 章介绍的"3NF 无损连接和保持函数依赖算法"进行分解，即将一个关系模式分解成两个或多个关系模式，使得每个关系模式都是 3NF。

需要说明的是，在实际工程中并不是范式越高越好，有的时候为了获得较高的效率（特别是查询性能要求较高的系统），可能会适当增加数据冗余，采用较低的范式（通过分解获得高范式的过程会造成数据表变多，这样在数据查询时可能是单表查询的变成多表连接查询，而连接运算的代价是非常高的）。所以数据库设计也是综合各方面因素的一项系统工程，需要从实际出发设计出最合适的数据库。

当采用较低的范式时，需要注意较低的范式可能会带来的操作异常现象，此时可以通过创建触发器、在应用程序中编写相应的代码等手段来防范。

9.4.3　逻辑数据模型设计实例

本节基于 PowerDesigner 说明逻辑数据模型设计的过程。

1. 概念数据模型转换为逻辑数据模型

在 PowerDesigner 中可以由概念数据模型（CDM）直接生成逻辑数据模型（LDM）。

打开 9.3.5 节所设计的最终 E-R 图，在概念数据模型设计界面中选择 Tools→Generate Logical Data Model 菜单命令或按 Ctrl＋Shift＋L 键，弹出如图 9-12 所示的对话框，在 Name 文本框中输入新生成的逻辑数据模型名，单击"确定"按钮生成新的逻辑数据模型，如图 9-13 所示。

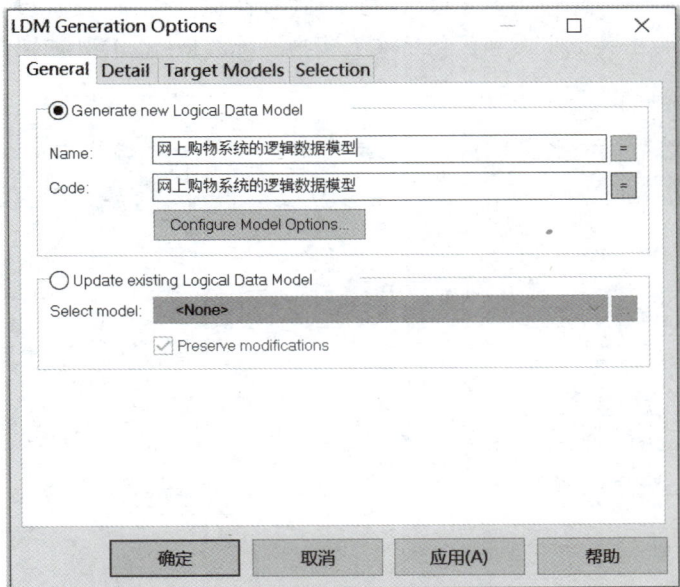

图 9-12　生成逻辑数据模型对话框

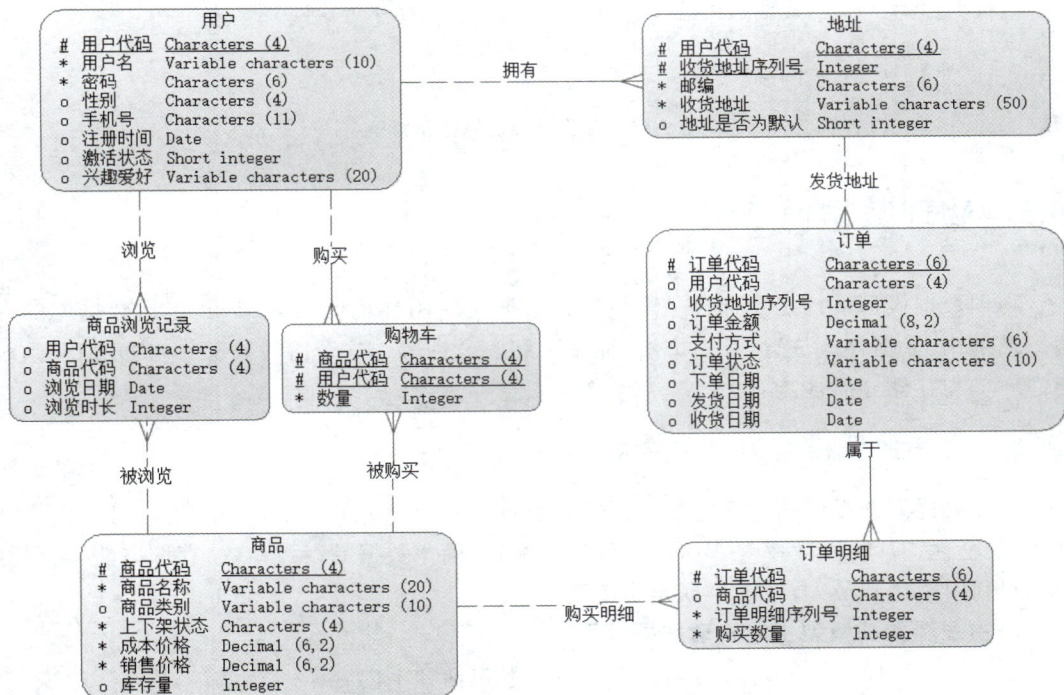

图 9-13　直接生成的网上购物系统的逻辑数据模型

2. 逻辑数据模型优化

将生成的 LDM 与 CDM 相比较可以发现,在 LDM 中已经将"1"端实体的主关键字纳入"n"端实体中。修改某些实体的主关键字、属性和联系,例如,在实体"订单明细"中将"订单代码＋订单明细序列号"作为主关键字；对实体"商品浏览记录"设置"用户代码＋商品代码＋浏览日期"作为主关键字。经优化后网上购物系统的最终 LDM 如图 9-14 所示。

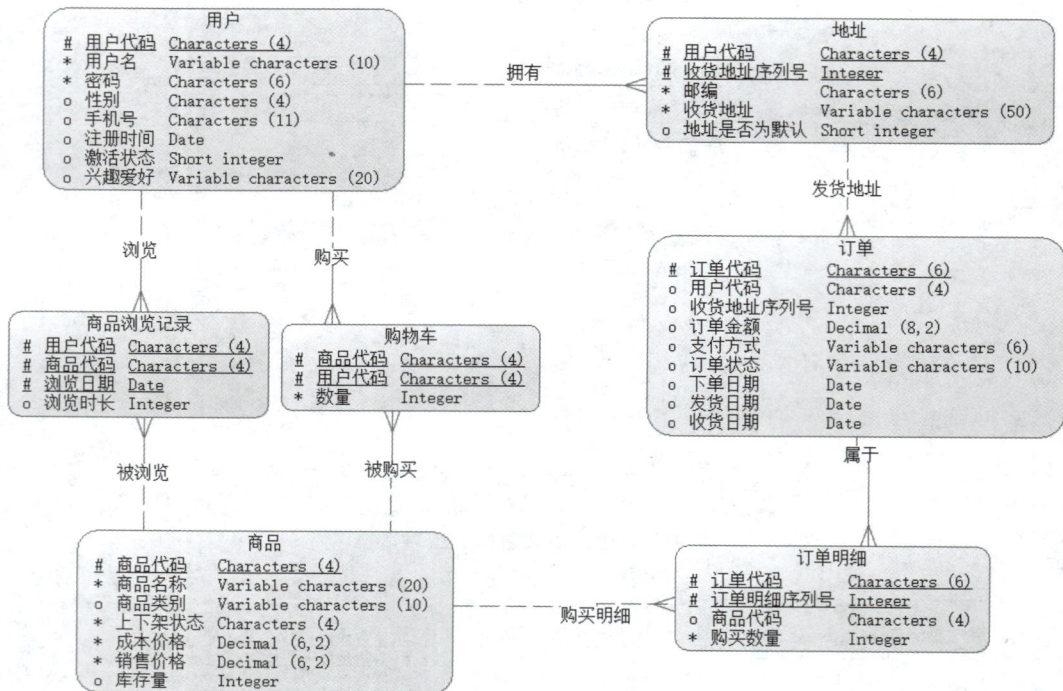

图 9-14　优化后的逻辑数据模型

9.5　物理数据模型设计

物理数据模型设计是要选取一个最适合数据库应用环境的物理结构，包括数据库的存储记录结构、数据存放位置、存取方法、完整性和安全性等。这个阶段的工作与 DBMS、系统硬件环境和存储介质性能有关。

9.5.1　物理数据模型设计的内容

物理数据模型设计的内容包括分析影响数据库物理数据模型设计的因素，对数据库完整性、安全性、有效性、效率等方面进行分析和配置，确定数据的存放位置、存取方法、索引等使空间利用率达到最大，系统数据操作负载最小。

1. 由逻辑数据模型生成物理数据模型

在基于关系模型的物理数据模型设计中一般包括如下内容：

（1）定义数据表结构、字段的数据类型和长度、主关键字。

（2）定义参照完整性、用户定义完整性。

（3）定义视图、触发器和存储过程等。

物理数据模型通常由逻辑数据模型生成，可以在生成的物理数据模型基础上再进行修改和完善。

2. 物理数据库设计

物理数据库设计的内容是设计数据库的存储结构和物理实现方法。

1）估算数据库的数据存储量

数据存储量也就是数据库规模，可以利用需求分析阶段采集的数据需求，对数据库的大小做一个粗略的估算，并对数据的增长速度进行预测，以便为数据库分配足够的空间。比较简单、快速的方法是通过测算每个关系的大小来估算数据库的规模。测算关系的大小可按如下方法进行。

① 计算关系的每一行的字节数。

② 用关系的行数乘以行的长度。

③ 另加 20％的空间用作索引和其他开销。

2）安排数据库的存储

根据数据库的规模和硬盘等资源的情况来考虑如何安排数据库的存储。关于建立数据库和数据库物理安排的详细内容可参见 3.4 节和 3.5 节。

3. 设计索引

利用索引可以提高查询性能，但它也会降低数据添加、修改和删除的性能。因此要根据用户需求和应用需要来合理设计和使用索引。有关索引的内容可参见 6.2 节。

4. 设计备份策略

在设计数据库时就要考虑到备份策略。可以根据实际情况设计分阶段的策略，比如，在数据库建立初期，数据录入量较大，更新也相对比较频繁，可以设计一种策略，而在数据库相对稳定后又采取另外一种策略。有关备份和备份策略的制定可参见第 13 章。

9.5.2 物理数据模型设计实例

本节基于 PowerDesigner 说明物理数据模型设计的过程。

1. 生成物理数据模型（PDM）

在 PowerDesigner 中，概念数据模型（CDM）和逻辑数据模型（LDM）都可以生成物理数据模型（PDM）。PDM 一个很大的优势在于，它可以生成指定数据库的 SQL 脚本，也可以直接连接数据库生成相应的数据表对象，这给数据库操作提供了很大的便利。

打开 9.4.3 节所设计的最终 LDM，在逻辑数据模型设计界面中选择 Tools→Generate Physical Data Model 菜单命令或按 Ctrl＋Shift＋P 键，弹出如图 9-15 所示的对话框，在 DBMS 下拉列表框中选择所使用的数据库（如果用 GaussDB，可选择 PostgreSQL 9.x），在 Name 文本框中输入新生成的物理数据模型名，单击"确定"按钮生成新的物理数据模型，如图 9-16 所示。

2. 完善物理数据模型（PDM），添加完整性约束

可以对生成的物理数据模型进行修改和完善。

例如，用户的注册时间是自动填写的，填写为当前系统日期，可以通过对注册时间字段加 DEFAULT 约束来实现（CURRENT_DATE）。设置方法如下。

双击用户表，打开其属性窗口。在 Columns 选项卡中双击"注册时间"列，在打开的属性窗口中选择 Standard Checks 选项卡，在 Default 下拉列表框中选择 CURRENT_DATE 选项，如图 9-17 所示。

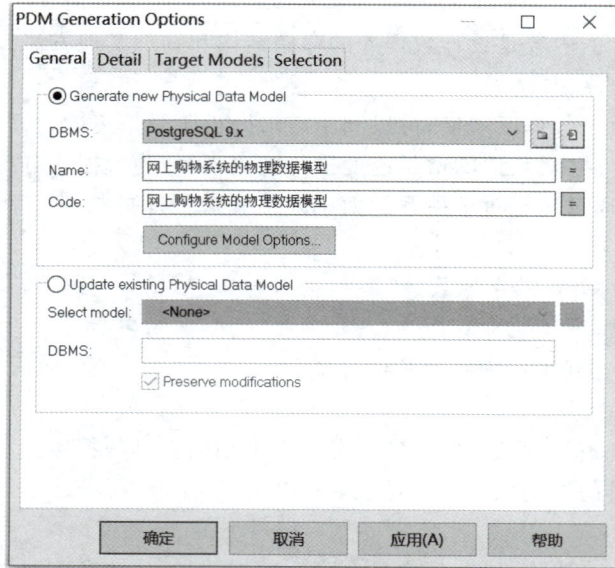

图 9-15　生成物理数据模型对话框

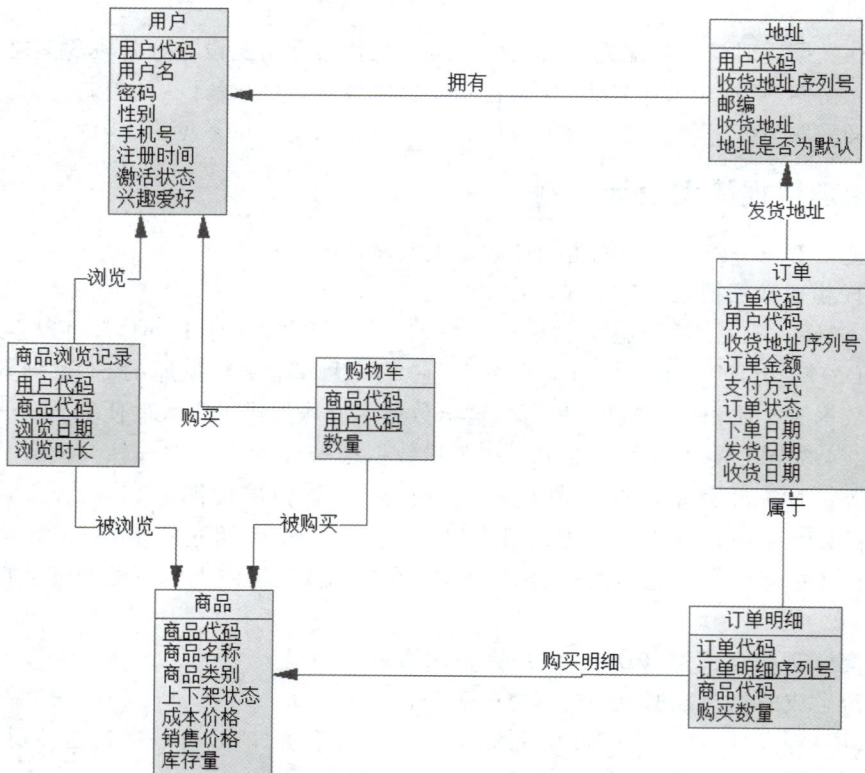

图 9-16　直接生成的网上购物系统的物理数据模型

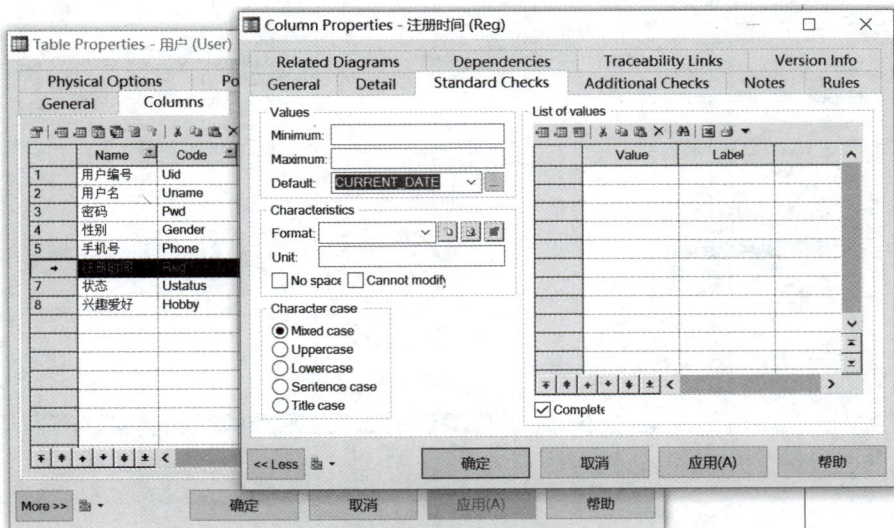

图 9-17 设置用户表中注册时间的默认值为当前系统日期

设置用户表中性别字段的取值只能是"男"或"女"的方法如图 9-18 所示。

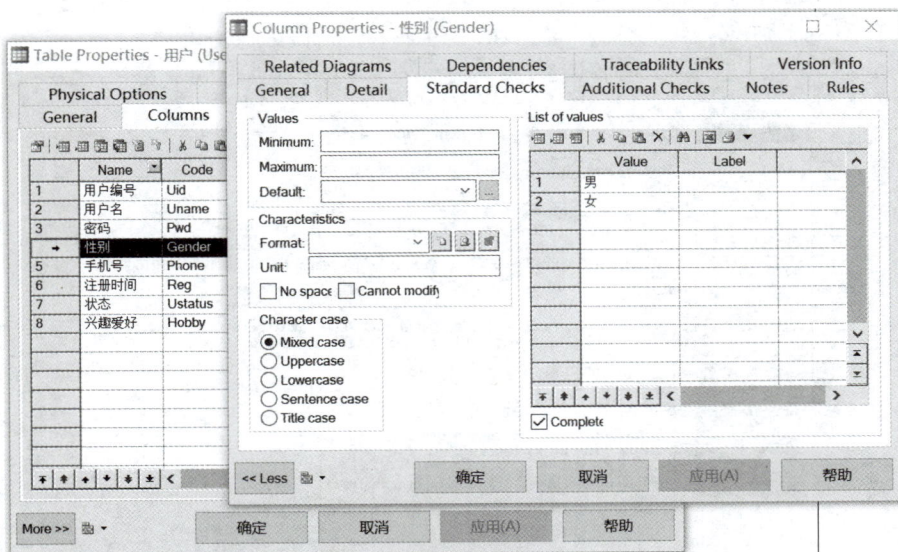

图 9-18 设置用户表中性别字段的取值只能是"男"或"女"

设置商品表中"销售价格不少于成本价格"的约束方法如图 9-19 所示。

3. 创建触发器

在 PDM 中,可以创建触发器。基本方法是打开需要创建触发器的表的属性对话框,选择 Triggers 选项卡,输入触发器的名称(Name 和 Code),然后在触发器的属性对话框中,书写触发器的程序代码。例如,创建一个触发器,当给订单表 orders 的收货日期赋值(revDate 字段值由空值修改为不是空值)时,将该订单的订单状态修改为"已收货"。该触发器的代码如图 9-20 所示。

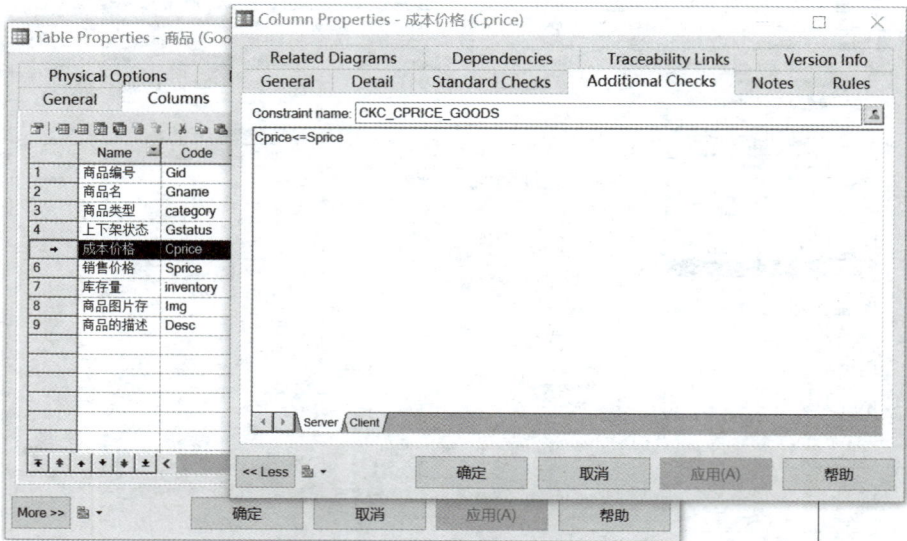

图 9-19　设置商品表中"销售价格不少于成本价格"

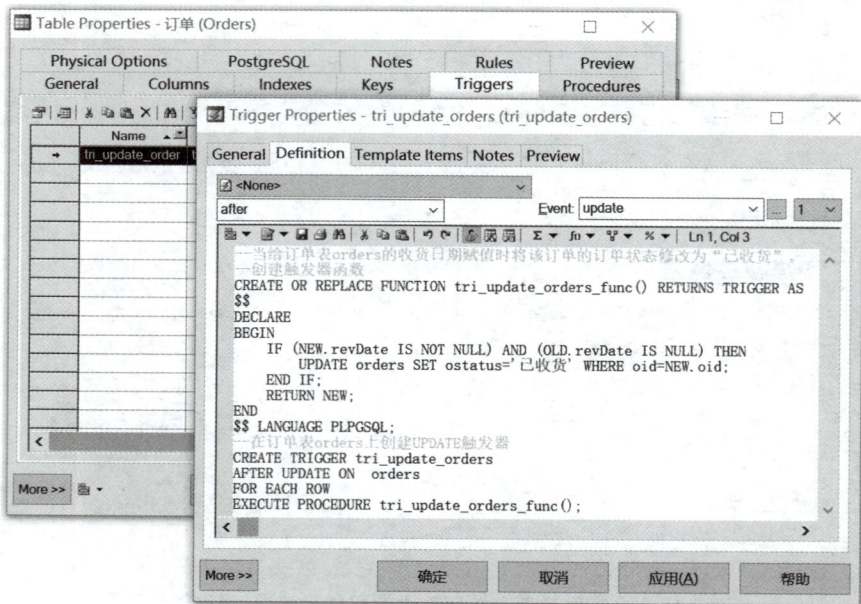

图 9-20　给订单表建立一个更新类的触发器

4. 创建函数和存储过程

在 PDM 中可以创建函数或存储过程。具体步骤如下。

（1）在工具箱中选择"存储过程"工具 ，然后在画板的空白位置单击即可增加一个存储过程或函数。

（2）双击新建的存储过程或函数，打开其属性对话框，输入存储过程名或函数名（Name 和 Code）。

（3）选择 Definition 选项卡，编写存储过程或函数的代码。

第9章 数据库设计

例如,在图 9-21 中创建了一个名为 f_address 的函数,该函数根据用户名返回该用户的所有地址信息。

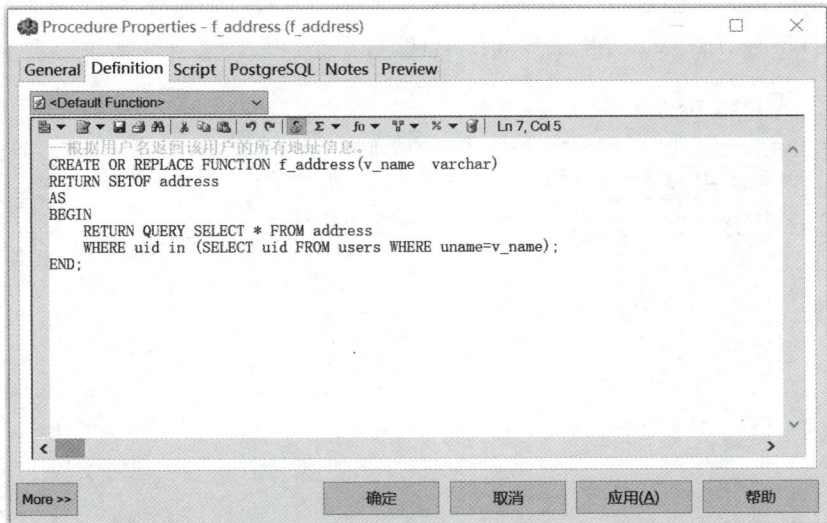

图 9-21　创建函数 f_address

如图 9-22 所示,创建一个修改订单状态的存储过程 p_modify_status。如果订单的收货日期不为空值,则将订单状态修改为"已收货";如果发货日期不为空值,收货日期为空值,则将订单状态修改为"已发货"。

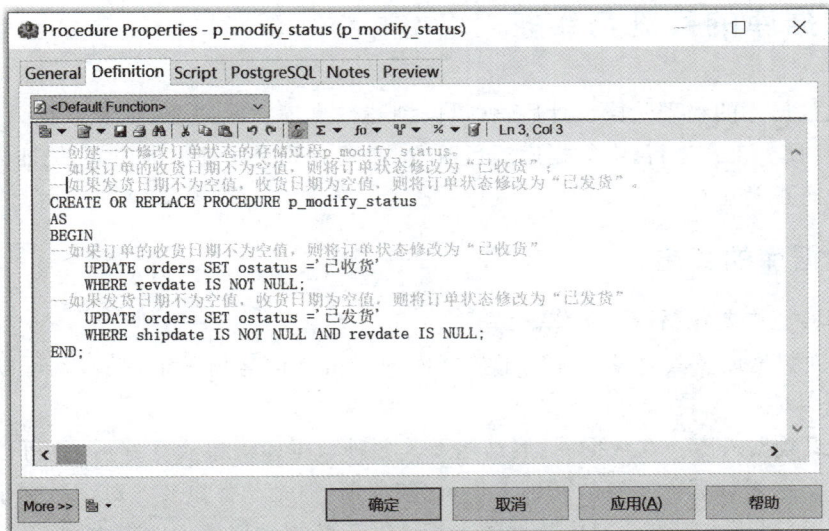

图 9-22　创建存储过程 p_modify_status

5. 创建视图

视图可以封装一些复杂的查询,简化用户的操作或对机密数据提供安全保护。在 PDM 中创建视图的步骤如下。

(1) 在工具箱中选择"视图"工具 ,然后在画板的空白位置单击即可增加一个视图。

（2）双击新建的视图，打开该视图的属性对话框，输入视图名（Name 和 Code）。

（3）选择 SQL Query 选项卡，编写创建视图的查询语句。

例如，在图 9-23 中创建一个名为 v_ostatus 的视图，通过该视图可以查询订单状态是"未支付"的订单号、用户名、订单金额和下单日期。

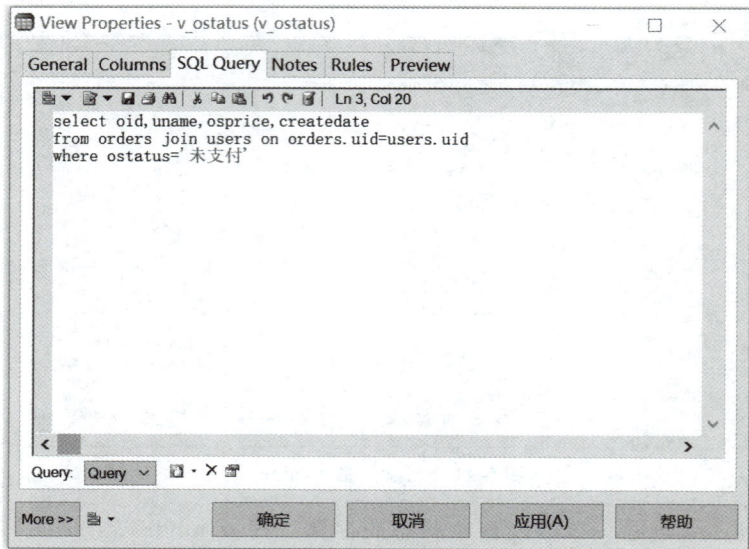

图 9-23　创建视图 v_ostatus

9.6　数据库的实施与维护

在完成数据库的物理阶段设计后，就可以创建数据库及其对象、组织数据入库，经过试运行后，即可投入正式运行，在数据库运行阶段，需要对数据库进行维护，以保证应用系统能以较好的状态正常运行。

9.6.1　数据库的实施

数据库实施主要包括以下工作。

（1）建立数据库及其对象。确定了数据库的逻辑结构与物理结构后，就可以创建数据库及其数据库对象。

（2）组织数据入库。在数据库、表结构及其各种数据库对象建立好后，就可以向数据库装载数据了。这是数据库实施的基础工作，比较烦琐，但是非常重要。对于数据量不是很大的小型系统，可以用人工方法完成数据的入库。对于数据量比较大的中大型系统，可以借助一些数据导入/导出工具或编写导入程序完成数据转换和入库工作。同时为了保证数据的正确性，还需要进行数据校验工作。

（3）编制与调试应用程序。在数据库设计阶段，同时也进行数据库应用程序的设计和编制。在数据库实施阶段，在调试数据库的同时也开始调试应用程序。

（4）数据库试运行。在完成数据的入库和应用程序调试后，就可以开始数据库系统的试运行。这个阶段主要测试应用程序的各种功能以及数据库系统的性能指标是否符合设计要求。

9.6.2　数据库的运行和维护

数据库试运行结果符合设计目标后,数据库就可以真正投入运行了。数据库投入运行标志着开发任务的基本完成和维护工作的开始,但不意味着设计过程的终结。由于应用环境在不断变化,数据库运行过程中用户需求会发生变化,随着数据量的增多数据库性能会发生改变,数据库的物理存储也会不断变化,因此对数据库设计进行评价、调整、修改等维护工作是一个长期的任务,也是设计工作的延续。

数据库的维护工作主要是由数据库管理员或系统管理员负责,主要工作如下。

(1)备份数据库。定期对数据库进行备份,以保证一旦发生故障,能利用数据库备份文件,尽快将数据库恢复到某种一致性状态,尽可能减少对数据库的破坏。

(2)数据库的安全性控制。系统管理员和数据库管理员必须根据用户的实际需要授予不同的操作权限,对用户、角色、权限进行严格和人性的管理,既要保证系统的安全,又要保证系统使用方便。

(3)完整性控制。由于应用环境的变化,数据库的完整性约束条件也会变化,这就需要数据库管理员不断修正完整性约束,以满足用户要求。

(4)数据库性能的监督、分析和改进。目前许多 DBMS 产品都提供了监测系统性能参数的工具,例如华为云数据管理服务 DAS 工具中的"DBA 智能运维"模块,主要面向 DBA和运维人员,提供了分析主机和实例性能数据、分析慢 SQL 和全量 SQL、分析和诊断实时数据库性能情况、分析数据库历史运行数据等数据库运维类的功能。系统管理员或数据库管理员利用这些工具可以方便地得到系统运行过程中一系列性能参数的值。通过分析这些数据,调整某些参数来进一步改进数据库性能。

(5)数据库的重组织。数据库运行一段时间后,由于记录的不断增加、删除和修改,会造成磁盘碎片,使数据库的物理存储性能变坏,从而降低数据库存储空间的利用率和数据的存取效率,使数据库的性能下降。这时数据库管理员可以对数据库进行重组,以提高系统性能。

(6)数据库的重构造。当数据库应用环境发生变化,会导致实体及实体间的联系也发生相应的变化,使原有的数据库设计不能很好地满足新的需求,从而不得不适当调整数据库的概念模式和存储模式。例如,在表中增加、修改或删除某些属性,增加或删除某个表,增加或删除某些索引等。数据库管理系统一般都提供了修改数据库结构的功能。

9.7　本章小结

本章首先介绍了数据库设计的基本任务和方法,介绍了数据库设计各个阶段的目标及内容,然后重点介绍了概念数据模型设计、逻辑数据模型设计和物理数据模型设计。其中,概念数据模型设计使用 E-R 模型来描述用户需求,它与具体的 DBMS 无关;逻辑数据模型设计是将概念数据模型转换为与具体数据库管理系统相关的逻辑数据模型,本章讨论的是关系模型;物理数据模型设计主要是设计数据的存储方式和存储结构。

数据库原理及应用（微课视频版）

本章还简单介绍了数据库建模工具 PowerDesigner，并以网上购物系统为实例，模拟实现了一个真实的数据库设计过程。

9.8　习题

1. 选择题

（1）在数据库设计中，属于概念设计阶段的主要工作是（　　）。

    A. 回答"干什么"的问题　　　　　　　　B. 存储方法设计

    C. 创建数据库　　　　　　　　　　　　D. 绘制 E-R 图

（2）假定一个 E-R 图包含有 A 实体和 B 实体，并且从 A 到 B 存在着 m∶n 的联系，则转换成关系模型后，包含有（　　）个关系模式。

    A. 1　　　　　　　B. 2　　　　　　　C. 3　　　　　　　D. 4

（3）假设某企业信息管理系统中有 4 个实体：部门（部门号，部门名，主管，电话），员工（员工号，姓名，部门号，岗位号，电话），岗位（岗位号，基本工资），亲属（员工号，与员工关系，亲属姓名，联系方式）。该企业有若干个部门，每个部门有若干名员工；每个员工承担的岗位不同其基本工资也不同；每个员工可有多名亲属（如父亲、母亲等）；一个员工只可以主管一个部门，一个部门也只有一个主管。下面（　　）属于弱实体对强实体的依赖联系。

    A. 部门与员工的"所属"联系　　　　　　B. 员工与亲属的"属于"联系

    C. 员工与岗位的"担任"联系　　　　　　D. 员工与部门的"主管"联系

（4）PowerDesigner 的 CDM 是指（　　）。

    A. 概念数据模型　　　　　　　　　　　B. 物理数据模型

    C. 逻辑数据模型　　　　　　　　　　　D. 关系数据模型

2. 填空题

（1）在数据库设计中，设计数据的存储方式和存储结构属于_____设计。

（2）数据库设计在需求分析之后将首先进入_____设计阶段。

（3）PowerDesigner 的 PDM 功能用于建立_____数据模型。

（4）需求分析的输入是总体需求信息和处理需求，输出是_____。

3. 思考题

（1）数据库设计的基本任务是什么？

（2）简述数据库设计步骤。

（3）简述数据库概念数据模型设计的重要性和设计步骤。

（4）建立一个关于学院、学生、专业、学生社团等信息的关系数据库。其描述如下：

学生的属性有：学号、姓名、出生日期、性别和籍贯等。

专业的属性有：专业编号、专业名。

学院的属性有：学院编号、学院名称、办公地点、电话。

学生社团的属性有：社团编号、社团名称、成立年份和说明。

有关语义如下：一个学院有若干个专业，每个专业有若干学生。每个学生可参加若干社团，每个社团有若干学生。学生参加某个社团时需记录参加日期，学生退出社团时需记录退出日期。先画出 E-R 模型，并将这个 E-R 模型转换成关系数据模型，要求标注主关键字和外部关键字。

（5）某企业集团有若干工厂，每个工厂生产多种产品，且每种产品可以在多个工厂生产，每个工厂按照固定的计划数量生产产品；每个工厂聘用多名职工，且每名职工只能在一个工厂工作，工厂聘用职工有聘期和工资。工厂的属性有工厂编号、厂名、地址；产品的属性有产品编号、产品名、规格；职工的属性有职工号、姓名。请先设计出 E-R 模型，并将这个 E-R 模型转换成关系数据模型，要求标注主关键字和外部关键字。

（6）了解现在常用的数据库建模工具，用一种数据库建模工具（如 PowerDesigner）来完成第（5）题的数据库设计过程。

第 10 章

数据库访问技术及实践

学习目标

（1）掌握在应用程序中通过驱动程序连接数据库的方法。

（2）了解基于标准输入输出的数据库应用程序的开发过程。

思维导图

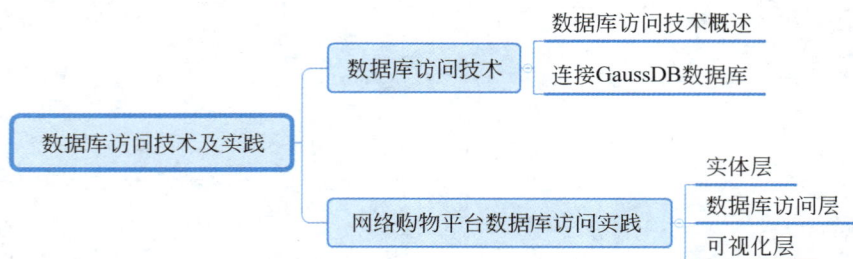

本章首先向读者介绍在应用程序中通过驱动程序访问数据库的技术，然后以网络购物平台中用户模块的增删改查操作的实现，帮助读者初步了解一个基于标准输入输出的数据库应用程序的开发过程。

10.1 数据库访问技术

10.1.1 数据库访问技术概述

用户访问和操作数据库中的数据对象时，有两种访问方式可以选择。一种是借助 DBMS 工具访问，可以在 DBMS 中直接执行 SQL 语句联机访问，这种方式通常在人机交互中使用；另外一种方式是通过应用程序接口（Application Programming Interface，API），应用程序可通过驱动程序的 API 连接到数据库，执行 SQL 语句完成对数据库中数据对象的查询和操作，例如 ODBC、JDBC、libpq、Psycopg 等，这种方式通常在应用程序代码与数据库的交互中使用，图 10-1 所示是常见编程语言的应用程序连接数据库的方法。通过 API 接口可以访问不同的数据库关系系统，因此增强了应用程序的可移植性和可维护性。本节详细介绍第二种访问方式。

1. ODBC（Open DataBase Connectivity，开放数据库互连）

ODBC 是微软公司于 1991 年 11 月提出的数据库访问标准。它建立了一组数据库访问

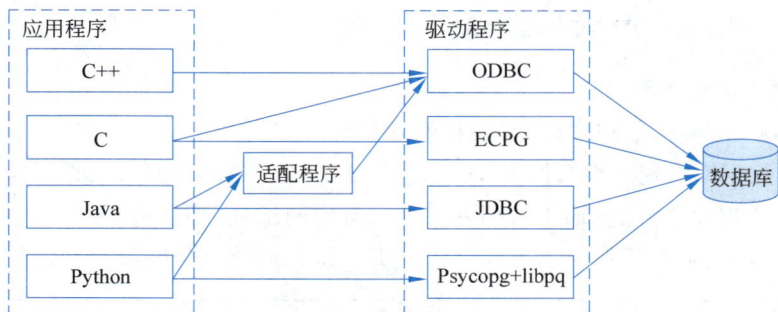

图 10-1　通过驱动程序连接数据库

规范,并提供了一组访问数据库的标准 API。应用程序通过 ODBC 的驱动程序间接访问异构的数据库,访问过程中由 ODBC 根据数据源自动加载对应的驱动程序,应用程序只需要与 ODBC 提供的 API 交互,从而隔离了应用程序与数据库的物理操作,提升了程序的可移植性。

　　GaussDB 目前在 EulerOS(欧拉系统:华为自主研发的服务器操作系统)、Kylinv 10(银河麒麟国产操作系统)、Windows 7、Windows Server 2008 的环境中提供对 ODBC 3.5 的支持。Windows 系统自带 ODBC 驱动程序管理器,在控制面板→管理工具中可以找到数据源(ODBC)选项。UNIX/Linux 系统下的驱动程序管理器主要使用 unixODBC 和 iODBC。

2. JDBC(Java DataBase Connectivity,Java 数据库连接)

　　JDBC 是 Sun 公司于 1996 年提供的一套访问数据库的 Java 类库,用于编写访问和操作数据库的 Java 程序。

　　在 GaussDB 的管理控制台中可以下载 JDBC 的安装包,在安装之前需要确保计算机中已安装 Java JDK 1.8 版本。

3. libpq

　　libpq 是应用程序访问 GaussDB 的 C 程序接口。libpq 是一套允许客户程序向 GaussDB 服务器服务进程发送查询并且获得查询返回值的库函数。同时也是其他几个 GaussDB 应用接口下面的引擎,如 ODBC 等依赖的库文件。

4. Psycopg

　　Psycopg 是一种用于执行 SQL 语句的 Python API,可以为 PostgreSQL、GaussDB 数据库提供统一访问接口,应用程序可基于它进行数据操作。Psycopg2 是对 libpq 的封装,主要使用 C 语言实现,Psycopg2 兼容 Unicode 和 Python 3。

5. ECPG(嵌入式 SQL C 预处理器)

　　ECPG 是在 C 程序中执行 SQL 语句,实现 C 语言与 SQL 数据库的连接和查询操作。首先编写嵌入式 SQL-C 程序(∗.pgc 文件),使用 ECPG 程序将嵌入式 SQL-C 程序预处理为 C 程序,然后编译和执行 C 程序。

　　GaussDB 提供的 ECPG 程序支持 EulerOS V2.0SP5 和 EulerOS V2.0SP9 操作系统。

6. 其他访问技术

　　GaussDB 还提供了基于 Go 驱动的开发工具,详情请查阅 GaussDB 的产品技术文档。

10.1.2　连接 GaussDB 数据库

1. 云数据库的配置和访问

在访问 GaussDB 云数据库时，有两种配置和访问方式。

（1）为云数据库绑定弹性公网 IP，应用程序服务通过公网访问云数据库。

在购买云数据库服务后，通常数据库服务只有内网地址，还需购买弹性公网 IP，在数据库的管理控制台，为数据库服务绑定弹性公网 IP 后，方可通过公网访问，如图 10-2 所示。

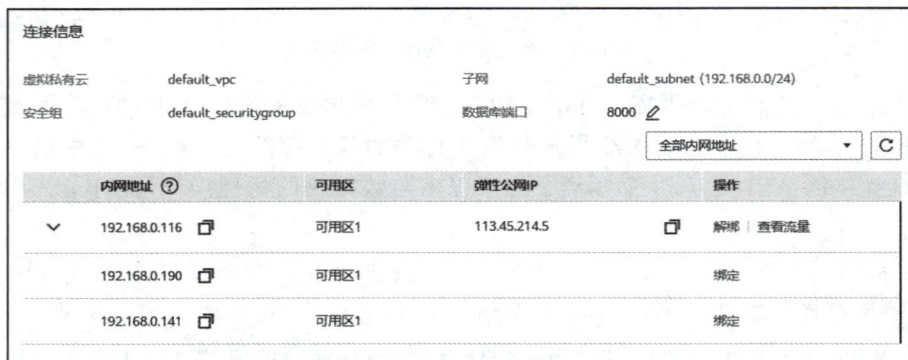

图 10-2　GaussDB 管理控制台的连接信息

（2）将云数据库和应用程序服务放到同一个虚拟私有云内。

如果应用程序服务也部署在同一厂家的弹性云服务器上，可将云数据库服务和应用程序服务放在同一个私有云内，通过内网访问，如图 10-2 中名为 default_vpc 的虚拟私有云（Virtual Private Cloud，VPC）。但应用程序对外提供服务，仍然需要为应用程序服务购买弹性公网 IP。

2. 使用 JDBC 连接 GaussDB

使用 JDBC 连接 GaussDB 数据库，需要安装 Java 开发工具包 JDK（Java Development Kit），安装和配置 JDK 的方法可扫描左侧二维码获取。GaussDB 数据库提供了对 JDBC 4.2 特性的支持，使用 JDK 1.8 版本编译程序代码，但不支持 JDBC 桥接 ODBC 的方式。

1）根据数据库的实例版本，下载 JDBC 驱动程序

在华为云官网搜索"GaussDB JDBC 驱动"，下载连接 GaussDB 的 JDBC 驱动程序。本章实践中使用的 GaussDB 版本号是 8.5.0，下载 8.x 版本对应的驱动包，解压支持主备版本（Centralized）中的 GaussDB-Kernel_505.1.0_Euler_64bit_Jdbc.tar.gz（X86 版驱动），使用 gaussdbjdbc.jar 连接 GaussDB 数据库。

2）使用 Java 应用程序连接和访问 GaussDB

在 Java 程序中加载 JDBC 驱动有两种方式。

（1）在创建连接之前的任意位置添加如下语句实现隐含加载：

```
Class.forName("org.postgresql.Driver");
```

（2）在 Java 虚拟机（Java Virtual Machine，JVM）启动时传递参数：

```
java -Djdbc.drivers=org.postgresql.Driver jdbctest
```

上述命令中的 jdbctest 为 Java 通过 JDBC 访问数据库的应用程序。

在加载完 JDBC 驱动后,JDBC 提供了三个方法,用于创建数据库连接。

(1) DriverManager.getConnection(String url)。

(2) DriverManager.getConnection(String url, Properties info)。

(3) DriverManager.getConnection(String url, String user, String password)。

参数说明如下。

① url:通用格式为

```
jdbc: postgresql://host1: port1, host2: port2/database? param1 = value1&param2 = value2
```

database:要连接的数据库名称,必选参数。

host:数据库服务器的名称或 IP 地址。默认情况下,连接服务器为 localhost。

port:数据库服务的端口号。默认情况下,尝试连接到 5432 端口的数据库服务。

param:参数名称,value:参数值,指定数据库连接的属性。参数可以配置在 url 中,以"?"开始配置,以"="给参数赋值,以"&"作为不同参数的间隔。也可以采用 info 对象的属性方式进行配置。

② info:配置数据库连接的属性。这里仅列出常用的几个属性,更详细的连接参数使用说明,读者可进一步查阅 GaussDB 的产品技术文档。

PGDBNAME:String 类型。表示数据库名称。通常无须配置该参数,会自动从 url 中解析。

PGHOST:String 类型。数据库服务器的 IP 地址。

PGPORT:Integer 类型。数据库服务器的端口号。

user:String 类型。创建连接的数据库用户。

password:String 类型。数据库用户的密码。

loggerLevel:String 类型。目前支持 3 种级别:OFF、DEBUG、TRACE。设置为 OFF 关闭日志,设置为 DEBUG 和 TRACE 记录的日志信息详细程度不同。

loggerFile:String 类型。Logger 输出的文件名。需要显示指定日志文件名,若未指定目录则生成在应用程序所在的目录。

allowEncodingChanges:Boolean 类型。设置该参数值为"true"进行字符集类型更改,配合 characterEncoding＝CHARSET 设置字符集,两者使用"&"分隔。

currentSchema:String 类型。指定要设置的 Schema。

connectTimeout:Integer 类型。设置连接服务器操作的超时值。如果连接到服务器花费的时间超过此值,则连接断开。超时时间单位为秒,值为 0 时表示已禁用,不判断超时。

③ user:创建连接的数据库用户。

④ password:数据库用户的密码。

例 10.1　Java 应用程序通过 JDBC 连接和访问主备版 GaussDB 数据库。

图 10-3 所示是通过 JDBC 访问 GaussDB 数据库的 Java 源码。

(1) 第 8 行是加载 JDBC 驱动。

(2) 第 13 行的 public static Connection getConn(){}方法是建立与数据库的连接。其

```
1    package com.eshop.dao;
2    import java.sql.*;
3    public class BaseDao {
4        private static PreparedStatement ps=null;
5        private static ResultSet rs=null;
6        static {
7            try {
8                Class.forName("org.postgresql.Driver");
9            } catch (ClassNotFoundException e) {
10               e.printStackTrace();}
11       }
12       //建立数据库连接
13       public static Connection getConn(){
14           Connection conn=null;
15           try {
16    conn=DriverManager.getConnection("jdbc:postgresql://113.45.214.5:8000/OnlineShopDB?currentSchema=\"OnlineShop\"","root","%TGB6yhn");
17           } catch (SQLException e) {
18               e.printStackTrace();}
19               return conn;
20       }
21       //释放数据库连接
22       public static void closeAll(Connection conn){
23           try {
24               if(rs!=null)
25                   rs.close();
26               if(ps!=null)
27                   ps.close();
28               if(conn!=null)
29                   conn.close();
30           } catch (SQLException e) {
31               e.printStackTrace();}
32       }
33       //执行插入、更新、删除语句
34       public static int exectuIUD(Connection conn, String sql,Object[] params) throws SQLException {
35           int count=0;
36           ps=conn.prepareStatement(sql);
37           if(params!=null){
38               for (int i = 0; i < params.length; i++) {
39                   ps.setObject(i+1, params[i]);}
40           }
41           count=ps.executeUpdate();
42           return count;
43       }
44       //查询语句
45       public static ResultSet executeQuery(Connection conn, String sql, Object[]params) throws SQLException {
46           ps = conn.prepareStatement(sql);
47           if(params!=null){
48               for (int i = 0; i < params.length; i++) {
49                   ps.setObject((i+1), params[i]);
50               }
51           }
52           rs = ps.executeQuery();
53           return rs;
54       }
55   }
```

图 10-3　通过 JDBC 访问 GaussDB 数据库的源码

中，第 16 行 DriverManager.getConnection()的参数是字符串，格式为"jdbc：postgresql：// IP 地址：端口/数据库名?currentSchema=\"Schema 名\"","数据库用户名","密码"。需要注意的是，如果 Schema 名中有大写字母，需要用转义的双引号括起来，否则执行 SQL 语句时无法找到 Schema。

（3）第 22 行的 public static void closeAll(Connection conn){}方法是释放与数据库的连接。

（4）第 34 行的 public static int exectuIUD(Connection conn，String sql，Object[] params){}方法是执行插入、删除、修改、建表的 SQL 语句，其中，输入参数 conn 是数据库连

接,输入参数 sql 是满足 SQL 标准的语句,params 是参数化 SQL 中的参数。第 41 行是调用 JDBC 中的 executeUpdate()方法执行 SQL 语句。

JDBC 提供了三种执行 SQL 语句的方法。

① ResultSet executeQuery(String sql):执行 SELECT 语句,返回查询结果对应的 ResultSet 对象,该方法只能用于执行查询语句。

② int executeUpdate(String sql):执行 INSERT、UPDATE 或 DELETE 语句以及 SQL DDL(数据定义语言)语句,执行 INSERT、UPDATE 或 DELETE 语句的返回结果是关系中受影响的行数,执行 DDL 语句时返回 0。

③ boolean execute(String sql):执行任何 SQL 语句。如果执行后返回的第一个结果为 ResultSet 对象,则返回 true;如果执行后返回的第一个结果是受影响的行数或没有任何结果,则返回 false。

(5) 第 45 行的 public static ResultSet executeQuery(Connection conn, String sql, Object[]params) {}方法是查询的 SQL 语句,其中,输入参数 conn 是数据库连接,输入参数 sql 是满足 SQL 标准的语句,params 是参数化 SQL 中的参数。第 52 行是调用 JDBC 中的 executeQuery 方法执行 SQL 语句。

(6) 执行图 10-4 所示的测试程序,OnlineShopDB 数据库中创建了 student 表,并且插入一条数据(1, "Aspirin", "M")。

```
1   package com.eshop.dao;
2
3   import java.sql.Connection;
4   import java.sql.SQLException;
5
6   public class test {
7    public static void main(String[] args) {
8        String sql_default = "DROP TABLE IF EXISTS student";
9        String sql_create = "CREATE TABLE student(id integer, name varchar, sex
    varchar)";
10       String sql_insert = "INSERT INTO student(id, name, sex) VALUES(?, ?, ?)";
11       String sql_select = "SELECT * FROM student";
12       Object[] params = {1, "Aspirin", "M"};
13       Connection conn = BaseDao.getConn();
14       try {
15           BaseDao.exectuIUD(conn, sql_default, null);
16           BaseDao.exectuIUD(conn, sql_create, null);
17           BaseDao.exectuIUD(conn, sql_insert, params);
18           BaseDao.executeQuery(conn, sql_select, null);
19       } catch (SQLException e) {
20           e.printStackTrace();
21       }finally {
22           BaseDao.closeAll(conn);
23       }
24   }
```

图 10-4 通过 JDBC 访问 GaussDB 数据库的测试程序

3. 使用 Python 连接 GaussDB

使用 Python 连接 GaussDB 数据库,需要安装 Python 解释器,安装和配置方法可扫描右侧二维码获取。Psycopg 为 GaussDB 数据库提供了执行 SQL 语句的统一访问接口 Python API,Python 应用程序可基于它进行数据操作。

1) 下载 Psycopg 驱动程序

(1) 从 Python 镜像服务器中下载并安装 psycopg2,例如:

```
pip install --trusted-host pypi.tuna.tsinghua.edu.cn -i https://pypi.tuna.
tsinghua.edu.cn/simple/ -U psycopg2
```

（2）修改通信协议加密方式，使 GaussDB 支持 MD5 加密。

GaussDB 的通信协议默认采用 SHA256 的加密方式，这导致与 PostgreSQL 的默认通信协议 MD5 互相不兼容，因此，使用 psycpog2 的 PostgreSQL 原生版本默认是不能连接 GaussDB 的。会报类似下述错误：

```
psycopg2.OperationalError: connection to server at "***.***.***.**",
port 8000 failed: none of the server's SASL authentication mechanisms
are supported
```

可通过设置 password_encryption_type 使 GaussDB 支持 MD5，如图 10-5 所示。单击实例名称，在左侧导航处选择"参数管理"选项。在参数搜索框中输入 password_encryption _type，将参数 password_encryption_type 的值由 2 修改为 1 后，单击"保存"按钮。

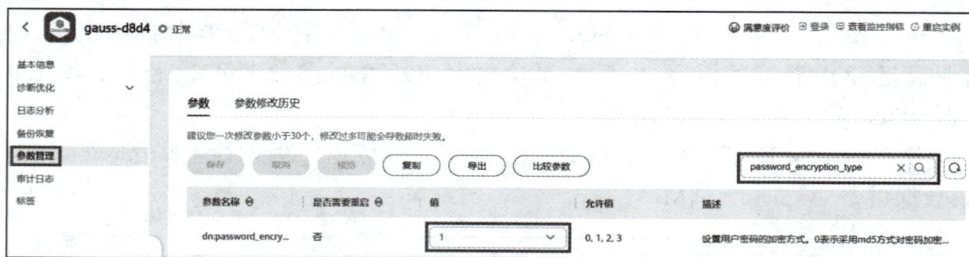

图 10-5　修改通信协议的加密方式

（3）修改通信协议加密方式后，创建新用户或者重置已有的数据库账号和密码。

2）使用 Python 应用程序连接和访问 GaussDB

例 10.2　Python 应用程序通过 Psycopg 连接和访问主备版 GaussDB 数据库。

图 10-6 所示是通过 Psycopg 访问 GaussDB 数据库的 Python 源码。

（1）第 1 行是导入 psycopg2 驱动包。

（2）第 15 行是获取数据库连接，尝试使用 psycopg2 连接到数据库。如果连接成功，返回连接对象；如果发生数据库错误，打印错误信息并返回 None。

（3）第 22 行是关闭所有的资源和连接，确保在执行完数据库操作后，所有打开的资源和连接都被正确关闭，以避免资源泄露。参数 rs 是数据查询结果集，参数 ps 是预编译的 SQL 语句对象，参数 conn 是数据库连接对象。

（4）第 32 行是执行 DDL 语句，用于执行数据库的定义语言，如创建表、视图，修改表等。如果没有传入数据库连接，将使用 BaseDao 的 get_conn 方法获取一个连接。参数 sql 是要执行的 DDL 语句，参数 conn 是 connection 对象（可选）。为了保证数据一致性，出现异常时将回滚事务。

（5）第 52 行是执行数据库的 DML 语句，用于执行 SQL 插入、更新、删除等操作。它可以选择性地接收一个参数列表和数据库连接。如果没有传入数据库连接，将使用 BaseDao 的 get_conn 方法获取一个连接。参数 sql 是要执行的 DML 语句，参数 params 是 DML 语句中使用的参数列表（默认为 None），参数 conn 是数据库连接对象（默认为 None）。

```
1   import psycopg2
2   class BaseDao:
3       @staticmethod
4       # 获取数据库连接
5       def get_conn():
6           try:
7               # 连接数据库的参数包括数据库名、用户名、密码、主机名和端口号
8               conn = psycopg2.connect(
9                   database="OnlineShopDB",
10                  user="root",
11                  password="%TGB6yhn",
12                  host="113.45.214.5",
13                  port="8000"
14              )
15              return conn
16          except psycopg2.DatabaseError as e:
17              print(e)
18              return None
19
20      @staticmethod
21      # 关闭所有的资源和连接
22      def close_all(rs=None, ps=None, conn=None):
23          if rs is not None:
24              rs.close()
25          if ps is not None:
26              ps.close()
27          if conn is not None:
28              conn.close()
29
30      @staticmethod
31      # 执行 DDL(Data Definition Language)语句
32      def execute_ddl(sql, conn=None):
33          try:
34              # 如果没有提供数据库连接，则使用 BaseDao 的 get_conn 方法获取一个连
     #接
35              if conn is None:
36                  conn = BaseDao.get_conn()
37              # 创建游标对象，用于执行 SQL 语句
38              cursor = conn.cursor()
39              # 执行 DDL 语句
40              cursor.execute(sql)
41              # 提交事务，确保更改生效
42              conn.commit()
43              # 关闭游标，释放资源
44              cursor.close()
45          except Exception as e:
46              print(f"执行 DDL 语句时发生错误：{e}")
47              conn.rollback()
48          finally:
49              if conn and not cursor:
50                  conn.close()
```

图 10-6　通过 Psycopg 访问 GaussDB 数据库的源码

```
51        @staticmethod
52        def execute_dml(sql, params=None, conn=None):
53            try:
54                if conn is None:
55                    conn = BaseDao.get_conn()
56                cursor = conn.cursor()
57                # 确保 param 是一个元组或列表
58                if isinstance(param, (list, tuple)):
59                    cursor.execute(sql, param)
60                else:
61                    raise ValueError("param 必须是列表或元组")
62                conn.commit()
63                cursor.close()
64            except Exception as e:
65                print(f"执行 DML 语句时发生错误: {e}")
66                conn.rollback()
67            finally:
68                if conn and not cursor:
69                    conn.close()
70
71        @staticmethod
72        def execute_query(sql, conn=None):
73            try:
74                if conn is None:
75                    conn = BaseDao.get_conn()
76                cursor = conn.cursor()
77                cursor.execute(sql)
78                results = cursor.fetchall()
79                cursor.close()
80                return results
81            except Exception as e:
82                print(f"执行查询语句时发生错误: {e}")
83                return None
84            finally:
85                if conn and not cursor:
86                    conn.close()
87  # 定义 SQL 语句，测试运行
88  sql_default = "DROP TABLE IF EXISTS student"
89  sql_create = "CREATE TABLE student(id integer, name varchar, sex varchar)"
90  sql_insert = "INSERT INTO student(id, name, sex) VALUES(%s, %s, %s)"
91  sql_select = "SELECT * FROM student"
92  params = [(1, 'Aspirin', 'M'),(2, 'Taxol', 'F'),(3, 'Dixheral', 'M')]
93  conn=BaseDao.get_conn()
94  BaseDao.execute_ddl(sql_default, conn)
95  BaseDao.execute_ddl(sql_create, conn)
96  for param in params:
97      BaseDao.execute_dml(sql_insert, param, conn)
98  results = BaseDao.execute_query(sql_select, conn)
99  print(results)
100 BaseDao.close all(conn)
```

图 10-6 （续）

（6）第 72 行是执行 SQL 查询语句并返回结果。如果没有提供数据库连接（conn），则会获取一个新的连接。参数 sql 是要执行的查询语句，参数 conn 是数据库连接对象（默认为 None）。如果查询执行成功，则返回查询结果集；如果执行失败则返回 None。

（7）第 87~100 行是测试程序。

4. 使用 ODBC 连接 GaussDB

在 Windows 操作系统下使用 ODBC 连接 GaussDB 数据库,在 GaussDB 的驱动包路径 "GaussDB_driver\Centralized\Euler2.5_X86_64\"下找到 ODBC 相关的驱动程序 "gsqlodbc.exe"并安装。

1)配置数据源

在 Windows 系统中,使用 C/C++ 应用程序通过 ODBC 连接数据库时需要配置数据源。目前 GaussDB 仅支持 32 位的 ODBC 驱动管理器,在 64 位的操作系统上需要在"C:\Windows\SysWOW64\odbcad32.exe"或者搜索"ODBC 数据源管理程序(32 位)"进行配置。"gsqlodbc.exe"的安装方法和数据源配置方法可扫描右侧二维码获取。

2)使用 C/C++ 应用程序连接和访问 GaussDB

在使用 C/C++ 应用程序连接和访问 GaussDB 之前,需配置名为 gaussdb 的数据源。

例 10.3 C/C++ 应用程序通过 ODBC 连接和访问主备版 GaussDB 数据库。

图 10-7 所示是通过 ODBC 数据源 gaussdb 访问 GaussDB 数据库的 C 程序源码。

```
1    #include <windows.h>
2    #include <stdlib.h>
3    #include <stdio.h>
4    #include <sql.h>
5    #include <sqlext.h>
6    #ifdef WIN32
7    #endif
8    SQLHENV V_OD_Env; // Handle ODBC environment
9    SQLHSTMT V_OD_hstmt; // Handle statement
10   SQLHDBC V_OD_hdbc; // Handle connection
11   char arr[100];
12   SQLINTEGER value = 100;
13   SQLINTEGER V_OD_erg,V_OD_buffer,V_OD_err,V_OD_id;
14   int main(int argc,char *argv[])
15   {
16       // 1. 申请环境句柄
17       V_OD_erg = SQLAllocHandle(SQL_HANDLE_ENV,SQL_NULL_HANDLE,&V_OD_Env);
18       if ((V_OD_erg != SQL_SUCCESS) && (V_OD_erg != SQL_SUCCESS_WITH_INFO))
19       {
20           printf("Error AllocHandle\n");
21           exit(0);
22       }
23       // 2. 设置环境属性(版本信息)
24       SQLSetEnvAttr(V_OD_Env, SQL_ATTR_ODBC_VERSION, (void*)SQL_OV_ODBC3,
     0);
25       // 3. 申请连接句柄
26       V_OD_erg = SQLAllocHandle(SQL_HANDLE_DBC, V_OD_Env, &V_OD_hdbc);
27       if ((V_OD_erg != SQL_SUCCESS) && (V_OD_erg != SQL_SUCCESS_WITH_INFO))
28       {
29           SQLFreeHandle(SQL_HANDLE_ENV, V_OD_Env);
30           exit(0);
31       }
32       // 4. 设置连接属性
33       SQLSetConnectAttr(V_OD_hdbc, SQL_ATTR_AUTOCOMMIT,
     (SQLPOINTER)SQL_AUTOCOMMIT_ON, 0);
34       // 5. 连接数据源。这里的"userName"与"password"分别表示连接数据库的用户
     //名和用户密码,请根据实际情况修改
35       // 如果 odbc.ini 文件中已经配置了用户名和密码,那么这里可以留空("");但
     //是不建议这么做,因为一旦 odbc.ini 权限管理不善,将导致数据库用户密码泄露
36       V_OD_erg = SQLConnect(V_OD_hdbc, (SQLCHAR*)"gaussdb", SQL_NTS,
     (SQLCHAR*)NULL, SQL_NTS, (SQLCHAR*)NULL, SQL_NTS);
37       SQLCHAR sqlState[6], errMsg[256];
38       SQLINTEGER errCode;
39       SQLSMALLINT i = 0;
40       SQLGetDiagRec(SQL_HANDLE_DBC, V_OD_hdbc, 1, sqlState, &errCode,
     errMsg, sizeof(errMsg), &i);
41       // 现在 errMsg 包含了错误消息,可以打印输出
42       printf("SQLState: %s\nErrorCode: %ld\nErrorMessage: %s\n", sqlState,
     errCode, errMsg);
```

图 10-7 通过 ODBC 访问 GaussDB 数据库的源码

```
43        if ((V_OD_erg != SQL_SUCCESS) && (V_OD_erg != SQL_SUCCESS_WITH_INFO))
44        {
45            printf("Error SQLConnect %d\n",V_OD_erg);
46            SQLFreeHandle(SQL_HANDLE_ENV, V_OD_Env);
47            exit(0); }
48        // 6. 设置语句属性
49        SQLSetStmtAttr(V_OD_hstmt,SQL_ATTR_QUERY_TIMEOUT,(SQLPOINTER *)3,0);
50        // 7. 申请语句句柄
51        SQLAllocHandle(SQL_HANDLE_STMT, V_OD_hdbc, &V_OD_hstmt);
52        // 8. 直接执行 SQL 语句
53        SQLExecDirect(V_OD_hstmt,(SQLCHAR*)const_cast<char*>("drop table IF
EXISTS customer_t1"),SQL_NTS);
54        SQLExecDirect(V_OD_hstmt,(SQLCHAR*)const_cast<char*>("CREATE TABLE
customer_t1(c_customer_sk INTEGER, c_customer_name
VARCHAR(32));"),SQL_NTS);
55        SQLExecDirect(V_OD_hstmt,(SQLCHAR*)const_cast<char*>("insert into
customer_t1 values(25,'li')"),SQL_NTS);
56        // 9. 准备执行
57        SQLPrepare(V_OD_hstmt,(SQLCHAR*)const_cast<char*>("insert into
customer_t1 values(?)"),SQL_NTS);
58        // 10. 绑定参数
59        SQLBindParameter(V_OD_hstmt,1,SQL_PARAM_INPUT,SQL_C_SLONG,SQL_INTEG
ER,0,0, &value,0,NULL);
60        // 11. 执行准备好的语句
61        SQLExecute(V_OD_hstmt);
62 SQLExecDirect(V_OD_hstmt,(SQLCHAR*)const_cast<char*>("select
c_customer_sk from customer_t1"),SQL_NTS);
63        // 12. 获取结果集某一列的属性
64        SQLLEN descType=0;
65        SQLColAttribute(V_OD_hstmt,1,SQL_DESC_TYPE,arr,100,NULL,(SQLLEN*)&d
escType);
66        printf("SQLColAtrribute %s\n",arr);
67        // 13. 绑定结果集
68        SQLBindCol(V_OD_hstmt,1,SQL_C_SLONG, (SQLPOINTER)&V_OD_buffer,150,
(SQLLEN *)&V_OD_err);
69        // 14. 通过 SQLFetch 获取结果集中的数据
70        V_OD_erg=SQLFetch(V_OD_hstmt);
71        // 15. 通过 SQLGetData 获取并返回数据
72        while(V_OD_erg != SQL_NO_DATA) {
73        SQLGetData(V_OD_hstmt,1,SQL_C_SLONG,(SQLPOINTER)&V_OD_id,0,NULL);
74            printf("SQLGetData ----ID = %d\n",V_OD_id);
75            V_OD_erg=SQLFetch(V_OD_hstmt); };
76        // 16. 断开数据源连接并释放句柄资源
77        SQLFreeHandle(SQL_HANDLE_STMT,V_OD_hstmt);
78        SQLDisconnect(V_OD_hdbc);
79        SQLFreeHandle(SQL_HANDLE_DBC,V_OD_hdbc);
80        SQLFreeHandle(SQL_HANDLE_ENV, V_OD_Env);
81        return(0); }
```

图 10-7 （续）

（1）第 4～5 行是包含数据库操作相关的头文件。

（2）第 16～24 行是申请环境句柄并且配置环境属性。

（3）第 25～47 行是申请连接句柄并且申请数据库的连接。

（4）第 48～55 行是申请语句句柄，调用 SQLExecDirect 函数执行不需要参数化的 SQL 语句。

（5）第 56～62 行是准备和执行需要参数化的 SQL 语句。

（6）第 63～75 行是通过 SQLFetch 和 SQLGetData 函数获取结果集中的数据。

（7）第 76～80 行是断开数据源连接并释放句柄资源。

10.2 网络购物平台数据库访问实践

本节以网络购物平台数据库为背景介绍 GaussDB 数据库数据的操作实践。

下面以用户模块为例演示使用 Java 应用程序和 JDBC 驱动程序访问 GaussDB 的数据库应用程序的设计过程，相关的源代码可扫描左侧二维码获取。

（1）设计实体层。每个实体类对应数据库中的一张表。

（2）设计数据库访问层。连接数据库，封装对数据库表的基本操作，包括查询、插入、修改和删除。

（3）设计可视化层。接受用户输入的数据，调用数据库访问层完成对数据的操作，然后将操作结果返回给用户。

10.2.1　实体层

在用户模块的实体层设计了 UserEntity 类，用于封装用户的属性以及获取和设置属性的方法，如图 10-8 所示。

```
1   package com.eshop.entity;
2   public class UserEntity {
3       private String uid;
4       private String uname;
5       private String pwd;
6       private String gender;
7       private String phone;
8       private String reg;
9       private int ustatus;
10      private String hobby;
11      public UserEntity(String uid, String uname, String pwd, String gender,
    String phone, String reg, int ustatus, String hobby) {
12          this.uid = uid; this.uname = uname; this.pwd = pwd; this.gender =
    gender; this.phone = phone;
13          this.reg = reg; this.ustatus = ustatus; this.hobby = hobby; }
14
15      public UserEntity(String uid, String uname, String gender, String
    phone, String reg, int ustatus, String hobby) {
16          this.uid = uid; this.uname = uname; this.gender = gender; this.phone
    = phone;
17          this.reg = reg; this.ustatus = ustatus; this.hobby = hobby; }
18      public String getUid() {
19          return this.uid; }
20      public void setUid(String uid) {
21          this.uid = uid; }
22      public String getUname() {
23          return this.uname; }
24      public void setUname(String uname) {
25          this.uname = uname; }
26      public String getPwd() {
27          return this.pwd; }
28      public void setPwd(String pwd) {
29          this.pwd = pwd; }
30      public String getGender() {
31          return gender; }
32      public void setGender(String gender) {
33          this.gender = gender; }
34      public String getPhone() {
35          return this.phone; }
36      public void setPhone(String phone) {
37          this.phone = phone; }
38      public String getReg() {
39          return reg; }
40      public void setReg(String reg) {
41          this.reg = reg; }
42      public int getUstatus() {
43          return ustatus; }
44      public void setUstatus(int ustatus) {
45          this.ustatus = ustatus; }
46      public String getHobby() {
47          return this.hobby; }
48      public void setHobby(String hobby) {
49          this.hobby = hobby; }
50      @Override
51      public String toString() {
52          return uid + "\t" + uname + "\t" + gender + "\t" + phone  + "\t"
    + reg  + "\t" + ustatus  + "\t" + hobby; }
53  }
```

图 10-8　用户模块的实体层类 UserEntity

10.2.2 数据库访问层

在用户模块的数据库访问层，设计了数据库的基本访问类 BaseDao 和用户模块增删改查操作的 UserDao 类。其中 BaseDao 类的详细信息请参考图 10-3。本节主要介绍 UserDao 类中对用户表的相关操作，如图 10-9 所示，包括 5 个操作：查询所有用户、根据用户代码 uid 查询用户信息、新增用户、修改用户以及根据用户代码 uid 删除用户。

```
1   package com.eshop.dao;
2   import java.sql.*;
3   import java.util.ArrayList;
4   import com.eshop.entity.*;
5   public class UserDao {
6       /** 查询所有用户 */
7       public static ArrayList<UserEntity> selectAll(){
8           ArrayList<UserEntity> list = new ArrayList<UserEntity>();
9           UserEntity u = null;
10          ResultSet rs = null;
11          Connection conn = BaseDao.getConn();
12          try {
13              rs = BaseDao.executeQuery(conn, "select * from users", null);
14              while(rs.next()){
15                  u = new UserEntity(rs.getString("uid"),
    rs.getString("uname"),
    rs.getString("pwd"),rs.getString("gender"),rs.getString("phone"),rs.getS
    tring("reg"),rs.getInt("ustatus"),rs.getString("hobby"));
16                  list.add(u); }
17          } catch (SQLException e) {
18              e.printStackTrace();
19          }finally {
20              BaseDao.closeAll(conn); }
21          return list; }
22      /** 根据 uid 查询用户 */
23      public static UserEntity selectById(String id){
24          UserEntity u = null;
25          ResultSet rs = null;
26          Connection conn = BaseDao.getConn();
27          PreparedStatement ps = null;
28          try {
29              rs = BaseDao.executeQuery(conn, "select * from users where
    uid=?", new String[] {id});
30              while(rs.next()){
31                  u = new
    UserEntity(rs.getString("uid"),rs.getString("uname"),rs.getString("pwd")
    ,rs.getString("gender"),rs.getString("phone"),rs.getString("reg"),rs.get
    Int("ustatus"),rs.getString("hobby")); }
32          } catch (SQLException e) {
33              e.printStackTrace();
34          }finally {
35              BaseDao.closeAll(conn); }
36          return u; }

50      /** 新增用户 */
51      public static int insertUser(String uid, String uname, String pwd, String
    gender, String phone, String reg, int ustatus, String hobby){
52          int count = 0;
53          Connection conn = BaseDao.getConn();
54          try {
55              String sql = "insert into users (uid, uname, pwd, gender, phone,
    reg, ustatus, hobby) values(?,?,?,?,?,?,?,?)";
56              Object[] params = {uid, uname, pwd, gender, phone, reg, ustatus,
    hobby};
```

图 10-9　用户模块的数据库访问层类 UserDao

```
57              count = BaseDao.exectuIUD(conn, sql, params);
58          } catch (SQLException e) {
59              e.printStackTrace();
60          }finally {
61              BaseDao.closeAll(conn);
62          }
63          return count;
64      }
65      /** 修改用户 */
66      public static int updateUser(UserEntity u){
67          int count = 0;
68          Connection conn = BaseDao.getConn();
69          try {
70              String sql = "update users set uname=?," + "pwd=?," + "gender=?,"
   + "phone=?," + "reg=?," + "ustatus=?," + "hobby=? " + "where uid=?";
71              Object[] params = {u.getUname(), u.getPwd(), u.getGender(),
   u.getPhone(), u.getReg(), u.getUstatus(), u.getHobby(), u.getUid()};
72              count = BaseDao.exectuIUD(conn, sql, params);
73          } catch (SQLException e) {
74              e.printStackTrace();
75          }finally {
76              BaseDao.closeAll(conn);
77          }
78          return count;
79      }
80      /** 根据 uid 删除用户 */
81      public static int deleteUser(String id){
82          int count = 0;
83          Connection conn = BaseDao.getConn();
84          try {
85              String sql = "delete from users where uid=?";
86              Object[] params = {id};
87              count = BaseDao.exectuIUD(conn, sql, params);
88          } catch (SQLException e) {
89              e.printStackTrace();
90          }finally {
91              BaseDao.closeAll(conn);
92          }
93          return count;
94      }
95  }
```

图 10-9　（续）

10.2.3　可视化层

在用户模块的可视化层设计了 UserView 类，用于接受用户输入、按照业务逻辑调用数据库访问层、将数据操作结果按照用户要求的格式展现，如图 10-10 所示，其中 ComUtility 是处理用户标准输入输出的工具类。在可视化层，提供了 6 个交互操作，分别如下。

（1）选择"1"选项时，查询用户信息列表。

（2）选择"2"选项时，提示输入用户代码 uid，根据 uid 查询用户信息。

（3）选择"3"选项时，根据提示模板输入新用户信息，添加一个新的用户。

（4）选择"4"选项时，提示输入用户代码 uid，根据 uid 查询用户信息，根据提示模板输入需要更新的信息，修改用户信息。

（5）选择"5"选项时，提示输入用户代码 uid，根据 uid 删除用户信息。

```
1    package com.eshop.view;
2    import java.util.ArrayList;
3    import com.eshop.dao.UserDao;
4    import com.eshop.entity.UserEntity;
5    import com.eshop.utility.ComUtility;
6
7    public class UserView {
8        private static ArrayList<UserEntity> userList = new
     ArrayList<UserEntity>();
9
10       public void enterMainMenu() {
11           boolean loopFlag = true;
12           char menu = 0;
13           while(loopFlag) {
14               System.out.println("1-查询用户列表 2-查询用户 3-添加用户 4-修
     改用户 5-删除用户 6-退出 请选择(1-6):");
15               //读取用户需要选择的数
16               menu = ComUtility.readMenuSelection();
17               switch(menu) {
18               case '1':
19                   listAllUsers();
20                   break;
21               case '2':
22                   getUser();
23                   break;
24               case '3':
25                   addUser();
26                   break;
27               case '4':
28                   updateUser();
29                   break;
30               case '5':
31                   deleteUser();
32                   break;
33               case '6':
34                   System.out.print("确认是否退出(Y/N): ");
35                   char isExist = ComUtility.readConfirmSelection();
36                   if(isExist == 'Y') {
37                       loopFlag = false;
38                       System.out.println("退出成功! ");
39                   }
40                   break;
41               }
42           }
43       }
44       //显示所有的用户信息
45       private void listAllUsers() {
46           System.out.println("------------用户信息列表------------\n");
47           userList = UserDao.selectAll();
48           if(userList.isEmpty()) {
49               System.out.println("没有任何用户信息! ");
50           } else {
51               System.out.println("用户代码\t用户名\t性别\t手机号\t\t注册时
     间\t\t激活状态\t兴趣爱好");
52               //循环输出所有的用户信息
53               for(UserEntity user : userList) {
54                   System.out.println(user);
55               }
56           }
57           System.out.println("---------------------------------");
58       }
```

图 10-10 用户模块的可视化层类 UserView

```
59          //根据 uid 显示用户信息
60      private void getUser() {
61              System.out.println("------------查询用户------------");
62              System.out.print("请输入要查询的用户代码: ");
63              String uid = ComUtility.readKeyBoard(4, false);
64              UserEntity user = UserDao.selectById(uid);
65              if(user == null) {
66                  System.out.println("没有用户代码为" + uid + "的用户信息！");
67              } else {
68                  System.out.println("用户代码\t 用户名\t 性别\t 手机号\t\\t
    注册时间\t\\t 激活状态\t 兴趣爱好");
69                  System.out.println(user);
70              }
71              System.out.println("--------------------------------");
72          }
73      private void addUser() {
74              System.out.println("------------添加用户------------");
75              System.out.print("请输入要添加的用户信息(以英文逗号分隔): 用户
    代码,用户名,密码,性别,手机号,注册时间,激活状态,兴趣爱好");
76              String userInfo = ComUtility.readKeyBoard(100, false);
77              if(userInfo != null) {
78                  String[] temp = userInfo.split(",");
79                  String uid = temp[0];
80                  String uname = temp[1];
81                  String pwd = temp[2];
82                  String gender = temp[3];
83                  String phone = temp[4];
84                  String reg = temp[5];
85                  int ustatus = Integer.parseInt(temp[6]);
86                  String hobby = temp[7];
87                  int res = UserDao.insertUser(uid, uname, pwd, gender,
    phone, reg, ustatus, hobby);
88                  if(res != 0) {
89                      System.out.println("添加成功!");
90                  } else {
91                      System.out.println("添加失败!");
92                  }
93              } else {
94                  System.out.println("用户信息输入错误，请重新添加用户! ");
95              System.out.println("--------------------------------");
96              }
97          }
98      public static void deleteUser() {
99          System.out.println("------------删除用户------------");
100         System.out.print("请输入要删除的用户代码: ");
101         String uid = ComUtility.readKeyBoard(4, false);
102         int res= UserDao.deleteUser(uid);
103         if(res != 0) {
104             System.out.println("删除成功!");
105         } else {
106             System.out.println("删除失败!");
107         }
108         System.out.println("--------------------------------");
109     }
110         //根据 uid 更新用户信息
111     private void updateUser() {
112             System.out.println("------------更新用户信息------------");
113             System.out.print("请输入要查询的用户代码: ");
114             String uid = ComUtility.readKeyBoard(4, false);
115             UserEntity user = UserDao.selectById(uid);
116             if(user == null) {
117                 System.out.println("没有用户代码为" + uid + "的用户信息! ");
118             } else {
```

图 10-10 （续）

```
119              System.out.println("用户代码\t 用户名\t 性别\t 手机号\t\t 注
    册时间\t\t 激活状态\t 兴趣爱好");
120              System.out.println(user);
121              System.out.print("请输入要更新的用户信息，只能修改用户代码、
    用户名、密码、性别、手机号、兴趣爱好,输入格式例子(以英文逗号分隔)：用户名:王丽,
    兴趣爱好:美食");
122              String userInfo = ComUtility.readKeyBoard(100, false);
123              if(userInfo != null) {
124                  String[] temp = userInfo.split(",");
125                  for(String kv : temp)
126                  {
127                      String[] kvArr = kv.split(":");
128                      String key = kvArr[0];
129                      String value = kvArr[1];
130                      switch(key) {
131                      case "用户代码":
132                          user.setUid(value);
133                          break;
134                      case "用户名":
135                          user.setUname(value);
136                          break;
137                      case "密码":
138                          user.setPwd(value);
139                          break;
140                      case "性别":
141                          user.setGender(value);
142                          break;
143                      case "手机号":
144                          user.setPhone(value);
145                          break;
146                      case "兴趣爱好":
147                          user.setHobby(value);
148                          break; }
149                  }
150                  int res = UserDao.updateUser(user);
151                  if(res != 0) {
152                      System.out.println("修改成功!");
153                  } else {
154                      System.out.println("修改失败!"); }
155              }
156          System.out.println("--------------------------------");
157          }
158      }
159  public static void main(String[] args) {
160      UserView view = new UserView();
161      view.enterMainMenu();
162  }
163 }
```

图 10-10 （续）

（6）选择"6"选项时，提示"确认是否退出（Y/N）："，输入"Y"退出应用程序。

10.3　本章小结

本章首先介绍了用户访问数据库的两种方式：借助 DBMS 工具访问和通过驱动程序的 API 访问数据库。其中重点介绍了第二种方式，提供了 Java 程序通过 JDBC 访问GaussDB、Python 程序通过 Psycopg 访问 GaussDB 以及 C/C++ 程序通过 ODBC 访问GaussDB 的方法。

在实践案例部分，以网络购物平台为背景，以标准输入输出与用户交互，分别从实体层、

数据库访问层、可视化层演示了用户模块的增删改查操作的使用。本章还提供了基于"Servlet+JSP+JavaBean"的 Web 开发技术和 MVC(Model View Controller)设计的网络购物平台开发实践案例,感兴趣的读者可扫描二维码获取。

10.4 习题

1. 选择题

(1) 使用 JDBC 访问数据库时,下面选项中描述错误的是(　　)。

　　A. Statement 的 executeQuery()方法会返回一个结果集

　　B. Statement 的 executeUpdate()方法会返回是否更新成功的 boolean 值

　　C. Statement 的 execute()方法会返回 boolean 值,含义是是否返回结果集

　　D. Statement 的 executeUpdate()方法返回值是 int 类型,含义是 DML 操作影响记录数

(2) 使用 JDBC 访问数据库时,能够执行带参数占位符 SQL 语句的是(　　)。

　　A. Statement　　　　　　　　　　B. Connection

　　C. PreparedStatement　　　　　　D. ResultSet

(3) 下列不是 ODBC 的操作内容的是(　　)。

　　A. 配置数据源　　　　　　　　　　B. 分配环境句柄和连接句柄

　　C. 关闭应用程序　　　　　　　　　D. 执行 SQL 语句

(4) 配置 ODBC 数据源时,不需要掌握的信息是(　　)。

　　A. 数据库地址　　　B. 数据库端口号　　　C. 数据库名　　　D. 数据库表结构

(5) 使用 ODBC 访问数据库时,申请的句柄资源,不包括(　　)。

　　A. 环境句柄　　　　B. 连接句柄　　　　C. 事务句柄　　　　D. 语句句柄

2. 填空题

(1) 使用 JDBC 访问数据库时,加载数据库驱动通常调用 Class 类的_____静态方法实现。

(2) 使用 JDBC 访问数据库时,Statement 接口中 executeQuery()方法返回值是_____类型。

(3) Python 应用程序访问数据库时,如果要插入、更新或删除数据,可以调用_____方法。

(4) 用户应用程序创建了与数据库的连接后,在使用后需要_____数据库的连接以释放资源。

(5) 使用应用程序访问数据库时,可以使用异常处理机制捕获和处理数据库连接和查询过程中可能出现的_____。

3. 简答题

(1) 请查阅 JDBC 的 API 接口,尝试使用 Java 程序连接 GaussDB 数据库,并且理解建立数据库连接、执行语句、处理返回结果、关闭数据库连接的过程。

(2) 请查阅 psycopg2 的 API 接口,尝试使用连接 Python 程序 GaussDB 数据库,并且理解建立数据库连接、执行语句、处理返回结果、关闭数据库连接的过程。

（3）请查阅 ODBC 的 API 接口，尝试使用 C/C++ 程序连接 GaussDB 数据库，并且理解建立数据库连接、执行语句、处理返回结果、关闭数据库连接的过程。

（4）请选择网络购物平台数据库中的商品、订单、购物车的任一模块，尝试实现实体层、数据库访问层和可视化层，与用户的交互采用标准输入输出方式。

（5）请尝试选用一套 Web 应用开发技术，或者参考本章小结中基于"Servlet＋JSP＋JavaBean"的 Web 开发技术和 MVC(Model View Controller)设计思想，设计和实现网络购物平台中的用户模块。

第 四 篇

数据库管理

第 11 章

数据库安全管理

学习目标

（1）了解数据库安全、安全管理和数据库审计技术的基本内容。
（2）掌握数据库安全管理方法，用户管理、角色管理和权限管理的方法。
（3）理解 GaussDB 的安全机制。

思维导图

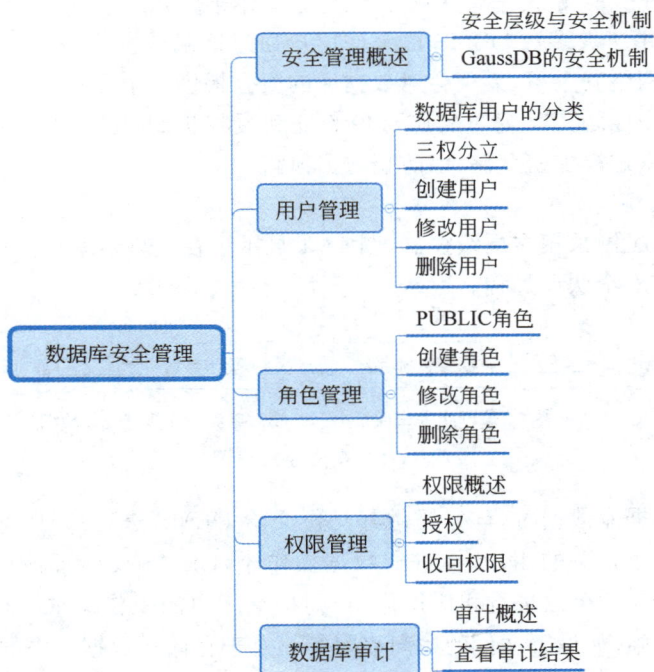

　　数据库作为企业、组织的重要信息资源，存储了大量的敏感信息和机密数据。保护数据库安全对企业、组织来说至关重要。数据库安全管理是数据库系统中非常重要的内容。本章首先介绍数据库安全的概念、安全管理的内容和技术手段、GaussDB 的安全机制体系，然后基于 GaussDB 介绍如何通过用户管理、角色管理、权限管理和数据库审计等来保障数据库安全。

11.1　安全管理概述

数据库的安全性是指采取有力措施保护数据库以防止不合法使用所造成的数据泄露、更改和破坏。数据库安全管理涉及安全层级、安全控制方法等内容，其核心问题是身份识别，主要体现在对用户、角色和权限的管理与控制。

11.1.1　安全层级与安全机制

1. 安全层级

在一般的计算机系统中，安全措施是一级一级层层设置的，通常分为物理层、人员层、操作系统层、网络层和数据库管理系统层。

（1）物理层：对计算机系统的机房和设备应加以保护，防止入侵者强行进入或暗中潜入，进行物理破坏。

（2）人员层：对用户的授权要严格管理，减少工作人员渎职、受贿，从而为入侵者提供访问的机会。

（3）操作系统层：防止入侵者从操作系统处访问数据库。

（4）网络层：由于大多数 DBMS 都允许用户通过终端或网络进行远程访问，所以网络的安全也很重要，网络安全了，无疑会对数据库的安全提供一个保障。

（5）数据库管理系统层：通过实施身份验证和授权机制，限制未经授权的用户访问数据库，并对敏感数据进行加密存储，以防止数据泄露。

2. 安全控制模型

数据库安全性机制采用多层级控制，图 11-1 显示了在计算机系统中用户访问数据库数据需要经历的所有安全认证过程。

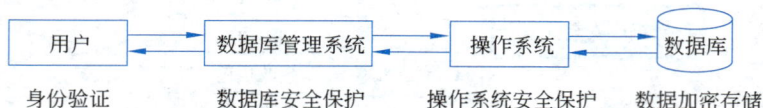

图 11-1　安全控制模型

当用户访问数据库数据时，首先提供其身份交给 DBMS 进行验证，只有合法的用户才能登录数据库。对于合法的用户，在进行数据操作时，DBMS 要验证该用户是否有操作权限，如果有操作权限，才可以进行相应操作，否则拒绝用户的操作请求。在操作系统这一级也有自己的保护措施，如设置文件的访问权限等。对于存储在数据库中的数据，还可以加密存储，这样即使数据被窃取，需要解密后才能读懂数据。

3. 数据库安全技术

常用的数据库安全技术包括用户身份验证、访问控制、视图机制、数据加密和数据库审计等。

1）用户身份验证

用户身份验证是系统提供的第一道防线，用于验证用户是否是合法用户。用户身份验证通常采用用户名和密码的方式。除此之外，还可以通过生物特征认证、智能卡识别等方法提高安全性。在用户连接数据库时,系统会验证用户提供的凭证是否与存储在数据库中的信息一致,只有通过验证的用户才能登录数据库。

2)访问控制

访问控制是数据库安全的重要组成部分,用于限制用户对数据库的访问权限,它主要包括定义用户权限和合法权限检查两部分。DBMS 提供一些语句来定义用户权限,这些权限信息将存储在数据库的数据字典中。当合法用户进行各种操作时,DBMS 将根据其存取权限定义判断他是否具有该操作资格,如果没有则拒绝,从而保护数据不被未经授权的用户访问或修改。

对数据库对象的操作权限或存取控制分为以下两种。

(1)自主存取控制:由用户(如数据库管理员)自主控制对数据库对象的操作权限,哪些用户可以对哪些对象进行哪些操作,完全取决于用户之间的授权。目前大多数 DBMS 都支持的是自主存取控制方式。

(2)强制存取控制:强制存取控制的思路是,为每一个数据库对象标以一定的密级(如绝密、机密、保密、公开等),对每一个用户都确定一个许可级别,如用户可以划分为一级用户(可以操作所有数据)、二级用户(可以操作除绝密以外的所有数据)、三级用户等。对于任意一个对象,只有具有合法许可的用户才可以存取。强制存取控制适用于那些数据有严格而固定的密级分类的部门(如军方、政府等)。

3)视图机制

在创建视图时通过 SELECT 语句可以把保密的数据隐藏起来,再给用户授予对视图而不是基本表的存取权限,保证用户只能看见与自己相关的数据,从而进一步增强了安全性。

4)数据加密

数据加密是一种保护数据库中的敏感数据不被泄露的技术。其思路是根据一定的算法将原始数据(明文)转换为无法识别的格式(密文),这样即使密文被非法所得但由于不知道解密密钥而无法获知数据的内容。

加密算法和密钥管理是数据加密的关键因素,需要确保加密算法的强度和密钥的安全性。在数据传输过程中,通常使用加密通道(如 SSL/TLS)来确保数据在传输过程中的安全性。

5)数据库审计

数据库审计用于监控和记录数据库的所有活动,以便发现和防止安全威胁。数据库审计通过收集和分析数据库操作日志,检测异常行为、潜在的攻击行为以及未被授权的访问尝试。审计结果可以用于发现安全漏洞、追踪事件,并在发生安全事故时提供证据。

11.1.2 GaussDB 的安全机制

GaussDB 作为分布式数据库管理系统,支持根据应用场景将数据存放在不同的网络区域。在构建数据库安全体系时除了考虑系统登录认证、权限管理、数据加密等问题外,还需要考虑网络安全。GaussDB 的安全机制如图 11-2 所示。

GaussDB 安全机制充分考虑了数据库可能的接入方,包括应用程序、用户(含 DBA)、攻击者等。

GaussDB 提供使用内网、公网和数据管理服务(Data Admin Service,DAS)3 种方式连

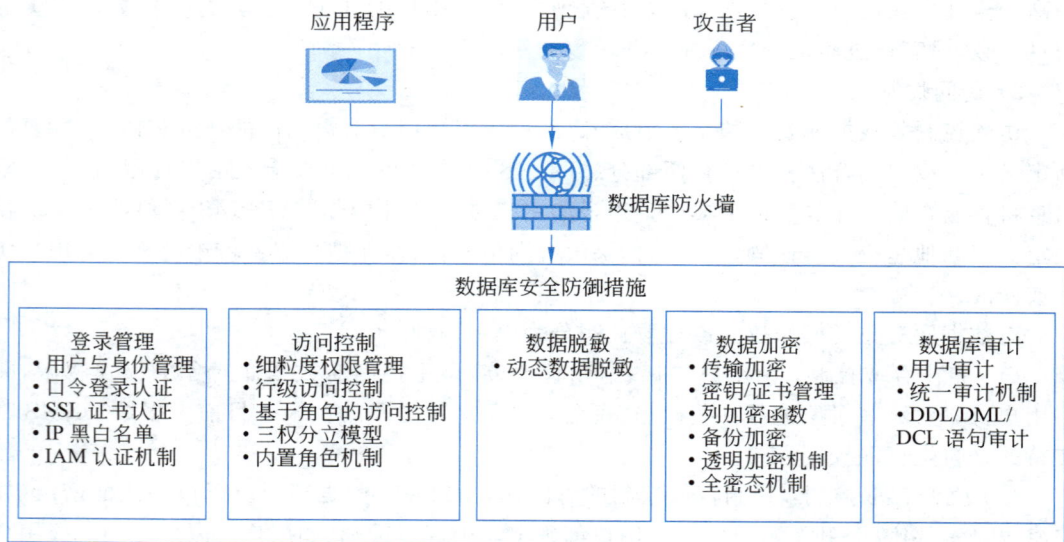

图 11-2　GaussDB 数据库安全机制

接数据库。在连接、访问数据库时，首先进行可信接入认证，通过口令认证、SSL 证书认证、统一身份认证服务（Identity and Access Management，IAM）、IP 黑白名单等机制来保证访问源与数据库服务器端之间的信任，阻止非法用户对数据库的非法访问，避免后续的非法操作。

　　用户通过接入认证后就可以登录到 GaussDB 数据库。在每次进行数据库操作时，GaussDB 都会通过存取控制机制——访问控制列表（Access Control List，ACL）进行权限验证。只有通过权限验证的操作，系统才会执行，否则提示错误信息。GaussDB 采用基于角色的访问控制（Role Based Access Control，RBAC）来进行权限管理，即每个用户根据自身的角色来获取相应的权限，通过 ACL 实现对数据库对象（如数据库、模式、表、视图、序列、索引、函数等）的访问控制。

　　GaussDB 还提供了数据库审计功能，可以将用户对数据库的所有操作通过审计模块写入审计日志，做到对数据库的所有操作都能有迹可查。

　　数据在显示、传输和存储过程中都会面临信息泄露的风险，GaussDB 提供了动态数据脱敏、透明加密机制、全密态数据库机制等数据保护技术，可有效解决数据库存在的信息泄露问题。

11.2　用户管理

　　用户，也称为账号，是数据库使用者的身份证明。使用者只有提供正确的身份信息表明他是一个合法的用户才能登录数据库。合理的用户管理、权限管理对于数据库系统的安全、高效和可靠非常关键。GaussDB 提供了一套有效管理数据库用户的机制。

11.2.1　数据库用户的分类

　　在 GaussDB 数据库中，根据用户权限属性，可将数据库用户分为初始用户、系统管理员、安全管理员、审计管理员、监控管理员、运维管理员、安全策略管理员和普通用户。

1. 初始用户

数据库安装过程中自动生成的账号称为初始用户,又称为超级用户。初始用户拥有系统的最高权限,能够执行所有的操作。如果安装时不设置初始用户名称,则该账号与进行数据库安装的操作系统用户同名。如果安装过程中没有设置初始用户的密码,则安装完成后密码为空,在执行其他操作前需要通过 gsql 客户端设置初始用户的密码。

初始用户禁止远程连接,仅可本地登录。在查看 pg_user 表时,usesuper 字段值为"t"的用户名就是初始用户。

2. 系统管理员

系统管理员是指具有 SYSADMIN 属性的账号,默认安装情况下具有与对象所有者相同的权限,可以查看所有系统表和视图,但不包括 dbe_perf 模式的对象权限和使用 Roach 工具执行备份恢复的权限。在非三权分立模式下,系统管理员具备系统最高权限;三权分立后,系统管理员的权限缩小,不再拥有创建角色和用户的权限,也不再拥有查看和维护数据库审计日志的权限。

3. 安全管理员

安全管理员是指具有 CREATEROLE 属性的账号,具有创建、修改、删除用户或角色的权限。

4. 审计管理员

审计管理员是指具有 AUDITADMIN 属性的账号,具有查看和删除审计日志的权限。

5. 监控管理员

监控管理员是指具有 MONADMIN 属性的账户,具有查看 dbe_perf 模式下视图和函数的权限,亦可以对 dbe_perf 模式的对象权限进行授予或收回。

6. 运维管理员

运维管理员是指具有 OPRADMIN 属性的账户,具有使用 Roach 工具执行备份恢复的权限。

7. 安全策略管理员

安全策略管理员是指具有 POLADMIN 属性的账户,具有创建资源标签、脱敏策略和统一审计策略的权限。

8. 普通用户

普通用户可以创建数据库对象(如建表、建视图、建索引等),在自己创建的数据库对象上有全部操作权限。

11.2.2 三权分立

默认情况下具有 SYSADMIN 属性的系统管理员具备系统最高权限。在实际业务管理中,为了避免系统管理员拥有过度集中的权利带来高风险,可以设置三权分立,将系统管理员的权限分立给安全管理员和审计管理员,如图 11-3 所示。

三权分立后,审计管理员负责审计系统管理员、安全管理员和普通用户的数据库操作;安全管理员负责用户和角色的创建;系统管理员负责数据库的管理(如创建表空间),不再拥有创建角色和用户的权限,也不再拥有查看和维护数据库审计日志的权限。

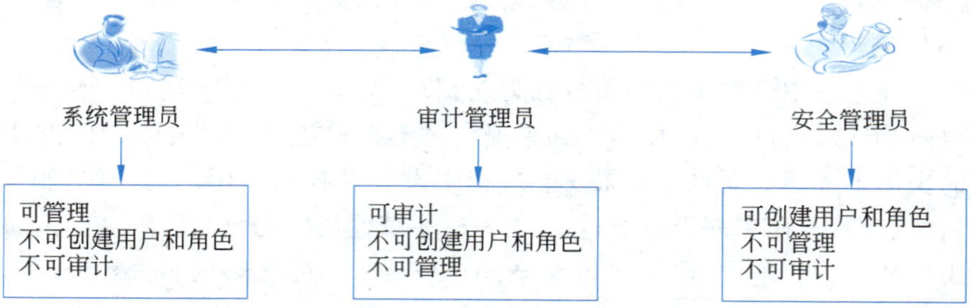

系统管理员

审计管理员

安全管理员

可管理 不可创建用户和角色 不可审计	可审计 不可创建用户和角色 不可管理	可创建用户和角色 不可管理 不可审计

图 11-3　三权分立模型

　　三权分立仅影响系统管理员的默认权限，初始用户、安全管理员、审计管理员和普通用户的默认权限不受三权分立设置影响。系统管理员在三权分立前和三权分立后的对象权限变化情况请参见表 11-1。

表 11-1　系统管理员在三权分立和非三权分立的权限变化说明

对　　象	三权分立前系统管理员的权限	三权分立后系统管理员的权限
表空间	对表空间有创建、修改、删除、访问和分配的权限	无变化
模式	对除 dbe_perf 以外的所有模式有所有的权限	权限缩小。对自己的模式有所有的权限，对其他用户的非系统模式无权限
自定义函数	对所有用户自定义函数有所有的权限	权限缩小。只对自己的函数及其他用户放在 public 模式下的函数有所有的权限，对其他用户放在属于各自模式下的函数无权限
自定义表或视图	对所有用户自定义表或视图有所有的权限	权限缩小。只对自己的表或视图及其他用户放在 public 模式下的表或视图有所有的权限，对其他用户放在属于各自模式下的表或视图无权限
系统表和系统视图	可以查看所有系统表和视图	无变化

　　数据库参数"enableSeparationOfDuty"控制是否开启三权分立。该参数的值为"on"表示开启三权分立；值为"off"表示不开启三权分立。

11.2.3　创建用户

　　GaussDB 包含一个或多个数据库。GaussDB 的用户可以根据配置信息连接到指定的数据库。

1. 使用 CREATE USER 语句创建数据库用户

　　默认情况下（非三权分立），GaussDB 用户账号只能由初始用户、系统管理员或拥有 CREATEROLE 属性的安全管理员创建和删除。三权分立后，用户账号只能由初始用户和安全管理员创建。创建用户的语法格式如下：

```
CREATE USER user_name [[WITH] option […]] {PASSWORD | IDENTIFIED BY} {'password'
[EXPIRED] | DISABLE };
#其中，option 子句用于设置权限及属性等信息。option 的选项可以是：
```

```
{SYSADMIN | NOSYSADMIN}
    | {MONADMIN | NOMONADMIN}
    | {OPRADMIN | NOOPRADMIN}
    | {POLADMIN | NOPOLADMIN}
    | {AUDITADMIN | NOAUDITADMIN}
    | {CREATEDB | NOCREATEDB}
    | {CREATEROLE | NOCREATEROLE}
    | {LOGIN | NOLOGIN}
    | CONNECTION LIMIT connlimit
    | VALID BEGIN 'timestamp'
    | VALID UNTIL 'timestamp'
    | RESOURCE POOL 'respool'
    | PERM SPACE 'spacelimit'
    | TEMP SPACE 'tmpspacelimit'
    | SPILL SPACE 'spillspacelimit'
```

语句中各关键字和参数的含义如下。

（1）user_name：用户名称。

（2）password：登录密码。密码规则如下。

① 密码默认不少于 8 个字符。

② 不能与用户名及用户名倒序相同。

③ 至少包含大写字母（A～Z）、小写字母（a～z）、数字（0～9）、非字母数字字符（限定为 ~!@#$%^&*()-_=+\|[{}];:,<.>/?)四类字符中的三类字符。

④ 创建用户时，应当使用单引号将用户密码括起来。

（3）EXPIRED：用户密码失效，即该用户只有在修改自身密码后才可正常执行语句。

（4）DISABLE：禁用用户的密码。禁用某个用户的密码后，该密码将从系统中删除，用户也不能更改自己的密码，此类用户只能通过外部认证来连接数据库。

（5）SYSADMIN | NOSYSADMIN：指定该用户是否为系统管理员，默认为 NOSYSADMIN。

（6）MONADMIN | NOMONADMIN：指定该用户是否是监控管理员，默认为 NOMONADMIN。

（7）OPRADMIN | NOOPRADMIN：指定该用户是否是运维管理员。默认为 NOOPRADMIN。

（8）POLADMIN | NOPOLADMIN：指定该用户是否是安全策略管理员。默认为 NOPOLADMIN。

（9）AUDITADMIN | NOAUDITADMIN：指定该用户是否是审计管理员。默认为 NOAUDITADMIN。

（10）CREATEDB | NOCREATEDB：指定该用户是否能创建数据库。默认为 NOCREATEDB。

（11）CREATEROLE | NOCREATEROLE：指定该用户是否能创建用户和角色。一个拥有 CREATEROLE 权限的角色也可以修改和删除其他角色。默认为 NOCREATEROLE。

（12）LOGIN | NOLOGIN：具有 LOGIN 属性的角色才可以登录数据库。一个拥有 LOGIN 属性的角色可以认为是一个用户。默认为 LOGIN。

（13）CONNECTION LIMIT：声明该用户可以使用的并发连接数量。系统管理员不受此参数的限制。

(14) VALID BEGIN：设置用户生效的时间戳。如果省略了该子句，用户无有效开始时间限制。

(15) VALID UNTIL：设置用户失效的时间戳。如果省略了该子句，用户无有效结束时间限制。

(16) RESOURCE POOL：设置用户使用的 resource pool 名称，该名称属于系统表：pg_resource_pool。

(17) PERM SPACE：设置用户使用空间的大小。

(18) TEMP SPACE：设置用户临时表存储空间限额。

(19) SPILL SPACE：设置用户算子落盘空间限额。

例 11.1　创建用户 liu 和用户 tom，登录密码为 User@123。

```
CREATE USER liu PASSWORD 'User@123';
CREATE USER tom PASSWORD 'User@123';
```

在上述创建用户语句中，PASSWORD 关键字也可以用 IDENTIFIED BY 替换。

例 11.2　创建一个用户 jack，登录密码为 Mis@1234，登录后强制用户修改密码。

```
CREATE USER jack IDENTIFIED BY 'Mis@1234' EXPIRED;
```

上例创建的用户 jack 登录后必须要修改密码才能让语句正常执行。

例 11.3　创建一个用户 smith，登录密码为 User@123，是一个安全管理员（具有CREATEROLE 属性）。

```
CREATE USER smith WITH CREATEROLE IDENTIFIED BY 'User@123';
```

2. 查看数据库用户信息

如果想知道数据库系统有哪些用户，可以查询视图 PG_USER。例如，查询数据库所有用户信息的语句如下：

```
SELECT * FROM PG_USER;
```

如果想知道当前登录的是哪个用户，可以执行"SELECT * FROM CURRENT_USER"。

通过查询系统表 PG_AUTHID 可知道用户的属性。PG_AUTHID 系统表存储了有关数据库认证标识符（角色）的信息。在 GaussDB 中，一个用户实际上就是一个可登录的角色。访问系统表 PG_AUTHID 需要有系统管理员权限。查询用户属性的语句如下：

```
SELECT * FROM PG_AUTHID;
```

11.2.4　修改用户

对创建好的用户，还可以使用 ALTER USER 语句修改用户。

1. 修改用户名

修改用户名的语法格式如下：

```
ALTER USER user_name RENAME TO new_name;
```

例 11.4　将用户 liu 的名称修改为 liuwen。

```
ALTER USER liu RENAME TO liuwen;
```

2. 修改用户密码

修改用户密码的语法格式如下：

```
ALTER USER user_name [ PASSWORD { 'password' [EXPIRED] | DISABLE | EXPIRED }
    | IDENTIFIED BY { 'password' [ REPLACE 'old_password' | EXPIRED ] | DISABLE }];
```

普通用户在修改自己的密码时需要输入旧密码，而管理员在修改普通用户的密码时则不必输入用户的旧密码。

例 11.5　以管理员身份登录，将用户 liuwen 的登录密码修改为 Gauss@123。

```
ALTER USER liuwen IDENTIFIED BY 'Gauss@123';
```

3. 修改用户的权限等信息

修改用户的权限等信息的语法格式如下：

```
ALTER USER user_name [ [ WITH ] option [ … ] ];
```

其中，option 子句请参见 CREATE USER 语句中的 option 选项及其说明。

例 11.6　在非三权分立模型下，为用户 smith 追加 CREATEDB 属性（可创建数据库）。

```
ALTER USER smith CREATEDB;
```

4. 锁定或解锁用户

锁定或解锁用户的语法格式如下：

```
ALTER USER user_name ACCOUNT { LOCK | UNLOCK };
```

其中，ACCOUNT LOCK 为锁定账号，禁止用户登录数据库；ACCOUNT UNLOCK 为解锁账号，允许用户登录数据库。

例 11.7　锁定 liuwen 账户。

```
ALTER USER liuwen ACCOUNT LOCK;
```

11.2.5　删除用户

用 DROP USER 语句删除用户的同时也会删除同名的 schema。DROP USER 的语法格式如下：

```
DROP USER [ IF EXISTS ] user_name [, …][ CASCADE | RESTRICT ];
```

其中，各关键字和参数的含义如下。

（1）user_name：用户名称。

（2）CASCADE：级联删除依赖用户的对象，并收回授予该用户的权限。

（3）RESTRICT：如果用户还有任何依赖的对象或被授予了其他对象的权限，则拒绝删除该用户（默认行为）。

需要注意的是：

（1）在删除用户时，需要先删除该用户拥有的所有对象，并且收回该用户在其他对象上的权限，或者通过使用 CASCADE 关键字级联删除该用户拥有的对象和被授予的权限。

（2）DROP USER 不支持跨数据库的级联删除。需要用户先手动删除其他数据库中的依赖对象或直接删除依赖数据库，再删除用户。

例 11.8　删除用户 liuwen。

```
DROP USER liuwen CASCADE;
```

11.3　角色管理

用户是用于访问数据库的身份验证实体，而角色是一组与数据库操作相关的权限集合，使用角色的主要目的是为了简化权限的管理。

GaussDB采用基于角色的访问控制机制，整个机制的核心概念是"角色"，即通过GRANT语句把角色授予用户后，用户就自动继承了角色的所有权限。在权限管理过程中，管理员可以根据实际需求设置不同的角色，将相同类型或相同权限需求的用户分为一组（角色），为每个角色授予相应的权限。当需要调整某一类用户的权限时，只需修改相应角色的权限，而不需要逐个修改每一个用户的权限。对于新增加的用户，也只需分配合适的角色，从而实现了高效的权限分配。

11.3.1　PUBLIC角色

GaussDB提供了一个隐式定义的角色PUBLIC，所有创建的用户和角色默认拥有PUBLIC所拥有的权限。

默认情况下，GaussDB会将以下这些对象的权限授予PUBLIC：数据库的CONNECT权限、CREATE TEMP TABLE权限、函数的EXECUTE特权、语言和数据类型（包括域）的USAGE特权。如果想撤销或重新授予用户和角色对PUBLIC的权限，可通过在GRANT和REVOKE中指定关键字PUBLIC实现，具体命令请参见11.4.2节和11.4.3节。

11.3.2　创建角色

非三权分立时，系统管理员和具有CREATEROLE属性的用户才能创建、修改或删除角色。三权分立后，只有初始用户和具有CREATEROLE属性的用户才能创建、修改或删除角色。

1. 创建角色

可以使用CREATE ROLE创建数据库角色，其语法格式与CREATE USER基本相同。具体命令如下：

```
CREATE ROLE role_name [ [ WITH ] option [ … ] ] [ ENCRYPTED | UNENCRYPTED ]
{ PASSWORD | IDENTIFIED BY } { 'password' [EXPIRED] | DISABLE };
```

其中，role_name为新的角色名，其他参数的说明请参考11.2.3节中的CREATE USER命令。

例11.9　创建一个角色sales，登录密码为User@123。

```
CREATE ROLE sales IDENTIFIED BY 'User@123';
```

例11.10　创建一个角色manager，登录密码为User@123，具有创建数据库（CREATEDB）和创建角色（CREATEROLE）权限。

```
CREATE ROLE manager WITH CREATEDB CREATEROLE IDENTIFIED BY 'User@123';
```

例11.11　创建一个可以登录的角色myrole，从2024年1月1日开始生效，到2027年1月1日失效。

```
CREATE ROLE myrole WITH LOGIN PASSWORD 'User@123'
VALID BEGIN '2024-01-01' VALID UNTIL '2027-01-01';
```

例 11.9 和例 11.10 创建的角色由于没有 login 权限,所以禁止登录。而例 11.11 创建的角色 myrole 由于有 login 权限,并且在时效范围内,所以可以登录。

从上面的示例可以发现用户和角色的区别。

(1) 默认情况下,新创建的用户有登录权限,而角色没有登录权限。

(2) 创建用户时,系统会在当前登录的数据库中为新用户创建一个同名模式(schema),用于对象的管理。

在数据库安全管理中,建议将数据库用户从角色中独立出来,采用用户、角色和权限3 层模型来保障数据库安全。通过角色分配权限,用户继承角色的权限,在权限范围内操作。

2. 查看角色信息

通过 PG_USER 可查看数据库有哪些用户和具有登录权限的角色。如果想知道数据库有哪些角色,可查询系统表 PG_ROLES。下列语句可查询全部的角色信息:

```
SELECT * FROM PG_ROLES;
```

11.3.3 修改角色

对于数据库已有的角色可以使用 ALTER ROLE 修改角色信息。修改角色的命令格式与修改用户的命令格式基本相同。

1. 修改角色的权限

修改角色权限的语法格式如下:

```
ALTER ROLE role_name [ [ WITH ] option [ … ] ];
```

其中,role_name 为现有角色名,option 子句请参见 CREATE USER 和 ALTER USER 的格式说明。

2. 修改角色的名称

修改角色名称的语法格式如下:

```
ALTER ROLE role_name RENAME TO new_name;
```

3. 锁定或解锁角色

锁定或解锁角色的语法格式如下:

```
ALTER ROLE role_name ACCOUNT { LOCK | UNLOCK };
```

例 11.12 将角色 sales 的登录密码由 User@123 修改为 Bistu@567。

```
ALTER ROLE sales IDENTIFIED BY 'Bistu@567' REPLACE 'User@123';
```

例 11.13 禁止角色 myrole 登录数据库。

```
ALTER ROLE myrole ACCOUNT LOCK;
```

角色 myrole 锁定后就不能登录了,若执行"ALTER ROLE myrole ACCOUNT UNLOCK;"命令,则可将 myrole 解锁后才允许登录数据库。

例 11.14 修改角色 manager 为系统管理员。

```
ALTER ROLE manager SYSADMIN;
```

11.3.4 删除角色

使用 DROP ROLE 命令删除指定角色，其语法格式如下：

```
DROP ROLE [ IF EXISTS ] role_name [, …];
```

需要注意的是，只有将角色拥有的对象权限（如对表的 INSERT、DELETE、UPDATE、SELECT 等）撤销后，才能删除该角色。

例 11.15 删除角色 myrole。

```
DROP ROLE myrole;
```

11.4 权限管理

权限是指用户在数据库中执行特定操作的能力。管理员可以根据具体需求设置不同用户或角色具备的权限，从而实现对数据库中不同对象的精细管理。例如，在网上购物系统中管理员可以对商品 goods 表进行增删改查操作，普通用户只能查询 goods 表的商品名、商品类型、售价和库存数量。

非三权分立时，系统管理员可以给任何角色或用户授予/撤销任何权限。具有 CREATEROLE 权限的用户可以赋予或者撤销任何非系统管理员角色的权限。具有 CREATEDB 权限的用户可以创建数据库并对所创建的数据库进行权限管理。

11.4.1 权限概述

GaussDB 数据库中的权限可分为以下两种。

（1）系统权限：又称为用户属性，它描述了用户使用数据库的权限（如登录、创建数据库、创建用户、创建角色等）。

（2）对象权限：对数据库对象的使用权限（如对表的插入、修改、删除和查询等）。

1. 默认权限机制

通常将创建数据库对象（如表、视图、索引等）的用户称为该对象的所有者。数据库安装后的默认情况下，未开启三权分立，数据库系统管理员具有与对象所有者相同的权限。也就是说对象创建后，默认只有对象所有者、初始用户和系统管理员可以对该对象进行任意操作，通过 GRANT（或 REVOKE）将对象的操作权限授予其他用户（或收回权限）。其他用户在获得该对象的操作权限后才能使用这个对象。默认（未开启三权分立）的各类用户权限参见表 11-2。

2. 对象权限

GaussDB 支持以下的权限：SELECT、INSERT、UPDATE、DELETE、TRUNCATE、REFERENCES、CREATE、CONNECT、EXECUTE、USAGE、ALTER、DROP、COMMENT、INDEX 和 VACUUM。不同的权限与不同的对象类型关联。有关各权限的详细信息请参见表 11-3。

表 11-2　默认用户权限

对　象	初始用户 （id 为 10）	系统管理员	安全管理员	审计管理员	普 通 用 户
表空间	具有所有的 权限	对表空间有创建、修改、删除、访问和分配的权限	不具有对表空间进行创建、修改、删除、分配的权限，访问需要被赋权		
模式		对除 dbe_perf 以外的所有模式有所有的权限	对自己的模式有所有的权限，对其他用户的非系统模式无权限		
自定义函数		对所有用户自定义函数有所有的权限	对自己的函数有所有的权限，对其他用户放在 public 这个公共模式下的函数有调用的权限，对其他用户放在其他模式下的函数无权限		
自定义表或视图		对所有用户自定义表或视图有所有的权限	对自己的表或视图有所有的权限，对其他用户的表或视图无权限		
系统表和系统视图		可以查看所有系统表和视图	只可以查看部分系统表和视图。详细请参见 GaussDB 的相关文档		

表 11-3　对象权限

权　限	说　明
SELECT	允许对指定的表、视图、序列执行 SELECT 命令；UPDATE 或 DELETE 时也需要对应字段上的 SELECT 权限
INSERT	允许对指定的表执行 INSERT 语句
UPDATE	允许对指定表的任意字段或特定字段执行 UPDATE 命令。通常，UPDATE 命令也需要 SELECT 权限来查询出哪些行需要更新
DELETE	允许执行 DELETE 命令删除指定表中的数据。通常，DELETE 命令也需要 SELECT 权限来查询出哪些行需要删除
TRUNCATE	允许执行 TRUNCATE 语句删除指定表中的所有记录
REFERENCES	创建一个外键约束时，必须拥有参照表和被参照表的 REFERENCES 权限，分布式场景暂不支持
CREATE	（1）对于数据库，允许在数据库中创建新的模式。 （2）对于模式，允许在模式中创建新的对象。如果要重命名一个对象，用户除了必须是该对象的所有者外，还必须拥有该对象所在模式的 CREATE 权限。 （3）对于表空间，允许在表空间中创建表、索引，并且允许在创建数据库和模式时把该表空间指定为默认表空间
CONNECT	允许用户连接到指定的数据库
EXECUTE	允许使用指定的函数以及利用这些函数实现的操作符
USAGE	（1）对于过程语言，允许用户使用指定的过程语言。 （2）对于模式，USAGE 允许访问包含在指定模式中的对象。若没有该权限，则只能看到这些对象的名称（如查询系统表）。 （3）对于序列，USAGE 允许使用 nextval 函数
ALTER	允许用户修改指定对象的属性
DROP	允许用户删除指定的对象
COMMENT	允许用户定义或修改指定对象的注释

续表

权　　限	说　　明
INDEX	允许用户在指定表上创建索引，并管理指定表上的索引，还允许用户对指定表执行 REINDEX 和 CLUSTER 操作
VACUUM	允许用户对指定的表执行 ANALYZE 和 VACUUM 操作
ALL PRIVILEGES	一次性给指定用户/角色赋予所有可赋予的权限。在 GaussDB 中，PRIVILEGES 关键字可省略

对象的所有者默认具有该对象上的所有权限，出于安全考虑所有者也可以舍弃部分权限，但 ALTER、DROP、COMMENT、INDEX、VACUUM 以及对象的可再授予权限属于所有者固有的权限，隐式拥有。

11.4.2　授权

使用 GRANT 命令对用户和角色进行授权操作。

1. 将系统权限授权给角色或用户

系统权限又称为用户属性，包括 SYSADMIN、CREATEDB、CREATEROLE、AUDITADMIN、MONADMIN、OPRADMIN、POLADMIN 和 LOGIN。

系统权限一般通过 CREATE/ALTER ROLE、CREATE/ALTER USER 来指定。其中，SYSADMIN 权限还可以通过 GRANT/REVOKE 授予或撤销。

将 SYSADMIN 权限授予指定的角色或用户的语法格式如下：

```
GRANT ALL { PRIVILEGES | PRIVILEGE } TO role_name;
```

收回角色或用户上的 SYSADMIN 权限的语法格式如下：

```
REVOKE ALL { PRIVILEGES | PRIVILEGE } FROM role_name;
```

其中，role_name 为指定的角色或用户。

例 11.16　首先授予用户 smith 为系统管理员，然后撤销 smith 的系统管理员权限。

（1）授予用户 smith 为系统管理员。

```
GRANT ALL PRIVILEGES TO smith;
```

（2）撤销 smith 的系统管理员权限。

```
REVOKE ALL PRIVILEGES FROM smith;
```

需要注意的是，系统权限无法继承，即不能通过指定角色成员来继承系统权限，也无法将系统权限授予 PUBLIC。

2. 将数据库对象权限授权给角色或用户

可以用 GRANT 命令将数据库对象的特定权限授予角色或用户。这些权限会追加到已有的权限上。常用的 GRANT 命令的语法格式如下。

（1）将表或视图的访问权限赋予指定的用户或角色：

```
GRANT { { SELECT | INSERT | UPDATE | DELETE | TRUNCATE | REFERENCES | ALTER |
  DROP | COMMENT | INDEX | VACUUM } [, …] | ALL [ PRIVILEGES ] }
    ON { [ TABLE ] table_name [, …] | ALL TABLES IN SCHEMA schema_name [, …] }
    TO { [ GROUP ] role_name | PUBLIC } [, …]
    [ WITH GRANT OPTION ];
```

（2）将表中字段的访问权限赋予指定的用户或角色：

```
GRANT {{{ SELECT|INSERT |UPDATE |REFERENCES| COMMENT} ( column_name [, …] )} [, …] |
ALL [ PRIVILEGES ] ( column_name [, …] ) }
  ON [ TABLE ] table_name [, …]
  TO { [ GROUP ] role_name | PUBLIC } [, …]
  [ WITH GRANT OPTION ];
```

（3）将数据库的访问权限赋予指定的用户或角色：

```
GRANT {{CREATE | CONNECT|TEMPORARY|TEMP|ALTER | DROP | COMMENT} [, …] | ALL
[ PRIVILEGES ] }
  ON DATABASE database_name [, …]
  TO { [ GROUP ] role_name | PUBLIC } [, …]
  [ WITH GRANT OPTION ];
```

（4）将函数的访问权限赋予指定的用户或角色：

```
GRANT { { EXECUTE | ALTER | DROP | COMMENT } [, …] | ALL [ PRIVILEGES ] }
  ON { FUNCTION {function_name ( [ {[ argmode ] [ arg_name ] arg_type} [, …] ] )} [, …]
    | ALL FUNCTIONS IN SCHEMA schema_name [, …] }
  TO { [ GROUP ] role_name | PUBLIC } [, …]
  [ WITH GRANT OPTION ];
```

（5）将存储过程的访问权限赋予指定的用户或角色：

```
GRANT { { EXECUTE | ALTER | DROP | COMMENT } [, …] | ALL [ PRIVILEGES ] }
  ON PROCEDURE {proc_name ( [ {[ argmode ] [ arg_name ] arg_type} [, …] ] )} [, …]
  TO { [ GROUP ] role_name | PUBLIC } [, …]
  [ WITH GRANT OPTION ];
```

（6）将模式的访问权限赋予指定的用户或角色：

```
GRANT {{CREATE |USAGE | ALTER | DROP | COMMENT } [, …] | ALL [ PRIVILEGES ] }
  ON SCHEMA schema_name [, …]
  TO { [ GROUP ] role_name | PUBLIC } [, …]
  [ WITH GRANT OPTION ];
```

注意：将模式中的表或者视图对象授权给其他用户时，需要将表或视图所属的模式的 USAGE 权限同时授予该用户，若没有该权限，则只能看到这些对象的名称，并不能实际进行对象访问。

（7）将表空间的访问权限赋予指定的用户或角色：

```
GRANT { { CREATE | ALTER | DROP | COMMENT } [, …] | ALL [ PRIVILEGES ] }
  ON TABLESPACE tablespace_name [, …]
  TO { [ GROUP ] role_name | PUBLIC } [, …]
  [ WITH GRANT OPTION ];
```

GRANT 命令中的参数说明如下。

role_name：已存在用户或角色名称。

table_name：已存在表名称。

column_name：已存在字段名称。

schema_name：已存在模式名称。

database_name：已存在数据库名称。

funcation_name：已存在函数名称。

argmode：参数模式。

arg_name：参数名称。

arg_type：参数类型。

tablespace_name：表空间名称。

PUBLIC：表示该权限要赋予所有角色和用户，也包括以后创建的用户和角色。

WITH GRANT OPTION：如果声明了 WITH GRANT OPTION，则被授权的用户也可以将此权限授予他人，否则就不能授权给他人。这个选项不能授予 PUBLIC。

命令中的权限类型的含义请参见表 11-3。

例 11.17 将 address 表的查询权限授权给角色 public。

```
GRANT SELECT ON address TO public;
```

由于所有用户和角色默认拥有 PUBLIC 的所有权限，所以该授权命令执行成功后，全体用户和角色都可以查看 address 表的信息。

例 11.18 将 goods 表的查询、插入和删除权限授权给角色 sales 和用户 tom。

```
GRANT SELECT, INSERT, DELETE ON goods TO sales, tom;
```

例 11.19 将 users 表中 uname、phone、hobby 列的查询权限，hobby 的更新权限授权给角色 sales。

```
GRANT SELECT(uname, phone, hobby), UPDATE(hobby) ON users TO sales;
```

例 11.20 将数据库 storeDB 的连接权限授权给用户 tom，并给予其在 GaussDB 中创建 schema 的权限，而且允许 tom 将此权限授权给其他用户。

```
GRANT CREATE, CONNECT ON DATABASE storeDB TO tom WITH GRANT OPTION ;
```

例 11.21 首先新建模式 my_schema，然后在该模式下创建表 demo，最后将 demo 表的所有权限授给用户 tom。

（1）新建模式 my_schema：

```
CREATE SCHEMA my_schema;
```

（2）在模式 my_schema 下创建表 demo：

```
CREATE TABLE my_schema.demo( no int primary key,name varchar(20));
```

（3）将 demo 表的所有权限授予用户 tom：

```
GRANT ALL ON my_schema.demo TO tom;
```

用 tom 身份登录，输入查询语句"select * from my_schema.demo；"进行相应的权限验证，系统提示错误信息：

```
ERROR: permission denied for schema my_schema
```

这主要原因是没有模式 my_schema 的 USAGE 权限，将该权限授予用户 tom，他就可以对 my_schema 模式下的 demo 表进行所有操作（包括增删改查等）。授权语句如下：

```
GRANT USAGE ON SCHEMA my_schema TO tom;
```

例 11.22 将模式 my_schema 的访问权限授权给角色 sales，并授予该角色在 my_schema 下创建对象的权限，不允许该角色中的用户将此权限授权给其他人。

```
GRANT USAGE, CREATE ON SCHEMA my_schema TO sales;
```

例 11.23 将第 3 章所建的表空间 store_tbs 的所有权限授权给用户 tom。

```
GRANT ALL ON TABLESPACE store_tbs TO tom;
```

例 11.24 在模式 my_schema 下创建第 7 章所示的函数 f_get_day，并将函数 f_get_day 的 ALTER、EXECUTE 权限授给 tom。

（1）在模式 my_schema 下新建函数 f_get_day()：

```
CREATE OR REPLACE FUNCTION my_schema.f_get_day(v_date date)
  RETURN integer AS
  DECLARE
    v_day integer;
  BEGIN
    v_day=current_date-v_date;
    RETURN v_day;
  END;
```

（2）将函数 f_get_day 的 ALTER、EXECUTE 权限授给 tom：

```
GRANT EXECUTE, ALTER ON FUNCTION my_schema.f_get_day(v_date date) TO tom;
```

3. 将角色的权限授权给其他角色或用户

在 GRANT 命令中，可以将一个角色的权限授予其他角色或用户。具体语法格式如下：

```
GRANT role_name [, …]
  TO role_name [, …]
  [ WITH ADMIN OPTION ];
```

当声明了 WITH ADMIN OPTION 时，被授权的用户可以将该权限转授给其他角色或用户。当授权的角色权限发生变更时，所有继承该角色权限的用户所拥有的权限也会随之发生变更。

注意：当将角色的权限赋予用户时，角色的属性并不会传递给用户。

例 11.25 将角色 sales 的权限授权给用户 tom（即 tom 是 sales 的成员），并允许 tom 将此权限授权给其他用户或角色。

```
GRANT sales TO tom WITH ADMIN OPTION;
```

11.4.3 收回权限

要撤销已经授予的权限，可以使用 REVOKE。REVOKE 的语法格式如下。

（1）回收指定表或视图上的权限：

```
REVOKE [ GRANT OPTION FOR ]
{ { SELECT | INSERT | UPDATE | DELETE | TRUNCATE | REFERENCES | ALTER | DROP |
COMMENT | INDEX |
    VACUUM }[, …] | ALL [ PRIVILEGES ] }
    ON { [ TABLE ] table_name [, …]
    | ALL TABLES IN SCHEMA schema_name [, …] }
    FROM { [ GROUP ] role_name | PUBLIC }[, …]
    [ CASCADE | RESTRICT ];
```

（2）回收表上指定字段的权限：

```
REVOKE [ GRANT OPTION FOR ]
{ {{ SELECT | INSERT | UPDATE | REFERENCES | COMMENT } ( column_name [, …] ) }[, …]
    | ALL [ PRIVILEGES ] ( column_name [, …] ) }
  ON [ TABLE ] table_name [, …]
  FROM { [ GROUP ] role_name | PUBLIC } [, …]
  [ CASCADE | RESTRICT ];
```

（3）回收指定数据库上的权限：

```
REVOKE [ GRANT OPTION FOR ]
    {{ CREATE | CONNECT | TEMPORARY | TEMP | ALTER | DROP | COMMENT } [, …]
    | ALL [ PRIVILEGES ] }
    ON DATABASE database_name [, …]
    FROM { [ GROUP ] role_name | PUBLIC } [, …]
    [ CASCADE | RESTRICT ];
```

（4）回收指定函数上的权限：

```
REVOKE [ GRANT OPTION FOR ]
    { { EXECUTE | ALTER | DROP | COMMENT } [, …] | ALL [ PRIVILEGES ] }
    ON { FUNCTION {function_name ( [ {[ argmode ] [ arg_name ] arg_type} [, …] ] ) } }
[, …]
      | ALL FUNCTIONS IN SCHEMA schema_name [, …] }
    FROM { [ GROUP ] role_name | PUBLIC } [, …]
    [ CASCADE | RESTRICT ];
```

（5）回收指定存储过程上的权限：

```
REVOKE [ GRANT OPTION FOR ]
    { { EXECUTE | ALTER | DROP | COMMENT } [, …] | ALL [ PRIVILEGES ] }
    ON { PROCEDURE {proc_name ( [ {[ argmode ] [ arg_name ] arg_type} [, …] ] ) } }
[, …]
      | ALL PROCEDURE IN SCHEMA schema_name [, …] }
    FROM { [ GROUP ] role_name | PUBLIC } [, …]
    [ CASCADE | RESTRICT ];
```

（6）回收指定模式上的权限：

```
REVOKE [ GRANT OPTION FOR ]
    { { CREATE | USAGE | ALTER | DROP | COMMENT } [, …] | ALL [ PRIVILEGES ] }
    ON SCHEMA schema_name [, …]
    FROM { [ GROUP ] role_name | PUBLIC } [, …]
    [ CASCADE | RESTRICT ];
```

（7）回收指定表空间上的权限：

```
REVOKE [ GRANT OPTION FOR ]
    { { CREATE | ALTER | DROP | COMMENT } [, …] | ALL [ PRIVILEGES ] }
    ON TABLESPACE tablespace_name [, …]
    FROM { [ GROUP ] role_name | PUBLIC } [, …]
    [ CASCADE | RESTRICT ];
```

（8）按角色回收角色上的权限：

```
REVOKE [ ADMIN OPTION FOR ]
    role_name [, …] FROM role_name [, …]
    [ CASCADE | RESTRICT ];
```

REVOKE 命令中的参数说明如下。

命令中的权限类型的含义请参见表 11-3。

PUBLIC：从 PUBLIC 角色收回该权限。

GRANT OPTION FOR：只收回授权权限（WITH GRANT OPTION 权限），而不收回该权限本身。

CASCADE：级联收回由 WITH GRANT OPTION 授予的所有权限。

其他各参数的含义与 GRANT 命令中相应参数的含义一致。

例 **11.26**　收回角色 sales 和用户 tom 对 goods 表的插入、删除权限。

```
REVOKE INSERT, DELETE ON goods FROM sales,tom;
```

例 **11.27**　收回角色 sales 修改 users 表中的 hobby 字段值的权限。

```
REVOKE UPDATE(hobby) ON users FROM sales;
```

在对象权限的管理过程中，一个角色拥有的权限包括直接授予该角色的权限、作为其他角色成员继承的权限以及授予 PUBLIC 的权限。因此，从 PUBLIC 收回某个对象的 SELECT 权限并不意味着所有角色都会失去在该对象上的 SELECT 特权，还可以通过直接授予或从其他角色中继承。类似地，从一个用户收回 SELECT 权限后，如果角色 PUBLIC 仍有 SELECT 权限，则该用户还是可以进行 SELECT 操作。

例如，在前面的授权操作中，管理员授予角色 sales 对 users 表中的 uname、phone、hobby 字段的查询权限，并将 sales 的权限授权给用户 tom。如果管理员执行"REVOKE all ON users FROM tom;"命令收回用户 tom 在 users 表上的所有权限，但由于用户 tom 是 sales 角色成员，所以仍然可以查看 users 表中的 uname、phone 和 hobby 这 3 列的信息。

例 **11.28**　从用户 tom 收回在 storeDB 数据库上创建模式的转授权限。

```
REVOKE GRANT OPTION FOR CREATE ON DATABASE storeDB FROM tom;
```

练习：以用户 tom 身份登录，在 storeDB 数据库上创建模式、把该权限转授给其他用户，验证用户 tom 的权限。

结果是用户 tom 还是可以在 storeDB 数据库上创建模式，但失去了转授权限（WITH GRANT OPTION 权限）。

如果用户 A 拥有某个数据库对象权限以及 WITH GRANT OPTION 权限，同时 A 把这个权限赋予了用户 B，则用户 B 持有的权限称为依赖性权限。当需要收回用户 A 拥有的该权限和转授权限时，在 REVOKE 命令中必须使用 CASCADE 关键字，将所有依赖性权限都撤销。

例 **11.29**　首先允许用户 tom 查询 orders 表，而且还可以将该权限转授给别人；然后收回用户 tom 对 orders 表的查询权限和转授权限。

（1）管理员登录，执行如下操作。

```
GRANT SELECT ON orders TO tom WITH GRANT OPTION;          --给用户 tom 授权
```

（2）用户 tom 登录，把对 orders 表的查询权限授予用户 jack。

```
GRANT SELECT ON orders TO jack;          --用户 tom 执行的语句
```

管理员在收回用户 tom 对 orders 表的查询权限时，由于存在依赖性权限，需要使用关键字 CASCADE。如果没有 CASCADE，则会提示错误信息：

```
                    REVOKE SELECT ON orders FROM tom;
          执行失败,失败原因: ERROR: dependent privileges exist
                    Hint: Use CASCADE to revoke them too.
```

正确收回用户 tom 对 orders 表的查询权限、转授权限以及相关的依赖性权限的命令如下：

```
REVOKE SELECT ON orders FROM tom CASCADE;
```

练习：以用户 tom 的身份登录，查询 orders 表，将查询 orders 表的权限转授给其他用户，验证该用户的权限。

以用户 jack 的身份查询 orders 表，验证该用户的权限。

结果是用户 tom、用户 jack 都不能查询 orders 表，用户 tom 也失去了该转授权限。

例 11.30 收回用户 tom 对 PUBLIC 模式下所有表的查询权限。

```
REVOKE SELECT ON ALL TABLES IN SCHEMA PUBLIC FROM tom;
```

例 11.31 收回用户 tom 的 sales 的权限（tom 不再是角色 sales 的成员），并将转授权限也收回。

```
REVOKE sales FROM tom CASCADE;
```

除管理员外，一个用户只能撤销由他自己直接赋予的权限。例如，如果用户 A 被指定授权（WITH ADMIN OPTION）选项，且把这个权限赋予了用户 B，然后用户 B 又赋予了用户 C，则用户 A 不能直接将 C 的权限撤销。但是，用户 A 可以撤销用户 B 的授权选项，并且使用 CASCADE。这样，用户 C 的权限就会自动被撤销。另外，如果 A 和 B 都赋予了 C 同样的权限，则 A 可以撤销他自己的授权选项，但是不能撤销 B 的，因此 C 仍然拥有该权限。

11.5 数据库审计

数据库审计是指对数据库的操作进行跟踪、记录、分析和报告的过程。通过数据库审计，可以监控数据库的访问和操作，及时发现并应对安全事件。

11.5.1 审计概述

GaussDB 将用户对数据库的所有操作、操作的时间、地点、来源等信息写入审计日志。数据库审计管理员可以利用这些日志信息，重现导致数据库现状的一系列事件，找出非法操作的用户、时间和内容等。

在 GaussDB 数据库中，要进行数据库审计，必须要将审计总开关 GUC 参数 audit_enabled 设置为 on（其默认值为 on），表示开启审计功能。

除了审计总开关，各个审计项也有对应的开关，如表 11-4 所示。只有开关开启，对应的审计功能才能生效。

表 11-4 可配置的审计项

配 置 项	描 述
用户登录、注销审计	参数：audit_login_logout 默认值为 7，表示开启用户登录、退出的审计功能。设置为 0 表示关闭用户登录、退出的审计功能。不推荐设置除 0 和 7 之外的值
数据库启动、停止、恢复和切换审计	参数：audit_database_process 默认值为 1，表示开启数据库启动、停止、恢复和切换的审计功能

续表

配 置 项	描　　述
用户锁定和解锁审计	参数：audit_user_locked 默认值为 1，表示开启审计用户锁定和解锁功能
授权和回收权限审计	参数：audit_grant_revoke 默认值为 1，表示开启审计用户权限授予和回收功能
不需要审计的客户端名称及 IP 地址	参数：no_audit_client 默认值为空字符串，表示采用默认配置，未将客户端及 IP 加入审计黑名单
数 据 库 对 象 的 CREATE、ALTER、DROP 操作审计	参数：audit_system_object 默认值为 67121159，表示对 DATABASE、SCHEMA、USER、NODE GROUP 这四类数据库对象的 CREATE、ALTER、DROP 操作进行审计
具体表的 INSERT、UPDATE 和 DELETE 操作审计	参数：audit_dml_state 默认值为 0，表示关闭具体表的 DML 操作（SELECT 除外）审计功能
SELECT 操作审计	参数：audit_dml_state_select 默认值为 0，表示关闭 SELECT 操作审计功能
COPY 审计	参数：audit_copy_exec 默认值为 1，表示开启 copy 操作审计功能
执行存储过程和自定义函数的审计	参数：audit_function_exec 默认值为 0，表示不记录执行存储过程和自定义函数的审计日志

　　审计总开关和各审计项的开关都支持动态加载。在数据库运行期间修改审计开关的值，不需要重启数据库便可生效。

　　在数据库，执行如下命令可以查看审计总开关的值，了解审计功能是否开启：

```
show audit_enabled;
```

　　如果返回值为 on，表示已经开启审计功能。

　　如果需要设置表 11-4 中各审计项的值，有两种方法：一是在操作系统提示符下执行"gs_guc"命令，二是登录华为云管理控制台，通过可视化操作来实现。下面介绍第二种方法的操作步骤。

　　(1) 登录管理控制台。

　　(2) 单击管理控制台左上角的 ⊙ 按钮，选择区域和项目，如图 11-4 所示。

图 11-4　选择区域和项目

　　(3) 在页面左上角单击服务列表图标 ≡，选择"数据库"→"云数据库 GaussDB"命令，进入云数据库 GaussDB 信息页面，如图 11-5 所示。

　　(4) 双击需要修改参数的数据库实例 ID，例如"gauss-d915"，进入如图 11-6 所示页面。

　　(5) 单击"参数管理"选项，进入参数显示、查询和修改页面，如图 11-7 所示。

　　(6) 根据需要查询参数，修改相关参数值。参数修改完成后，可单击"保存"按钮，在弹

图 11-5　GaussDB 数据库实例页面

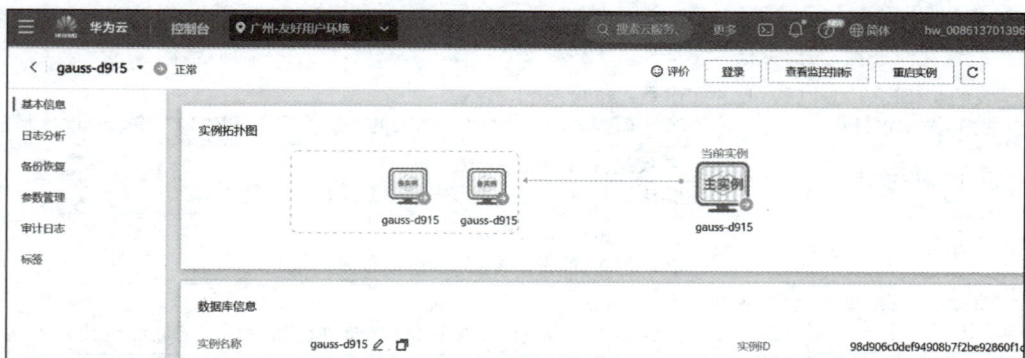

图 11-6　数据库实例的基本信息

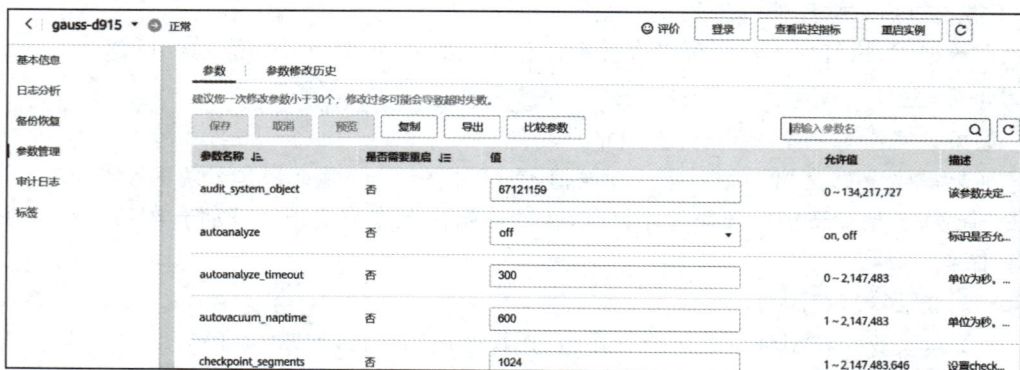

图 11-7　数据库参数页面

出框中单击"是"按钮，保存修改，也可以单击"取消"按钮，放弃本次设置。

11.5.2　查看审计结果

拥有 AUDITADMIN 属性的用户可以查看审计记录。查看审计结果的前提条件如下。

（1）审计功能总开关已开启。

（2）需要审计的审计项开关已开启。

（3）数据库正常运行，并且对数据库执行了一系列增、删、改、查操作，保证在查询时段内有审计结果产生。

审计查询命令是数据库提供的 sql 函数 pg_query_audit，其格式如下：

```
pg_query_audit(timestamptz starttime,timestamptz endtime,audit_log);
```

参数 starttime 和 endtime 分别表示审计记录的开始时间和结束时间，audit_log 表示所查看的审计日志信息所在的物理文件路径，当不指定 audit_log 时，默认查看连接当前实例的审计日志信息。

starttime 和 endtime 的差值代表要查询的时间段，一定要正确指定这两个参数，否则将查不到需要的审计信息。

例 11.32　实现对用户的登录信息以及具体表的 INSERT、UPDATE 和 DELETE 操作的审计。

（1）查看审计总开关的值：

```
show audit_enabled;
```

其值为"on"，表示已经开启审计功能。

（2）对用户的登录信息进行审计，需要将参数 audit_login_logout 的值设置为 7，由于该参数的默认值为 7，所以不用设置。可以执行"show audit_login_logout;"查看该参数当前的值。

（3）对具体表的 INSERT、UPDATE 和 DELETE 操作的审计，需要将参数 audit_dml_state 的值设置为 1。由于该参数的默认值为 0，需按照 11.5.1 节所介绍的操作步骤修改参数值，如图 11-8 所示。单击"保存"按钮，保存所做的修改。

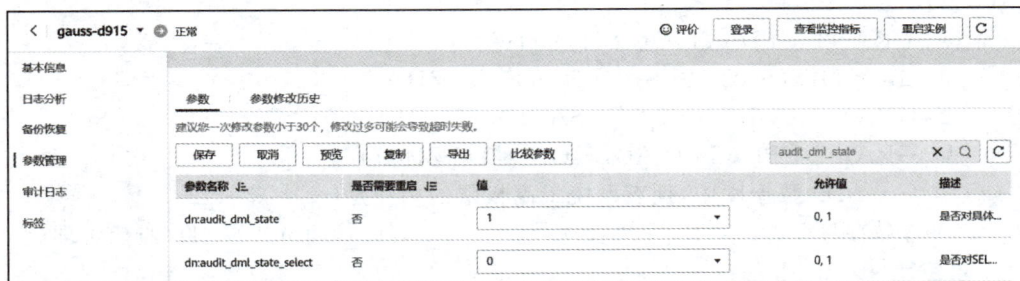

图 11-8　修改 audit_dml_state 参数的值

（4）用户 tom 登录，对 address 表进行修改操作，然后查看审计结果。

```
select * FROM pg_query_audit('2024-06-11 21:55:00', '2024-06-11 21:57:00');
```

审计结果如图 11-9 所示。

图 11-9　审计结果

11.6　本章小结

本章首先介绍了安全层级、安全控制模型、常用的数据库安全技术以及 GaussDB 的安全机制，然后基于 GaussDB 重点介绍了用户管理、角色管理、权限管理和数据库审计等方面的安全防御措施。

在数据库安全管理中，建议将数据库用户从角色中独立出来，采用用户、角色和权限三层模型来保障数据库安全。通过角色分配权限，用户继承角色的权限，在自己的权限范围内操作，实现数据库的安全管理。

11.7　习题

1. 选择题

（1）创建角色的命令是（　　）。

　　A. ALTER ROLE　　B. INSERT ROLE　　C. CREATE ROLE　　D. ADD ROLE

（2）数据库的安全控制目的是防范（　　）。

　　A. 数据被无意修改　　　　　　　　　B. 数据被恶意攻击

　　C. 多用户同时使用的干扰　　　　　　D. 数据损坏后不能恢复

（3）设有关系 S(SNO,SNAME,SAGE)，如果只想将属性 SAGE 的修改权限授予用户 ZHAO，SQL 语句是（　　）。

　　A. GRANT UPDATE ON S TO ZHAO

　　B. GRANT S(SAGE) ON UPDATE TO ZHAO

　　C. GRANT S ON UPDATE (SAGE) TO ZHAO

　　D. GRANT UPDATE(SAGE) ON S TO ZHAO

（4）在 GaussDB 数据库中，拥有系统最高权限的用户是（　　）。

　　A. 初始用户　　　　B. 系统管理员　　　　C. 审计管理员　　　　D. 监控管理员

2. 填空题

（1）如果允许 zhang 把已获得的对于 student 表的修改权限再转授给其他用户，那授权语句是

GRANT UPDATE ON student TO zhang _____

（2）GaussDB 的安全管理员是指具有_____属性的账号，他可以创建、修改、删除角色和用户。

（3）在 GaussDB 数据库中，可通过_____函数查询数据库审计结果。

（4）在 SQL 语言中，可以使用_____语句撤销已经授予的权限。

（5）在 GaussDB 中，如果想知道数据库有哪些角色，可查询系统表_____。

3. 思考题

（1）常用的数据库安全技术包括哪些？

（2）简述 GRANT 语句中 WITH GRANT OPTION 子句的作用。

（3）试述系统权限和对象权限各自的含义和作用。

（4）什么是数据库审计功能？

第 12 章

事务管理与并发控制

学习目标

(1) 掌握事务的概念和性质,熟悉 GaussDB 中事务操作命令。

(2) 理解事务并发的四类干扰问题、封锁、死锁、隔离级别,了解活锁。

(3) 了解多版本并发控制 MVCC。

思维导图

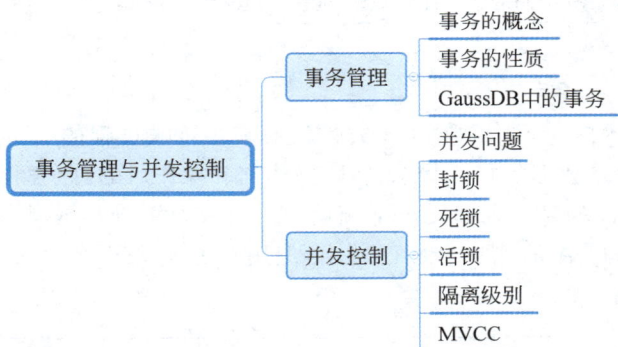

本章先向读者介绍数据库中事务的概念和事务的 ACID 特性,以 GaussDB 为例介绍事务相关的操作。然后介绍事务并发中的四类干扰问题和可串行性调度的概念,并发控制中的封锁技术、死锁、活锁、隔离级别以及多版本并发控制 MVCC。

12.1 事务管理

在数据库的实际应用中,从用户的视角看,执行一次业务动作是对数据库的一次操作,但在数据库系统中,用户的一次操作有时需要执行一组指令来完成。这组指令必须作为一个完整的逻辑单元,或者完全执行,或者完全不执行,以保证数据库中的数据在本次操作后仍然能保持一致性。

12.1.1 事务的概念

事务(transaction)是数据库用户为完成一个逻辑工作单元而定义的一组数据库指令,这组指令要么完全执行,要么完全不执行。

数据库中为什么需要事务概念呢？下面我们分析两个用户之间转账的例子，进一步理解事务的概念。

例 12.1　用户 A 的账户余额有 100 元，用户 B 的账户余额有 50 元，用户 A 发起转账申请，向用户 B 转账 20 元。

图 12-1 是用户转账正常的情景。在 t_0 时刻，用户转账前，用户 A 和用户 B 的账户总余额是 150 元。在 t_1 时刻，用户 A 发起向用户 B 转账 20 元的操作，此时用户 A 的账户余额减少为 80 元，用户 B 的账户余额仍然为 50 元，总余额是 130 元。在 t_2 时刻，用户 B 的账户余额增加为 70 元，总余额为 150 元。

用户A向用户B转账20元				
时刻	数据库操作	用户A	用户B	总余额
t_0		A的账户余额: 100元	B的账户余额: 50元	转账前: 150元
t_1	用户A的账户余额减少20元	A的账户余额: 80元	B的账户余额: 50元	转账中: 130元
t_2	用户B的账户余额增加20元	A的账户余额: 80元	B的账户余额: 70元	转账后: 150元

图 12-1　用户转账正常

用户 A 向用户 B 的一次转账过程中，虽然总余额在转账过程的 t_1 时刻不满足数据库的数据一致性，但这只是数据的临时状态，转账操作前和操作后的总余额满足数据一致性。

现在假设当用户 A 的账户余额转出金额后，系统因软件、硬件或其他异常原因而中断服务了，这时会出现用户 A 的账户余额已转出，但用户 B 的账户余额没有转入，如图 12-2 所示。

用户A向用户B转账20元				
时刻	数据库操作	用户A	用户B	总余额
t_0		A的账户余额: 100元	B的账户余额: 50元	转账前: 150元
t_1	用户A的账户余额减少20元	A的账户余额: 80元	B的账户余额: 50元	转账中: 130元
t_2	故障	A的账户余额: 80元	B的账户余额: 50元	转账后: 130元

图 12-2　用户转账异常

图 12-2 中，总余额在转账前是 150 元，在转账后是 130 元，转账操作前和操作后的总余额不满足数据一致性。对于用户，这种场景是不可接受的。

下面再来看一个事务并发执行的例子。数据库的数据资源是供多个用户使用的，在同一时刻，会存在多个用户对数据库中的同一数据资源进行读写的情况，其中每一个用户对数据库的操作都可以看作一次事务。这时需要对多个事务的并发执行进行有效的控制，避免事务之间的相互干扰,以保证数据库中数据的一致性。

例 12.2　以火车票预定系统为例,多人在同一时间查询购买同一天、同一车次、同一座席的车票,如图 12-3 所示,如何保证一张车票不被多次卖出呢?

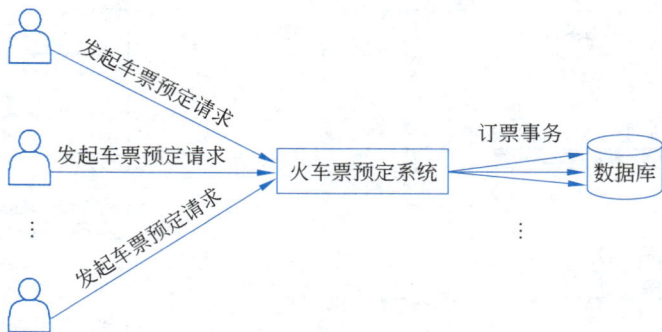

图 12-3　火车票预定系统

在图 12-3 所示的火车票预定系统中,多个用户同时发起车票预定请求,每一次请求都对应着事务中的一组指令。当多个用户同时预定同一张车票时,即访问相同的数据资源时,如果没有并发控制机制,可能会出现车票多卖的问题。如图 12-4 所示,旅客 A 在 t_1 时刻查询 10 月 6 日北京到上海的 G1 次高速列车,数据库返回 7 车厢 5D 座可售;旅客 B 在 t_2 时刻查询 10 月 6 日北京到上海的 G1 次高速列车,数据库返回 7 车厢 5D 座可售;旅客 A 在 t_3 时刻订购 10 月 6 日 G1 车次的 7 车厢 5D 座;旅客 B 在 t_4 时刻订购 10 月 6 日 G1 车次 7 车厢 5D 座。10 月 6 日 G1 车次 7 车厢 5D 座的车票被售卖了两次,其原因是允许旅客 B 的订票事务在过时的信息基础上更新数据库,而没有让旅客 B 查看最新的数据。

火车票预定系统			
时刻	旅客A 👤	数据库	旅客B 👤
t_0		10月6日G1车次: 7车厢5D座	
t_1	查询10月6日G1车次7车厢5D座,数据库返回可售。		
t_2			查询10月6日G1车次7车厢5D座,数据库返回可售。
t_3	订购10月6日G1车次7车厢5D座。		
t_4			订购10月6日G1车次7车厢5D座。

图 12-4　火车票预定系统中的车票多卖问题

在多事务并发执行中,如何解决上述的火车票多卖问题呢?其中的一种事务并发控制机制是封锁。如图 12-5 所示,旅客 A 在 t_1 时刻查询 10 月 6 日北京到上海的 G1 次高速列车,数据库返回 7 车厢 5D 座可售,并且对该车票数据封锁;旅客 B 在 t_2 时刻查询 10 月 6 日北京到上海的 G1 车次的 7 车厢 5D 座,由于车票数据封锁而不可访问,旅客 B 处于等待状态;旅客 A 在 t_3 时刻订购 10 月 6 日 7 车厢 5D 座,释放锁;旅客 B 在 t_4 时刻再次查询 10 月

6 日北京到上海的 G1 车次的 7 车厢 5D 座,数据库系统返回无票。当多个用户并发读写数据库中的同一数据资源时,可通过封锁机制保障数据的一致性。

火车票预定系统			
时刻	旅客A 👤	数据库	旅客B 👤
t_0		10月6日G1车次: 7车厢 5D座	
t_1	查询10月6日G1车次7车厢5D座,数据库返回可售。	🔒 封锁	
t_2			查询10月6日G1车次7车厢5D座, 等待。
t_3	订购10月6日G1车次7车厢5D座。	🔓 释放锁	
t_4			查询10月6日G1车次7车厢5D座, 数据库返回无票。

图 12-5　通过封锁解决火车票的多卖问题

12.1.2　事务的性质

　　为了确保数据库系统不会处于未知状态或者中间状态,数据库系统在事务执行前是一致的,在事务执行结束后也必须保持一致。这就要求事务必须满足 4 个性质:原子性(Atomicity)、一致性(Consistency)、隔离性(Isolation)、持久性(Durability)。事务的这 4 个性质简称为 ACID 特性,ACID 缩写取自 4 个性质的英文单词的首字母。

1. 原子性

　　事务是一个完整的逻辑工作单元,是不可分割的,事务的原子性要求事务中的数据库指令集,要么完全执行,要么完全不执行。例如,当事务开始执行但还未完成时,因任何故障原因导致事务执行中断,这时需要撤销该事务对数据库做的所有修改,以保证数据库中数据的一致性。在图 12-2 中,当系统发生故障时,数据库系统需要将“用户 A 的账户余额减少 20 元”的数据库修改操作撤销,才能保证数据库恢复到正确状态。

2. 一致性

　　事务执行一组数据库指令时,事务的执行结果必须是使数据库从一个一致性状态转到另一个一致性状态。

　　在图 12-2 中,用户 A 给用户 B 转账前,两个用户的账户总余额是 150 元,在转账事务执行过程中,因系统故障原因导致事务中断,这时两个用户的账户总余额是 130 元。由于这次事务执行不满足一致性,导致数据库处于一种不正确的状态。在图 12-4 中,因事务间的互相干扰,导致同一张车票被售卖了两次,使得数据库在事务执行后处于不一致的状态。

3. 隔离性

　　当多个事务并行执行,并且读写共享数据源时,需要确保事务之间不应该互相干扰和影响,即将各个事务的内部操作及使用的数据隔离开,事务的这种特性称为隔离性。在图 12-4 中,旅客 A 和旅客 B 的订票事务在执行过程中,共享车票数据源,在没有任何并发控制机制下,出现了相互干扰,导致火车票多卖的问题。

4. 持久性

事务的持久性是指事务成功执行后,该事务对数据库中数据的改变是永久的,通常是将数据修改保存到物理数据库。即事务成功提交并且持久化后,数据库软件故障不会引起数据库中数据的丢失。但如果是磁盘损坏等存储介质故障,需要数据库的备份和恢复技术修复数据库。

综上所述,事务的 ACID 特性受以下三个因素的影响。

(1) 事务执行过程被中断,这会破坏事务的原子性、一致性。

(2) 共享数据源的多个事务并行执行时的相互干扰,这会破坏事务的隔离性、一致性。

(3) 事务成功执行后,数据还未写入持久化存储中,数据库系统发生故障,这会破坏事务的持久性、一致性。

数据库的并发控制机制和恢复机制是保证事务 ACID 特性的重要技术,确保事务 ACID 特性又是保证数据库一致性的基础。本章主要介绍并发控制技术,在第 13 章将介绍数据库的恢复技术。

12.1.3 GaussDB 中的事务

1. 事务管理

事务的管理是指在使用数据库系统时,对事务的启动、设置、提交、回滚等进行管理。当自动或手动开启一个事务后,必须保证该事务的执行是正常结束的,正常结束是指事务成功提交或者遇到故障后回滚(自动撤销或手动撤销),从而才能保证事务的 ACID 特性和数据库的一致性。

GaussDB 提供了一组管理事务的命令。

(1) 启动事务:START TRANSACTION 或者 BEGIN。

(2) 设置事务:SET TRANSACTION 或者 SET LOCAL TRANSACTION。

(3) 提交事务:COMMIT 或者 END,提交事务的所有操作。

(4) 回滚事务:ROLLBACK,事务执行的过程中发生了某种故障,事务不能继续执行,系统将事务中对数据库的所有已完成的操作全部撤销。

1) 启动事务

GaussDB 中启动事务的命令有如下两种。

格式一:START TRANSACTION 格式。

```
START TRANSACTION
[ { ISOLATION LEVEL { READ COMMITTED | REPEATABLE READ | SERIALIZABLE }
| { READ WRITE | READ ONLY }
} [ …]];
```

格式二:BEGIN 格式。

```
BEGIN [ WORK | TRANSACTION ]
[ { ISOLATION LEVEL { READ COMMITTED | REPEATABLE READ | SERIALIZABLE }
| { READ WRITE | READ ONLY }
} [ …]];
```

参数说明如下。

(1) WORK｜TRANSACTION:BEGIN 格式中的可选关键字,没有实际作用。

（2）ISOLATION LEVEL：指定事务隔离级别，事务隔离级别的详细内容将在 12.2.5 节介绍。

① READ COMMITTED：读已提交隔离级别，只能读到已经提交的数据，而不会读到未提交的数据，是默认值。

② REPEATABLE READ：可重复读隔离级别，仅仅看到事务开始之前提交的数据，不能看到未提交的数据以及在事务执行期间由其他并发事务提交的修改。

③ SERIALIZABLE：GaussDB 目前功能上不支持此隔离级别，等价于 REPEATABLE READ。

（3）READ WRITE | READ ONLY：指定读/写或者只读。

2）设置事务

为事务设置特性，事务特性包括事务的隔离级别和事务的访问模式（读/写或者只读）。可以设置当前事务的特性（LOCAL），也可以设置会话的默认事务特性（SESSION）。设置当前事务特性需要在事务中执行（即执行 SET TRANSACTION 之前需要执行 START TRANSACTION 或者 BEGIN），否则设置不生效。

GaussDB 中设置事务的命令格式如下：

```
{ SET [ LOCAL ] TRANSACTION | SET SESSION CHARACTERISTICS AS TRANSACTION }
{ ISOLATION LEVEL { READ COMMITTED | REPEATABLE READ | SERIALIZABLE }
| { READ WRITE | READ ONLY } } [, …]
```

参数说明如下。

（1）LOCAL：声明该命令只在当前事务中有效。

（2）SESSION：声明这个命令只对当前会话起作用。

（3）ISOLATION LEVEL：指定事务的隔离级别。

3）提交事务

GaussDB 中可以通过 COMMIT 或者 END 提交事务，执行 COMMIT 或者 END 命令时，命令执行者必须是该事务的创建者或数据库系统管理员。

GaussDB 中提交事务的命令格式如下：

```
{ COMMIT | END } [ WORK | TRANSACTION ];
```

参数说明如下。

（1）COMMIT | END：提交当前事务。

（2）WORK | TRANSACTION：可选关键字，增加可读性，没有实际作用。

4）回滚事务

回滚当前事务并取消当前事务中的所有更新。回滚事务的命令格式如下：

```
ROLLBACK [ WORK | TRANSACTION ];
```

参数说明如下。

WORK | TRANSACTION：可选关键字，增加可读性，没有实际作用。

2. 隐式事务和显式事务

1）隐式事务

SQL 中有数据定义语言（Data Definition Language，DDL）和数据操作语言（Data Manipulation Language，DML）两种主要语句类别。其中，DML 语句主要用于对数据库中表的数据记录进行操作,包括插入、修改、删除以及查询,DML 语句的关键字包括 INSERT、UPDATE、DELETE 以及 SELECT。DDL 语句主要用于定义或修改数据库的对象,包括创建、删除以及修改表、视图、索引等,DDL 语句的关键字包括 CREATE、DROP 以及 ALTER 等。

在 GaussDB 中,单条 DDL 或 DML 语句会自动触发隐式事务,这种事务没有显式的事务块控制语句(START TRANSACTION 或 BEGIN…COMMIT 或 END),DDL/DML 语句执行结束后,事务自动提交。

2) 显式事务

显式事务由显式的 START TRANSACTION 或 BEGIN 语句控制事务的开始,由 COMMIT 或 END 语句控制事务的提交。

3. 存储过程与事务

存储过程本身会自动处于一个事务中。当调用最外围的存储过程时会自动开启一个事务,同时在调用结束时自动提交或者中间异常时回滚。除了系统自动的事务控制外,也可以使用 COMMIT 或 ROLLBACK 来控制存储过程中的事务。在存储过程中调用 COMMIT 或 ROLLBACK 命令,将提交或撤销当前事务并自动开启一个新的事务,后续的所有操作都会运行在新的事务中。

存储过程中允许使用保存点来进行事务管理。存储过程中使用回滚保存点只是回退当前事务的修改,而不会改变存储过程的执行流程,也不会回退存储过程中的局部变量值等。

4. 事务保存点

SQL-92 标准中定义了事务的基本组成,包括对事务保存点技术的支持。事务保存点是指在事务过程中插入特殊标记,当事务需要撤销时,不撤销整个事务,而是将事务的状态恢复到事务保存点所在的时刻。如果事务过程较复杂,撤销数据库中更新和回退的代价较大,并且发生的错误对已发生并且持久化的部分更新无影响,无须撤销整个事务也能保证事务的 ACID 特性,这时可以考虑采用事务保存点技术,只撤销部分事务,以提升数据库系统的操作效率。

GaussDB 支持定义事务保存点、回滚到事务保存点以及释放事务保存点的操作。

(1) 定义事务保存点:

```
SAVEPOINT savepoint_name
```

参数说明:savepoint_name 是定义的事务保存点的名称。

(2) 回滚到事务保存点:

```
ROLLBACK TO [SAVEPOINT] savepoint_name
```

参数说明:savepoint_name 是要回退到的事务保存点的名称。

(3) 释放事务保存点:

```
RELEASE [SAVEPOINT] savepoint_name
```

参数说明:savepoint_name 是要取消的事务保存点的名称。

在使用事务的保存点技术中,需要注意,当一个事务回退到保存点后,并不意味着该事务的执行过程正常结束。回退到保存点后,该事务还必须继续执行,直到成功提交或者撤销整个事务。

数
据
库
原
理
及
应
用
（
微
课
视
频
版
）

使用事务的保存点技术可以实现子事务，将一个大的事务拆分成多个子事务。子事务必须存在于显式事务或存储过程中，由 SAVEPOINT 语句控制子事务开始，由 RELEASE SAVEPOINT 语句控制子事务结束。

例 12.3　在 GaussDB 中使用保存点技术实现子事务的提交，如图 12-6 所示。

子事务成功提交示例		
时刻	SQL执行窗口1	SQL执行窗口2
t_0	BEGIN; SAVEPOINT sub_transaction_1;	
t_1	INSERT INTO goods (gid, gname,category, gstatus, inventory,cprice, sprice) VALUES ('G019', '人工智能技术应用', '图书','上架',1000, 30, 42.8);	
t_2	RELEASE SAVEPOINT sub_transaction_1;	
t_3		SELECT * FROM goods;
t_4	COMMIT;	
t_5		SELECT * FROM goods;

图 12-6　子事务成功提交示例

t_0 时刻，"BEGIN"开启一个大的父事务，"SAVEPOINT sub_transaction_1;"开启一个子事务。

t_1 时刻，向商品表 goods 插入一条商品代码 gid 为"G019"的数据。

t_2 时刻，"RELEASE SAVEPOINT sub_transaction_1"提交子事务。

t_3 时刻，执行"SELECT ＊ from goods;"，此时并不能查询到商品代码为"G019"的数据。

t_4 时刻，执行"COMMIT;"，提交父事务。

t_5 时刻，执行"SELECT ＊ from goods;"，可以查询到商品代码为"G019"的数据。

如果在 t_2 时刻不执行"RELEASE SAVEPOINT sub_transaction_1"，而是执行父事务的"COMMIT;"，即一个事务在提交时还存在未释放的子事务，在 t_3 时刻执行"SELECT ＊ from goods;"时，可以查询到商品代码为"G019"的数据。可以看出，父事务提交前会先执行子事务的提交，所有子事务提交完毕后才会进行父事务的提交。

例 12.4　在 GaussDB 中使用保存点技术实现子事务的回滚。

如图 12-7 所示，与图 12-6 不同的是：

t_2 时刻，执行"ROLLBACK TO SAVEPOINT sub_transaction_1;"回滚到事务保存点 sub_transaction_1。

t_3 时刻，向商品表 goods 插入一条商品代码 gid 为"G020"的数据。

t_4 时刻，执行"COMMIT;"，提交父事务。

t_5 时刻，执行"SELECT ＊ from goods;"，可以查询到商品代码为"G020"的数据，但查询不到商品代码为"G019"的数据。

由图 12-7 可以看出，使用子事务的优点是可以独立提交或回滚子事务，无须撤销整个大的事务或者已经提交的子事务，从而提高系统的并发处理能力。

子事务回滚示例		
时刻	SQL执行窗口1	SQL执行窗口2
t_0	BEGIN; SAVEPOINT sub_transaction_1;	
t_1	INSERT INTO goods (gid, gname,category, gstatus, inventory,cprice, sprice) VALUES ('G019', '人工智能技术应用', '图书','上架',1000, 30, 42.8);	
t_2	ROLLBACK TO SAVEPOINT sub_transaction_1;	
t_3	INSERT INTO goods (gid, gname,category, gstatus, inventory,cprice, sprice) VALUES ('G020', 'Java程序设计', '图书','上架',2000, 45, 63.9);	
t_4	COMMIT;	
t_5		SELECT * FROM goods;

图 12-7　子事务回滚示例

12.2 并发控制

12.2.1 并发问题

数据库是一个多用户共享数据资源的联机事务处理(On-Line Transaction Processing, OLTP)系统。当多个用户并发操作数据库的同一数据资源时,如果没有适当的事务管理和并发控制机制,可能会带来一些干扰问题,主要包括丢失更新(Lost Update)、脏读(Dirty Reads)、不可重复读(Non-Repeatable Reads)以及幻读(Phantom Reads)。这些问题的发生会影响数据库的一致性和隔离性。

在图 12-4 中,由于没有任何并发控制机制,两个用户同时查询和购买同一张火车票时,由于丢失更新而出现了车票多卖问题。

1. 丢失更新

丢失更新也称为丢失修改,是指当两个或多个事务读取同一数据后,各个事务基于读取的值分别进行修改,最后一个执行更新操作的事务会将前面事务更新的数据值覆盖,导致数据在更新过程中值的丢失,只能保留最后一次更新的值。

图 12-8 描述了发生丢失更新数据异常的事务执行过程。

t_0 时刻,事务 T_1 读取数据库中的某关系的属性 A 的值,为 100。

t_1 时刻,事务 T_2 读取属性 A 的值,为 100。

t_2 时刻,事务 T_1 更新属性 A 的值,执行 $A=A-20$,数据库中 A 的值更新为 80。

t_3 时刻,事务 T_2 更新属性 A 的值,在 t_1 时刻查询结果 A 为 100 的基础上,执行 $A=A-30$,数据库中 A 的值更新为 70。

从上述两个事务的执行过程中可以看出,事务 T_1 在 t_2 时刻的更新修改结果被覆盖了,即丢失更新问题,导致了数据库中的数据不一致性。

2. 脏读

脏读也称为读"脏"数据问题,是指第一个事务修改了数据库中的某数据并且写入磁盘,还未执行事务提交操作,第二个事务读取了这个数据后,第一个事务因某种原因回滚,撤

数据库原理及应用（微课视频版）

丢失更新			
时刻	事务 T_1	数据库	事务 T_2
t_0	查询数据A=100	A=100	
t_1		A=100	查询数据A=100
t_2	更新数据A=A−20 COMMIT	A=80	
t_3		A=70	更新数据A=A−30 COMMIT

图 12-8　丢失更新

销了对该数据的修改,那么第二个事务读取到的数据是无效值,违反了事务的一致性要求。

图 12-9 描述了发生脏读数据异常的事务执行过程。

脏读			
时刻	事务 T_1	数据库	事务 T_2
t_0	查询数据A=100	A=100	
t_1	更新数据A=A−20	A=80	
t_2		A=80	查询数据A=80
t_3	ROLLBACK	A=100	

图 12-9　脏读

t_0 时刻,事务 T_1 读取数据库中的某关系的属性 A 的值,为 100。

t_1 时刻,事务 T_1 更新属性 A 的值,执行 $A=A-20$,数据库中 A 的值更新为 80。

t_2 时刻,事务 T_2 读取数据库中的属性 A 的值,为 80。

t_3 时刻,事务 T_1 回滚,撤销了对数据库中属性 A 的修改操作,A 的值恢复为 100。

从上述两个事务的执行过程中可以看出,事务 T_2 在 t_2 时刻读取的 A 的值为 80,由于事务 T_1 在 t_3 时刻回滚,数据库中 A 的值恢复为 100,出现事务 T_2 读取的数据与数据库中的数据不一致,即事务 T_2 读到了"脏"数据。

3. 不可重复读

不可重复读是指在同一个事务中,多次读取同一数据集得到的结果不一致。这通常发生在一个事务读取数据后,另一个事务修改了这些数据并提交,导致第一个事务再次读取时数据已发生变化。实际应用场景中有时需要做数据校验,会多次读取数据,校验数据的一致性,不可重复读问题会导致数据校验失败。

图 12-10 描述了发生不可重复读数据异常的事务执行过程。

t_0 时刻,事务 T_1 读取数据库中的某关系的属性 A 的值,为 100。

t_1 时刻,事务 T_2 更新属性 A 的值,执行 $A=A-20$,数据库中 A 的值更新为 80。

不可重复读			
时刻	事务T_1	数据库	事务T_2
t_0	查询数据A=100	A=100	
t_1		A=80	更新数据A=A-20
t_2	查询数据A=80	A=80	

图 12-10　不可重复读

t_2 时刻，事务 T_1 读取数据库中的属性 A 的值，为 80。

从上述两个事务的执行过程中可以看出，事务 T_1 在 t_1 时刻读取的 A 的值为 100，在 t_2 时刻读取的 A 的值为 80，两次读取的值不一致，即不可重复读问题，违反了事务的一致性要求。

4. 幻读

幻读是指一个事务按照给定的条件读取某个范围内的记录，另一个事务又在该范围内删除了部分记录或者插入了新的记录。当第一个事务再次读取该范围的记录时，会发现部分记录神秘地消失了或者有新的"幻"记录出现。幻读与不可重复读的发生过程类似，只是不可重复读是在两次读操作之间更新了数据，幻读是在两次读操作之间删除或者插入数据。

图 12-11 描述了发生幻读数据异常的事务执行过程。

幻读			
时刻	事务T_1	数据库	事务T_2
t_0	查询值大于150的数据：B=100, C=300	A=100 B=200 C=300	
t_1		A=100 C=300	删除B=200的数据
t_2	查询值大于150的数据：C=300		

图 12-11　幻读

t_0 时刻，事务 T_1 读取值大于 150 的数据，返回结果为 $B=200$ 和 $C=300$。

t_1 时刻，事务 T_2 删除 $B=200$ 的数据。

t_2 时刻，事务 T_1 读取值大于 150 的数据，返回结果为 $C=300$。

从上述两个事务的执行过程中可以看出，事务 T_1 在 t_0 时刻读取的满足查询条件的数据集与在 t_2 时刻读取同一查询条件的数据集不一致，原因是事务 T_1 在两次读取操作之间，事务 T_2 删除了部分满足查询条件的数据记录，事务 T_2 在两次读操作之间做插入操作也会导致两次读取的值不一致，即幻读问题。幻读违反了事务的一致性要求。

产生上述并发问题的原因是事务的并发执行破坏了事务的隔离性，造成事务之间的互相干扰。为了保证事务的隔离性，一种解决方法是串行调度所有的事务，另一种是带有并发控制机制的并行调度。事务调度（Transaction Scheduling）是指管理和安排数据库中事务的执行顺序。

事务的串行调度是指在一个事务执行完成之后，才能开始下一个事务的处理。串行调度虽然可以保证事务的隔离性，避免并发执行时可能出现的干扰问题，但它会导致执行效率低、响应时间长等问题。

数据库管理系统通常允许多个事务同时执行，并且提供正确的并发控制策略。如果事务的并发执行结果与这些事务的某个串行调度的执行结果相同，则可以认为这次并发调度可以确保数据库的一致性，满足这个条件的调度称为可串行化的调度（Serializable Schedule），或者称这次并发调度具有可串行性。并发调度的可串行性是确保多个事务正确并发执行的准则。由于篇幅受限，感兴趣的读者可扫描二维码获取关于可串行化调度、常见的事务操作冲突、冲突可串行化调度、事务优先图的详细内容。

数据库的并发控制是用来确保多个事务同时访问数据库时的可串行性，解决并发事务可能引起的问题，如丢失更新、脏读、不可重复读以及幻读，确保数据的一致性和完整性。以下是一些常见的数据库并发控制技术：封锁（Locking）、时间戳排序（Timestamp Ordering）、乐观并发控制（Optimistic Concurrency Control，OCC）、悲观并发控制（Pessimistic Concurrency Control，PCC）、多版本并发控制（Multi-Version Concurrency Control，MVCC）等。数据库系统设计者通常会根据具体的应用场景和性能要求选择合适的并发控制技术。GaussDB 数据库采取了 MVCC 结合两段锁协议的并发控制方式，其特点是读写之间不阻塞。

12.2.2 封锁

封锁（Locking）就是事务 T 在对某个数据对象操作之前，先向系统发出请求，对其加锁。加锁成功后事务 T 才能对该数据对象进行相应操作，否则只能等待。封锁机制就是通过在数据对象上设置锁来控制不同事务对数据的访问，防止数据在并发操作中被破坏。

1. 封锁类型

为了保证并发事务操作结果是正确的，并且允许在同一时刻处理最大量的并发用户事务，数据库管理系统提供了多种锁，以确保数据的安全性和可靠性。通常将锁分为以下三种。

（1）排他锁（X 锁）：也称为写锁、独占锁，当一个事务对数据对象加 X 锁时，其他事务不能对该数据对象加任何类型的锁（包括 X 锁和 S 锁），直到该锁被释放。

（2）共享锁（S 锁）：也称为读锁，当一个事务对数据对象加 S 锁时，其他事务可以对该数据对象加 S 锁，但不能加 X 锁。多个事务可以同时持有同一个数据对象 R 的 S 锁，但如果有事务对 R 想加 X 锁，则必须等待 R 中的所有 S 锁被释放。

（3）其他锁类型：如更新锁（U 锁）、增量锁（I 锁）等，用于更复杂的并发控制场景。

2. 封锁粒度

封锁粒度是指封锁的数据对象的大小。封锁的数据对象可以是逻辑单元（如属性值、属性值集合、元组、关系、索引项、整个索引、整个数据库等），也可以是物理单元（如数据页、索引页、块等）。

封锁粒度与系统的并发度和并发控制的开销密切相关。封锁的粒度越大，数据库所能封锁的数据单元就少，并发度就越小，系统开销越小；反之，封锁的粒度越小，并发度较高，系统开销越大。所以,在选择封锁粒度时应同时考虑封锁开销和并发度两个因素,适当选择封锁粒度以求得最优的效果。

选择封锁粒度的一般原则如下。

(1) 需要处理大量元组的用户事务以关系为封锁单元。

(2) 需要处理多个关系的大量元组的用户事务以数据库为封锁单元。

(3) 只处理少量元组的用户事务以元组为封锁单元。

3. 封锁协议

在运用 X 锁和 S 锁对数据对象加锁时,需要约定一些规则(例如,何时申请 X 锁或 S 锁,申请的锁何时释放等),这些规则被称为封锁协议(Locking Protocol)。根据加锁方式和释放时间的不同划分了三级封锁协议。

1) 一级封锁协议

一级封锁协议的内容:事务 T 在修改数据 R 之前必须先对其加 X 锁,直到事务结束才释放。事务结束包括正常结束(COMMIT)和非正常结束(ROLLBACK)。

一级封锁协议可以防止丢失更新,并保证事务 T 是可恢复的。使用一级封锁协议可以解决丢失更新问题。

在一级封锁协议中,如果仅仅是读数据不对其进行修改,是不需要加锁的,所以一级封锁协议不能保证可重复读和不读"脏"数据。

2) 二级封锁协议

二级封锁协议的内容:在一级封锁协议的基础上,增加事务 T 在读取数据 R 之前必须先对其加 S 锁,读完后即可释放 S 锁。

二级封锁协议可以防止丢失更新和读"脏"数据。但在二级封锁协议中,由于读完数据后即可释放 S 锁,所以它不能保证可重复读。

3) 三级封锁协议

三级封锁协议的内容:在二级封锁协议的基础上,事务 T 在读取数据 R 之前必须对其加 S 锁,并且要持续到事务结束才释放。

三级封锁协议除了可以防止丢失更新和读脏数据外,还可以防止不可重复读。

上述三级协议的主要区别在于什么操作需要申请封锁以及何时释放,具体请参见表 12-1。

表 12-1 三级封锁协议总结

封 锁 协 议	S 锁(共享锁)		X 锁(排他锁)		一致性保证		
	操作结束释放	事务结束释放	操作结束释放	事务结束释放	没有丢失更新	没有读"脏"数据	可 重 复 读
一级封锁协议				√	√		
二级封锁协议	√			√	√	√	
三级封锁协议		√		√	√	√	√

4. 两段锁协议(2-Phase Locking Protocol,2PL)

两段锁协议是指整个事务分为两个阶段,前一个阶段为加锁(也称为扩展阶段),后一个阶段为解锁(也称为收缩阶段)。在加锁阶段,事务可以申请获得任何数据对象上的任何类型的锁,也可以操作数据,但不能解锁,直到事务释放第一个锁,也就进入解锁阶段,此过程中事务可以释放任何数据对象上的任何类型的锁,也可以操作数据,但不能再申请任何锁。两段锁协议使得事务具有较高的并发度,因为解锁不必发生在事务结尾。它的不足是没有解决死锁的问题,因为它在加锁阶段没有顺序要求。

需要说明的是,事务遵守两段锁协议是可串行化调度的充分条件,而不是必要条件。也就是说,若并发事务都遵守两段锁协议,则对这些事务的任何并发调度策略都是可串行化的;若对并发事务的一个调度是可串行化的,不一定所有事务都遵循两段锁协议。

5. GaussDB 的锁管理

GaussDB 提供了常规锁、轻量级锁等。

1) 常规锁

常规锁主要用于业务访问数据库对象的加锁,保护并发操作的对象,保证数据一致性;常见的常规锁有表锁(Relation)和行锁(Tuple)。

(1) 表锁:当对表进行 DDL、DML 操作时,会对操作的表对象加锁,在事务结束释放。

(2) 行锁:使用 SELECT FOR SHARE 语句时持有该模式锁,后台会对元组(Tuple)加 5 级锁;使用 SELECT FOR UPDATE、DELETE、UPDATE 等操作时,后台会对 Tuple 加 7 级锁(ExclusiveLock)。

2) 轻量级锁

轻量级锁主要用于数据库内部共享资源访问的保护,比如内存结构、共享内存分配控制等。

常规锁按照粒度可分为 8 个等级,各操作对应的锁等级及锁冲突情况参照表 12-2。

表 12-2　GaussDB 常规锁的 8 个等级及其冲突矩阵

锁编号	锁 模 式	对 应 操 作	冲突的锁编号
1	ACCESS SHARE	SELECT	8
2	ROW SHARE	SELECT FOR UPDATE、SELECT FOR SHARE	7,8
3	ROW EXCLUSIVE	INSERT、DELETE、UPDATE	5,6,7,8
4	SHARE UPDATE EXCLUSIVE	VACUUM、ANALYZE	4,5,6,7,8
5	SHARE	CREATE INDEX	3,4,6,7,8
6	SHARE ROWEXCLUSIVE	—	3,4,5,6,7,8
7	EXCLUSIVE	—	2,3,4,5,6,7,8
8	ACCESS EXCLUSIVE	DROP TABLE、ALTER TABLE、REINDEX、 CLUSTER、 VACUUM FULL、TRUNCATE	1,2,3,4,5,6,7,8

例 12.5　ACCESS SHARE 与 ACCESS EXCLUSIVE 锁冲突示例:表 12-3 给出了交错执行的两个事务,请问事务 B 能否及时执行? 为什么?

表 12-3　交错执行的事务

时　　间	事　务　A	事　务　B
t_1	START TRANSACTION TRUNCATE TABLE browsing;	
t_2		SELECT　*　FROM browsing;
t_3	ROLLBACK;	

事务 A 在 t_1 时刻开始一个事务,执行 TRUNCATE 语句,对应 8 级锁 ACCESS EXCLUSIVE,相当于对表 browsing 加了排他锁,事务 B 在 t_2 时刻执行 SELECT 语句,对应 1 级锁 ACCESS SHARE,相当于要对表 browsing 加共享锁,由于表 browsing 已经加了排他锁,所以事务 B 不能及时执行,会一直等到事务 A 释放锁或等锁超时。

GaussDB 中的 lockwait_timeout 参数控制单个锁的最长等待时间(默认值为 20min)。当申请的锁等待时间超过设定值时,系统会报错。该参数仅针对常规锁生效。

6. GaussDB 的 LOCK TABLE 命令

在 GaussDB 中,事务的加锁行为通常是由数据库的并发控制机制自动管理的。这意味着在大多数情况下是不需要显式地在事务中加锁,因为数据库会根据事务的隔离级别和其他因素自动地为数据操作请求必要的锁。

当然,用户也可以根据需要在事务中显式地使用 LOCK TABLE 命令来加锁。具体语法格式如下:

```
LOCK [ TABLE ] {[ ONLY ] table_name [, table_name, …]} IN lockmode MODE [ NOWAIT ];
```

参数说明如下。

(1) table_name:需要锁定的表的名称。LOCK TABLE 命令中声明的表的顺序就是上锁的顺序。

(2) ONLY:如果指定 ONLY,只有该表被锁定。如果没有声明,该表和它的所有子表将都被锁定。

(3) lockmode:锁的模式,详情请参见表 12-2。

(4) NOWAIT:在不指定 NOWAIT 的情况下获取表级锁时,如果有其他互斥锁存在,则等待其他锁的释放。如果指定了 NOWAIT,并且无法立即获取锁,则命令退出并且发出一个错误信息。

12.2.3　死锁

封锁的目的是避免干扰,但是如果封锁不当,则会出现另外的问题——死锁。

两个或两个以上的事务都处于等待状态,并且这些事务中的每一个都在等待其他事务解除封锁,释放它们所需的资源,这样才能继续执行下去,结果造成任何一个事务都无法向前推进,这种现象称系统进入了“死锁”(dead lock)状态。

图 12-12 示意了两个并发事务所发生事件的序列,t_0 时刻事务 T_1 拿到 browsing 表的 8 级锁,t_1 时刻事务 T_2 拿到 orderdetail 表的 8 级锁,t_2 时刻事务 T_1 尝试申请 orderdetail 表的 1 级锁,t_3 时刻事务 T_2 尝试申请 browsing 表的 1 级锁,结果两个事务都持锁并等待对方手里的锁释放从而产生死锁。

死锁产生的结果可能会使两个及以上事务无限期地等下去,如果人们或系统不能察觉

死锁场景示例		
时刻	事务 T_1	事务 T_2
t_0	START TRANSACTION; TRUNCATE TABLE browsing;	
t_1		START TRANSACTION; TRUNCATE TABLE orderdetail;
t_2	SELECT * FROM orderdetail;	
t_3		SELECT * FROM browsing;
t_4	COMMIT;	
t_5		COMMIT;

图 12-12　死锁场景示例

死锁或解决死锁问题,可能会认为系统出错或死机,这在实际应用中是绝对不允许的。

有两种解决死锁的方法,即预防死锁和在死锁发生后解决死锁。

1. 预防死锁

为了避免死锁,一般可以采取以下两种方式。

(1) 相同顺序法:预先对数据对象规定一个封锁顺序,所有事务都按这个顺序实行封锁。

(2) 一次封锁法:在事务中一次性封锁所有需要访问的数据对象。

图 12-13 和图 12-14 示意了针对图 12-12 所给出的死锁场景,按以上两种方法预防死锁的交错语句系列,不管按哪种方式都可以有效地避免死锁。

相同顺序法示例		
时刻	事务 T_1	事务 T_2
t_0	BEGIN; LOCK TABLE browsing IN ACCESS EXCLUSIVE MODE;	
t_1		BEGIN; LOCK TABLE browsing IN ACCESS SHARE MODE; (等待)
t_2	TRUNCATE TABLE browsing; LOCK TABLE orderdetail IN ACCESS SHARE MODE; SELECT * FROM orderdetail; COMMIT;	(等待) (等待) (等待) (等待)
t_3		LOCK TABLE orderdetail IN ACCESS EXCLUSIVE MODE; TRUNCATE TABLE orderdetail; SELECT * FROM browsing; COMMIT;

图 12-13　相同顺序法示例

注意两段锁协议和一次封锁法的异同之处。一次封锁法遵守两段锁协议,但是遵循两段锁协议的事务可能发生死锁。

2. 死锁发生后解决死锁

虽然一次封锁法和相同顺序法能避免死锁,但实际使用时存在以下问题。

(1) 在一次封锁法中要求一次就将以后要用到的全部数据加锁,势必扩大了封锁的范围,从而降低了系统的并发度;而且数据库中数据是不断变化的,原来不要求封锁的数据,在

一次封锁法示例		
时刻	事务T_1	事务T_2
t_0	START TRANSACTION; LOCK TABLE browsing IN ACCESS EXCLUSIVE MODE; LOCK TABLE orderdetail IN ACCESS SHARE MODE;	
t_1		START TRANSACTION; LOCK TABLE browsing IN ACCESS EXCLUSIVE MODE; （等待）
t_2	TRUNCATE TABLE browsing; SELECT * FROM orderdetail; COMMIT;	（等待） （等待） （等待）
t_3		LOCK TABLE orderdetail IN ACCESS SHARE MODE; TRUNCATE TABLE orderdetail; SELECT * FROM browsing; COMMIT;

图 12-14 一次封锁法示例

执行过程中可能会变成封锁对象,所以很难事先精准地确定每个事务所要封锁的数据对象。

(2)数据库系统中可封锁的数据对象极其众多,按相同顺序法封锁,一是难于实现,二是维护成本也高。

DBMS在解决死锁的问题上更普遍采用的是诊断并解除死锁的方法。也就是说,DBMS的并发控制子系统定期检测系统中是否存在死锁,如果出现死锁,则设法解除死锁。

检测死锁的方法有两种:超时法和等待图法。

1)超时法

如果一个事务的等待时间超过了规定的时限,就认为发生了死锁。这种方法的优点是便于实现,缺点是如果规定的时限长,则不能及时发现死锁;如果规定的时限短,则可能会将没有发生死锁的事务误判为死锁。

2)等待图法

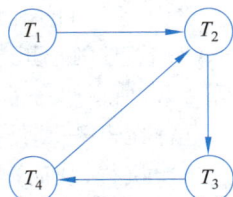

图 12-15 事务等待图

发现死锁的有效方法是等待图法。等待图是一个有向图,其中的节点代表系统中正在运行的事务;用有向边来表示事务之间的等待关系,即如果事务 T_1 等待事务 T_2 释放资源,则在 T_1 和 T_2 之间会有一条从 T_1 指向 T_2 的有向边。如图 12-15 所示,事务 T_1 等待 T_2,T_2 等待 T_3,T_3 等待 T_4,T_4 等待 T_2,其中事务 T_2、T_3、T_4 形成了一个相互等待的回路,说明发生了死锁。

发现死锁后解决死锁的策略之一是,撤销资源占用最少或影响最小的事务,释放它持有的所有资源,使其他事务能继续运行下去。如图 12-15 所示的事务等待图,撤销事务 T_2、T_3 和 T_4 中的任何一个事务,都可以使其他事务继续执行,数据库系统会平衡代价,以最小的代价完成所有的事务。

GaussDB 提供了自动的死锁检测机制,当检测到死锁时,系统会选择一个事务作为"受害者"并中止它,以解除死锁。受害者的选择通常基于事务的执行时间、锁定的资源数量等因素。被中止的事务可以稍后重新执行,以完成其操作。

如图 12-12 所示的产生死锁场景,GaussDB 检测到有死锁后终止了事务 B 的查询语句,解除死锁,如图 12-16 所示。

```
SQL执行记录  消息
---------------开始执行---------------

【拆分SQL完成】: 将执行SQL语句数量: (1条)

【执行SQL: (1)】
SELECT * FROM browsing;
执行失败, 失败原因: ERROR: deadlock detected
  Detail: Process 139723388417792 waits for AccessShareLock on relation 36200 of database 31221; blocked by process 13972370980б
Process 139723709806336 waits for AccessShareLock on relation 36185 of database 31221; blocked by process 139723388417792.
  Hint: See server log for query details.
  Position: 15
```

图 12-16　GaussDB 检测到有死锁后通过终止一个事务来消除死锁

12.2.4　活锁

在并发事务执行过程中可能会出现某个事务永远处于等待状态的极端情况。例如,有如下的并发事务。

(1) t_0 时刻:事务 A 共享封锁数据 R,成功。

(2) t_1 时刻:事务 B 试图使用排他锁封锁数据 R,等待。

(3) t_2 时刻:事务 C 在事务 A 释放封锁 R 之前,共享封锁 R,成功。

(4) t_3 时刻:事务 D 在事务 C 释放封锁 R 之前,共享封锁 R,成功。

……

如果在事务 B 获得封锁之前,不断地有事务共享封锁 R,则事务 B 将永远处于等待状态,得不到封锁的机会。这种现象不符合死锁的定义,因此把它称为活死锁,或简称活锁。

预防活锁最简单的办法就是采用先来先服务的方法。对前面的事务序列只要按如下方式就可以避免活锁现象。

(1) t_0 时刻:事务 A 共享封锁数据 R。

(2) t_1 时刻:事务 B 试图使用排他锁封锁数据 R,等待。

(3) t_2 时刻:事务 C 在事务 A 释放封锁 R 之前申请对 R 的共享封锁,由于事务 B 已经在等待 R,所以事务 C 排队等待。

这样在事务 A 结束后事务 B 就可以及时获得排他锁,事务 B 结束后事务 C、事务 D 就可以依次执行,从而避免了活锁现象。

12.2.5　隔离级别

事务的隔离级别是用来定义数据库不同事务之间的隔离程度的一种标准。事务的隔离级别决定当存在其他的并发运行事务时,该事务中能访问什么数据。隔离级别越高,事务之间的隔离性越强,对数据一致性的保障越好,但系统的并发性能也会相应的下降。

SQL92 标准定义了事务的四类隔离级别,它们决定了事务可能受其他并发事务影响的程度。这四个隔离级别由低到高依次如下。

1. 读未提交(Read Uncommitted)

读未提交允许一个事务读取另一个事务未提交修改的数据。读未提交是最低的隔离级别,由于允许读取未提交的数据,不能避免脏读、不可重复读和幻读,因此在主流的数据库管理系统中较少使用。

2. 读已提交（Read Committed）

一个事务只能读取其他已提交事务修改的数据，因此可以避免脏读。但在事务执行期间，多次读取同一数据集的过程中可能会因为其他事务的提交而读到不同的数据集，因此不能避免不可重复读和幻读。大部分的主流数据库管理系统的默认隔离级别是读已提交，例如 SQL Server、Oracle、GaussDB。

3. 可重复读（Repeatable Read）

事务在多次读取数据集的过程中，其他事务不能对该数据集范围的数据进行 UPDATE 操作，从而可以保证多次读取的数据集保持一致，避免脏读和不可重复读。但其他事务可以进行 INSERT 和 DELETE 操作，因此不能避免幻读。MySQL 数据库管理系统默认的隔离级别是可重复读。

4. 可串行化（Serializable）

最高隔离级别，允许事务以可串行化的顺序执行，可以避免脏读、不可重复读和幻读，但降低了数据库系统的并发性能。GaussDB 目前功能上不支持此隔离级别，设置该隔离级别时，等价于 REPEATABLE READ。

在实际应用中，需要根据具体应用需求和系统性能来选择合适的事务隔离级别。

在 GaussDB 中，可以在启动事务或者设置事务时，指定事务的隔离级别，相关参数查看 12.1.3 节。

例 12.6 设有两个事务对表 12-4 的地址关系同时进行读写操作。图 12-17 所示是两个事务的操作过程，事务 T_1 的隔离级别设置为读已提交（READ COMMITTED），请分析事务 T_1 的四次查询操作的结果。

表 12-4　地址关系

uid	aseq	zip	info	isDefault
U001	1	100080	北京市海淀区永定路街道	0
U001	2	200020	上海市黄浦区半淞园路街道	0
U001	3	300210	天津市河西区天塔街道	1
U005	1	226600	北京市西城区金融街街道	0

为了观察两个事务并行执行的过程，通常可以开启两个交互式 SQL 命令执行会话进行模拟。

（1）事务 T_1 在 t_0 时刻启动事务并且设置隔离级别为 READ COMMITTED，在 t_1 时刻执行查询，查询结果如下：

uid	aseq	zip	info	isDefault
U005	1	226600	北京市西城区金融街街道	0

（2）事务 T_2 在 t_2 时刻启动事务，在 t_3 时刻更新数据。

（3）事务 T_1 在 t_4 时刻执行查询，由于事务 T_2 还未执行事务提交操作并且事务 T_1 的

数
据
库
原
理
及
应
用
（
微
课
视
频
版
）

隔离级别：读已提交		
时刻Time	事务T_1（读已提交）	事务T_2
t_0	START TRANSACTION ISOLATION LEVEL READ COMMITTED;	
t_1	SELECT * FROM "onlineshop_schema"."address" WHERE uid='U005';	
t_2		START TRANSACTION ISOLATION LEVEL READ COMMITTED;
t_3		UPDATE "onlineshop_schema"."address" SET info='北京市西城区月坛街道' WHERE uid='U005' and aseq=1;
t_4	SELECT * FROM "onlineshop_schema"."address" WHERE uid='U005';	
t_5		COMMIT
t_6	SELECT * FROM "onlineshop_schema"."address" WHERE uid='U005';	
t_7		START TRANSACTION ISOLATION LEVEL READ COMMITTED;
t_8		INSERT INTO "onlineshop_schema"."address" (uid, aseq, zip, info, isDefault) VALUES ('U005', 2, '100083', '北京市海淀区花园路街道', 0)
t_9		COMMIT
t_{10}	SELECT * FROM "onlineshop_schema"."address" WHERE uid='U005';	
t_{11}	COMMIT	

图 12-17　隔离级别设置为读已提交

隔离级别为 READ COMMITTED,因此查询结果与图 12-17 所示的事务 T_1 在 t_1 时刻的查询结果所示相同。

（4）事务 T_2 在 t_5 时刻执行 COMMIT 提交事务,事务 T_1 在 t_6 时刻执行查询,由于事务 T_2 已经成功提交,因此事务 T_1 可以读取事务 T_2 的已提交修改的数据,查询结果如下:

uid	aseq	zip	info	isDefault
U005	1	226600	北京市西城区月坛街道	0

可以看出,在隔离级别为 READ COMMITTED 时,可以避免脏读,但不能避免不可重复读。

（5）事务 T_2 在 t_7、t_8、t_9 时刻执行插入操作并且成功提交,事务 T_1 在 t_{10} 时刻执行查询,由于事务 T_2 已经成功提交,因此事务 T_1 可以读取事务 T_2 的已提交修改的数据,查询结果如下：

uid	aseq	zip	info	isDefault
U005	1	226600	北京市西城区月坛街道	0
U005	1	100083	北京市海淀区花园路街道	0

可以看出，在隔离级别为 READ COMMITTED 时，不能避免幻读。

例 12.7　将图 12-17 中事务 T_1 的隔离级别设置成可重复读（REPEATABLE READ），事务 T_1 和事务 T_2 在时刻 t_0 至 t_{11} 之间的操作不变，试分析事务 T_1 的四次查询操作的结果。

（1）事务 T_1 在 t_4 时刻的查询结果，与图 12-17 中事务 T_1 在 t_1 时刻的查询结果相同。

（2）事务 T_2 在 t_5 时刻将修改（UPDATE）数据的操作成功提交，事务 T_1 在 t_6 时刻执行查询，由于事务 T_1 的隔离级别为 REPEATABLE READ，因此事务 T_1 读取到的数据仍然与图 12-17 中事务 T_1 在 t_1 时刻的查询结果相同，避免了不可重复读问题。

（3）事务 T_2 在 t_7、t_8、t_9 时刻执行插入（INSERT）操作并且成功提交，事务 T_1 在 t_{10} 时刻执行查询，事务 T_1 可以读取事务 T_2 的已提交插入的数据，查询结果与图 12-17 中事务 T_1 在 t_{10} 时刻的查询结果相同，在隔离级别为 REPEATABLE READ 时，不能避免幻读问题。由于 GaussDB 使用 MVCC 并发控制技术来避免幻读问题，在 GaussDB 中实际操作看不到幻读问题。

隔离级别与并发控制技术是数据库管理系统中两个密切相关的概念，它们在处理并发事务时各自扮演着重要的角色。那么隔离级别与并发控制技术有什么区别和联系呢？

两者的区别如下。

1）关注点不同

隔离级别：定义了数据库事务之间相互隔离的程度，即一个事务可能受其他并发事务影响的限制。它关注的是事务之间的可见性和相互影响。

并发控制技术：是确保多个事务在并发执行时能够保持数据原子性、一致性、隔离性和持久性的技术和方法。它关注的是如何管理并发事务的执行，以避免冲突和数据不一致。

2）实现方式不同

隔离级别：通常是通过设置数据库系统的隔离级别参数来实现的，如 SQL 标准中的 READ UNCOMMITTED、READ COMMITTED、REPEATABLE READ 和 SERIALIZABLE 等。

并发控制技术：包括多种技术，如封锁技术（如行锁、表锁、意向锁等）、时间戳技术、乐观并发控制（OCC）、悲观并发控制（PCC）以及多版本并发控制（MVCC）等。

3）作用范围不同

隔离级别：作用于整个事务，影响事务内部操作对其他事务的可见性和相互影响。

并发控制技术：可能作用于单个操作、事务或整个数据库系统，具体取决于技术的实现和应用场景。

两者的联系如下。

（1）共同目标：隔离级别和并发控制技术的共同目标是确保数据库系统在并发环境下

能够正确、高效地运行，同时保持数据的一致性和完整性。

（2）相互依赖：隔离级别的设置会影响并发控制技术的选择和实现。例如，在更高的隔离级别下，可能需要更复杂的并发控制技术来确保数据的一致性和隔离性。

（3）相互补充：在实际应用中，隔离级别和并发控制技术往往是相互补充的。通过合理设置隔离级别和选择合适的并发控制技术，可以在保证数据一致性的同时，提高系统的并发性能和吞吐量。

综上所述，隔离级别与并发控制技术是数据库管理系统中两个相辅相成的概念，它们共同作用以确保数据库系统在并发环境下能够正确、高效地运行。

12.2.6　MVCC

多版本并发控制（Multi-Version Concurrency Control，MVCC）是一种用于数据库管理系统中的并发控制方法，它允许多个事务同时访问同一数据的不同版本，实现读写事务相互不阻塞，从而提高数据库的并发性能。

MVCC 的核心思想是，对于每个写操作，不是直接在原始数据上进行修改，而是在旧的版本之上创建一个新的数据版本，并且会保留旧的版本。当某个事务需要读取数据时，数据库系统会从所有的版本中选取出符合该事务隔离级别要求的版本。只有当事务提交后，新版本的数据才会替代旧版本，从而实现数据的一致性。

下面基于 GaussDB 的 Astore 存储引擎介绍 MVCC 的实现技术。

1. 隐藏多版本标记字段

为了定义 MVCC 中不同版本的数据，GaussDB 为每一个事务分配一个递增的、类型为 uint64 的整数作为唯一的 ID，称为 xid（事务 ID）。可通过 txid_current() 函数获取当前事务的 ID。在 GaussDB 中，对于每一个元组（tuple，一行数据）都包含了如下 5 个隐藏字段，可用 SELECT 语句查看。

（1）xmin：存放创建该元组时的事务 ID。

（2）xmax：存放删除或者更新该元组时的事务 ID，默认值为 0。

（3）cmin/cmax：标识在同一个事务中多个语句命令的序列值，从 0 开始，用于同一个事务中实现版本可见性判断；cmin 指的是插入的序列值，cmax 指的是删除、更新的序列值。

（4）ctid：（块号，块内偏移）用来记录当前元组或新元组的物理位置。

假设执行"CREATE TABLE cust(cno int, name varchar(20))"命令创建 cust 表。

1）插入数据

假设一个事务 ID 为 76074 的事务插入两个元组，其执行语句与隐藏字段的值如图 12-18 所示。

在图 12-18 中，xmin 存储的是当前事务 ID，由于插入"李四"数据是第 2 条语句，所以其 cmin 为 1，cmax 的值为 0。

2）更新数据

假设一个事务 ID 为 76079 的事务修改数据，其执行语句与隐藏字段的值如图 12-19 所示。

在图 12-19 中，update 语句实际上是先 delete 先前的数据，然后再 insert 一行新的数据。在数据库中就存在两个版本，一个是被 update 之前的数据（旧数据），另外一个是 update 之后被重新插入的数据（新数据）。旧数据的 xmax 保存的是当前更新的事务 ID，并指向新数据。也就是说，GaussDB 通过这几个特殊的隐藏字段，给数据行设置了不同的版

事务ID: 76074

```
BEGIN;
  INSERT INTO cust VALUES(1,'张三') ;
  INSERT INTO cust VALUES(2,'李四') ;
COMMIT;
```

数据页:

| Page Header | item | item |

逻辑行

ctid: (0,1) xmin:76074 xmax: 0 cmin: 0 cmax: 0 cno: 1 name:张三

ctid: (0,2) xmin:76074 xmax: 0 cmin: 1 cmax: 0 cno: 2 name:李四

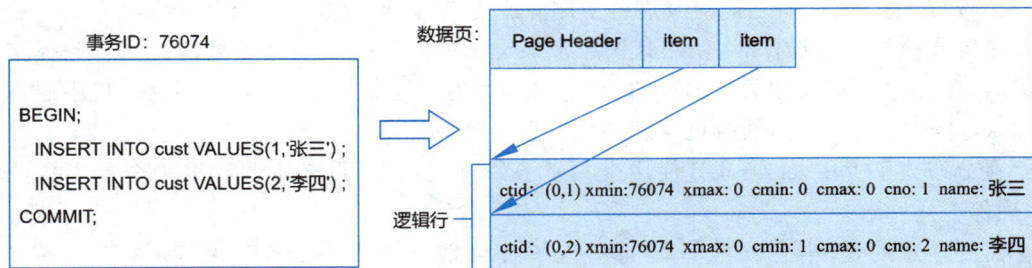

图 12-18　事务 76074 中的插入语句与隐藏字段的值

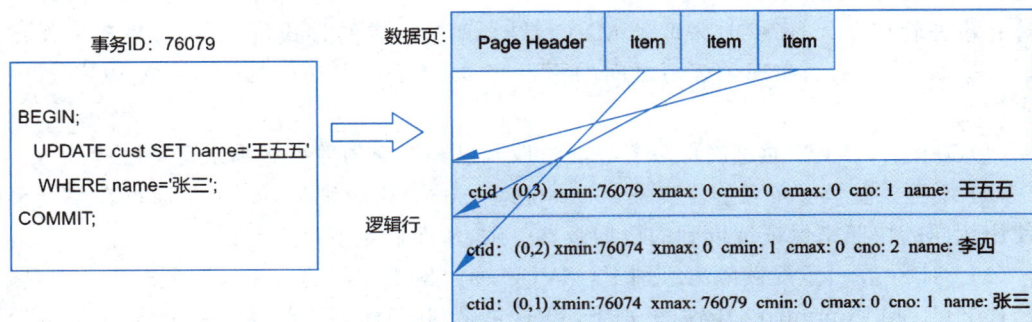

事务ID: 76079

```
BEGIN;
  UPDATE cust SET name='王五五'
   WHERE name='张三';
COMMIT;
```

数据页:

| Page Header | item | item | item |

逻辑行

ctid: (0,3) xmin:76079 xmax: 0 cmin: 0 cmax: 0 cno: 1 name: 王五五

ctid: (0,2) xmin:76074 xmax: 0 cmin: 1 cmax: 0 cno: 2 name: 李四

ctid: (0,1) xmin:76074 xmax: 76079 cmin: 0 cmax: 0 cno: 1 name: 张三

图 12-19　事务 76079 中的更新语句与隐藏字段的值

本号,数据行的每次更新操作都会产生一条新版本的数据行,版本之间从旧到新形成了一条版本链(旧的 ctid 指向新的数据行)。

3)删除数据

事务在执行 delete 语句删除数据时可参考图 12-19 中关于“张三”的那行信息,系统将把 xmax 设置为执行 delete 语句的事务 ID。

综上所述,数据库中的数据行可能存在多个版本,形成版本链,即 MVCC 版本链。每个版本都有与之关联的事务 ID。

2. 事务快照的实现

为了实现元组对事务的可见性判断,GaussDB 引入了事务快照 SnapshotData。每个读事务在开始时会创建一个快照,快照中记录了当前活跃的最小事务 ID(xmin)、最新提交的事务 ID(xmax)和最新提交的 CSN 号(逻辑时间戳,commit sequence number)。当事务尝试读取一个数据行时,它会检查该行的每个版本的 CSN,以确定当前正在执行的事务可以看见(访问)哪个版本的数据。

事务快照的创建过程可以概括如下。

(1)事务启动:当事务开始时,GaussDB 分配给事务一个唯一的事务 ID(xid)。

(2)快照初始化:事务开始时,GaussDB 创建一个快照,这个快照是数据库在特定时间点的一致性视图。

(3)记录系统时间:快照通常包括一个全局自增的长整数作为逻辑时间戳,即提交顺序号(CSN),用于后续的数据可见性判断。

(4)数据行的可见性:事务快照使用数据行的版本信息(xmin,xmax)来判断元组的可见性。如果数据行的创建事务 ID(xmin)在快照时间戳之前已经提交,并且没有其他事务的

ID(xmax)在快照时间戳之前对其进行了删除或更新,则该行数据对当前事务可见。

事务在执行读取操作时,使用其快照来确定哪些数据行版本是可见的。当事务提交或回滚时,GaussDB 更新相关数据行的版本信息,并更新快照状态。事务结束后,其快照不再需要,GaussDB 会在适当的时机清理快照信息,释放资源。

在分布式事务中,GaussDB 使用全局事务管理器(GTM)来协调和维护全局事务的快照,确保全局一致性。

需要注意的是,事务快照具体的实现细节可能会根据 GaussDB 的版本和配置有所不同。

3. MVCC 解决的问题

在事务管理上,GaussDB 采取了 MVCC 结合两阶段锁的方式,由于读写事务工作在不同的数据版本上,从而实现了读写之间的不阻塞,提高了并发访问的性能。MVCC 解决了以下问题。

(1) 脏读:MVCC 通过确保事务只能读取到已经提交的数据版本来避免脏读。

(2) 不可重复读:在可重复读(Repeatable Read)隔离级别下,MVCC 通过在整个事务中使用相同的快照来保证读取到的数据版本一致,从而避免不可重复读。

(3) 幻读:在可重复读隔离级别下,MVCC 通过使用相同的快照来避免幻读。但是,在读已提交(Read Committed)隔离级别下,可能会遇到幻读问题,因为每次读操作都会生成一个新的快照。

MVCC 是数据库并发控制中的一个重要概念,它通过维护数据的多个版本来提高并发性能,同时解决了脏读、不可重复读和幻读等问题。不过,需要注意的是,MVCC 并不能解决所有并发问题,例如更新丢失问题,这通常需要通过其他机制(如锁)来解决。

12.3　本章小结

本章首先介绍了数据库中事务的概念,事务是数据库用户为完成一个逻辑工作单元而定义的一组数据库指令,这组指令要么完全执行,要么完全不执行。充分理解事务的概念对学习并发控制机制和第 13 章的数据库恢复技术非常重要。

然后介绍了事务的 ACID 特性:原子性、一致性、隔离性、持久性。事务的 ACID 特性是数据库管理系统保证数据正确性和一致性的重要原则。本章的并发控制技术主要是保证事务的隔离性,第 13 章的基于日志的恢复技术主要是保证事务的原子性和持久性,事务的一致性需要并发控制技术、恢复技术以及数据库的完整性约束实现。

在本章的第 2 节,首先介绍事务并发执行中可能出现的四类干扰问题:丢失更新、脏读、不可重复读以及幻读,这些干扰问题会导致数据库的不一致性。为了避免事务并发中出现上述的干扰问题,数据库管理系统需要采用并发控制技术确保多个事务同时访问数据库时的可串行性。

在并发控制技术中,详细介绍了封锁技术,包括封锁类型、封锁粒度、封锁协议、两段锁协议以及 GaussDB 的锁管理和封锁命令。在封锁过程中,可能会出现死锁和活锁情况。对于死锁情况,可以采用相同顺序法和一次封锁法的预防方法,也可以通过超时法和等待图法检测和解决死锁问题。对于活锁情况,采用先来先服务的方法解决。在 SQL 标准的隔离级别部分,介绍了由低到高的四个隔离级别,分别是读未提交、读已提交、可重复读以及可串行化。MVCC 允许多个事务同时访问同一数据的不同版本,实现读写事务相互不阻塞,从而提高数据库的并发性能。

12.4 习题

1. 选择题

(1) 以下关于数据库事务的说法中,错误的是( )。

    A. 数据库事务是恢复和并发控制的基本单位

    B. 数据库事务必须由用户显式地定义

    C. 数据库事务具有 ACID 特性

    D. COMMIT 和 ROLLBACK 都代表数据库事务的结束

(2) 系统中有三个事务 T_1、T_2、T_3 分别对数据 R_1 和 R_2 进行操作,其中 R_1 和 R_2 的初值 $R_1=120$,$R_2=50$,假设事务 T_1、T_2、T_3 操作的情况如下表所示,表中 T_1 和 T_2 间并发操作( )问题,T_2 与 T_3 间并发操作( )问题。

时 间	T_1	T_2	T_3
t_1	Read(R_1);		
t_2	Read(R_2);		
t_3	$X=R_1+R_2$;		
t_4		Read(R_1);	
t_5		Read(R_2);	
t_6			Read(R_2);
t_7		$R_2=R_1-R_2$;	
t_8		Write(R_2);	
t_9	Read(R_1);		
t_{10}	Read(R_2);		
t_{11}	$X=R_1+R_2$;		
t_{12}	演算 X		$R_2=R_2+80$;
t_{13}			Write(R_2);

问题 1:

    A. 不存在任何   B. 存在 T_1 不能重复读的

    C. 存在 T_1 丢失修改的   D. 存在 T_2 读"脏"数据的

问题 2:

    A. 不存在任何   B. 存在 T_2 读"脏"数据的

    C. 存在 T_2 丢失修改的   D. 存在 T_3 丢失修改的

(3) 为了防止一个用户的工作不适当地影响另一个用户,应该采取( )。

    A. 完整性控制   B. 访问控制   C. 安全性控制   D. 并发控制

(4) 若事务 T_1 对数据 D_1 已加排他锁,事务 T_2 对数据 D_2 已加共享锁,那么事务 T_2

对数据 D_1（　　）；事务 T_1 对数据 D_2（　　）。

问题 1：

    A. 加共享锁成功，加排他锁失败

    B. 加排他锁成功，加共享锁失败

    C. 加共享锁、排他锁都成功

    D. 加共享锁、排他锁都失败

问题 2：

    A. 加共享锁成功，加排他锁失败

    B. 加排他锁成功，加共享锁失败

    C. 加共享锁、排他锁都成功

    D. 加共享锁、排他锁都失败

（5）下表是某两个事务并发执行时的调度过程，这里不会出现不可重复读的问题，是因为这两个事务都使用了（　　）；两个事务的并行执行结果是正确的，是因为这两个事务都使用了（　　）；在执行过程中没有发生死锁，这是因为（　　）导致的。

问题 1：

    A. 三级封锁协议   B. 二级封锁协议

    C. 两段锁协议   D. 一次封锁法

问题 2：

    A. 二级封锁协议   B. 三级封锁协议

    C. 两段锁协议   D. 排他锁

问题 3：

    A. 排他锁   B. 共享锁

    C. 两段锁协议   D. 偶然的调度

T_1	T_2
Xlock(X);	Xlock(Y);
$A=$ Read(X);	等待
Slock(Y);	等待
$B=$ Read(Y);	等待
$A=A+B$;	等待
Write(X, A);	等待
Commit;	$B=$ Read(Y);
Unlock(Y);	Slock(X);
Unlock(X);	$A=$ Read(X);
	$A=A+4$;
	$B=B*A$;
	Write(Y, B);
	Commit;
	Unlock(Y);
	Unlock(X);

2. 填空题

（1）在事务隔离级别中，＿＿＿＿＿＿＿＿隔离级别禁止不可重复读和脏读现象，但是有时可能出现幻读数据。

（2）事务 T_1 读取数据 A 后，数据 A 又被事务 T_2 所修改，事务 T_1 再次读取数据 A 时，与第一次所读值不同。这种不一致性被称为_____，其产生的原因是破坏了事务 T_1 的_____。

（3）某系统运行过程中异常，已提交事务所影响的数据未能正确写入磁盘且无法恢复，此故障破坏了事务的_____。

（4）封锁能避免错误的发生，但会引起_____和_____问题。

（5）在数据库的封锁协议中，两段锁协议的"两段"指的是_____和_____。

3. 简答题

（1）GaussDB 都提供哪些管理事务的命令？请登录云数据库 GaussDB 练习事务的启动、设置、提交、回滚操作。

（2）事务并发时会产生哪些可能的干扰问题？为了解决因干扰问题导致的不一致，请简述常用的并发控制技术。

（3）什么是封锁粒度？如何选择合适的封锁粒度？

（4）什么是封锁协议？不同级别的封锁协议的主要区别是什么？

（5）某连锁酒店提供网上预订房间业务，流程如下。

① 客户查询指定日期内所有类别的空余房间数，系统显示空房表（日期，房间类别，数量）中的信息。

② 客户输入预定的起始日期和结束日期、房间类别和数量，并提交。

③ 系统将用户提交的信息写入预定表（身份证号，起始日期，结束日期，房间类别，数量），并修改空房表的相关数据。

针对上述业务流程，回答下列问题。

问题1：

如果两个用户同时查询相同日期和房间类别的空房数量，得到的空房数量为1，并且这两个用户又同时要求预定，可能会产生什么结果，请用 100 字以内文字简要叙述。

问题2：

引入如下伪指令：将预定过程作为一个事务，将查询和修改空房表的操作分别记为 $R(A)$ 和 $W(A, x)$，插入预定表的操作记录为 $W(B, a)$，其中，x 代表空余房间数，a 代表预订房间数，则事务的伪指令序列为 $x = R(A), W(A, x-a), W(B, a)$。

在并发操作的情况下，若客户1、客户2同时预定相同类别的房间，可能出现的执行序列为 $x_1 = R(A), x_2 = R(A), W(A, x_1-a_1), W(B_1, a_1), W(A, x_2-a_2), W(B_2, a_2)$。

① 此时会出现什么问题，请用 100 字以内文字简要叙述。

② 为了解决上述问题，引入共享锁指令 Slock(X) 和独占锁指令 Xlock(X) 对数据 X 进行加锁，解锁指令 Unlock(X) 对数据 X 进行解锁，请补充上述执行序列，使其满足 2PL 协议，不产生死锁且持有锁的时间最短。

第 13 章

数据库的恢复与迁移

学习目标

(1) 了解数据库的页面存储和数据库故障类别。

(2) 理解基于 Undo/Redo 日志的恢复技术和基于检查点的恢复技术。

(3) 理解基于备份的恢复技术和容灾技术,掌握 GaussDB 的备份与恢复操作。

(4) 理解数据库的迁移。

思维导图

```
                                          ┌─ 数据库的数据组织和存储
                        ┌─ 数据库恢复概述 ─┤
                        │                 └─ 数据库的故障类别
                        │
                        │                 ┌─ 数据库日志概述
                        │                 │
                        ├─ 数据库的日志与恢复 ┼─ 基于Undo和Redo日志的恢复
                        │                 │
                        │                 └─ 基于检查点的恢复
                        │
                        │                 ┌─ 数据库备份
 数据库的恢复与迁移 ──────┤                 │
                        ├─ 数据库的备份与恢复 ┼─ 数据库恢复
                        │                 │
                        │                 └─ 数据库的容灾技术
                        │
                        │                      ┌─ GaussDB的数据库备份与恢复
                        ├─ GaussDB的备份恢复实践 ┤
                        │                      └─ GaussDB的数据库导出与导入
                        │
                        │                 ┌─ 数据库迁移概述
                        └─ 数据库的迁移 ───┤
                                          └─ 迁移到GaussDB的实践
```

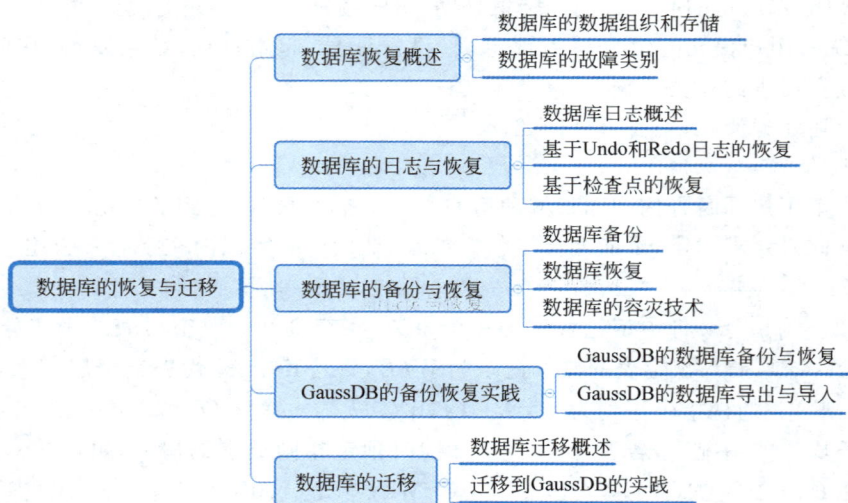

本章先介绍数据库的页面存储和四种故障类别,详细介绍基于日志对事务故障和系统故障进行恢复的技术原理以及针对介质故障和其他灾难性故障的备份恢复和容灾技术。然后以 GaussDB 的实践操作为例,讲解 GaussDB 备份与恢复的可视化操作和数据导出导入的操作。最后概述数据库迁移过程以及 GaussDB 的数据库和应用迁移 UGO 和数据复制服务 DRS(Data Replication Service)。

13.1 数据库恢复概述

数据库中的事务需要满足原子性、一致性、隔离性以及持久性。第 12 章介绍了通过并发控制机制和隔离级别保证事务的隔离性,那么事务的原子性和持久性是如何实现的呢?

数据库管理系统通过回滚事务来保证数据库的原子性,通过重做事务来保证数据库的持久性。由于数据库的日志在数据库的恢复技术中扮演了举足轻重的作用,本章先介绍数据库的数据和日志与内存(含缓存)、磁盘的交互,再进一步详细介绍基于数据库日志的恢复技术和基于数据转存的备份恢复技术。

13.1.1　数据库的数据组织和存储

在数据库中,一个数据表的结构信息、数据信息、索引信息等存储在文件系统中的一个或者多个文件中。数据表的不同功能数据存储在不同的段内,例如,数据存储在数据段,索引存储在索引段。通常每个段对应一个文件。有时也会出现同一段存储在多个文件中或者不同数据表的段存储在一个文件中。例如,线上购物系统中的订单表随着时间推移,所存储的数据记录越来越多,通常采用分表技术,按照月、年的时间维度,将订单表存储在不同的文件中;再如,将经常用于连接查询的表存储在同一个文件中,可以减少文件读取时间,提高查询效率。

图 13-1 描述了一个数据库中数据组织和存储的示例。一个数据表的不同功能数据存储在不同的段内,例如数据段、索引段。一个段由多个区组成,一个区由多个页组成,一个页可以包含一条或多条数据记录。页的大小通常是 4KB、8KB 或 16KB,包含页头、数据记录以及数据记录相对于页头的偏移量。页是 DBMS 用于管理数据存储的重要方法,通常DBMS 将数据从磁盘读入内存中时,为了便于数据存取管理,在内存中将数据以固定大小的页存放。当 DBMS 将内存中的数据写入磁盘时,也是以页为单位批量写入。

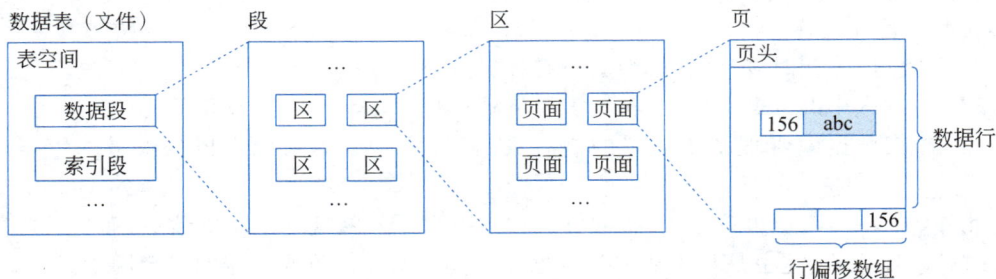

图 13-1　数据库的数据组织和存储

由于磁盘的数据读写速度远低于内存的数据读写速度,磁盘的读写是制约数据库性能的重要因素之一,因此 DBMS 会将近期常用的数据读入内存,以提升数据库的处理速度和性能。当数据库执行数据操作语句时,首先会将修改后的数据写入内存的缓存区,缓存区中这些已经被修改但还未写回磁盘的页被称为脏页。还需要将该操作对应的日志写入缓存区,然后先将缓存区中的日志写回磁盘,再将缓存区的数据写回磁盘。

图 13-2 所示是数据库的数据操作中的数据存储过程示例。

第①步:更新数据缓存页 3 和数据缓存页 5。

第②步:更新对应的索引缓存页 2。

第③步:顺序写日志缓存,生成日志缓存页 5 和日志缓存页 6。

第④步:将缓存中的日志按顺序写入磁盘。

第⑤步:返回事务提交成功。

第⑥步:将缓存中的数据页 3 和数据页 5 按 DBMS 的缓存管理策略写入磁盘。

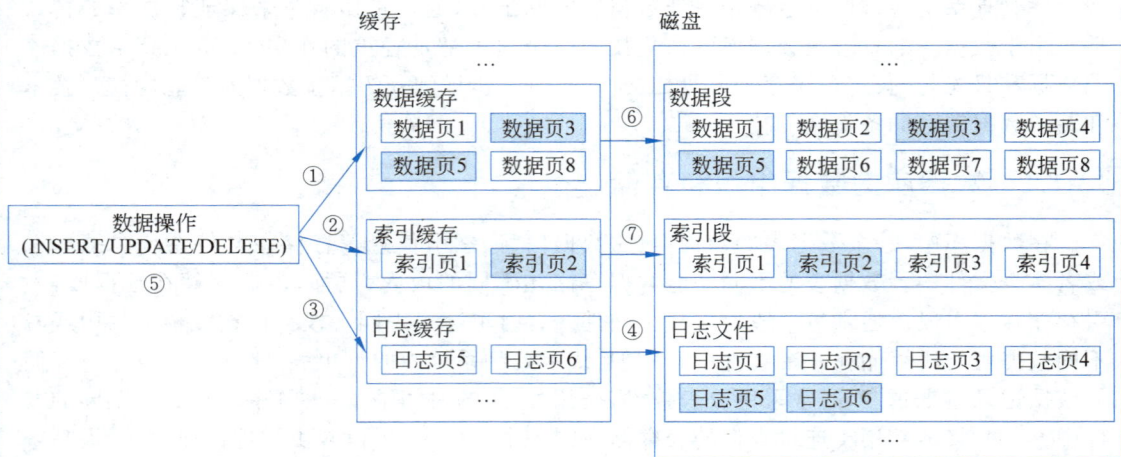

图 13-2 数据库写操作中的数据存储过程

第⑦步：将缓存中的索引页 2 按 DBMS 的缓存管理策略写入磁盘。

将脏页写回磁盘有两种方式：同步刷新和异步刷新。同步刷新是在事务提交之前将脏页写回磁盘，以确保数据的完整性，但同步刷新由于需要等待磁盘 I/O 操作会导致数据库性能下降。异步刷新是通过后台线程定期或根据一定策略将脏页写回磁盘，也称为刷脏，由于是异步执行磁盘 I/O 操作，因此不会影响事务的执行速度，但可能会存在数据丢失的风险。数据库管理系统通常选择异步刷脏的方式。

数据库管理系统会在以下三个时机进行刷脏操作。

（1）数据库关闭时，将缓冲区中的所有脏页写回磁盘。

（2）缓冲区中的数据页已经满了，需要将脏页写回磁盘才能读入数据页。

（3）根据数据库管理系统配置的刷脏策略，设置一个单独线程根据配置的策略进行刷脏。

此外，从图 13-2 也可以看到，将数据页和索引页写入磁盘时是随机顺序，而将日志写入磁盘时是顺序方式，这也是日志能够为数据库恢复技术提供重要支持的一个因素。

在数据库管理系统先写缓存再写磁盘的过程中，当数据库故障发生在这个过程中的不同时刻点时，对应着不同的数据库故障类别和恢复技术。接下来我们先了解数据库的故障类别。

13.1.2 数据库的故障类别

数据库中数据的安全至关重要，除了通过数据库安全管理机制防止非授权用户非法访问数据外，还需要预防意外因素导致的数据损坏，例如计算机的软件或硬件故障、磁盘损坏、意外断电、自然灾害、人为因素的恶意破坏、程序缺陷导致的数据损坏等。

数据库中常见的故障类型有事务故障、系统故障、介质故障以及因操作错误或意外破坏导致的故障。

1. 事务故障

事务故障是指在事务运行过程中，因程序错误、资源冲突等因素导致事务的执行中断。根据事务的 ACID 特性，为了保证事务的原子性和一致性，在数据库服务恢复后，通过回滚事务，撤销中断的事务对数据库已做出的修改，将数据库中的数据恢复到修改之前的状态。

2. 系统故障

系统故障是指因计算机软件（例如操作系统故障、数据库管理系统故障等）或硬件故障（非磁盘损坏）导致的内存中的指令或者数据丢失，此时磁盘中的数据库数据未损坏。发生系统故障时存在两种可能的情况：一是未完成的事务对数据库的部分更新已写入数据库；二是已提交的事务对数据库的更新还保存在缓冲区，没有写入数据库。当系统重新启动时，为了保证事务的原子性和一致性，除了撤销故障发生时未完成的事务，还需要考虑重新执行未把数据写入磁盘的已提交事务。

3. 介质故障

介质故障是指因磁盘损坏导致的数据库数据的物理损坏，针对介质故障可以考虑从软件容错和硬件容错两个角度进行防范和恢复。在软件容错技术方面，可以制定合理的备份策略，发生故障时基于备份和事务日志的恢复技术，将数据库恢复到发生故障前的数据一致性状态；在硬件容错技术方面，可以采用双机热备份、镜像、磁盘冗余阵列 RAID（Redundant Array of Independence Disks）等，提供多份磁盘数据备份，发生故障时可以快速切换到另一个备份的磁盘。

4. 其他的灾难性故障

其他的灾难性故障是指因人为因素破坏、自然灾害等导致的故障，数据库可能会出现无法快速恢复服务或者完全被破坏。除了加强日常的备份策略配置和备份数据制作外，还可以考虑一主多备、异地多活等技术保障数据库服务的快速恢复。

前两种故障，需要基于数据库管理系统的撤销（Undo）日志和重做（Redo）日志以及相应的恢复技术实现；后两种故障需要通过数据库的备份与恢复、数据的导出与导入、硬件容错技术等实现。

13.2 数据库的日志与恢复

13.2.1 数据库日志概述

数据库日志是数据库系统内一系列执行事件的记录，日志记录是数据库系统活动记录的最小单位，每一条记录反映了数据库系统的一次操作。它与数据库事务是密切相关的，日志记录不仅包含数据的操作，还包含数据库事务的开始（START）、结束（COMMIT 或者 ROLLBACK）的逻辑，数据库管理系统可以通过对日志的分析实现对事务的撤销（原子性）或重做（持久性）。

DBMS 将数据库日志写入磁盘，需要满足如下两个原则。

（1）预写日志（Write Ahead Logging，WAL）策略，即所有的数据变更（如插入、更新、删除操作）在从缓存写入磁盘之前，必须先将对应的日志记录写入磁盘中，在数据库的服务出现故障时，支持 DBMS 基于日志恢复数据库并且保持事务的原子性和持久性。

（2）日志写回磁盘的顺序必须和日志生成的时间相一致，即日志是顺序写回磁盘，这对于确保数据的完整性、维护事务的 ACID 特性以及提供可靠的故障恢复机制至关重要。

数据库的日志按照功能分为 Undo 日志和 Redo 日志，按照性质分为逻辑日志、物理日志以及物理逻辑日志。下面详细介绍 Undo 日志和 Redo 日志。

1. Undo 日志

Undo 日志记录了事务执行过程中每一步操作的逆操作，当数据库管理系统执行数据变更时会产生 Undo 日志。Undo 日志主要用于实现事务回滚，有两种应用场景。一种是发生事务或者系统故障时，对未完成的事务进行撤销；另一种是通过手动执行 ROLLBACK 撤销事务。

下面例子中以简化的日志记录格式展示 Undo 日志的产生过程，如图 13-3 所示。假设数据库中数据项 A 被更新前的值是 200，数据项 B 被更新前的值是 500，数据项 C 被更新前的值是 1000，执行事务 T_1 和 T_2，可看出 Undo 日志记录的是对应操作的逆操作。

事务的执行过程	数据项的变化	Undo 日志的产生
事务 T_1 START		"001，T_1 START"
Read(A)		
A=A−50=150		
Write(A)	A=150	"002，T_1, A, 200"
Read(B)		
B=B+50=550		
Write(B)	B=550	"003，T_1, B, 500"
事务 T_1 COMMIT		"004，T_1 COMMIT"
事务 T_2 START		"005，T_2 START"
Read(C)		
C=C+100=1100		
Write(C)	C=1100	"006，T_2, C, 1000"
事务 T_2 COMMIT		"007，T_2 COMMIT"

图 13-3　Undo 日志的产生示例

2. Redo 日志

Redo 日志用于记录事务对数据库所做的修改，当数据库管理系统执行数据变更时会产生 Redo 日志，与 Undo 日志不同的是，Redo 日志记录数据项修改以后的值。如果系统发生故障，数据库可以从 Redo 日志中重做这些操作，从而保证事务的持久性。Redo 日志主要用于发生系统故障时，当数据库重启时，可以对已提交但还未写回磁盘的事务进行重做，从而保证事务的持久性。

下面例子中以简化的日志记录格式展示 Redo 日志的产生过程，如图 13-4 所示，可看出，执行事务 T_1 和 T_2，Redo 日志记录的是数据项修改后的值。

13.2.2　基于 Undo 和 Redo 日志的恢复

事务 T 在正常执行和结束时，按照如下步骤生成日志。

（1）开始事务：向缓存日志中写入事务开始记录"LSN_n，T START"。

（2）修改数据项 X：向缓存日志中写入日志记录"LSN_{n+1}，T, X, old-value, new-value"，修改过的数据脏页允许刷盘。

（3）提交事务：向缓存日志中写入事务提交记录"LSN_{n+2}，T COMMIT"，并且将日志刷盘，数据脏页可不刷盘。

事务的执行过程	数据项的变化	Redo 日志的产生
事务 T_1 START		"001，T_1 START"
Read(A)		
$A=A-50=150$		
Write(A)	$A=150$	"002，T_1, A, 150"
Read(B)		
$B=B+50=550$		
Write(B)	$B=550$	"003，T_1, B, 550"
事务 T_1 COMMIT		"004，T_1 COMMIT"
事务 T_2 START		"005，T_2 START"
Read(C)		
$C=C+100=1100$		
Write(C)	$C=1100$	"006，T_2, C, 1100"
事务 T_2 COMMIT		"007，T_2 COMMIT"

图 13-4　Redo 日志的产生示例

（4）撤销事务：写入事务中止记录"LSN_{n+m}，T ROLLBACK"，并且将日志刷盘，数据脏页可不刷盘。

（5）页面淘汰（即数据库缓冲中不再使用的页面被写回磁盘）时，此页面关联事务的 Undo 和 Redo 日志在页面淘汰之前必须已经刷盘。

当数据库系统发生故障后，再次启动恢复服务时，基于 Undo 和 Redo 日志的恢复子系统会经过分析、重做、撤销三个阶段。

1. 分析阶段

数据库管理系统从日志起始位置开始扫描整个日志，找出需要重做和需要回滚的事务。

（1）在扫描过程中，存在某个事务的"T START"日志记录，但没有对应的"T COMMIT"日志记录，则该事务在数据库发生故障时未成功结束，该事务需要被撤销，标注撤销。

（2）在扫描过程中，存在某个事务的"T COMMIT"日志记录，则该事务在数据库发生故障时已经完成，该事务需要被重做，标注重做。

2. 重做已提交的事务

数据库管理系统按时间顺序正向扫描日志，如果扫描到一条标注重做的日志记录，恢复子系统根据这条日志记录重做对应的事务，即将重做日志中更新后的值赋给数据项。

3. 撤销未提交的事务

数据库管理系统从日志末尾反向扫描日志，如果扫描到一条标注撤销的日志记录，则对应的事务未成功结束，恢复子系统撤销该事务，并且自动写入"T ROLLBACK"，标识该事务已经完成撤销。

如果在恢复过程中，数据库系统再次发生故障，由于 Undo 日志是逻辑日志，不能多次执行一条 Undo 日志，该如何解决呢？在撤销事务的过程中，使用补偿日志记录

(Compensation Log Record，CLR)标记某条 Undo 日志是否被执行过。每次执行 Undo 日志记录后，数据库管理系统向日志中写入一条 CLR，记录撤销的动作，再次执行恢复操作时，先读取 CLR，保证 Undo 日志不被重复执行。

13.2.3　基于检查点的恢复

由于基于 Undo 和 Redo 日志的恢复是全量扫描日志表，随着数据库的日志不断地增长，恢复时间也会变得越来越长，甚至不可接受。因此，数据库管理系统设计了一种检查点(Checkpoint)机制，它通过在数据库运行过程中周期性地将内存中的脏页(已修改但尚未写入磁盘的页)刷新到磁盘上，从而减少在系统崩溃后需要从日志中恢复的数据量。检查点机制是数据库系统中用于提高恢复效率和确保数据一致性的一种重要技术。它通过在数据库运行过程中周期性地将内存中的脏页写回到磁盘上，从而减少在系统崩溃后需要从日志中恢复的数据量。

数据库中的检查点机制主要分为以下几种类型。

1. 完全检查点(Full Checkpoint)

完全检查点是将缓冲区中的所有脏页一次性写回磁盘，并更新数据文件头和控制文件中的检查点信息。相应的操作过程如下。

(1) 停止接受新的事务或修改请求，确保没有新的脏页产生。

(2) 将当前所有未持久化的脏页写回磁盘。

(3) 记录新的检查点位置。

(4) 恢复接受新的事务或修改请求，恢复数据库的正常服务。

完全检查点通常发生在数据库正常关闭、手动执行 CHECKPOINT 命令、日志切换或开始数据库热备份时。

2. 增量检查点(Incremental Checkpoint)

增量检查点是一种更为频繁发生的检查点，它按照一定的时间间隔或条件触发，只将一部分脏页写入磁盘。增量检查点可以减少恢复时间，因为它持续推进检查点位置，从而减少需要分析的日志量。

3. 自动检查点(Automatic Checkpoint)

自动检查点由数据库管理系统周期性地自动执行，以满足特定的恢复时间目标。这种检查点的频率可能根据数据库的活动和配置参数动态调整。

4. 手动检查点(Manual Checkpoint)

手动检查点是由数据库管理员通过执行 CHECKPOINT 命令或等效的操作显式触发，允许管理员控制检查点的执行时机。

不同的数据库管理系统也会有其他类型的检查点机制。例如，应用于很多商业数据库系统的 ARIES 算法，就采用了模糊检查点和增量检查点方法解决故障恢复执行时间过长的问题，感兴趣的读者可进一步查阅 ARIES 算法的资料学习。

13.3　数据库的备份与恢复

在 13.1.2 节中介绍了数据库中常见的故障类型，有事务故障、系统故障、介质故障以及其他因操作错误或意外破坏导致的灾难性故障。13.2 节介绍的基于数据库日志的恢复技术可以应对事务故障和系统故障。在介质故障中,磁盘介质发生故障时,磁盘上的日志文件可能已经损坏;在数据库服务的灾难性故障中,数据库服务可能短期甚至根本无法恢复服务。因此,针对后两种故障,通常会基于数据库的备份技术备份数据库或者创建数据副本,当发生数据损坏时,可以使用备份的副本恢复数据库或数据。对于数据库的灾难性故障的快速恢复,数据库部署上可以考虑一主多备、异地容灾等。

13.3.1 数据库备份

数据库备份是周期性将数据库中的数据全量或差量地复制,通常会存储到非本地的物理磁盘介质上。为了确保数据库数据的安全和可用性,数据库管理员需要根据实际应用条件和数据安全性级别为数据库制定一个合适的备份策略,一旦数据遭到损坏,能在尽可能短的时间内,将数据库恢复到故障前的最近的正常状态。

在制定备份策略前,先了解数据库中常见的备份类型。

1. 物理备份与逻辑备份

(1)物理备份是指将数据库文件和日志文件复制到另一个存储位置。物理备份有冷备份、热备份、温备份。

冷备份需要暂停数据库服务来进行备份。冷备份的备份过程简单,不会受到数据库操作的影响,但由于需要停止数据库服务,会影响业务的连续性。

热备份是数据库在运行时进行的备份,依赖于数据库的日志文件,通常需要数据库管理系统支持在线备份功能。

温备份通常在数据库的写入操作被部分暂停或限制的状态下进行备份操作,以减少对生产环境的影响。这种方法介于冷备份和热备份之间,既减少了对业务的影响,又保证了数据的一致性。

不同的数据库管理系统提供不同的物理备份工具,也可以使用专门的备份工具(例如 Percona XtraBackup)进行物理备份。

(2)逻辑备份是通过专用工具将数据库中的数据和结构导出,通常为 SQL 语句或其他格式。

逻辑备份不依赖于数据库的物理存储结构,因此具有很好的可移植性,适用于数据库迁移到不同的平台或环境。

不同的数据库管理系统提供不同的逻辑备份工具,例如 MySQL 数据库的 mysqldump、GaussDB 的 gs_dump 等。

2. 实例级备份与表级备份

(1)实例级备份是指对数据库系统中所有数据库和系统对象进行的备份。实例级备份是数据库灾难恢复计划的重要组成部分,它确保了在发生硬件故障、数据丢失或其他灾难情况时,能够恢复整个数据库实例。

(2)表级备份是指仅对数据库中的单个表或一组表进行的备份,适用于只对数据库中部分数据进行保护的场景,可以减少备份所需的存储空间和时间,同时提高备份的灵活性。

3. 全量备份、差量备份、增量备份

(1)全量备份是对数据库的全量数据进行备份,耗时与数据库的数据总量成正比,使用全量备份即可恢复出备份时刻的完整的数据库数据。

(2)差量备份是备份上一次全量备份后的增量修改数据,耗时与增量数据成正比,恢复

时必须和全量备份数据一起才能恢复出完整的数据库数据。

（3）增量备份是备份上一次备份后增量修改的数据,上一次备份可以是全量备份、差异备份或者增量备份,恢复时必须和全量备份、差量备份或增量备份一起恢复出完整的数据库数据。

图 13-5 所示是数据库的全量、差量、增量备份的区别示意。在图 13-5(a)的全量备份中,随着时间的推移和数据库中数量的增长,全量备份的文件会越来越大。在图 13-5(b)的差量备份中,每一次差量备份的基准都是最近一次的全量备份。在图 13-5(c)的增量备份中,每一次增量备份的基准是最近的一次备份,最近的一次备份可能是全量备份、差量备份或者增量备份。

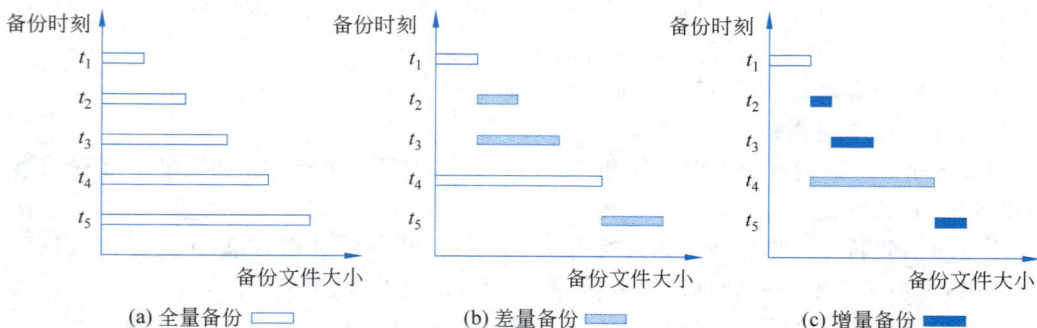

图 13-5　数据库的全量、差量、增量备份示意

4. 日志归档与 PITR

基于时间点恢复(Point-In-Time Recovery,PITR),是一种允许将数据库恢复到特定时间点的技术。PITR 依赖于基本备份和连续归档日志,基本备份需要至少包括一个全量备份,增量备份为可选,连续归档日志主要是重做日志的归档。

PITR 支持将数据库恢复到指定时间点。从指定时间点最近的一次全量备份以及差量备份或增量备份,将备份文件恢复到数据库中,然后按照时间顺序依次应用自恢复的最近备份时间以后的重做日志文件,重做日志记录对应的事务,直到达到指定的恢复时间点。

5. 自动备份与手工备份

（1）自动备份需要数据库管理员配置数据库的备份策略,数据库管理系统根据备份策略自动备份。

（2）手动备份是指由数据库管理员根据需要,通过执行备份命令来完成备份的过程。

数据库管理员在制定数据库的备份策略时,至少考虑但不限于以下几个因素。

（1）备份周期:是按小时、天、周还是月进行备份?

（2）启动备份的时间,由于备份对数据库的性能有影响,需要确保尽量减少对数据库正常的数据查询和操作的影响,可以选择静态备份。如果业务是 24 小时不停机,可以选择在业务量低谷时段启动备份。

（3）如何合理使用全量备份和增量备份? 首先需要确保能恢复数据的完整性,其次还需要考虑备份文件的大小和恢复时间的长短。

（4）除了自动备份,是否还需要定期的手动备份?

（5）备份存放的地方是否安全?

（6）是否需要定期演练数据库的恢复?

在完成数据库的备份策略制定后,需要使用数据库管理系统提供的备份工具进行备份,不同的数据库管理系统提供不同的工具集。

13.3.2 数据库恢复

除了 13.2 节中的通过日志的恢复技术,本节主要介绍基于备份数据的恢复技术。当数据库数据损坏或丢失时,可以通过数据库的备份数据将数据库恢复到最近的一次正常状态。通过全量备份、增量备份、日志归档结合的方式恢复数据库,可以将数据库恢复到故障前最近的正确状态。

在图 13-6 中,对数据库做了一次全量备份和两次增量备份,并且期间做了多次日志备份。下面分析故障发生点①、②、③、④时的恢复策略。

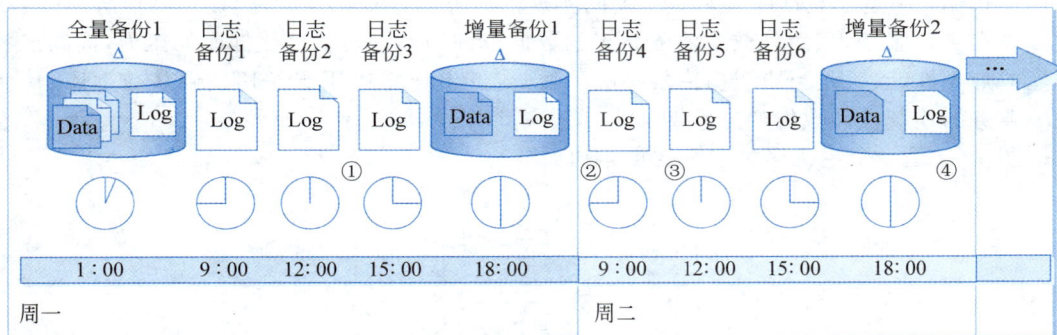

图 13-6　数据库恢复示意

(1) 故障点①的恢复策略:使用全量备份 1、日志备份 1、日志备份 2 恢复数据库。
(2) 故障点②的恢复策略:使用全量备份 1、增量备份 1 恢复数据库。
(3) 故障点③的恢复策略:使用全量备份 1、增量备份 1、日志备份 4 恢复数据库。
(4) 故障点④的恢复策略:使用全量备份 1、增量备份 1、增量备份 2 恢复数据库。

云数据库 GaussDB 是通过全量备份和增量备份结合的方式恢复数据库。使用备份恢复列表的自动或者手动备份文件,可以将数据库全量恢复到备份时间点;使用云数据库 GaussDB 的"恢复到指定时间点"功能,可以使用全量备份和增量备份文件,将数据库恢复到增量备份的时间点。

13.3.3 数据库的容灾技术

通过备份文件恢复数据库服务,恢复的时间可能会比较长,取决于备份数据量的大小。但在实际的业务系统中,用户对数据库服务的连续性具有较高的要求,通常用恢复点目标(Recovery Point Objective,RPO)和恢复时间目标(Recovery Time Objective,RTO)两个指标衡量信息系统的容灾性能。

RPO:业务系统在系统故障后所能容忍的数据丢失量。

RTO:业务系统所能容忍的业务停止服务的最长时间。

例如,RTO 为 4 个 9,即 RTO=99.99%,表示一年中数据库服务有 99.99%的时间是可用的,则不可用时间为 $365×24×60×(1-99.99\%)=52.56$ 分钟。RTO 为 4 个 9 的数据库系统具有故障自动恢复能力的可用性,可以满足大部分业务系统的应用要求。但有些领域要求数据库服务有极高的可用性,需要 RTO 达到 5 个 9,即全年宕机时间不能超过 5 分钟。

当 RTO 达到 99.99％或者 99.999％时，通常也要求 RPO＝0。在国家标准《信息安全技术信息系统灾难恢复规范》(GB/T 20988—2007)中定义了信息系统灾难恢复的六个等级以及相应的 RPO 和 RTO 的要求，感兴趣的读者可以进一步查阅。

在数据库发生故障时，不能单纯依赖备份文件恢复数据库服务，还需设计数据库的多机容灾部署，以尽可能减少数据库服务的停机时间。此外，当数据库发生因人为或者自然因素导致的灾难性故障时，也需要依赖多机容灾部署快速地恢复服务。常见的多机容灾部署方案有主备容灾方案、两地三中心容灾方案和异地多活容灾方案。

1. 主备容灾方案

数据库的主备容灾是应用系统中常见的保障数据库服务连续性和高可用性的方案。

通常除了部署主数据库外，还会部署与主数据库数据同步的从数据库。从数据库主要有两个作用：一是在数据库正常服务期间实现读写分离，使用主数据库提供写服务，使用从数据库提供读服务，从而分散了业务系统的数据查询和操作请求对数据库的压力，提高了数据库的处理性能；二是当主数据库发生故障时，能够迅速将应用服务切换到从数据库，从而保障业务的连续性和数据的完整性。

图 13-7 是一个主备容灾方案的示意图。

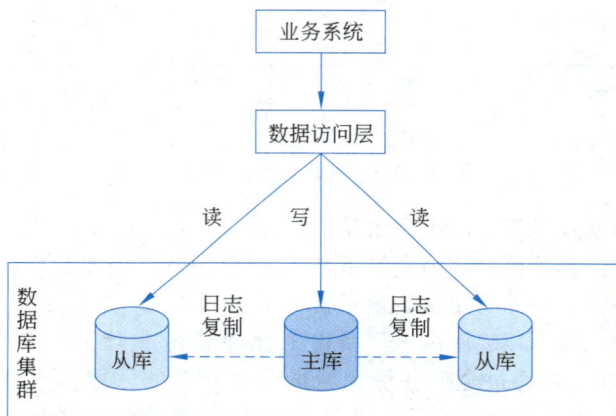

图 13-7　主备容灾方案

在数据库的主备容灾方案中，关键的技术是主数据库与从数据库之间的数据同步和数据一致性。在主从库的数据同步中，常见的一种技术是基于日志的数据复制技术。主数据库监听日志的变更并且将变更的日志记录发送给从数据库，从数据库收到这些日志内容后，通过重做日志实现与主库的数据同步。

在主从数据同步中，有同步复制和异步复制。同步复制要求主数据库必须等待所有从数据库都确认接收到日志后才能提交事务，这种复制模式确保了数据一致性，但会显著降低系统的性能；异步复制模式下，主数据库无须等待从数据库确认即可提交事务，如果从数据库无法及时处理或者出现网络问题，从数据库可能会丢失部分数据，导致主数据库和从数据库的数据不一致。

2. 两地三中心容灾方案

两地三中心容灾方案中的两地是指同城和异地，三中心是指生产中心、同城灾备中心、异地灾备中心。

生产中心和同城灾备中心位于同城或邻近城市，具备基本等同的业务处理能力并通过高速链路实时同步数据,日常情况下可同时分担处理业务请求,有一个同城中心发生故障时可切换运行;异地灾备中心定期从生产数据中心或同城灾备中心接收数据备份,在灾难(特别是自然灾害对数据中心的破坏)发生时,可在基本不丢失数据的情况下进行切换,保持数据库服务的连续性。两地三中心的容灾方案侧重于同城的高可用性和异地的灾备能力,相应的建设成本也高于主备容灾方案。

图 13-8 是一个两地三中心容灾方案的示意图。为了保证数据的一致性,生产中心的数据通常同步复制给同城灾备中心的数据库(日志复制①),异地灾备中心通过异步复制从生产中心(日志复制④)或者同城灾备中心(日志复制⑤)复制数据,考虑到数据同步对数据库性能的影响,可以选择从同城灾备中心复制数据到异地灾备中心。在数据库服务没有发生故障时,生产中心和同城灾备中心可以同时提供服务,生产中心提供读写服务,同城灾备中心提供读服务并且可以将接收到的写请求转发到生产中心处理。当生产中心的数据库服务发生故障时,可切换到同城灾备中心提供读写服务;如果生产中心和同城灾备中心的数据库服务都出现故障,这种情况经常会出现在重大自然灾害对数据中心的破坏,这时可切换到异地灾备中心,从而保证数据库服务的连续性。

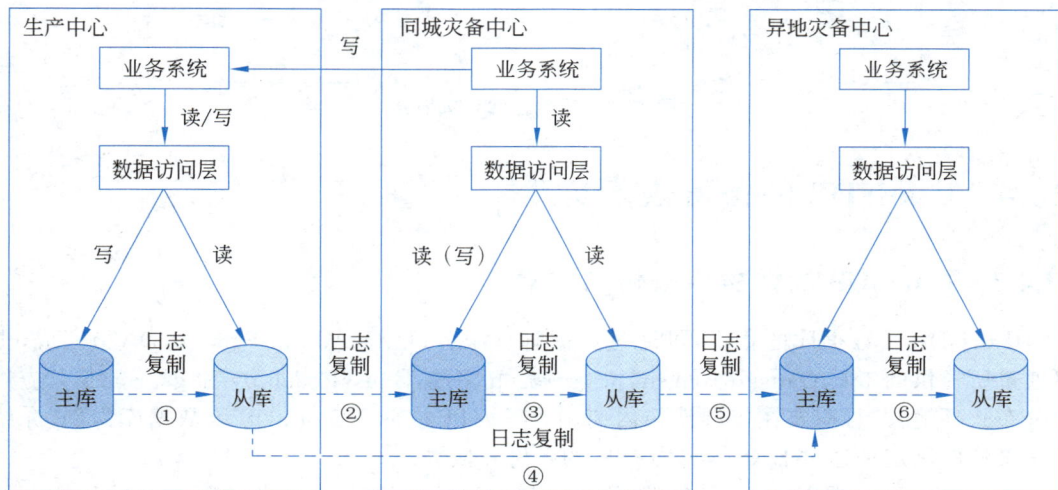

图 13-8　两地三中心容灾方案

3. 异地多活容灾方案

异地多活容灾方案中的多活是指有多个数据中心处于运行中,并且各数据中心的数据和应用相同,异地是指各个数据中心位于不同的地理位置。

异地多活容灾方案中的各个数据中心都同时对外提供服务,能够提供跨中心业务负载均衡运行能力,充分利用资源,避免了因数据中心的闲置造成的浪费;同时在某个数据中心的数据库服务发生故障时,可以快速将业务请求切换到其他数据中心,从而实现了持续的应用可用性和灾难备份能力,如图 13-9 所示,多个数据中心之间的数据同步是双向同步。而在两地三中心容灾方案中,异地灾备数据中心处在不工作状态,只有当灾难发生时,生产数据中心和同城灾备中心的服务出现故障时,异地灾备中心才启动服务,造成资源的浪费。当然,异地多活灾备方案实现的技术复杂度高,成本高,在实际应用中需要权衡可用性和成本,综合考虑选取适合的容灾方案。

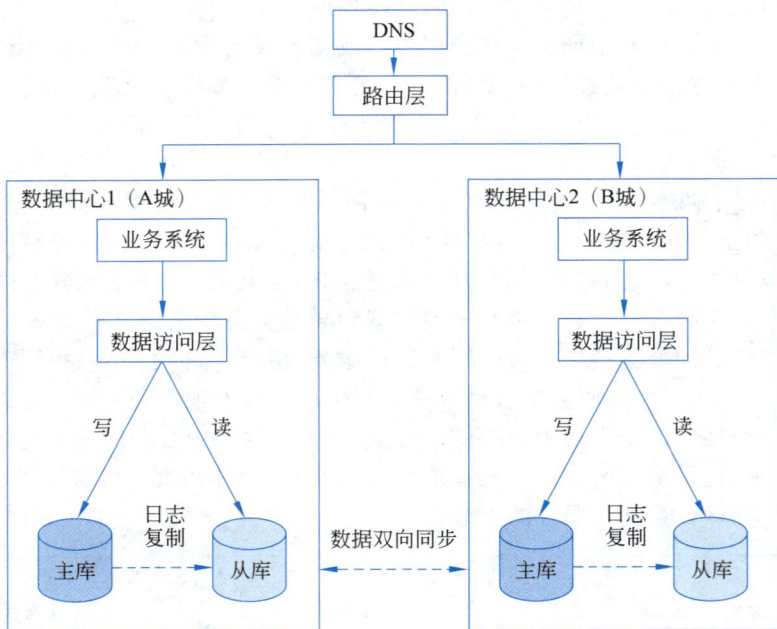

图 13-9　异地多活容灾方案

13.4　GaussDB 的备份恢复实践

13.4.1　GaussDB 的数据库备份与恢复

GaussDB 云数据库的备份，可通过数据管理服务（Data Admin Service，DAS）完成，也可通过所提供的工具 GaussRoach.py 和 gs_roach 完成，GaussRoach.py 和 gs_roach 只应用于分布式环境，并且需要在集群沙箱内使用。下面以主备版 GaussDB 云数据库为例，介绍备份策略的制定和通过 DAS 操作数据库的备份和恢复。

GaussDB 云数据库提供了实例级的自动备份和手动备份，备份是以压缩包的形式存储在对象存储服务（Object Storage Service，OBS）上。GaussDB 支持全量备份和增量备份，单副本实例 3.0 以下版本不支持设置实例级自动备份策略。

1. 实例级自动备份

1）修改自动备份策略

（1）通过华为云的首页登录云数据库 GaussDB 的控制台，如图 13-10 和图 13-11 所示。

（2）在"实例管理"页面选择指定的实例，单击实例名称，如图 13-12 所示。

（3）在实例详情页选择"备份恢复"选项，单击"修改备份策略"按钮，如图 13-13 所示。

（4）修改备份策略中分为全量备份策略和差量备份策略，如图 13-14 和图 13-15 所示。

GaussDB 默认开启的自动备份策略设置如下。

保留天数：默认为 7 天。

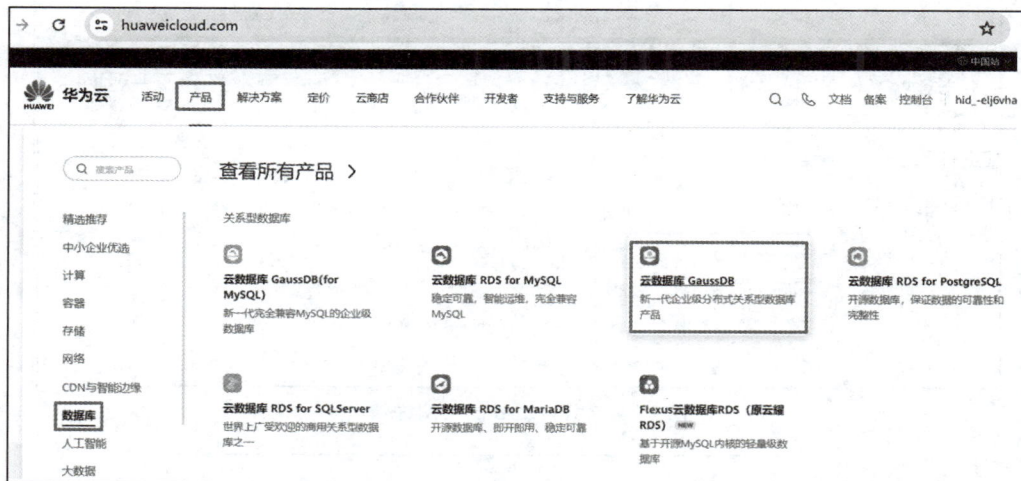

图 13-10　登录 GaussDB 的控制台（1）

图 13-11　登录 GaussDB 的控制台（2）

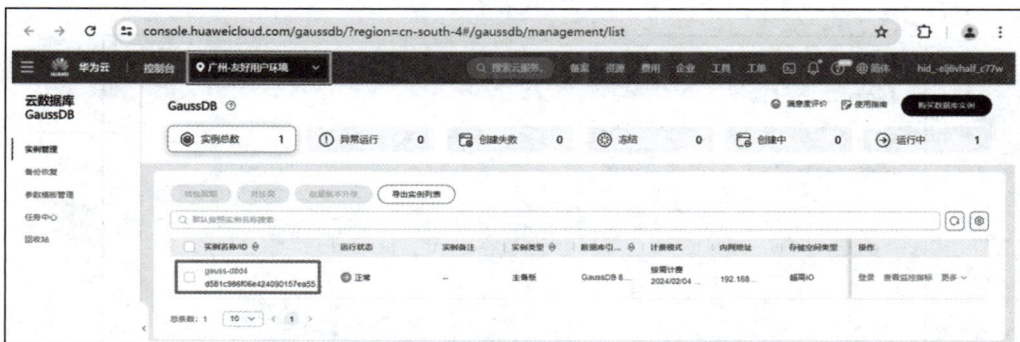

图 13-12　GaussDB 的"实例管理"页面

数据库原理及应用（微课视频版）

图 13-13　GaussDB 的实例详情页

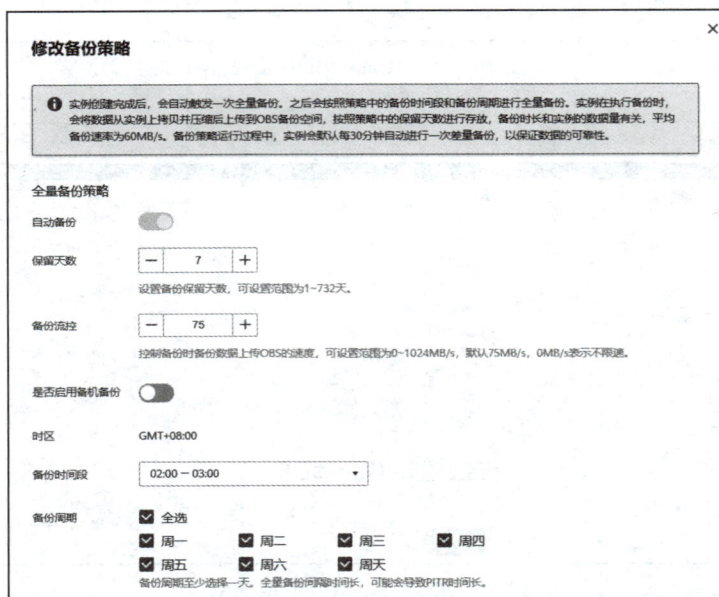

图 13-14　GaussDB 的全量备份策略

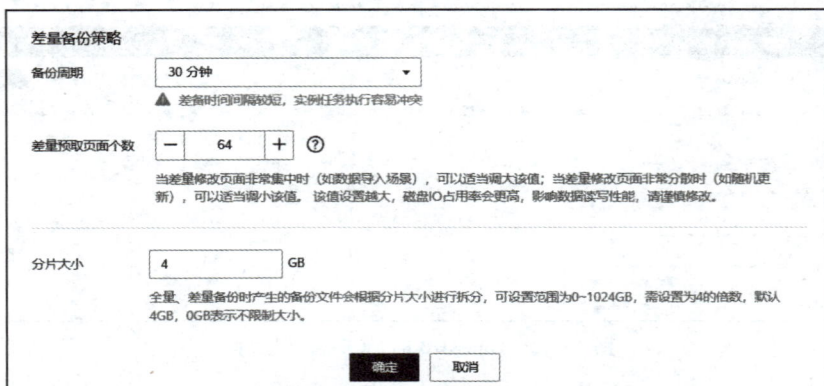

图 13-15　GaussDB 的差量备份策略

备份流控：默认为 75MB/s。

是否启用备机备份：默认开启。

备份时间段：默认为 24 小时中，间隔一小时的随机的一个时间段，例如 01：00～02：00、12：00～13：00 等。备份时间段以 UTC 时区保存。如果遇到夏令时或冬令时切换，备份时间段会因时区变化而改变。

备份周期：默认周一至周天。

差量备份策略如下。

备份周期：默认每 30 分钟保存一次。

差量预取页面个数：默认为 64。

分片大小：默认为 4GB。

2）自动备份列表

用户设置备份策略后，GaussDB 云数据库按照备份策略自动完成数据库的备份。在实例的备份页面可以查看备份文件列表，如图 13-16 所示。

图 13-16　GaussDB 的备份文件列表

2. 实例级手动备份

（1）在"备份恢复"页面，单击"创建备份"按钮，进入实例级手动备份页面，如图 13-17 所示。

图 13-17　GaussDB 的实例级手动备份

（2）单击"创建备份"按钮，输入备份名称后，单击"确定"按钮，手动备份立即启动执行，执行后在备份恢复列表可以查询到手动备份记录，如图 13-18 所示。

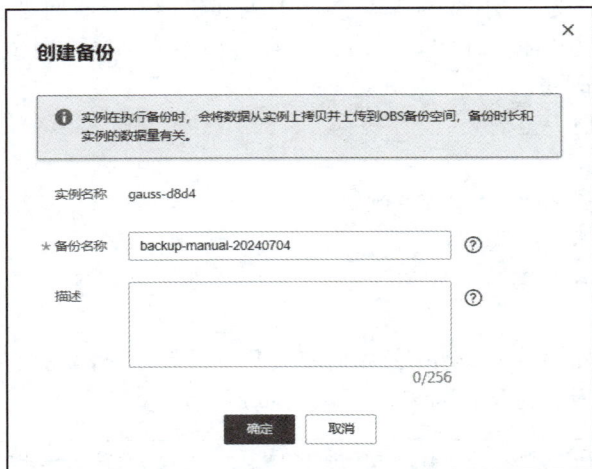

图 13-18 "创建备份"对话框

此外，对于备份文件列表，云数据库 GaussDB 的控制台提供了停止备份、导出备份的功能。对于手动备份，可以删除备份文件，如图 13-19 所示。

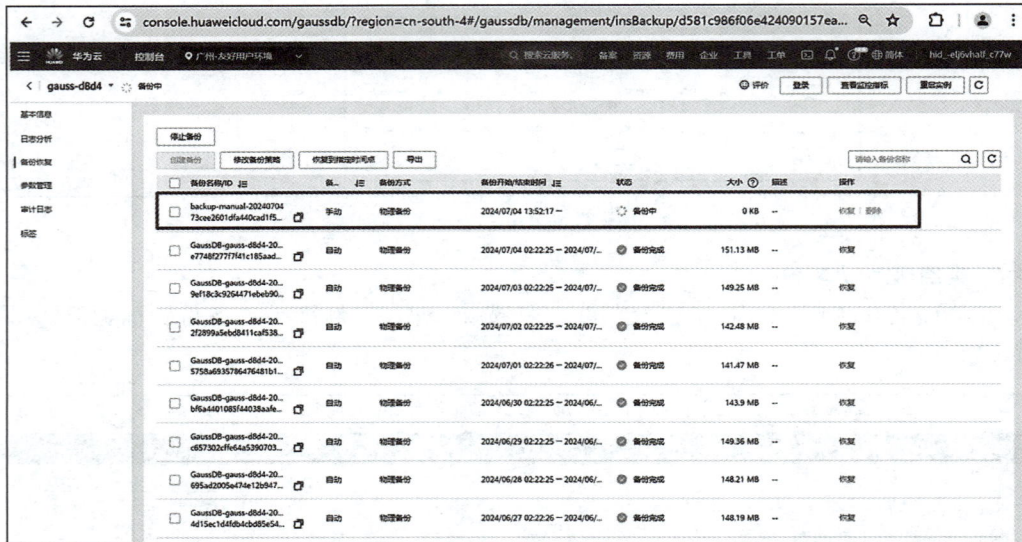

图 13-19 备份文件相关操作

3. 通过备份文件恢复实例

（1）在备份恢复文件列表，选择要用于恢复的备份文件，单击"恢复"按钮，如图 13-20 所示。

（2）在"恢复备份"对话框中可以选择恢复到"新实例"、"当前实例"或"已有实例"。恢复到"当前实例"和"已有实例"会覆盖目标实例中的全部数据，需要慎重操作，如图 13-21 所示。

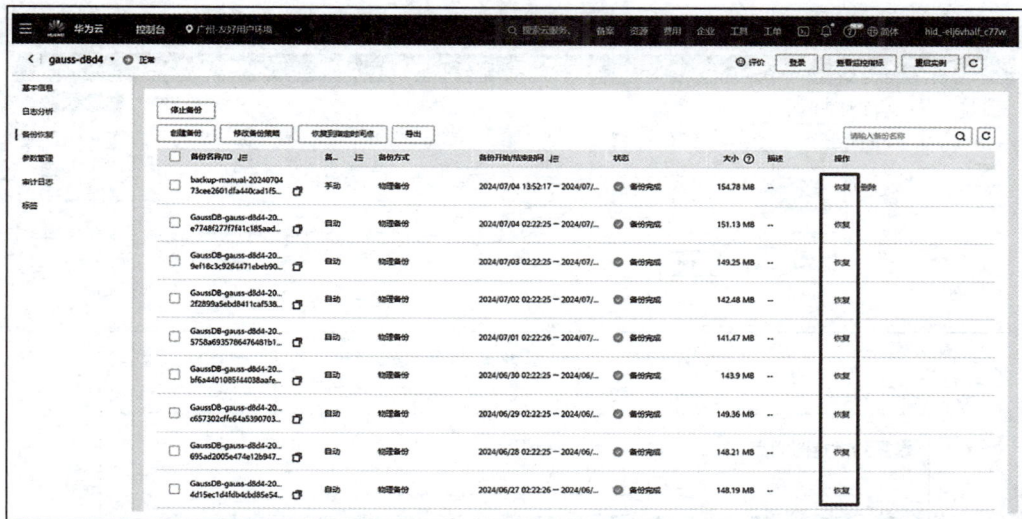

图 13-20　GaussDB 的备份恢复文件列表

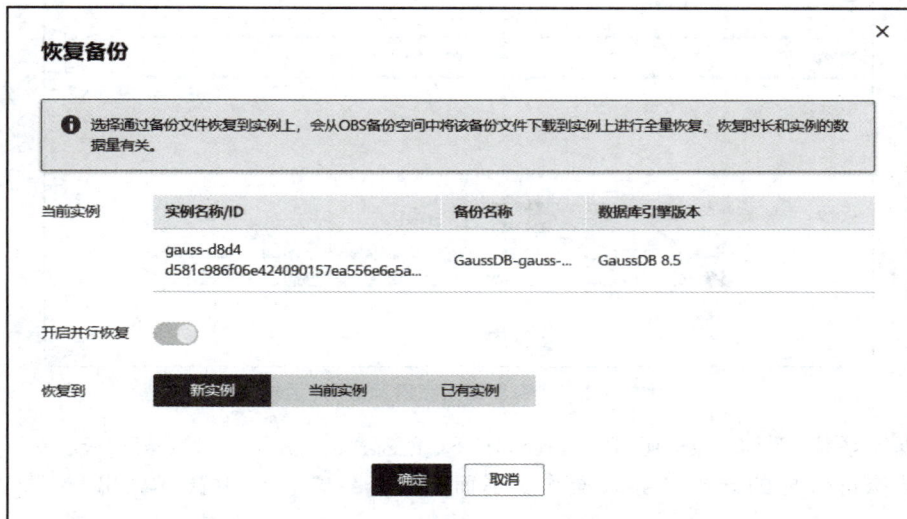

图 13-21　"恢复备份"对话框

（3）在"实例管理"列表，可以查询到处于恢复中的实例，如图 13-22 所示。通常，实例恢复的时间与数据库中的数据量成正比。

4. 恢复实例到指定时间点

通过云数据库 GaussDB 的"恢复到指定时间点"功能，可以在全量备份恢复的基础上，使用差量备份恢复到指定的时间区间，如图 13-23 所示。

13.4.2　GaussDB 的数据库导出与导入

数据库的导出导入是数据库管理中常见的操作，通常用于数据库的初始化、备份与恢复、数据迁移等。例如，当应用服务首次部署上线时，通常需要向数据库中的部分表导入初始化数据；当需要对数据做离线分析或者数据备份迁移时，需要将数据库中的数据导出。不

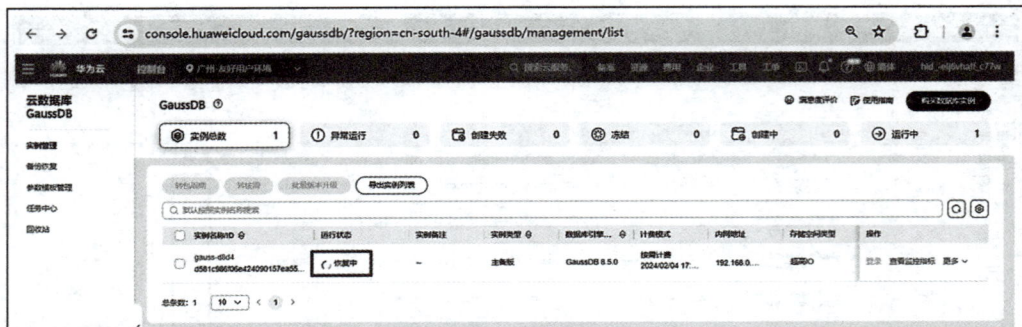

图 13-22　GaussDB 实例恢复过程中

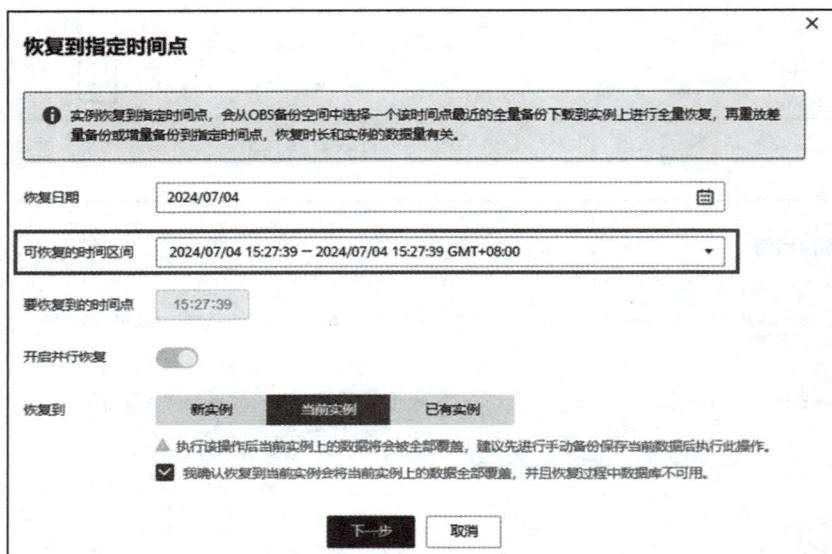

图 13-23　"恢复到指定时间点"对话框

同的数据库系统（例如 MySQL、PostgreSQL、SQL Server、Oracle、GaussDB 等）有不同的工具和方法执行数据的导出与导入操作。下面首先介绍数据库中数据导出与导入的一般步骤。

1）导出数据

（1）确定导出类型：全库导出或部分导出（特定表或数据）。

（2）使用数据库工具或命令：大多数数据库提供了命令行工具或可视化界面来执行导出操作。例如：

① MySQL：mysqldump 工具。

② PostgreSQL：pg_dump 工具。

③ SQL Server：BACKUP DATABASE 工具。

④ Oracle：exp 或 Data Pump 工具。

⑤ GaussDB：gs_dump 工具或可视化界面。

（3）执行导出：根据需要选择导出选项，导出文件的格式可以是纯文本格式、压缩格式、自定义归档格式等。

（4）验证导出文件：确保导出的数据完整且未损坏。

2）导入数据

（1）准备环境：配置好目标数据库环境，并且与源数据库兼容。

（2）使用导入工具或命令：与导出类似，数据库提供了相应的工具或可视化界面来执行导入操作。例如：

① MySQL：mysql 工具。

② PostgreSQL：pg_restore 或 psql 工具。

③ SQL Server：RESTORE DATABASE 工具。

④ Oracle：imp 或 Data Pump 工具。

⑤ GaussDB：gs_restore 工具或可视化界面。

（3）执行导入：使用适当的命令和选项将数据导入到目标数据库。

（4）验证数据：确保数据正确导入，没有丢失或错误。

GaussDB 提供了可视化界面和导出导入工具两种方式实现数据的导出与导入操作。

数据管理服务 DAS 提供云数据库 GaussDB 的数据导出导入的可视化操作功能。

GaussDB 的导出工具 gs_dump 和导入工具 gs_restore 可通过命令行方式实现数据导出导入，目前支持在欧拉（Euler）操作系统上使用。在使用这两个工具之前，需要做一些环境准备工作。

（1）准备弹性云服务器，需选择 Euler 操作系统，并且将弹性云服务器与数据库服务器放在同一个虚拟网内或者绑定弹性公网 IP。

（2）在华为云的首页搜索"通过 gsql 连接实例"，根据参考文档安装 gsql 工具，gsql 工具帮助用户在命令行下连接数据库，安装完成后会在 bin 目录下找到 gs_dump 和 gs_restore 工具。

1. 数据导出操作

GaussDB 数据库中通过可视化界面导出数据的操作，可扫描右侧二维码获取。下面主要介绍通过 gs_dump 工具导出数据的操作。

gs_dump 工具用于导出单个数据库及其对象。下面介绍 gs_dump 工具的常用参数，更详细的参数介绍请读者进一步查阅 GaussDB 的使用手册。

1）连接参数

（1）-h hostname：指定数据库的主机名，可以是 IP 地址或者环境变量配置的主机名。如果弹性云服务和云数据库服务在同一个虚拟云内，可以使用内网 IP，否则需要使用云数据库服务绑定的弹性公网 IP 访问。

（2）-p port：指定数据库服务的端口。

（3）-U username：指定访问数据库服务的用户名。注意，参数 U 是大写。

2）通用参数

（1）-F format：指定导出文件的输出格式，有四个选项 p|c|d|t。

① p|plain：输出一个文本 SQL 脚本文件（默认格式）。

② c|custom：输出一个自定义格式的归档，并且以目录形式输出，作为 gs_restore 的输入信息。该格式是最灵活的输出格式，因为能手动选择，而且能在恢复过程中将归档项重新排序。该格式默认状态下会被压缩。

③ d|directory：创建一个目录，该目录包含两类文件，一类是目录文件，另一类是每个

表和 blob 对象对应的数据文件。

④ t|tar：输出一个 tar 格式的归档文件，作为 gs_restore 的输入信息。tar 格式与目录格式兼容，tar 格式归档形式在提取过程中会生成一个有效的目录格式归档形式。但是，tar 格式不支持压缩且对于单独表有 8GB 的大小限制。此外，表数据项的相应排序在恢复过程中不能更改。

（2）-f filename：将导出文件存储到指定的文件或目录。如果省略该参数，则使用标准输出。如果输出格式为(-F c/-F d/-F t)，必须指定-f 参数。如果-f 的参数值含有目录，要求目录对当前用户具有读写权限。

（3）-n schema：备份模式及其所包含的对象。如果是备份一个模式，用"-n schema_name"；如果是备份多个模式，需要用-n 指出每个模式的名称，例如，用"-n shcema1_name -n schema2_name"备份两个模式。

（4）-t tablename：备份表、视图、序列或外表，在 tablename 中可以使用通配符，tablename 包含通配符时需要加双引号。如果是备份一个表对象，用"-t table_name"；如果是备份多个表对象，需要用-t 指出每个表的名称，例如，用"-t table1_name -t table2_name"。

① -a：只导出数据库中的数据，不含对象的定义。

② -s：只导出数据库中所有对象的定义。

例 13.1　使用 gs_dump 工具导出在线购物系统的数据库 OnlineShopDB。

假设 gs_dump 工具的安装目录在/tmp/tools/bin/下，备份文件目录在/tmp/backup/下，相应的命令如下：

```
/tmp/tools/bin/gs_dump - h 113.45.214.5 - p 8000 - U root OnlineShopDB - f /tmp/
backup/OnlineShopDB_backup_20240730.sql - F p
```

其中，113.45.214.5 是数据库服务的弹性公网 IP 地址，8000 是数据库服务的端口号，访问数据库的用户名是 root，数据库名是 OnlineShopDB，导出文件是/tmp/backup/OnlineShopDB_backup_20240730.sql，导出文件的格式是 SQL 脚本文件。

如果导出的文件是自定义格式的归档，参数-F 的值是 c，导出文件的后缀是.dmp，相应的命令如下：

```
/tmp/tools/bin/gs_dump - h 113.45.214.5 - p 8000 - U root OnlineShopDB - f /tmp/
backup/OnlineShopDB_backup_20240730.dmp - F c
```

如果导出的文件是目录，参数-F 的值是 d，导出文件名没有后缀，相应的命令如下：

```
/tmp/tools/bin/gs_dump - h 113.45.214.5 - p 8000 - U root OnlineShopDB - f /tmp/
backup/OnlineShopDB_backup_20240730 - F d
```

如果导出的文件是 tar 格式，参数-F 的值是 t，导出文件的后缀是.tar，相应的命令如下：

```
/tmp/tools/bin/gs_dump - h 113.45.214.5 - p 8000 - U root OnlineShopDB - f /tmp/
backup/OnlineShopDB_backup_20240730.tar - F t
```

例 13.2　使用 gs_dump 工具分别导出数据库 OnlineShopDB 中的数据（不含定义）和所有对象的定义。

假设 gs_dump 工具的安装目录在/tmp/tools/bin/下，备份文件目录在/tmp/backup/下。

只导出数据时需要加参数-a，相应的命令如下：

```
/tmp/tools/bin/gs_dump - h 113.45.214.5 - p 8000 - U root OnlineShopDB - f /tmp/
backup/OnlineShopDB_backup_data_20240730.sql -F p -a
```

打开 OnlineShopDB_backup_data_20240730.sql 文件,可以看到表中数据。

只导出所有对象的定义时需要加参数-s,相应的命令如下:

```
/tmp/tools/bin/gs_dump - h 113.45.214.5 - p 8000 - U root OnlineShopDB - f /tmp/
backup/OnlineShopDB_backup_structure_20240730.sql -F p -s
```

打开 OnlineShopDB_backup_structure_20240730.sql 文件,可以看到只有对象的定义语句。

例 13.3 使用 gs_dump 工具导出数据库 OnlineShopDB 中的架构 public,并且导出表 users 和 address。

假设 gs_dump 工具的安装目录在/tmp/tools/bin/下,备份文件目录在/tmp/backup/下。

导出架构 OnlineShop 需要使用参数-n,相应的命令如下:

```
/tmp/tools/bin/gs_dump - h 113.45.214.5 - p 8000 - U root OnlineShopDB - f /tmp/
backup/OnlineShopDB_backup_schema_20240730.sql -F p -n public
```

导出表 users 和 address 需要使用参数-t,相应的命令如下:

```
/tmp/tools/bin/gs_dump - h 113.45.214.5 - p 8000 - U root OnlineShopDB - f /tmp/
backup/OnlineShopDB_backup_schema_20240730.sql -F p -t users -t address
```

2. 数据导入操作

GaussDB 数据库中通过可视化界面导入数据的操作,可扫描右侧二维码获取。下面主要介绍通过 gs_restore 工具导入数据的操作。

gs_restore 是 GaussDB 提供的针对 gs_dump 导出数据的导入工具,可将 gs_dump 导出生成的文件进行导入。导入时有两种选择。

1)导入到数据库

如果连接参数中指定了数据库,则数据将被导入到指定的数据库中。

2)导入到归档文件

如果参数指定"-l",则生成归档文件。

下面介绍 gs_restore 工具的常用参数,更详细的参数介绍请读者进一步查阅 GaussDB 的使用手册。

1)连接参数

(1)-h hostname:指定数据库的主机名。

(2)-p port:指定数据库服务的端口。

(3)-U username:指定访问数据库服务的用户名。

2)通用参数

(1)-d dbname:连接数据库 dbname 并直接导入到该数据库中。

(2)-f filename:指定生成归档的输出文件,使用参数-l 时指定列表的输出文件,默认是标准输出。注意:-f 不能同-d 一起使用。

(3)-F format:c|d|t。

由于 gs_restore 会自动决定格式,因此不需要指定格式。如果导入的文件格式是纯文本格式（.sql 文件），使用 gsql 工具导入；如果导入的文件是自定义格式的文件（.dmp 文件）、目录（无后缀）、tar 格式的文件（后缀名是.tar），使用 gs_restore 导入。

-a、-s、-n、-t 参数的含义与 gs_dump 工具的相同。

例 13.4 使用 gs_restore 工具，将从 gs_dump 导出的文件导入到数据库 OnlineShopDB1。假设 gs_restore 工具的安装目录在/tmp/tools/bin/，备份文件目录在/tmp/backup/。

（1）导入.sql 文件。

```
gsql -f /tmp/backup/OnlineShopDB_backup_20240730.sql -h 113.45.214.5 -p 8000 -U root -d OnlineShopDB1
```

其中，113.45.214.5 是数据库服务的 IP 地址，8000 是数据库服务的端口号，访问数据库的用户名是 root，导入的目标数据库名是 OnlineShopDB1，导入文件是/tmp/backup/OnlineShopDB_backup_20240730.sql。

（2）导入.dmp 文件。

```
/tmp/tools/bin/gs_restore /tmp/backup/OnlineShopDB_backup_20240730.dmp -d OnlineShopDB1 -h 113.45.214.5 -p 8000 -U root
```

（3）导入目录。

```
/tmp/tools/bin/gs_restore /tmp/backup/OnlineShopDB_backup_20240730 -d OnlineShopDB1 -h 113.45.214.5 -p 8000 -U root
```

（4）导入.tar 文件。

```
/tmp/tools/bin/gs_restore /tmp/backup/OnlineShopDB_backup_20240730.tar -d OnlineShopDB1 -h 113.45.214.5 -p 8000 -U root
```

13.5 数据库的迁移

13.5.1 数据库迁移概述

随着云服务的快速发展和应用系统上云需求的增加，会出现本地数据库迁移到云数据库的需求，即入云需求。当然在实际应用中，云数据库上的数据也会被迁移到本地，用于数据分析或者备份等，即出云需求。

在数据库的迁移操作中，分为同构数据库迁移和异构数据库迁移。

（1）同构数据库迁移是在源数据库和目标数据库的数据库管理系统相同的情况下，从源数据库实例迁移到目标数据库实例。例如，从一台服务器上的 GaussDB 数据库迁移到另一台服务器上的 GaussDB 数据库，或者从一个版本的 GaussDB 数据库迁移到另一个版本的 GaussDB 数据库。

（2）异构数据库迁移在源数据库和目标数据库的数据库管理系统不同的情况下，从源数据库实例迁移到目标数据库实例。例如，从 Oracle 数据库、MySQL 数据库等迁移到 GaussDB 数据库。异构数据库迁移相比于同步数据库迁移更复杂，主要挑战是源数据库和目标数据库在架构、数据类型、SQL 语言、字符集和编码等方面可能存在差异，在迁移数据之前需要进行数据库架构转换、数据类型映射等工作。

数据库迁移是一个复杂的过程。在实际迁移过程中，需要考虑尽可能缩短线上业务的停机时间，减少对业务的影响，同时需要制定周密的迁移方案并且测试演练，以避免因迁移造成业务数据的损坏或丢失。数据库的迁移过程包括迁移规划、迁移实施、迁移完成三个阶段,如图 13-24 所示。

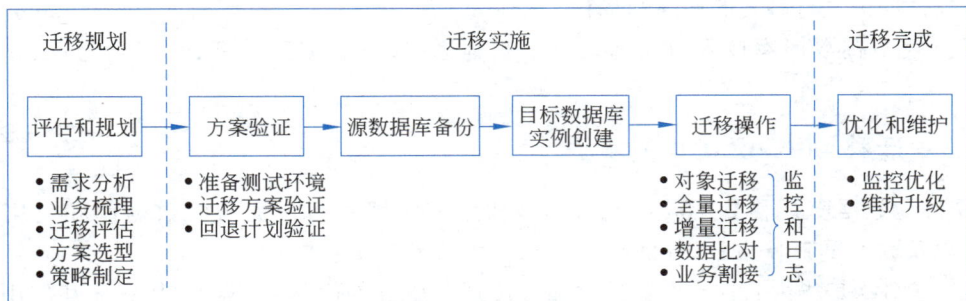

图 13-24 数据库的迁移过程

1. 迁移规划

(1)在迁移规划阶段,需要分析迁移需求和梳理业务流程,根据数据库目前的瓶颈、业务未来发展需求等确定迁移目标。

(2)由于数据库迁移的复杂性,制定详细的迁移技术方案和实施计划方案尤为重要。

① 对源数据库和目标数据库进行详细评估。分析源数据库架构、数据类型、存储过程、触发器等,评估目标数据库的兼容性和支持的特性,选择合适的目标数据库管理系统。

② 确定需要转换或重写的数据库对象以及全量迁移和增量迁移的策略,结合目标数据库提供的迁移工具,设计详细的迁移方案。在迁移方案中,必须包括迁移回退计划,以应对迁移失败时能够回退到源数据库迁移前的状态。

③ 制定详细的迁移计划和时间表。规划好数据迁移过程中的停机时间和影响,协调迁移团队所涉及的技术人员和业务支持人员,明确每名参与人员在迁移过程中的职责。

2. 迁移实施

(1)在正式迁移操作之前,需要在测试环境中验证迁移方案和回退方案。在准备测试环境时,尽量模拟线上环境的配置、数据规模等,严格执行和验证迁移方案中的操作内容和操作顺序。

(2)在迁移前对源数据库进行完整的备份,以防止迁移过程中发生数据的丢失,并且备份策略需要和回退计划综合考虑。

(3)准备目标数据库的硬件和软件环境,创建目标数据库实例,根据性能和存储需求配置数据库参数,创建数据库实例,设置数据库的安全权限。

(4)在迁移的前期工作准备完毕后,启动迁移操作。为了尽可能缩短数据库迁移造成的业务停机时间,通常会先迁移数据对象和同步截止到某个时间点前的全量数据,在全量数据同步完成后,启动从该时间点开始的增量数据同步,直到目标数据库中的数据和源数据库中的数据一致,此时停机业务,对目标数据库和源数据库做数据校验和比对,如果数据校验通过则同步触发器等,完成后将业务割接到目标数据库,如果数据校验失败则需要修复或者回退。

(5)在迁移操作过程中进行实时监控,记录关键事件和性能指标,确保有足够的日志并且日志记录完整,以便于问题诊断和回溯。

3. 迁移完成

（1）数据库迁移完成后，仍需要密切监控业务系统的运行和目标数据库的性能以及稳定性，根据反馈进行必要的调整和优化。

（2）将目标数据库接入数据库运维监控体系，做好数据库的备份、安全管理、升级等工作。

13.5.2 迁移到 GaussDB 的实践

从其他数据库迁移到 GaussDB 数据库时，可使用华为云提供的数据库和应用迁移 UGO 以及数据复制服务 DRS(Data Replication Service)完成迁移操作。

（1）UGO 是华为云提供的数据库和应用迁移服务的简称，全称为"数据库和应用迁移 UGO"。它专注于从异构数据库结构将数据库对象迁移到 GaussDB，主要包括数据库评估、数据库对象迁移和 SQL 审核。迁移前的数据库评估主要是对源数据库的基本信息、性能数据以及特定对象类型的对象 SQL 集进行采集，综合兼容性、性能、对象复杂度、使用场景等进行分析，通过对源数据库的画像和目标数据库的兼容性分析，提前识别可能存在的迁移改造工作，提高迁移成功率，尽量降低用户数据库的迁移成本。在数据库对象迁移功能中，根据迁移前的评估报告，推荐目标数据库，将源数据库中的 DDL、DML 和 PL/SQL 等语句转换为 GaussDB 的 SQL 语法，实现将数据库对象从源数据库迁移到目标数据库。此外，UGO 还提供了 SQL 审核功能，通过内置 200 多条审核规则，帮助用户在开发阶段发现隐藏在代码中的 SQL 规范性、设计合理性和性能等问题，规范的 SQL 设计有助于减少数据库迁移工作的复杂性。

（2）DRS 将数据通过同步技术从源数据库复制到 GaussDB 数据库，实现关键业务数据的实时流动。DRS 提供了实时迁移、实时同步、备份迁移、数据订阅和实时灾备五大功能。实时迁移适用在同构数据库系统之间的数据迁移；实时同步适合用在异构数据库系统之间的数据迁移，实时同步需要在数据迁移过程中完成不同数据库系统之间的架构、数据类型、SQL 语法等的映射；备份迁移是将源数据库导出的备份文件上传至对象存储服务 OBS 后，需要时从 OBS 下载备份文件并且恢复到目标数据库中，从而在不暴露源数据库的情况下实现数据迁移；实时订阅功能将数据库中关键业务的数据变化信息存储到缓存中并提供统一的 SDK(Software Development Kit)接口，业务系统可通过实时订阅功能获取数据库中所订阅的数据变化信息；实时灾备功能为用户提供云上灾备以及跨云平台的灾备，以较低的灾备成本保证用户业务的连续性。此外，DRS 还支持录制回放功能，用于捕获数据库上执行的所有操作，然后将这些操作以相同的顺序和方式在目标数据库上重新执行，DRS 服务所支持的源数据库和目标数据库的数据库类型和版本号可参考华为云数据复制服务 DRS 的产品文档。

图 13-25 所示是使用 UGO 和 DRS 将数据从其他数据库迁移到 GaussDB 的迁移操作过程，主要包括如下步骤。

（1）t_0 时刻：UGO 结构迁移阶段 1。

完成部分结构的迁移，包括用户、角色、权限、表、主键、唯一键、唯一索引等。

（2）t_1 时刻：DRS 同步阶段 1。

t_0 时刻的结构迁移完成后，启动全量同步，将源数据库中的全部数据同步到 GaussDB

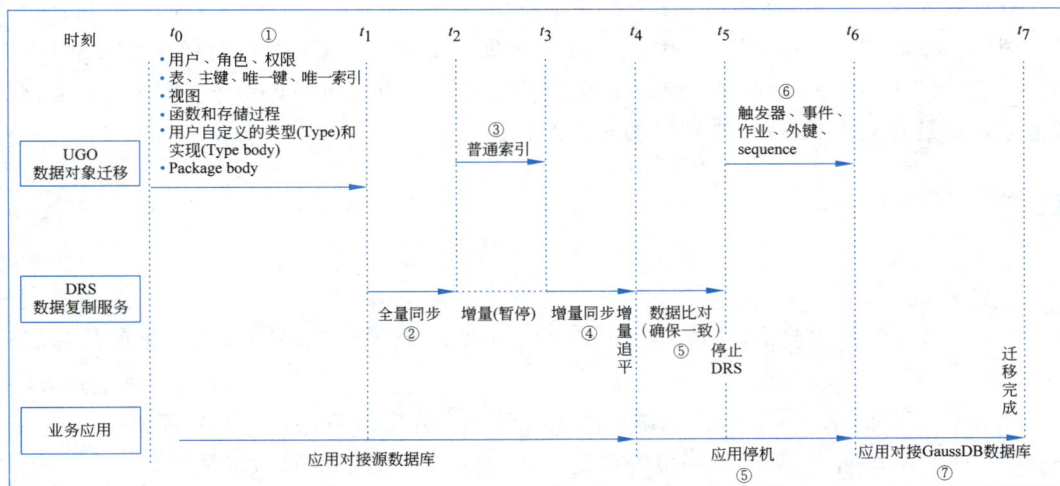

图 13-25   从其他数据库迁移到 GaussDB 的操作过程（参考华为官方文档）

数据库中。

（3）t_2 时刻：UGO 结构迁移阶段 2。

全量同步结束后，暂停增量同步，启动 UGO 完成普通索引的迁移。

（4）t_3 时刻：DRS 同步阶段 2。

普通索引迁移完成后，启动增量同步。

（5）t_4 时刻：应用停机，数据比对。

GaussDB 中的数据追平源数据库中的数据后，停机应用服务，对 GaussDB 数据库和源数据库中的数据做比对，以确保数据在迁移前后的一致性。

（6）t_5 时刻：UGO 结构迁移阶段 3。

停止 DRS 任务，应用服务还是停机状态，启动 UGO 完成触发器、事件、任务、外键、sequence 的迁移。

（7）t_6 时刻：应用服务割接到 GaussDB 数据库。

启动应用服务，对接 GaussDB 数据库。

（8）t_7 时刻：完成数据库的迁移。

下面以从本地 MySQL 数据库迁移到云数据库 GaussDB 为例，采用 UGO 和 DRS 的实时同步服务，介绍数据库迁移实践案例，目前支持从 MySQL 5.5.x、MySQL 5.6.x、MySQL 5.7.x 和 MySQL 5.8.x 版本同步到 GaussDB。

13.6   本章小结

本章首先介绍了数据库中数据的组织和存储，充分理解数据库的数据组织和存储对于理解基于日志的恢复技术非常重要。然后介绍了数据库的四种故障类别。

对于事务故障和系统故障，可以采用基于日志的恢复技术保证数据库的原子性和持久性；对于介质故障和其他灾难性故障，需要采用数据库的备份恢复技术和灾备技术保证数据库服务的快速恢复和数据一致性。因此，本章的 13.2 节详细介绍了数据库的日志和基于日志的恢复技术，在13.3节详细介绍了数据库的备份与恢复技术。在理解了数据库的恢复技术的原理后，以云数据库 GaussDB 为例，介绍了数据库的备份与恢复和导出与导入实践操作。

接着介绍了数据库迁移方案的制定过程，并且基于华为云的 UGO 和 DRS 服务进行从其他数据库迁移到 GaussDB 数据库的实践操作。

13.7　习题

1. 选择题

（1）若事务程序中有表达式 a/b，如果 b 取值为 0 时计算该表达式，会产生的故障属于（　　）。

  A. 事务故障   B. 系统故障   C. 介质故障   D. 死机

（2）由于机房断电，某个使用检查点记录的数据库出现故障，该故障属于（　　）。

  A. 事务故障   B. 系统故障   C. 介质故障   D. 死机

（3）假设日志文件的尾部如下所示，则恢复时应执行的操作是（　　）。

$<T_0, \text{start}>$
$<T_0, A, 100, 950>$
$<T_1, \text{start}>$
$<T_1, C, 700, 600>$
$<T_0, B, 2000, 2050>$
$<T_0, \text{commit}>$

  A. Undo T_0，Redo T_1 B. Undo T_1，Redo T_0

  C. Redo T_0，Redo T_1 D. Undo T_1，Undo T_0

（4）在日志中加入检查点，可（　　）。

  A. 减少并发冲突   B. 提高故障恢复的效率

  C. 避免级联回滚   D. 避免死锁

（5）考虑下述的时间序列操作：

  10:00 完全备份开始；

  10:30 插入雇员号 003 的雇员的 3 月份工资为 2000；

  11:00 完全备份结束；

  11:30 将雇员号 003 的雇员的 3 月份工资改为 3000；

  12:00 出现故障。

全部恢复完成后数据库中的数据情况为（　　）。

  A. 雇员号为"003"的雇员的 3 月份工资记录在数据库中，且工资为 2000

  B. 雇员号为"003"的雇员的 3 月份工资记录不在数据库中

  C. 雇员号为"003"的雇员的 3 月份工资记录在数据库中，且工资为 3000

  D. 10:30 的插入操作不能进行

2. 填空题

（1）事务提交之后，其对数据库的修改还存留在缓冲区中，并未写入到硬盘，此时发生系统故障，则破坏了事务的_____；系统重启后，由 DBMS 根据_____对数据库进行恢复，将已提交的事务对数据库的修改写入硬盘。

（2）定期备份数据库是最为稳妥的防治磁盘故障的方法。由于全量备份需要备份整个数据库的内容，数据量大，备份所需时间长，这时可以使用_____备份来备份那些自上次备份后修改过的数据。

（3）数据库容灾技术中，_____容灾是一种策略，它通过在主数据库和备用数据库之间实时同步数据，以确保在主数据库发生故障时，备用数据库能够迅速_____并继续提供服务。

（4）在数据库数据迁移过程中，_____是一种重要的步骤，它确保在迁移前后数据的一致性和准确性。这通常涉及对比源数据库和目标数据库中的数据，以识别和解决任何数据差异。

（5）在数据库恢复过程中，_____技术允许将数据库恢复到特定的时间点。

3. 简答题

（1）请描述针对不同的数据库故障（事务故障、系统故障、介质故障以及其他的灾难性故障），分别应该采取哪些备份和恢复的策略。

（2）请描述数据库中的预写日志（WAL）策略，并解释它如何帮助数据库恢复。

（3）请描述数据库的增量备份和差异备份策略，并讨论它们在不同场景下的优劣。

（4）现为数据库制定了一个备份策略，每天先进行一次全量备份，然后进行若干次差量备份和日志备份。具体的备份策略如下。

① 上午 7:00，做全量备份。

② 上午 10:00、下午 13:00、下午 16:00，分别做差量备份。

③ 上午 8:00、9:00、11:00、12:00 以及下午 14:00、15:00、17:00，分别做日志备份。

当数据库在下午 15:30 由于意外而造成数据库异常时，请问如何用备份的数据库进行有效的恢复？

（5）阅读下列说明，回答问题 1 至问题 3。

说明：

如果一个数据库恢复系统采用检查点机制，其日志文件如下所示，第一列标识日志记录编号，第二列表示日志记录内容，$<T_i,\text{START}>$ 表示事务 T_i 开始执行，$<T_i,\text{COMMIT}>$ 表示事务 T_i 提交，$<T_i,D,V_1,V_2>$ 表示事务 T_i 将数据项 D 的值由 V_1 修改为 V_2，请回答以下问题。

LSN_1	$<T_1,\text{START}>$
LSN_2	$<T_1,X,100,1>$
LSN_3	$<T_2,\text{START}>$
LSN_4	$<T_2,X,1,3>$
LSN_5	$<T_3,\text{START}>$

LSN$_6$	$<T_2,Y,50,6>$
LSN$_7$	$<T_3,Y,6,8>$
LSN$_8$	$<T_3,Z,10,9>$
LSN$_9$	CHECKPOINT
LSN$_{10}$	$<T_1,\text{COMMIT}>$
LSN$_{11}$	$<T_3,Z,9,10>$
LSN$_{12}$	CRASH

问题 1：假设系统开始执行前 $X=100$，$Y=50$，$Z=10$，系统出错恢复后，X、Y、Z 各自的数值是多少？

问题 2：系统发生事务故障时，故障恢复有撤销事务（Undo）和重做事务（Redo）两个操作，请给出系统恢复时需要 Redo 的事务列表和需要 Undo 的事务列表。

问题 3：请简要阐述系统出错后，基于检查点的恢复过程。

参 考 文 献

[1]   王珊,杜小勇,陈红.数据库系统概论[M].6版.北京:高等教育出版社,2023.

[2]   王珊,张俊.数据库系统概论(第5版)习题解析与实验指导[M].北京:高等教育出版社,2015.

[3]   杜小勇,陈红,卢卫.数据库管理系统原理与实现[M].北京:清华大学出版社,2024.

[4]   崔巍,王晓波,李士福.全国计算机等级考试二级教程:openGauss数据库程序设计[M].北京:高等教育出版社,2022.

[5]   崔巍.数据库系统及应用[M].4版.北京:高等教育出版社,2017.

[6]   亚伯拉罕·西尔伯沙茨.数据库系统概念(原书第7版)[M].杨冬青,李红燕,张金波,等译.北京:机械工业出版社,2020.

[7]   李国良,周敏奇.openGauss数据库核心技术[M].北京:清华大学出版社,2020.

[8]   李国良,冯建华,柴成亮,等.数据库管理系统:从基本原理到系统构建[M].北京:高等教育出版社,2024.

[9]   李雁翎.数据库原理及应用(基于GaussDB的实现方法)[M].北京:清华大学出版社,2022.

[10]   Gauss松鼠会.GaussDB架构(上)[EB/OL].[2024-10-10].https://zhuanlan.zhihu.com/p/408759315.

[11]   大数据技术标准推进委员会.数据库发展研究报告(2024年)[R].2024可信数据库发展大会,2024.

[12]   钟志宏.软考配套辅导数据库系统工程师真题精析与命题密卷[M].北京:中国水利水电出版社,2020.

图书资源支持

感谢您一直以来对清华版图书的支持和爱护。为了配合本书的使用，本书提供配套的资源，有需求的读者请扫描下方的"书圈"微信公众号二维码，在图书专区下载，也可以拨打电话或发送电子邮件咨询。

如果您在使用本书的过程中遇到了什么问题，或者有相关图书出版计划，也请您发邮件告诉我们，以便我们更好地为您服务。

我们的联系方式：

清华大学出版社计算机与信息分社网站：https://www.shuimushuhui.com/

地　　　址：北京市海淀区双清路学研大厦 A 座 714

邮　　　编：100084

电　　　话：010-83470236　010-83470237

客服邮箱：2301891038@qq.com

QQ：2301891038（请写明您的单位和姓名）

资源下载：关注公众号"书圈"下载配套资源。

资源下载、样书申请　　　图书案例

书圈　　　清华计算机学堂　　　观看课程直播